Pferdekrankheiten in Frage & Antwort

Sue J. Dyson

Übersetzt von Wilfried Bellinghausen

309 Abbildungen

Ferdinand Enke Verlag Stuttgart 1998

Autor:
Sue J. Dyson, MA, VetMB, DEO, FRCVS
Equine Clinical Section, Department of Clinical Studies, The Animal Health Trust, Newmarket, Suffolk, England

Übersetzer:
Dr. med. vet. Wilfried Bellinghausen
In der Rosenau 10
D-53639 Königswinter (Oberpleis)

Originalverlag:
Times Mirror
International Publishers Limited
Lynton House
7–12 Tavistock Square
London WC1H 9LB
England

Die Deutsche Bibliothek – CIP-Einheitsaufnahme

Dyson, Sue J.:
Pferdekrankheiten in Frage & Antwort /
Sue J. Dyson. Übers. von Wilfried Bellinghausen.
– Stuttgart : Enke, 1998
Einheitssacht.: Equine practice <dt.>
ISBN 3-432-30181-2

Umschlaggestaltung: Gerhard Weitbrecht, 70825 Korntal-Münchingen

Deutsche Ausgabe:

Vorwort

Bei „Frage und Antwort“ denkt man zunächst an ein unterhaltsames Quiz und weniger an akademische Wissensvermittlung. Das vorliegende Buch kann und will weder Lehrbuch noch Nachschlagewerk sein. Es dient eher dazu, wesentliche Merkmale der tierärztlichen Tätigkeit vor Augen zu führen: genau beobachten, auch auf Kleinigkeiten achten, denken und querdenken.

So ist es denn letztlich gar nicht von allzugroßer Bedeutung, ob man die Fragen gleich im ersten Anlauf richtig beantwortet. Das logische Ineinandergreifen von Bild, Information, Frage und Antwort macht den Wert den Buches aus.

Wilfried Bellinghausen

Mitautoren

W. E. Allen, MVB, PhD, Department of Veterinary Surgery and Obstetrics, Royal Veterinary College, Hatfield, Hertfordshire, England
K. C. Barnett, MA, PhD, BSc, DVOphthal, Comparative Ophthalmology Unit, Animal Health Trust, Newmarket, Suffolk, England
J. C. Brearley, MA, VetMB, DVA, Animal Health Trust, Newmarket, Suffolk, England
S. J. Dyson, MA, VetMB, DEO, Animal Health Trust, Newmarket, Suffolk, England
P. A. Harris, MA, VetMB, PhD, Animal Health Trust, Newmarket, Suffolk, England
S. Howarth, BVMS, CertVR, University of Cambridge Veterinary School, Cambridge, England
D. C. Knottenbelt, BVM & S, Division of Equine Studies, Department of Veterinary Clinical Science, University of Liverpool, Merseyside, England
A. Koterba, DVM, PhD, College of Veterinary Medicine, University of Florida, Gainesville, Florida, USA
G. Lane, BVetMed, Department of Veterinary Surgery, University of Bristol School of Veterinary Science, Bristol, England
D. P. Leadon, MA, MVB, MSc, Irish Equine Centre, Johnstown, County Kildare, Eire
K. Long, BVSc CertVA, Veterinary Field Station, Royal (Dick) School of Veterinary Science, University of Edingburgh, Midlothian, Scotland
S. Love, BVMS, PhD, Department of Veterinary Medicine, University of Glasgow Veterinary School, Glasgow, Scotland
T. S. Mair, BVSc, PhD, DipACVIM, Department of Veterinary Medicine, University of Bristol School of Veterinary Science, Bristol, England
S. A. May, MA, VetMB, PhD, DVR, CertEO, Department of Veterinary Clinical Science, University of Liverpool, Merseyside, England
I. G. Mayhew, BVSc (Massey), Animal Health Trust, Newmarket, Suffolk, England
E. M. Milne, BVMS, PhD, MRCVS, Veterinary Field Station, Royal (Dick) School of Veterinary Medicine, University of Edinburgh, Midlothian, Scotland
R. R. Pascoe, AM, DVSc, FRCVS, FACVSc, Oakey Veterinary Hospital Pty Ltd, Oakey, Queensland, Australia
M. Schramme, B(Ghent), Department of Veterinary Surgery and Obstetrics, Royal Veterinary College, Hatfield, Hertfordshire, England
J. P. Walmesley, MA, VetMB, CertEO, Equine Veterinary Hospital, Liphook, Hampshire, England
I. M. Wright, MA, VetMB, CertEO, Animal Health Trust, Newmarket, Suffolk, England

1 Ein dreijähriger Vollblüter geht zeitweise auf einer Vordergliedmaße lahm. Sitz der Lahmheit ist vermutlich das Fesselgelenk. Abb. 1 zeigt den arthroskopischen Befund.
(a) Was ist auf dem Bild zu sehen?
(b) Differentialdiagnosen?
(c) Welche Gelenkseite ist am häufigsten betroffen?
(d) Wie sieht die weitere Diagnostik aus?

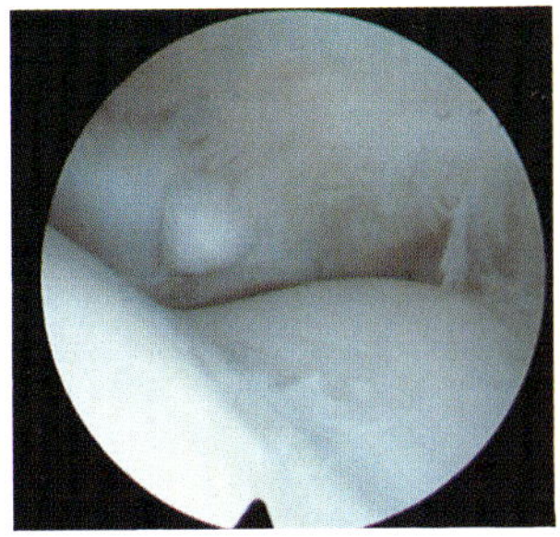

Abb. 1

2 Ein sechsjähriges Turnierpferd lahmt hinten seit einigen Wochen geringgradig. Die Sprungelenkbeugeprobe verstärkt die Lahmheit; die Infiltrationsanästhesie unterhalb des Tarsus ist negativ; die Blockade des N. tibialis und N. fibularis ist positiv. Das Sprunggelenk wird geröntgt.
(a) Welcher Strahlengang ist auf Abb. 2 zu sehen? Welche weiteren Projektionen sind wichtig?
(b) Beschreiben Sie den röntgenologischen Befund.
(c) Woher könnte das knöcherne Gebilde stammen?
(d) Wie ist die klinische Bedeutung einzustufen?
(e) Wie unterscheidet man den lateralen vom medialen Rollkamm des Talus?

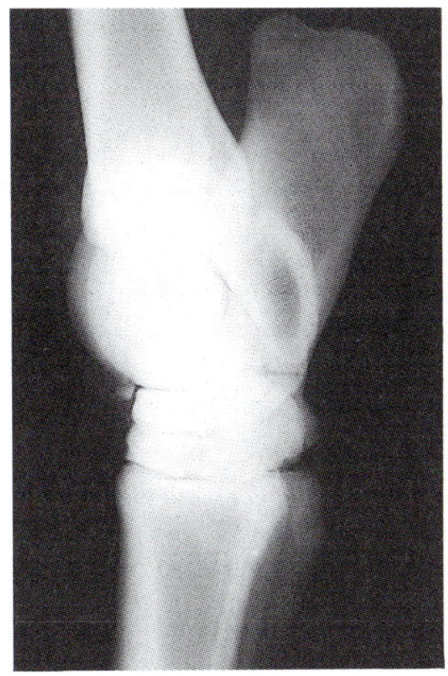

Abb. 2

3 Ein vierjähriges Reitpony hat seit einiger Zeit während des Sommers anfallsartigen schweren Husten mit übelriechendem Atem. Es wurde mit einem weiteren Pony auf der Weide gehalten, hatte seit drei Monaten Arbeitsruhe und lediglich Gras als Futter. Allgemeinbefinden und Appetit sind ungestört. Es besteht keine Dyspnoe. Rektaltemperatur, Lungenauskultation und submandibulare Lymphknoten sind ohne besonderen Befund. Aus beiden Nasenlöchern fließt etwas übelriechender Eiter.
(a) Wie lautet Ihre Verdachtsdiagnose? Wie kann man sie absichern?
(b) Wie geht man therapeutisch vor?

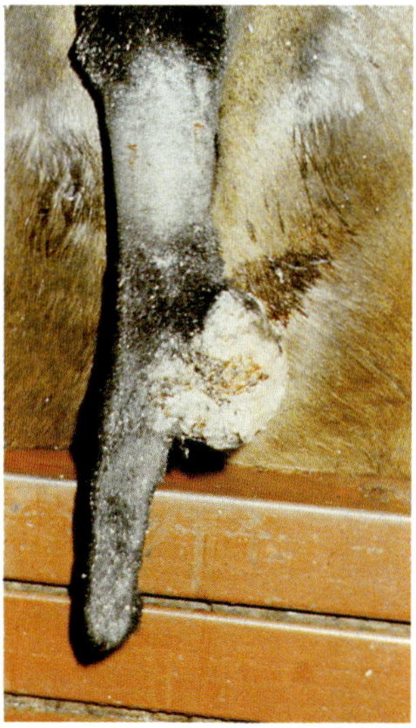

4 Ein elfjähriger brauner Wallach hat einen Tumor am distalen Drittel der Schweifrübe (Abb. 3). Man bittet Sie um eine Behandlungsempfehlung.
(a) Wie lauten Diagnose und Differentialdiagnosen? Wie sichert man die Diagnose ab?
(b) Wie ist die Prognose bei chirurgischer Entfernung des Tumors?

Abb. 3

5 Ein fünfjähriger Halbblüter wird acht Stunden nach Ende eines langen Autotransports in kritischem Zustand vorgefunden. Die Rektaltemperatur ist leicht erhöht (38,8 °C); die sichtbaren Schleimhäute sind injiziert. Kurz darauf beginnt eine Kolik, die analgetisch behandelt wird. Drei Stunden später setzt schwerer wäßriger und faulig stinkender Durchfall ein.
(a) Wie lautet die Verdachtsdiagnose?
(b) Welche weiteren Untersuchungen sind sinnvoll?
(c) Wie sieht die Behandlung aus?

6 Ein Vielseitigkeitspferd soll am Kehlkopf operiert werden. Bei der Voruntersuchung fällt ein unregelmäßiger Puls auf; gleiches gilt für die Herzauskultation. Abb. 4 zeigt das EKG.
(a) Um welches Herzproblem handelt es sich?
(b) Wie ist die klinische Bedeutung?

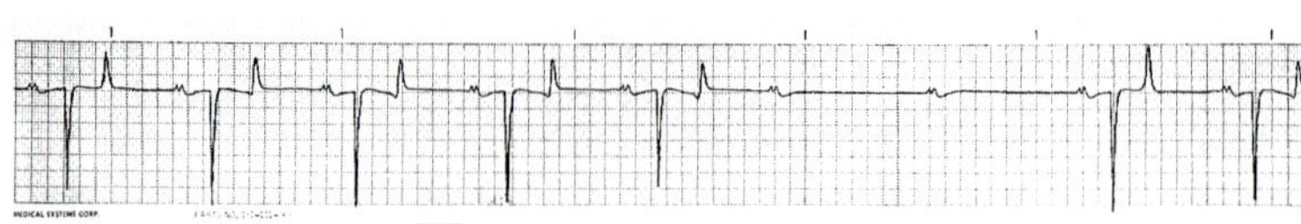

Abb. 4

7 Ein achtjähriger Springpferdewallach zeigt plötzlich mittelgradige Kolikanzeichen. Zwei Stunden später beträgt die Pulsfrequenz 60/min., die Rektaltemperatur 39,5 °C. Fünf Liter Flüssigkeit werden per NSS abgehebert (Abb. 5). Die Darmgeräusche sind schwach; rektal fühlt man mäßig tympanische Dünndarmschlingen. Die Schleimhäute sind injiziert. Nach weiteren zwei Stunden sind die Befunde unverändert. Es werden nochmals drei Liter Flüssigkeit aus dem Magen abgehebert. Die Kapillarfüllungszeit beträgt 3 s. Mittlerweile ist das Allgemeinbefinden deutlich gestört. Labor: Hämatokrit 46 %, Gesamtleukozyten 15×10^9/l; Peritonealpunktat: orangefarben, Gesamtprotein 35 g/l, Leukozyten 1×10^9/l.

(a) Wie lautet die Diagnose?
(b) Welche Maßnahmen leiten Sie ein?

Abb. 5

8 Eine neunjährige Stute wird mit einer plötzlich aufgetretenen Lahmheit der Hintergliedmaße vorgestellt. Es wird eine Fraktur im Sprunggelenk vermutet (Abb. 6).

(a) Wie lautet die Diagnose?
(b) Was ist die Ursache der Lahmheit?
(c) Was zeigen die Röntgenbilder des Sprunggelenks?
(d) Was zeigen die Röntgenbilder des Kniegelenks?

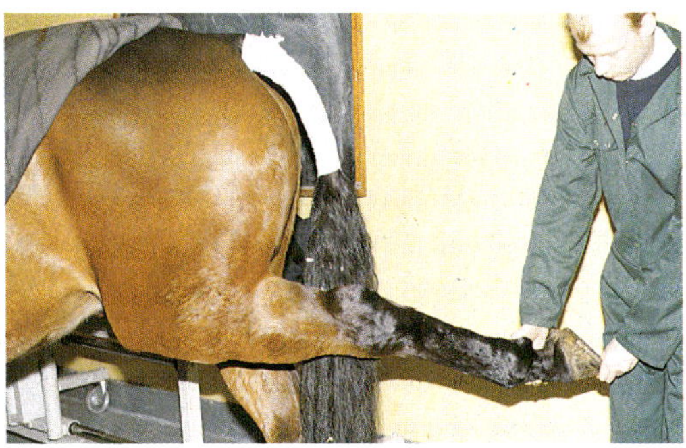

Abb. 6

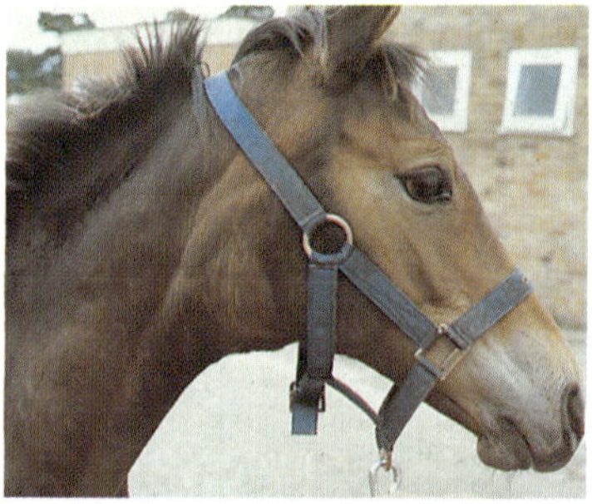

Abb. 7

9 Ein dreimonatiges Vollblutfohlen entwickelt sich nur zögernd, es scheint jedoch nicht ernsthaft krank zu sein.
(a) Ist der in Abb. 7 gezeigte Zustand dafür verantwortlich?
(b) Wie ist die Veränderung ätiologisch einzuordnen?
(c) Welche weiteren Befunde wird man erheben können?

10 Welche Rektalbefunde erhebt man bei der gynäkologischen Untersuchung der Stute an Ovarien, Uterus und Cervix
(a) im Östrus (bei ovulatorischem Zyklus)?
(b) im Diöstrus?
(c) im Anöstrus?
(d) im verlängerten Diöstrus?
Wie erklären sich die unterschiedlichen Tastbefunde?

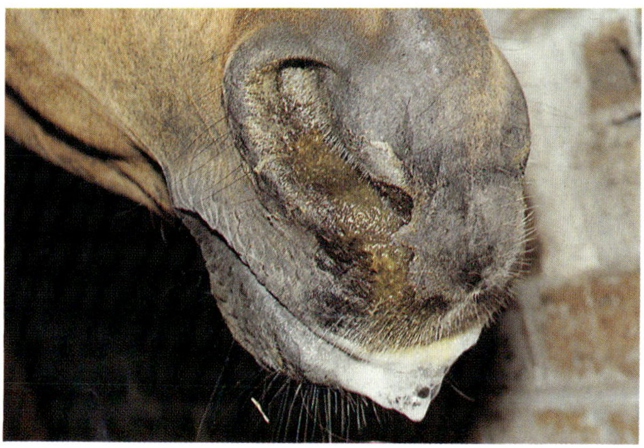

Abb. 8

11 Ein dreijähriges Pony hat seit zwölf Stunden Symptome einer Kolik und Dysphagie.
(a) Was zeigt Abb. 8?
(b) Wie lauten Diagnose und Differentialdiagnosen?
(c) Was ergibt die weitere klinische und rektale Untersuchung?

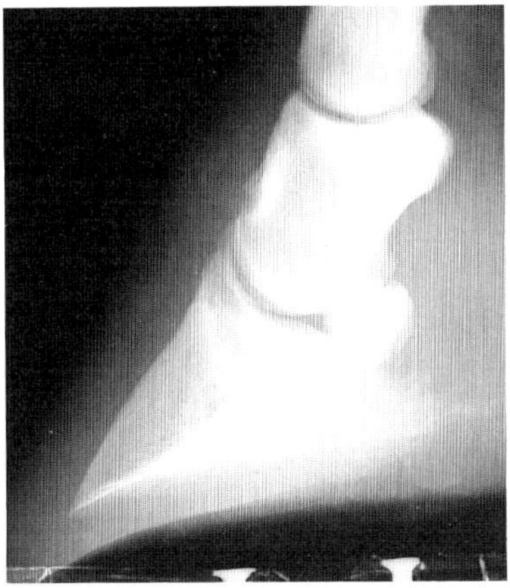

Abb. 9a

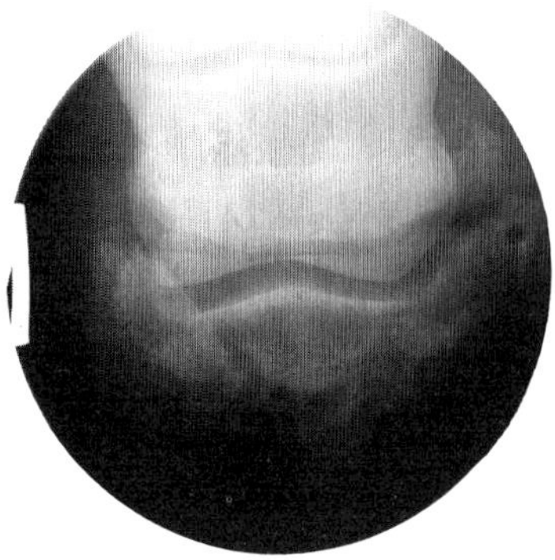

Abb. 9b

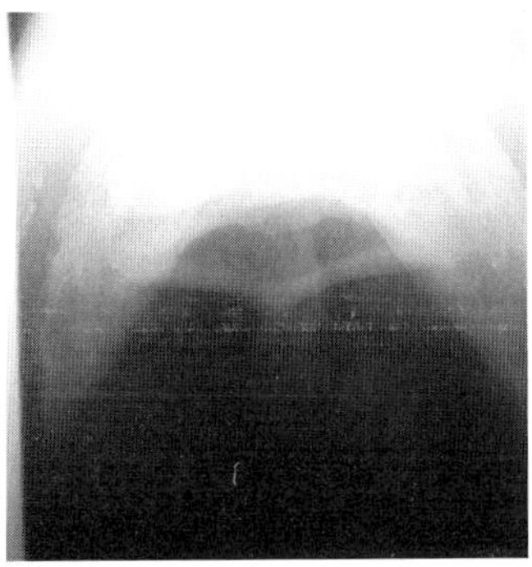

Abb. 9c

12 Ein achtjähriges Freizeitpferd geht vorne rechts geringgradig lahm. Die Lahmheit ist auf hartem Boden und beim Wenden ausgeprägter. Die Palmarisanästhesie ist positiv, die Lahmheit springt um. Nach der linksseitigen Palmarisanästhesie geht das Pferd klar.

(a) Welche weiteren Röntgenaufnahmen sind sinnvoll? (b) Was zeigen die Abb. 9a und 9b?

(c) Welche zusätzliche Information liefert Abb. 9c?

(d) Wie ist der Strahlengang bei Abb. 9c?

(e) Wie lauten Diagnose und Prognose?

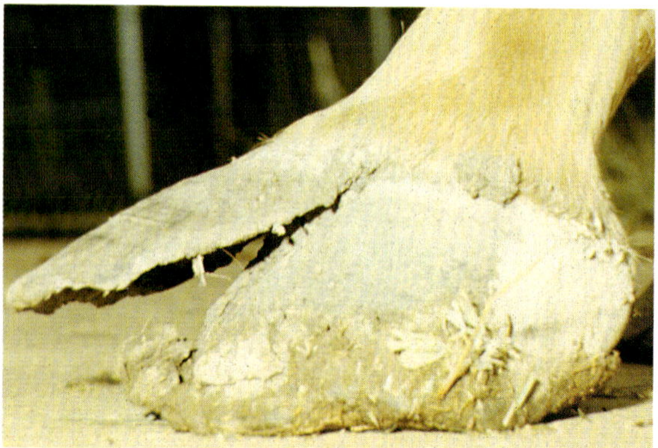

Abb. 10

13 Abb. 10 zeigt eine großflächige Hornwandablösung bei einer nichttragenden Stute. Sie ist höchstgradig lahm.
(a) Wie sieht die Behandlung aus?
(b) Wird die Stute lahm bleiben?
(c) Muß die Stute in Zukunft immer beschlagen werden?

14 Gibt es Ihrer Meinung nach ein „zystisches Ovar" bei der Stute? Wenn ja, erklären Sie dies ätiologisch und klinisch.
Wenn nein, erklären Sie, wieso das Ovar den Eindruck einer zystischen Veränderung erweckt.

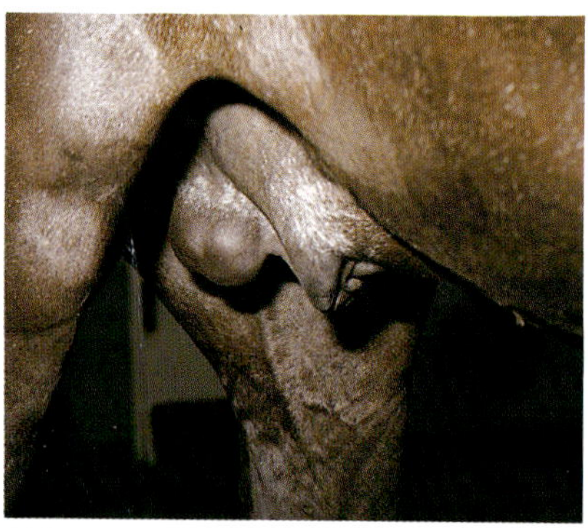

Abb. 11

15 Acht Monate nach der Kastration wird dieser Wallach (Abb. 11) wegen des Verdachts einer Hernia inguinalis vorgestellt.
(a) Wie lauten die Differentialdiagnosen?
(b) Gibt es eine plausible ätiologische Erklärung?
(c) Welche weiteren Symptome wird man vorfinden?
(d) Wie geht man therapeutisch vor?
(e) Wie ist die Prognose?

16 Die klinischen Symptome des Pferdes in Abb. 12 sind einseitig und bestehen seit längerer Zeit. Das Pferd wurde zuvor einer Podotrochlosebehandlung unterzogen.
(a) Zählen Sie die in Frage kommenden Ursachen auf.
(b) Welche diagnostischen Maßnahmen sind sinnvoll?
Ordnen Sie diese den Differentialdiagnosen zu.

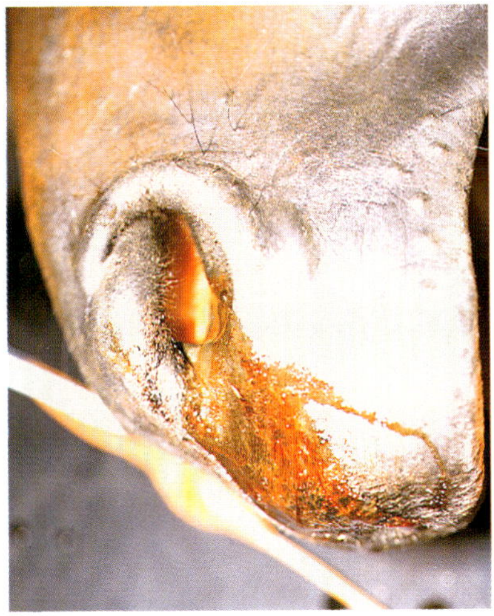

Abb. 12

17 Eine zweijährige Ponystute bekommt Ende Januar plötzlich schweren wäßrigen Durchfall (Abb. 13). Das Pony ist von Geburt an in einer Gruppe auf der Weide und wird im Winter zugefüttert. Die Entwurmung erfolgt regelmäßig im Abstand von acht Wochen, letztmalig fünf Tage vor Beginn der Erkrankung. Innerhalb von drei Tagen hat das Pony enorm an Gewicht verloren und ein Unterbauchödem entwickelt. Es ist apathisch und leicht exsikkotisch;
die Rektaltemperatur ist 37,7 °C. Im Kot wird Salmonella typhimurium nachgewiesen, aber keine Parasiteneier. Weitere Laborwerte: Hämatokrit 50%, leichte Leukozytose ($14,3 \times 10^9$/l) mit Neutrophilie ($9,8 \times 10^9$/l); Hypoalbuminämie (Albumin 2,1 g/dl).
(a) Ihre Verdachtsdiagnose? Wie läßt sich diese bestätigen?
(b) Wie sieht die Behandlung aus?

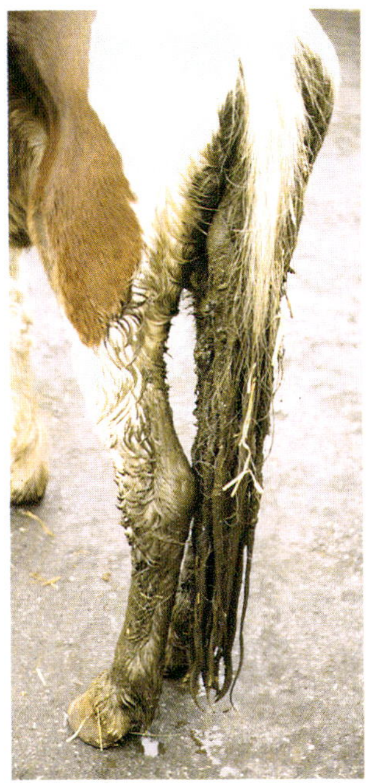

Abb. 13

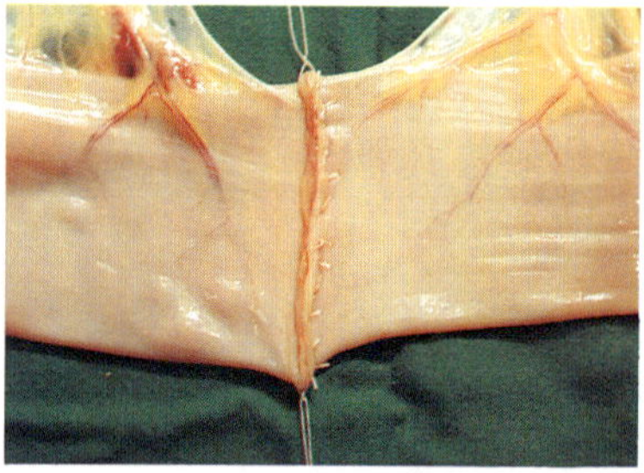

Abb. 14 a. Einfache ausstülpende Naht (Matratzennaht)

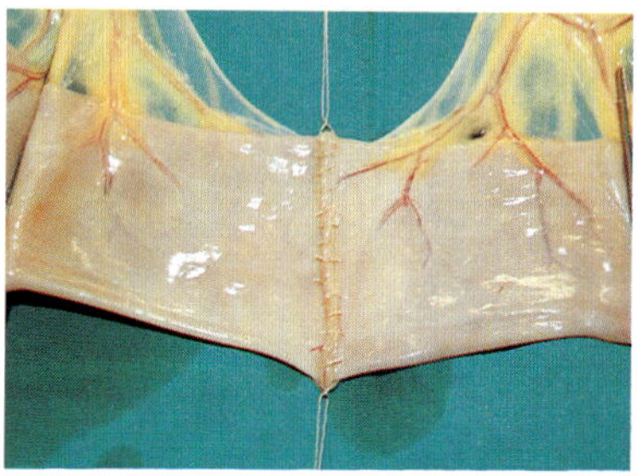

Abb. 14 b. Einzelhefte stoßend

18 Bei einer Probelaparotomie wird eine Strangulation des Jejunums von 1,5 m Länge aufgrund eines Lipoma pendulans entdeckt. Nach der Lageberichtigung stellt sich die Frage nach Resektion und Anastomosierung.

(a) Nach welchen Kriterien beurteilt man die Notwendigkeit der Darmresektion?

(b) Es müssen 2,15 m Jejunum reseziert werden. Soll man der End-zu-End- oder der Seit-zu-Seit-Anastomose den Vorzug geben? Erklären Sie die Gründe.

(c) Der Erfolg der Operation hängt in großem Maße von der geeigneten Nahttechnik ab. Sie soll Verwachsungen, Stenosen und Undichtigkeiten verhindern. Welche der folgenden Methoden ist die beste?

- Einfache ausstülpende Naht (Matratzennaht; Abb. 14 a)
- Einzelhefte stoßend (Abb. 14 b)
- Einfache einstülpende Naht (Lembert-Naht; Abb. 14 c)
- Doppelte einstülpende Naht (Einzelhefte stoßend und fortlaufende Lembert-Naht; Abb. 14 d)

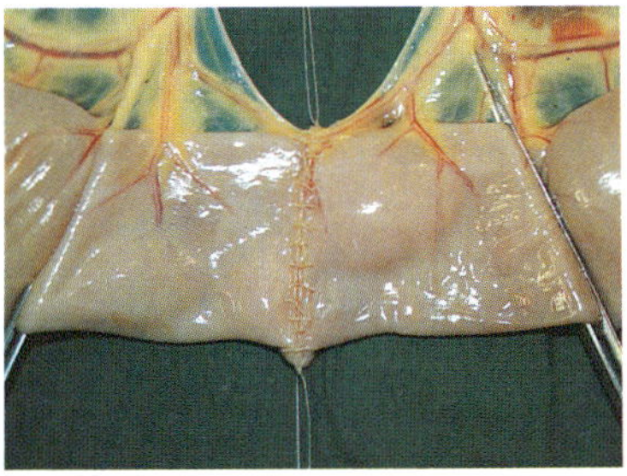

Abb. 14c. Einfache einstülpende Naht (Lembert-Naht)

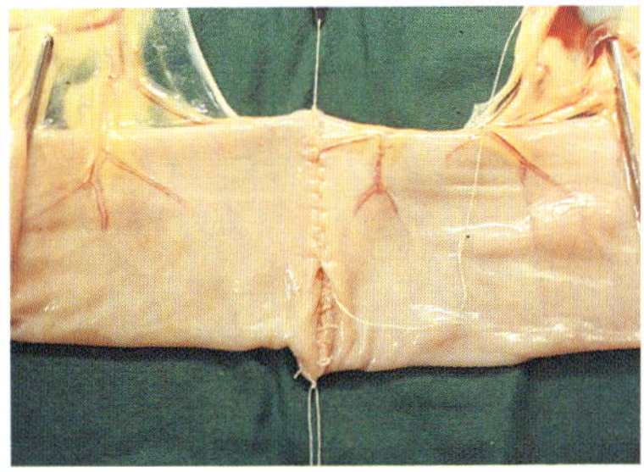

Abb. 14d. Doppelte einstülpende Naht (Einzelhefte stoßend und einstülpende fortlaufende Lembert-Naht)

(d) Welches Nahtmaterial nimmt man? Begründen Sie.

- Chromcat
- Catgut einfach
- Polyglycol
- Polyglactin 910
- PDS
- polyfiler Polyesterfaden
- monofiler Nylonfaden

(e) Warum sind Klammertechniken bei End-zu-End-Anastomosen des Dünndarms ungeeignet?

19 Dieses Dopplerbild (Abb. 15) stammt von einem siebenjährigen Dressurpferd. An der rechten Brustwand ist im 4. Interkostalraum unterhalb der Herzbasis ein systolisches Geräusch von der Stärke 3/ 6 zu hören. Es handelt sich um einen Zufallsbefund bei einer Routineuntersuchung.

(a) Wie lautet Ihre Diagnose?

(b) Welche Bedeutung hat der Befund?

(c) Kann sich der Befund auf die Leistungs-

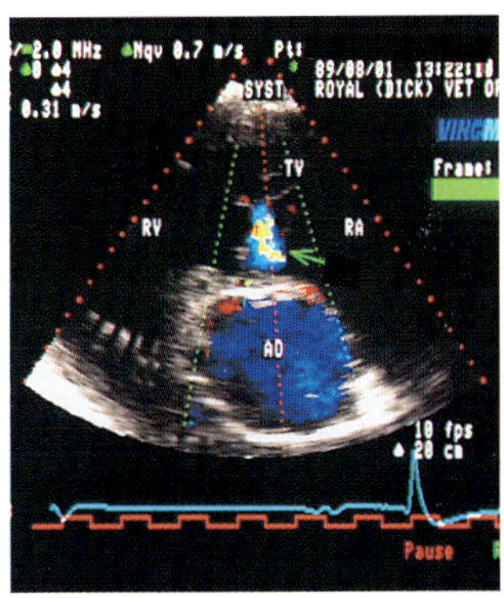

Abb. 15. Rechter Ventrikel (RV); Trikuspidalklappe (TV); Aortenklappe (AO); rechter Vorhof (RA).

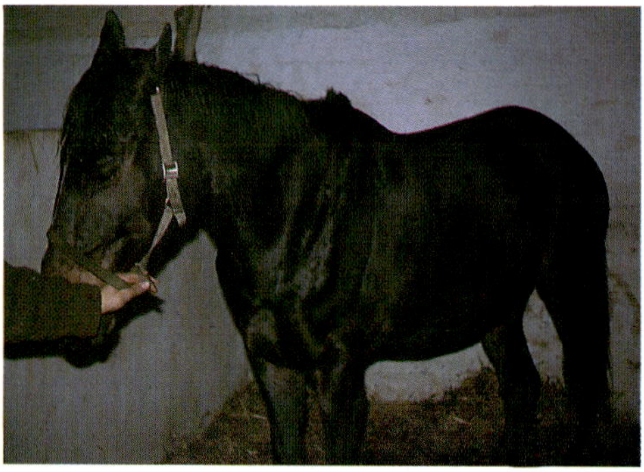

Abb. 16 a

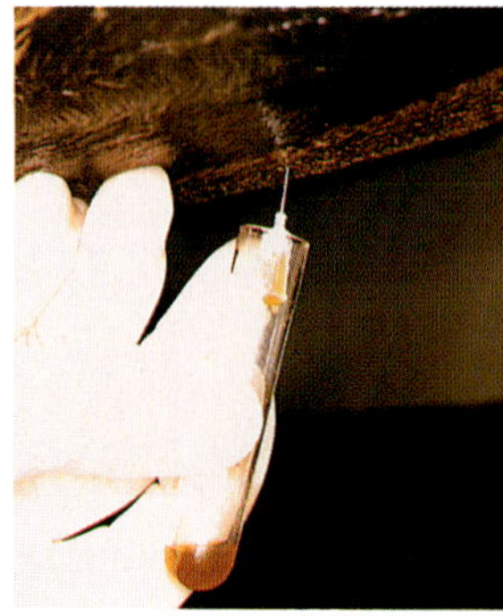

Abb. 16 b

20 Ein elfjähriges Sportpferd hat seit einer Woche rezidivierende leichte Kolikschübe.Das Abdomen ist etwas gebläht und bei der Palpation verspannt. Die Rektaltemperatur ist 39 °C, die Pulsfrequenz 45/min; Darmgeräusche sind unterdrückt, die Schleimhäute injiziert. Das Pferd setzt wenig und trockenen Kot ab. Die Rektaluntersuchung ergibt keine spezifischen Befunde; allerdings erscheint das Untersuchungsfeld begrenzt. Die NSS bringt keinen Reflux. Laborwerte: Hämatokrit 42 %; Gesamtprotein 75 g/l; Albumin 21 g/l; Globulin 54 g/l; Fibrinogen 5,0 g/l; Gesamtleukozyten 10×10^9/l, Granulozyten $6{,}3 \times 10^9$/l mit Linksverschiebung. Peritonealflüssigkeit (Abb. 16 b): kernhaltige Zellen 14×10^9/l mit einem hohen Anteil an Makrophagen und polymorphkernigen Granulozyten; Gesamtprotein 40 g/l.

(a) Wie lautet Ihre Diagnose?

(b) Welcher der obengenannten Parameter ist für die Diagnose am aufschlußreichsten?

(c) Wie sieht die Behandlung aus?

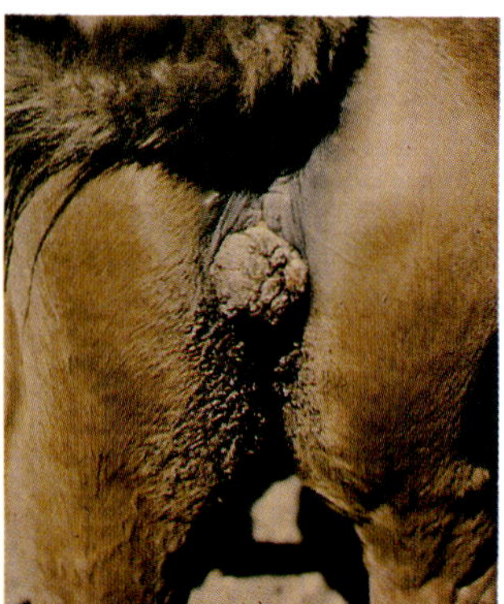

Abb. 17

21 Abb. 21 zeigt eine 17jährige Stute mit diversen Veränderungen an Schweif, Anus und Vulva (Abb. 17).

(a) Welche Ursache könnte das Schweifproblem haben?

(b) Worum handelt es sich bei der Veränderung an der ventralen Kommissur der Vulva?

(c) Kann letzteres chirurgisch behandelt werden?

Abb. 18 a

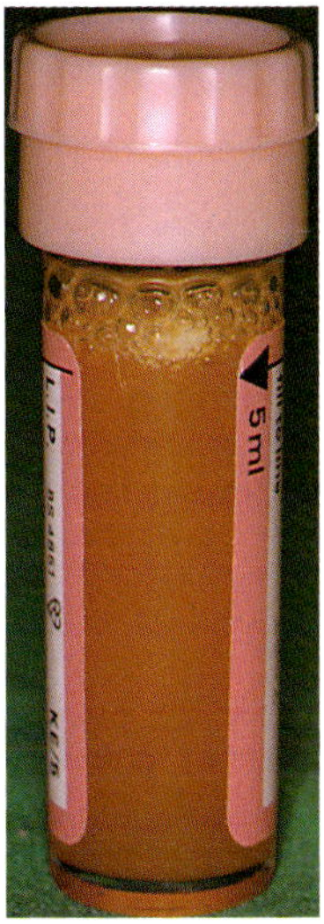

Abb. 18 b

22 Worin unterscheiden sich die voluminösen Synoviaproben in Abb. 18 a und 18 b? Welche weiteren Untersuchungen sind angeraten?

23 Ein schwerer fünfjähriger Warmblutwallach geht seit einigen Wochen hinten links lahm. Die Sprunggelenkbeugeprobe ist deutlich positiv.

(a) In welchem Strahlengang werden die Röntgenbilder angefertigt?

(b) Welchen Strahlengang zeigen Abb. 19 a und 19 b? Beschreiben Sie die röntgenologischen Veränderungen.

(c) Welcher weitere Strahlengang wäre sinnvoll?

(d) Wie kann man die klinische Bedeutung der röntgenologischen Veränderungen abklären?

(e) Was ist vermutlich die Ätiologie der Veränderungen?

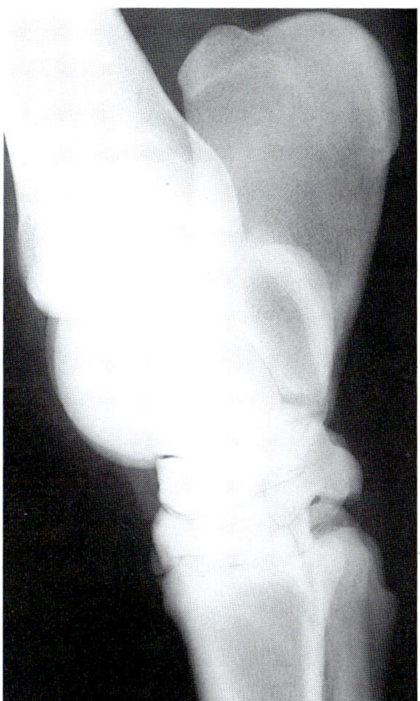

Abb. 19 a

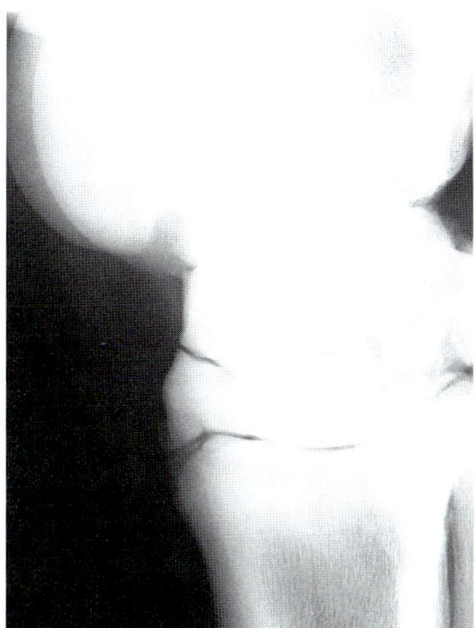

Abb. 19 b

24 Wie kann man eine Endometritis durch fakultativ-pathogene Erreger
(a) verdachtsweise erkennen?
(b) diagnostizieren?
(c) verhindern?
(d) behandeln?

25 Ein termingerecht geborenes Vollblutfohlen liegt zwölf Stunden nach der Geburt mit Krampfanfällen in der Box. Die Geburt war normal verlaufen; das Fohlen hatte nach zwei Stunden getrunken. Mittlerweile liegt die Körpertemperatur bei 40,5 °C; die Herzfrequenz beträgt 160/min; die Atmung ist flach, die Atemfrequenz ist 80/min. Die Schleimhäute sind schmutzig-blau verfärbt.
(a) Wie sieht die Erstversorgung aus?
(b) Wie verläuft die weitere Diagnostik?
(c) Welche Erkrankungen kommen differentialdiagnostisch in Betracht?
(d) Wie ist bei den jeweiligen Erkrankungen die Prognose?

26 (a) Handelt es sich bei dem Retinabefund in Abb. 20 (Vollblüter, achtjährig) um einen Normalbefund?
(b) Welches sind die auffälligsten ophthalmoskopischen Veränderungen?

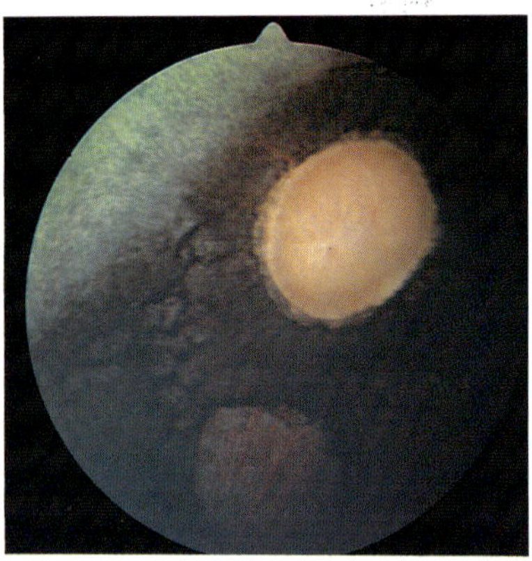

Abb. 20

27 Ein zehnjähriger Vielseitigkeitswallach wird mit einer rezidivierenden Lahmheit, die seit drei Jahren sporadisch auftritt, vorgestellt. Der Lahmheitsgrad reichte von kaum feststellbar bis geringgradig bei leichter Arbeit, verstärkte sich aber nach mehrtägigen Veranstaltungen. Ruhigstellung ließ die Beschwerden vorübergehend verschwinden; seit der letzten starken Beanspruchung blieb die Lahmheit allerdings bestehen. Die Gliedmaße wird in Schonhaltung aufgesetzt. Von hinten erscheint die Fessel etwas verdickt. Die Blockade des N. palmaris bringt eine Besserung, aber keine völlige Beschwerdefreiheit. Abb. 21 zeigt das Röntgenbild.

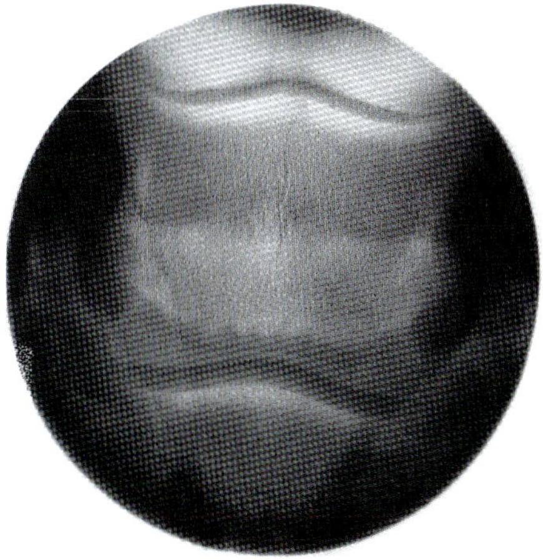

Abb. 21

(a) In welchem Strahlengang muß geröntgt werden?
(b) Beschreiben Sie den röntgenologischen Befund von Abb. 21.
(c) Wie interpretieren Sie diesen Befund?
(d) Wie sieht die weitere Diagnostik aus?

28 Bei dem Pferd von Abb. 22 wurde zunächst eine (tiefe) Palmarisanästhesie durchgeführt. Der nächste Schritt ist auf dem Bild dargestellt.
(a) Welche Erkrankung kann man jetzt schon weitgehend ausschließen?
(b) Wie nennt sich die im Bild gezeigte Anästhesie?
(c) Wie sieht der nächste diagnostische Schritt aus, wenn die hier gezeigte Anästhesie ebenfalls negativ verläuft?

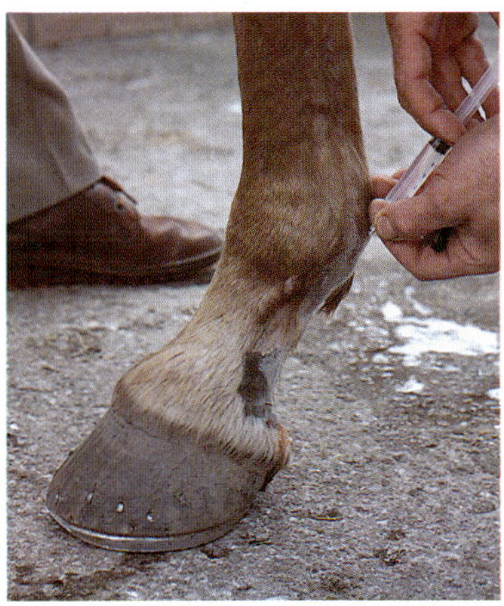

Abb. 22

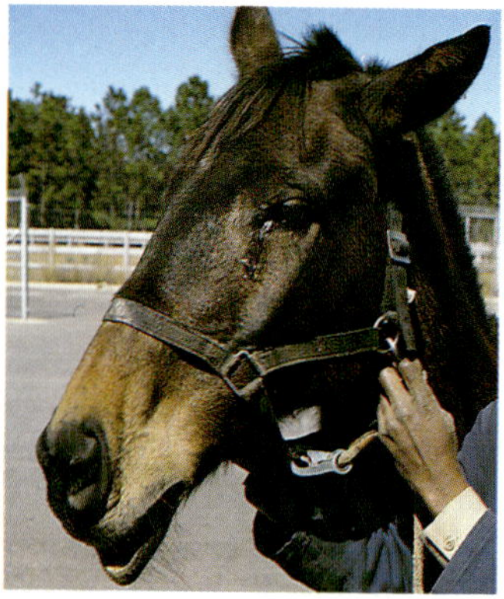

29
(a) Welche Symptome erkennen Sie auf Abb. 23?
(b) Wie lautet die Diagnose?
(c) Welche Faktoren haben Einfluß auf die Prognose?

Abb. 23

30 Eine elfjährige Stute verliert seit neun Wochen ständig an Gewicht und ist apathisch. Die submandibularen Lymphknoten und die Speicheldrüsen sind stark geschwollen (Abb. 24). Die zunächst fiebrige Erkrankung (39,9 °C) wurde als Druse (Streptococcus equi- Infektion) diagnostiziert. Seit einigen Wochen sind ein zirpendes Atemgeräusch und leichte Schluckbeschwerden festzustellen. Endoskopisch finden sich im oberen Atmungstrakt knotige Schwellungen der Schleimhaut von Nase, Pharynx und Larynx.
(a) Wie lauten die Differentialdiagnosen?
(b) Wie geht man diagnostisch weiter vor?

Abb. 24

31 Eine zirkulär verlaufende Schälwunde hat zu einem massiven Hautverlust proximal am Metatarsus geführt (Abb. 25). Angenommen, die Blutversorgung der distalen Gliedmaße ist intakt, und Sehnen, Bänder und Gelenke sind nicht betroffen:
(a) Welche Behandlungsmethode bietet sich an?
(b) Wo entnimmt man – unter kosmetischen Gesichtspunkten – am besten Haut für die Transplantation?

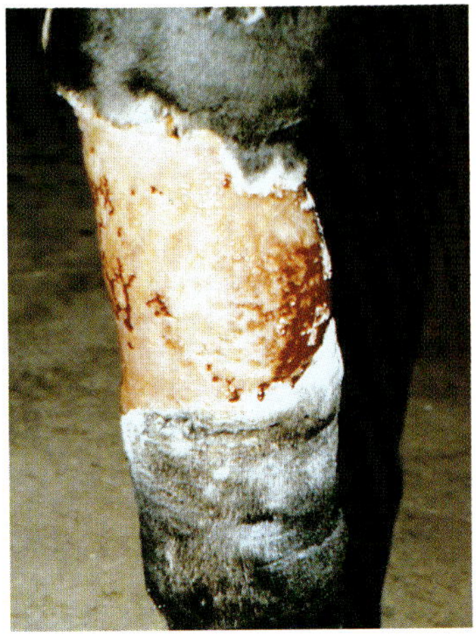

Abb. 25

32 Ein elfjähriger Hunterwallach hat den ganzen Tag über Kolikschmerzen und nur wenig Kot abgesetzt. Buscopan compositum kann die Schmerzen nur kurzfristig unterdrücken. Die Herzfrequenz ist 44/min, Schleimhäute sind unauffällig, die Darmgeräusche reduziert. Der Hämatokrit liegt bei 45%. Bei der Parazentese tritt reines Blut zutage. Rektal erscheint die Milz nach ventral und kaudal verlagert. Quer durch die Bauchhöhle zieht ein Strang fester bandartiger Gebilde, der nach vorne oben links zusammenläuft (Abb. 26). Der Strang ist in der Nähe der linken Niere eigenartig verankert. Das straff gespannte Milz-Nierenband ist vom dorsalen Ende der Milz nicht zu ertasten, jedoch in vertikaler Richtung vom kaudalen Ende der linken Niere. Das große Kolon ist aufgegast und angeschoppt.
(a) Wie lautet Ihre Diagnose?
(b) Welches Vorgehen empfehlen Sie?
(c) Gibt es Alternativen? Beschreiben Sie die einzelnen Schritte der konservativen Behandlungsmethode.
(d) Wie ist die Prognose?
(e) Wieso tritt bei der Parazentese reines Blut zutage?

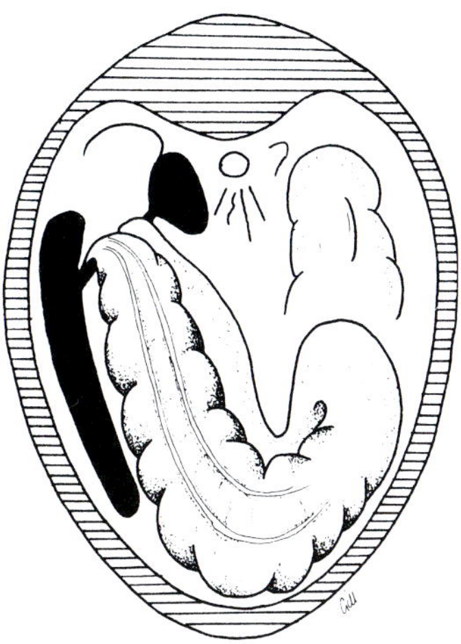

Abb. 26

33 Ein Pferdehalter will sich über den Proteinbedarf für Jungpferde und Pferde im Training informieren.

(a) Wieviel Gesamteiweiß darf die Ration enthalten?
(b) Ist eine Eiweißüberfütterung gefährlich?
(c) Spielt die Herkunft des Eiweißes eine Rolle?
(d) Kann ein Pferd Nicht-Protein-Stickstoff verwerten?

34 Ein dreijähriger Vollblutwallach hat Husten und beidseitigen, übelriechenden Nasenausfluß, der zeitweise blutig verfärbt ist. Das Pferd ist fiebrig (39,4 °C) und hat eine mittelgradige in- und exspiratorische Dyspnoe. Endoskopisch sieht man eine Eiteransammlung im rechten Bronchialbaum. Das Röntgenbild des Thorax zeigt eine Veränderung im kaudodorsalen Lungenbezirk (Abb. 27).

(a) Wie ist die Verdachtsdiagnose?
(b) Wie ist der weitere Untersuchungsgang?

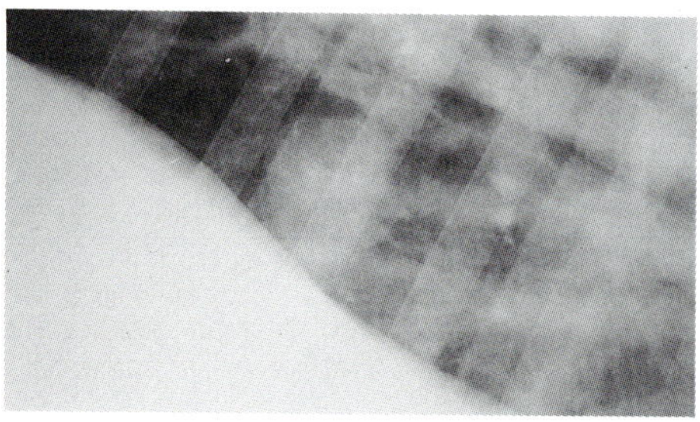

Abb. 27

35 Ein Wallach wird sechs Stunden nach einer unbedeckten Stehendkastration vorgestellt. Er hat Kolikschmerzen und eine starke Schwellung im Skrotalbereich (Abb. 28).

(a) Wie lautet die Diagnose?
(b) Welche chirurgischen Überlegungen müssen sofort angestellt werden?
(c) Wie lassen sich solche Zwischenfälle vermeiden?

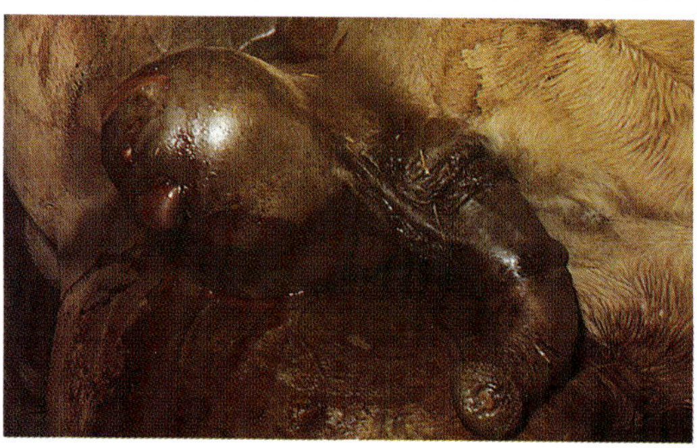

Abb. 28

Abb. 29

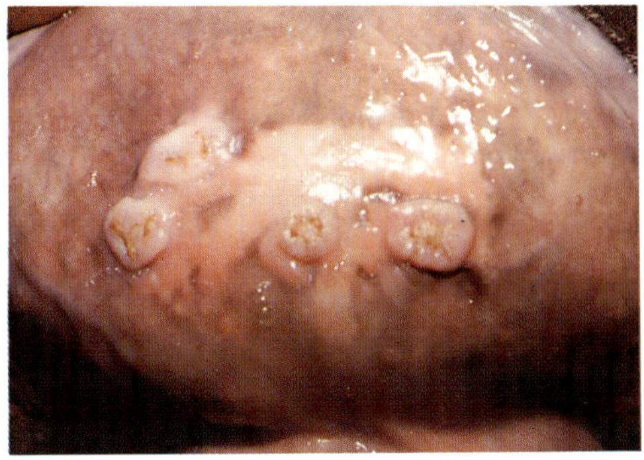

36 (a) Wie lassen sich die Läsionen der Mundschleimhaut (Abb. 29) erklären?
(b) Sind sie von besonderer klinischer Bedeutung?

37 Ein zweijähriger Vollblüter zeigte bald nach Beginn des Trainings Atemnot, inspiratorische Atemgeräusche und sporadischen Husten. Sechs Monate später wird das Pferd zur Untersuchung vorgestellt. Es hat sogar in der Ruhe ein scharfes inspiratorisches Atemgeräusch, vergleichbar einem Kehlkopfpfeifer.Im Halsbereich vibriert die Trachea. Die Endoskopie zeigt eine Sekretansammlung im oberen Abschnitt der Trachea. Besonders fällt eine Verengung dorsoventral in Höhe der Brustapertur auf. Sie ist etwa 15 cm lang (Abb. 30). Im weiteren Verlauf sind Trachea und Hauptbronchien normal.
(a) Wie kann es zu dieser Veränderung kommen?
(b) Ist eine Behandlung denkbar?

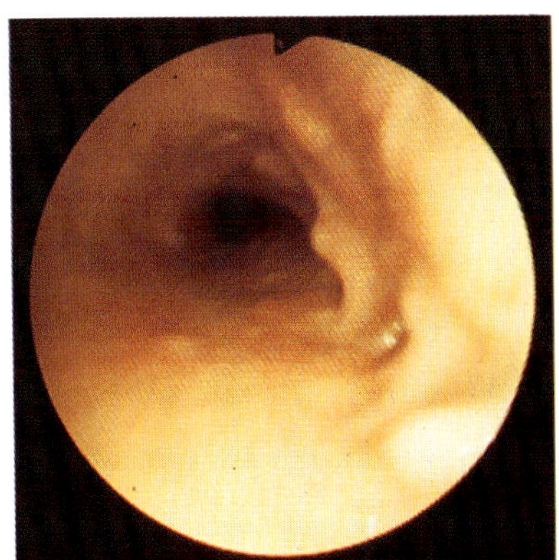

Abb. 30

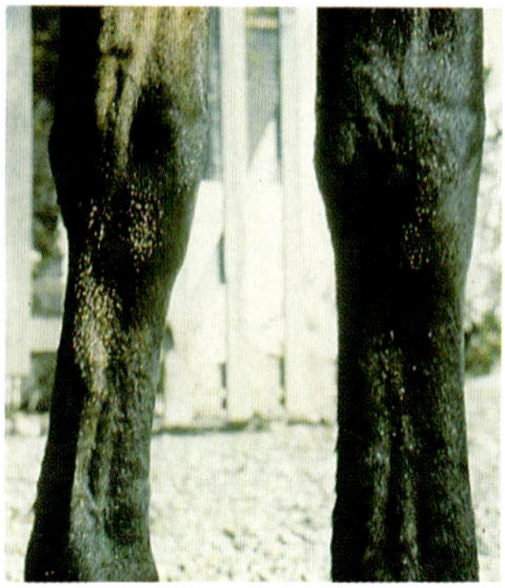

38
(a) Was sind die gelben Gebilde an der Vordergliedmaße (Abb. 31)?
(b) Sind sie von klinischer Bedeutung?
(c) Was gibt es zu tun?

Abb. 31

39 Man stellt Ihnen einen fünfjährigen schweren Kaltblutwallach vor. Auf den unpigmentierten Bezirken der Oberlippe haben sich warzige Erhebungen gebildet, die keine Heilungstendenz zeigen (Abb. 32).
(a) Was kommt differentialdiagnostisch in Betracht?
(b) Wie kann man die Diagnose absichern?

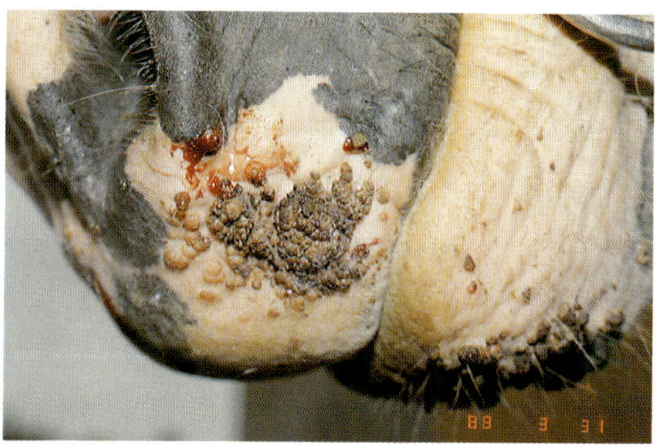

Abb. 32

40 Bei der rektalen Untersuchung eines Eierstocks spannt die Stute die Muskulatur in der Flanke an und hebt das gleichseitige Hinterbein. Wieso?

Abb. 33

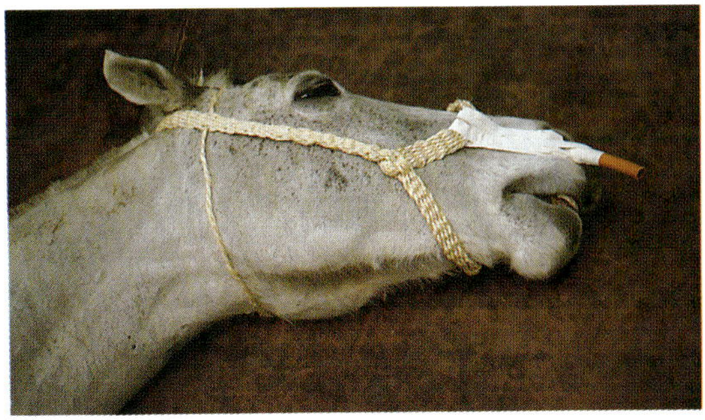

41 Das Pferd in Abb. 33 befindet sich in der Aufwachphase nach einer 60 minütigen Operation in Rükenlage.
(a) Was sieht man auf dem Bild?
(b) Nennen Sie zwei Gründe für das gezeigte Vorgehen.

42 Ein Jährlingshengst wird mit steifer Hintergliedmaße und beidseitig umfangsvermehrten Femoropatellargelenken vorgestellt. Das Röntgenbild zeigt eine abgeflachte Kontur des lateralen Rollkammes des Femurs mit mineralisierten Auflagerungen. Abb. 34 zeigt das arthroskopische Bild des lateralen Rollkammes.
(a) Wie lautet die Diagnose?
(b) Was ist zur Zeit die Therapie der Wahl?
(c) Wie sinnvoll ist eine solche Behandlung?

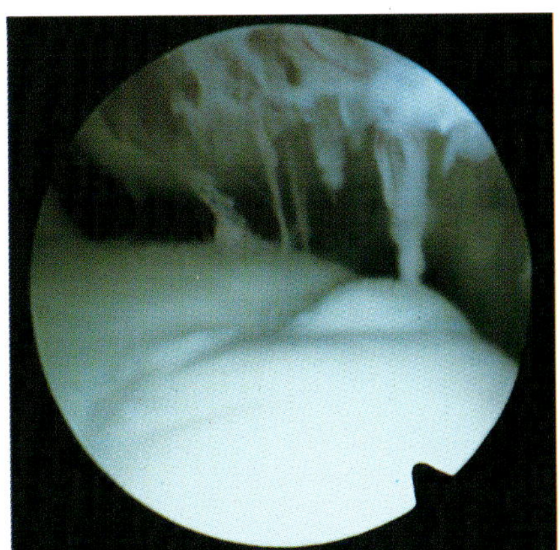

Abb. 34

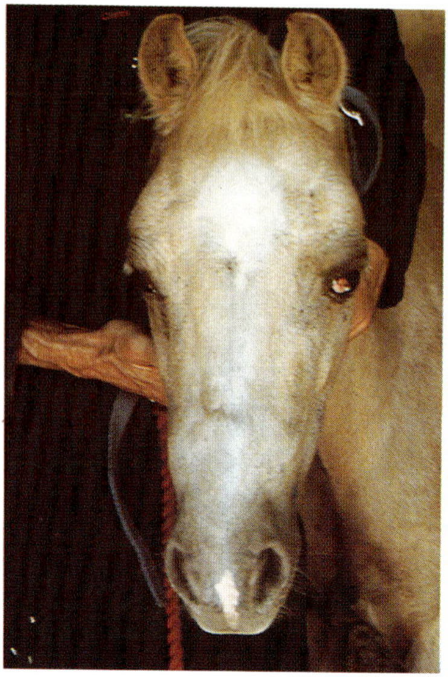

Abb. 35

43 Das in Abb. 35 gezeigte Symptom hat sich im Laufe einiger Monate entwickelt.
(a) Beschreiben Sie den Befund.
(b) Was sind die Ursachen?
(c) Welche weiteren diagnostischen Schritte sind ratsam?

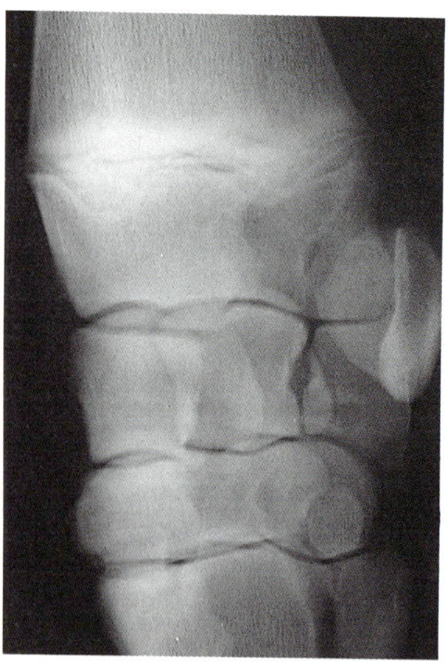

Abb. 36

44 Ein siebenmonatiges Vollblutfohlen lahmt seit einigen Wochen vorne links. Unabhängig von der Belastung war die Lahmheit unterschiedlich stark ausgeprägt. Der linke Vorderhuf ist enger und steiler als der rechte. Die diagnostische Anästhesie distal des Karpus verläuft negativ. Das Karpalgelenk wird geröntgt.
(a) Welchen Strahlengang sieht man in Abb. 36?
(b) Beschreiben Sie die Einzelheiten.
(c) Wie sind diese klinisch einzustufen?

45 Sie vermuten bei einem Pferd aufgrund der klinischen Untersuchung und der Laborwerte einen Leberschaden. Eine Leberbiopsie scheint indiziert.
(a) Wie heißt die Biopsienadel (Abb. 37)
(b) Welchen Zugang wählt man für die Biopsie?
(c) Was muß bei einer Leberbiopsie besonders beachtet werden?

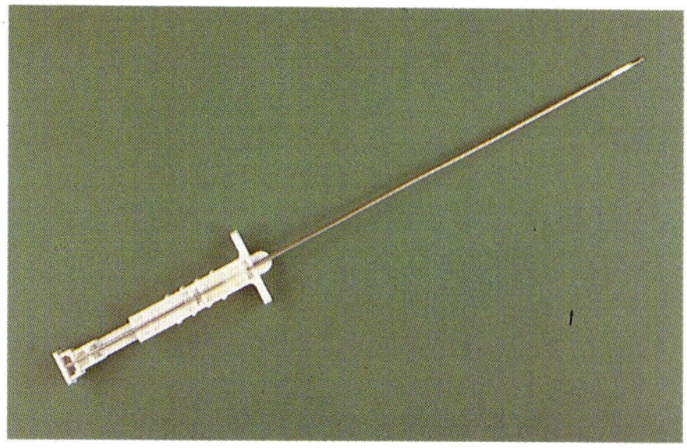

Abb. 37

46
(a) Welche Bakterien verursachen am häufigsten eine Endometritis bei der Stute? Welche Umstände begünstigen die Entstehung?
(b) Aus einem Uterustupfer werden auf Blutagar gewölbte, unpigmentierte Kolonien angezüchtet, die an Staphylokokken erinnern. Die Färbung mit Test-Simplets zeigt Abb. 38 a. Um welchen Erreger handelt es sich?
(c) Bei einer Routineuntersuchung einer Stute, die bedeckt werden soll, wird schleimige Flüssigkeit im Uterus festgestellt. Bei der Anzüchtung auf Blutagar wächst großflächig eine federflaumähnliche Struktur. Die Färbung mit Methylenblau zeigt Abb. 38 b.
Um welchen Erreger handelt es sich?

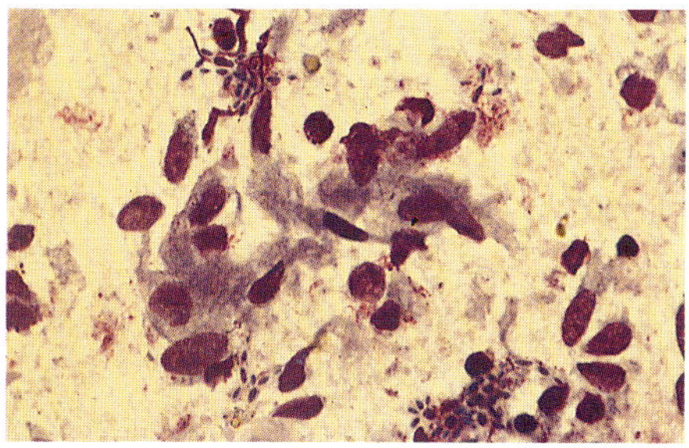

Abb. 38a

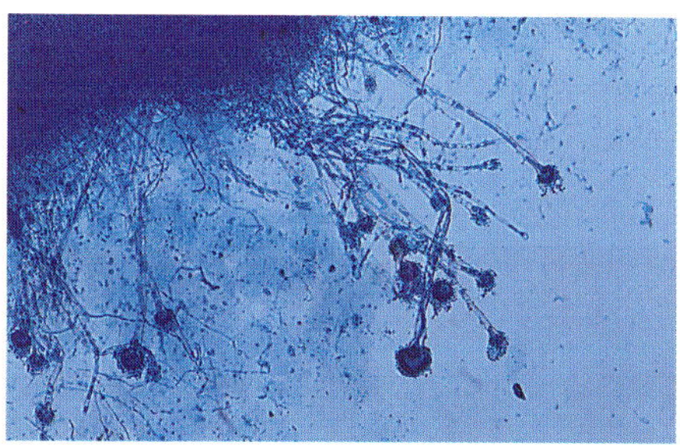

Abb. 38b

Abb. 39

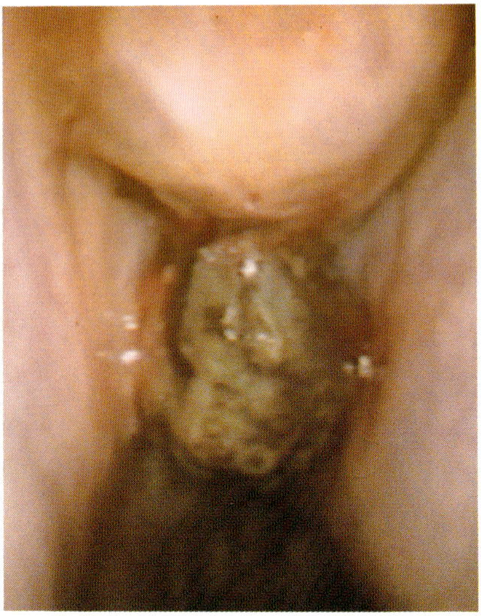

47 Abb. 39 zeigt das endoskopische Bild aus der Nasenhöhle eines alten Pferdes. Es hat seit einigen Monaten hin und wieder Nasenbluten aus dem rechten Nasenloch.
(a) Um welche Veränderung handelt es sich?
(b) Wie kann man sie behandeln?
(c) Wie ist die Prognose?

48 Dieses elfmonatige Vollblutfohlen (Abb. 40 a und b) war bei der Geburt vollkommen normal. Nun kann es kaum noch gehen.
(a) Wie lange könnte die Erkrankung schon bestehen?
(b) An welcher Gliedmaße begann das Problem?
(c) Welches sind die Differentialdiagnosen der Primärerkrankung?
(d) Gibt es ein Sekundärproblem? Warum kann es sich entwickeln?

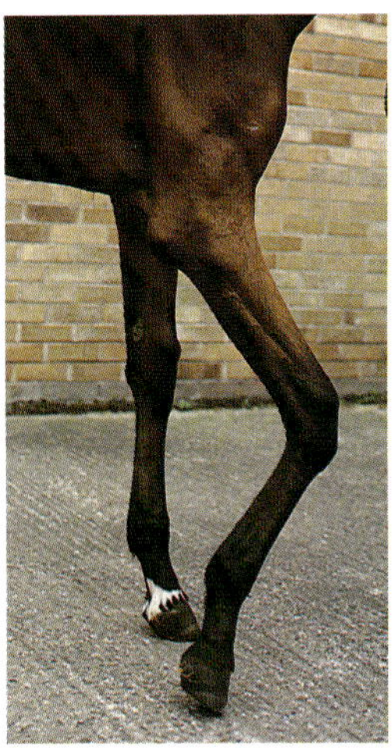

Abb. 40a

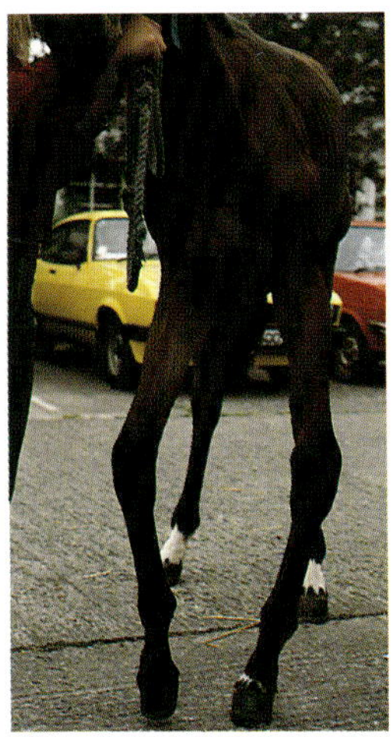

Abb. 40b

49 Eine 17jährige Cobstute hat seit neun Monaten rezidivierende Kolikschübe. Sie nehmen an Häufigkeit und Intensität zu. Während des Kolikanfalls sind bei der rektalen Untersuchung die Dünndarmschlingen etwas gespannt; in schmerzfreien Perioden ist die rektale Untersuchung ohne besonderen Befund. Bei einer Probelaparotomie finden sich drei feste ringförmige Verdickungen im Jejunum; viele Mesenteriallymphknoten sind vergrößert. Weitere Veränderungen sind nicht festzustellen.
(a) Wie können diese Veränderungen entstehen?
(b) Wie ist die Prognose?

50
(a) Welche Symptome zeigt das Pferd in Abb. 41?
(b) Einige Pferde des Gestüts waren lahm und inappetent. Haben sie eventuell die gleichen Symptome wie das hier gezeigte Pferd?
(c) Wie ist das weitere diagnostische Vorgehen?

Abb. 41

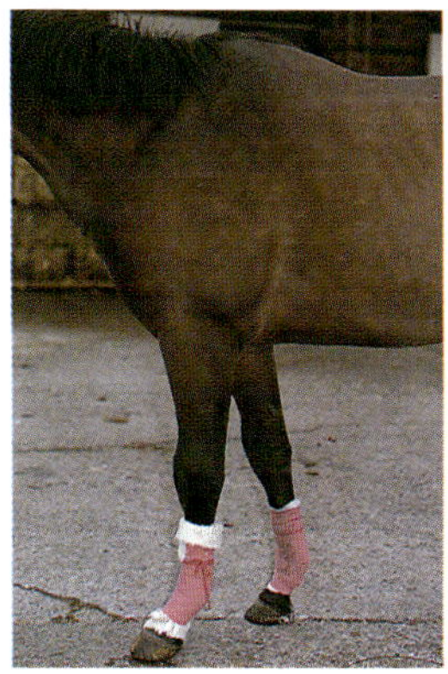

51 Bei einem siebenjährigen Wallach wurde ein Griffelbein entfernt. Am folgenden Tag zeigt er leichte Kolikerscheinungen. Appetit und Kotabsatz sind vermindert. Die Herzfrequenz ist 48/min, die Darmgeräusche sind vermindert, die Schleimhäute normal. Rektal findet man ein großes, festes Gebilde von knetbarer Konsistenz. Ein deutlich tastbares Band zieht dorsoventral ins vordere rechte Abdomen (Abb. 42). Das linke Abdomen erscheint leer. Die Schmerzen sprechen gut auf Analgetika an, kehren aber wenige Stunden später zurück. Bei einer weiteren rektalen Untersuchung wirkt das Gebilde wesentlich härter.
(a) Wie lautet die Verdachtsdiagnose?
(b) Welches Vorgehen empfehlen Sie?
(c) Welche Gefahr liegt in der konservativen Behandlung?
(d) Welche chirurgischen Möglichkeiten gibt es?

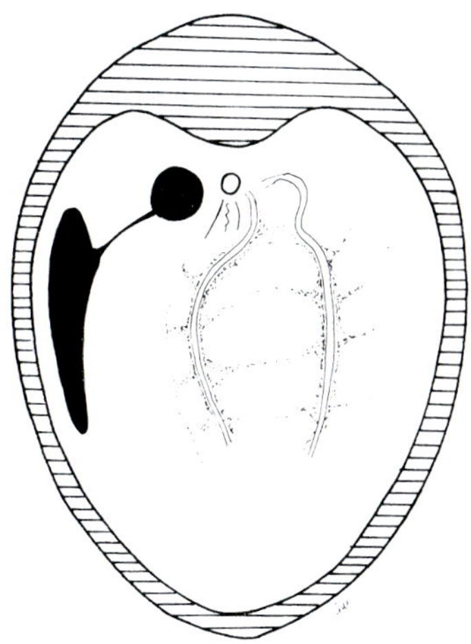

Abb. 42

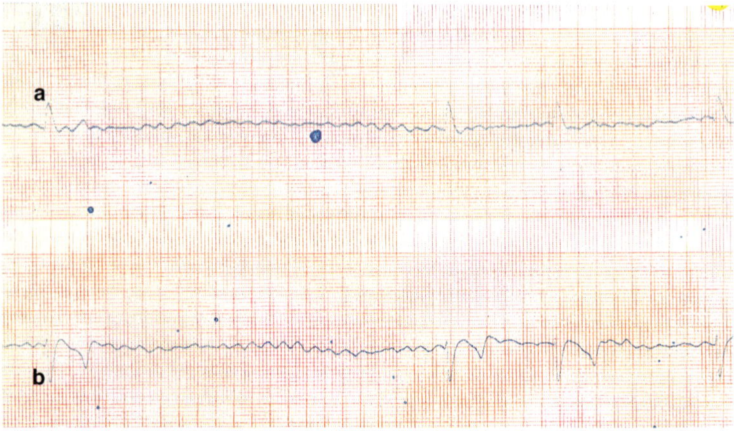

Abb. 43 a. (a) Ableitung Z, (b) Ableitung Y; Papiergeschwindigkeit 25 mm/s.

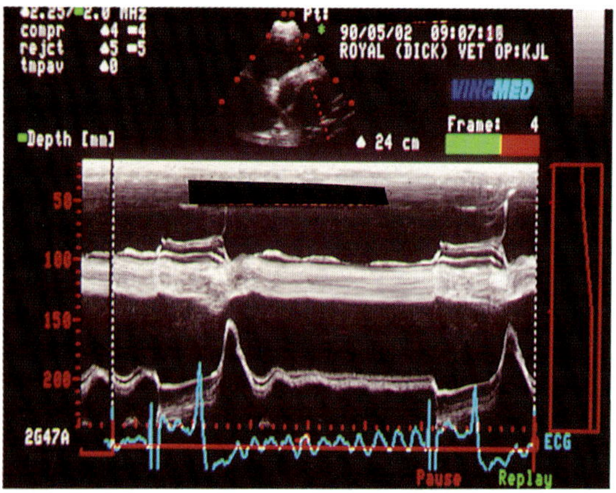

Abb. 43 b

52 Ein neunjähriges Jagdpferd wird vorgstellt. Der Vorbericht erwähnt Leistungsschwäche und Nasenbluten. Die Endoskopie der Atemwege ergibt keine auffälligen Besonderheiten.

(a) Was zeigt das EKG in Abb. 43 a?

(b) Was zeigt das Echokardiogramm im M- Mode hinsichtlich der Mitralklappe (Abb. 43 b)?

(c) Wie sieht die Behandlung aus?

(d) Mit welcher weiteren Untersuchung kann man abklären, ob eine Behandlung erfolgversprechend ist?

53 Abb. 44 zeigt das endoskopische Bild des Kehlkopfes eines vierjährigen Rennpferdes. Seit einem Monat hat es unter Belastung ein pfeifendes Atemgeräusch.
(a) Was ist die Ursache für das Atemgeräusch?
(b) Welche Therapie empfehlen Sie?

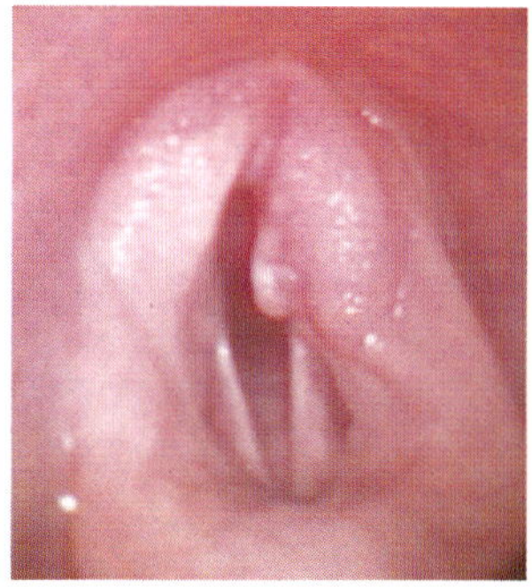

Abb. 44

54 Diese Stute (Abb. 45) blieb vor drei Monaten bei einem Unfall über dem Hindernis hängen. Es entwickelte sich ein Unterbauchödem.
(a) Wie lautet Ihre Diagnose, und wie kann man diese absichern?
(b) Welche chirurgische Versorgung bietet sich an?
(c) Welches Nahtmaterial empfehlen Sie?

Abb. 45

Abb. 46

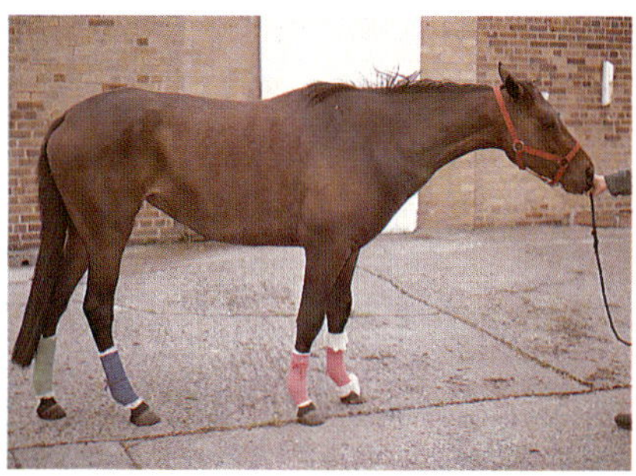

55 Dieser siebenjährige Wallach (Abb. 46) wurde wegen dramatischen Gewichtsverlustes vorgestellt.
(a) Wie erklärt sich die Lokalisation der Ödeme?
(b) Wie ändert sich die Körpertemperatur?

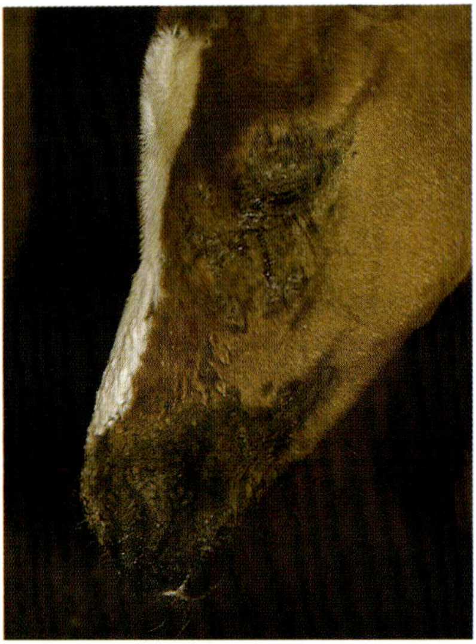

Abb. 47

56 Dieses vier Wochen alte Araberfohlen wurde termingerecht geboren. Die erste Milch nahm es nach zwei Stunden auf. Seit einer Woche leidet es an chronischem Durchfall, Dyspnoe und beidseitigem eitrigem Nasenausfluß.
Hinzu kommen Fieberschübe (bis 38,9 °C), Gewichtsverlust und krustige Auflagerungen mit Haarverlust (Abb. 47). Das Fohlen ist
mit diversen Antibiotika, oraler Elektrolyt- und Flüssigkeitszufuhr und Kaolin/Pektin vorbehandelt.
Röntgenaufnahmen vom Thorax zeigen eine leichte Verschattung im ventralen Lungenbezirk.
Laborbefunde:

Hämatokrit		32	(30–42)
Gesamtleukozyten	$\times 10^9$ /l	8,8	(5,9–8,7)
Neutrophile	$\times 10^9$ /l	7,8	(1,1–7,5)
Lymphozyten	$\times 10^9$ /l	0,2	(0,8–4,8)

Kot: massenhaft Oozysten von Kryptosporidien.
Trachealsekret: Streptococcus zooepidemicus.
Hautgeschabsel: Dermatophilus congolensis.
(a) Wie lautet Ihre Verdachtsdiagnose? Wie kann sie abgesichert werden?
(b) Erörtern Sie die Ätiologie der einzelnen klinischen Befunde.

57 Gibt es einen vernünftigen Grund, einer nichttragenden Stute Blut zur Progesteronbestimmung zu entnehmen?

58 Eine zwölfjährige Zuchtstute hat eine Drahtverletzung an Kronsaum und Ballen. Die Verletzung heilte zunächst. Dann trat eine Lahmheit auf, und es bildete sich reichlich Granulationsgewebe (Abb. 48).
(a) Welche Ursachen können vorliegen?
(b) Welche Therapie kommt in Betracht?
(c) Wie erfolgversprechend ist die Behandlung?

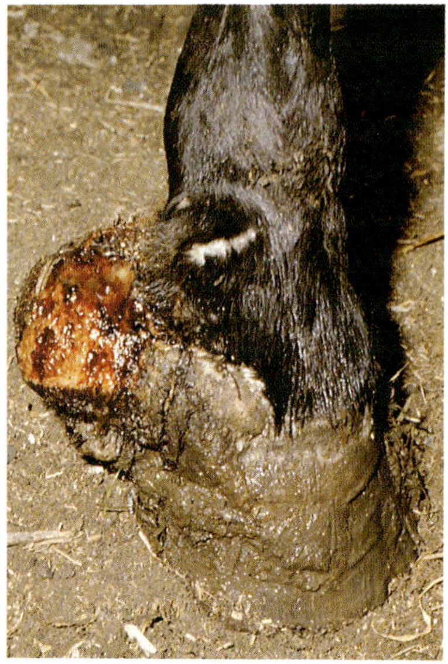

Abb. 48

59
(a) Ist dieser Retinabefund (Abb. 49) normal?
(b) Welches sind die hervorstechenden ophthalmoskopischen Befunde?

Abb. 49

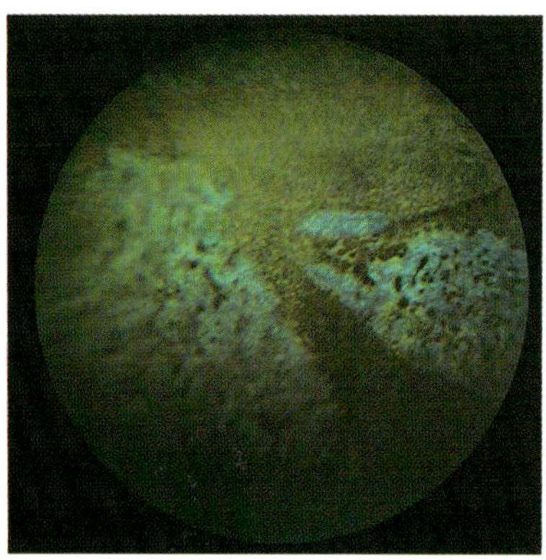

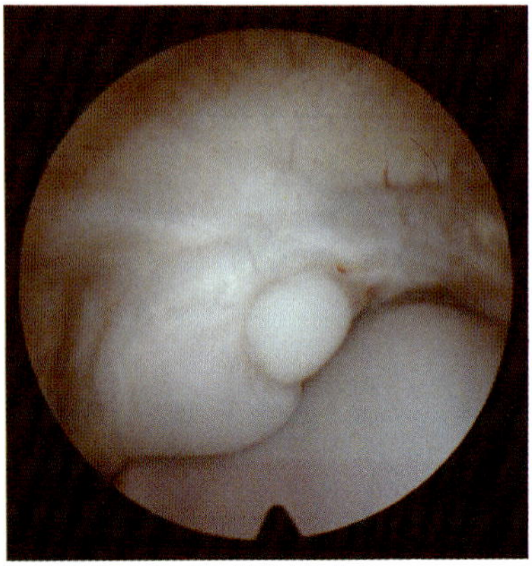

Abb. 50

60 Abb. 50 zeigt das arthroskopische Bild einer Osteochondrosis dissecans des medialen Malleolus der Tibia bei einem Jährling.
(a) Welchen Strahlengang braucht man, um die Veränderungen röntgenologisch darzustellen?
(b) Zählen Sie die Lokalisationen der O. d. im Tarsalgelenk in der Reihenfolge ihrer Häufigkeit auf.

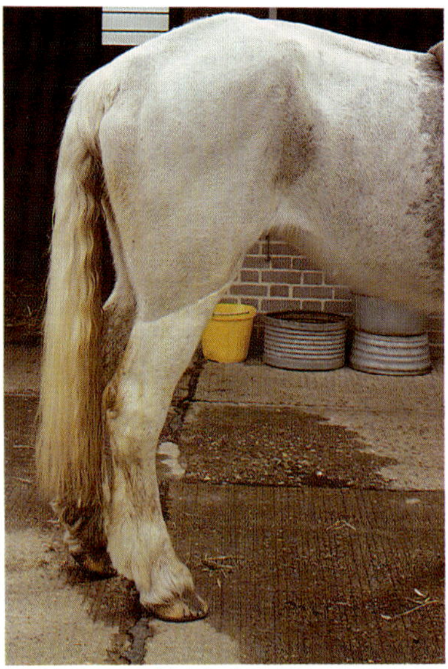

Abb. 51

61 Das Pferd in Abb. 51 hatte vor drei Wochen eine Infektion der oberen Atemwege, von der es sich gut erholt hat. Jetzt ist der Schweif schlaff; Urin und Kot haben Schweif und Sprunggelenk verunreinigt. Die Muskulatur der Hinterhand wird atrophisch.
(a) Welches sind die Differentialdiagnosen?
(b) Stehen Vorbericht und Status praesens im Zusammenhang?
(c) Wie sieht die Prognose aus?

62 Eine vierjährige Ponystute verliert seit 5 Wochen ständig an Gewicht, ist apathisch und bildet ein Unterbauchödem aus (Abb. 52). Der Appetit ist wechselhaft, die Kotkonsistenz normal. Die weitere klinische Untersuchung ist unauffällig. Im Blutlabor finden sich lediglich eine Hypoproteinämie und Hypoalbuminämie (Albumin 14,1 g/l) und eine erhöhte AP (1130 U/l). SDH, GLDH, γ-GT, AST, Harnstoff und Kreatinin sind im Normbereich. Der BSP-Clearance-Test verläuft normal, ebenso die Untersuchung von Urin und Peritonealflüssigkeit.
(a) Wie passen die Befunde diagnostisch zusammen?
(b) Wie sieht die weitere Diagnostik aus?

Abb. 52

63 Ein 15jähriges Reitpferd hat seit zwei Monaten Durchfall mit Gewichtsverlust. Abb. 53 zeigt das Ergebnis der Serumelektrophorese.
(a) Was ist auffällig im Diagramm?
(b) Wie lautet Ihre Verdachtsdiagnose?
(c) Wie kann man die Diagnose absichern?
(d) Wie sehen die Behandlung und die Prognose aus?

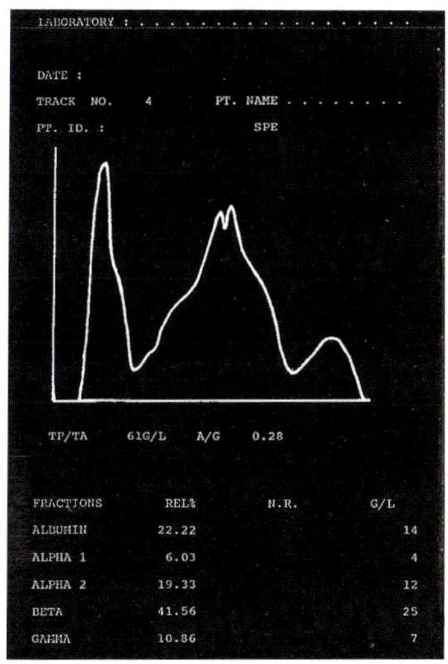

Abb. 53

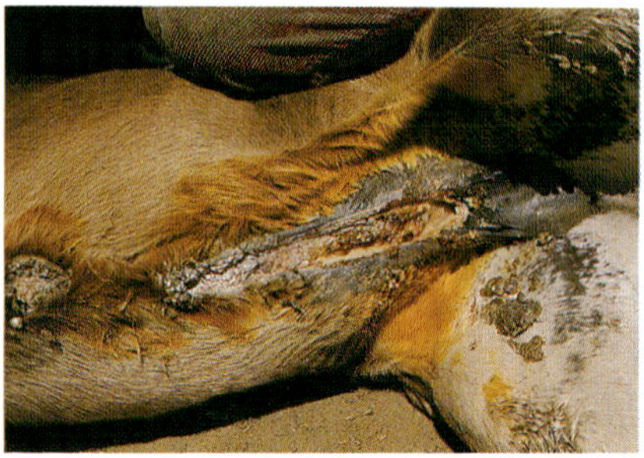

Abb. 54

64 Ein 14 Tage altes Fohlen mußte wegen einer Urachusruptur operiert werden. Der Urin drang in das Unterhautgewebe. Folglich heilte die Laparotomiewunde nicht (Abb. 54).
(a) Was ist zu tun?
(b) Wie groß ist die Gefahr eines Eingeweidevorfalls?

65 Ein dreijähriger Kaltbluthengst kommt vom Deckeinsatz zurück und zeigt plötzlich schwere Koliksymptome. Bei der Untersuchung vier Stunden später ist das Pferd in einem permanenten Schmerzzustand; die Herzfrequenz ist 80/min, die Schleimhäute sind rot injiziert. Darmgeräusche sind nicht zu hören. Beide Hoden sind palpierbar, erscheinen aber unterschiedlich groß. Die Peritonealflüssigkeit ist unauffällig.
(a) Was erwartet Sie bei der rektalen Untersuchung?
(b) Wie lautet die Diagnose?
(c) Warum ist die Peritonealflüssigkeit unverändert?
(d) Welche Therapie empfehlen Sie?

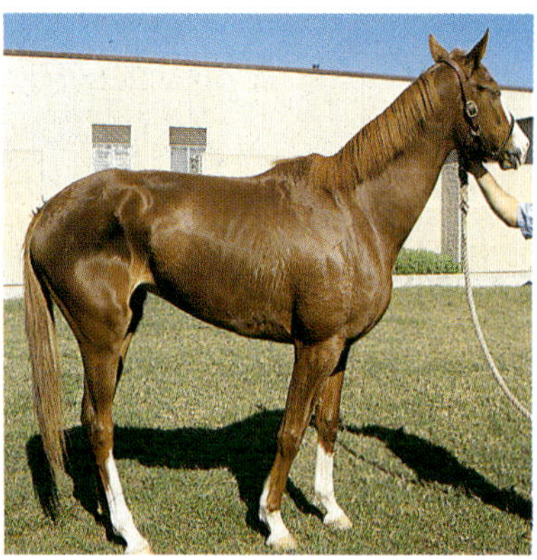

Abb. 55

66 Ein zweijähriger Vollblüter entwickelt bei Aufnahme des Trainings eine Atrophie des M. quadriceps (Abb. 55). Der Gang ist noch unauffällig. Einen Monat später atrophieren die Lendenmuskeln zwischen L 2 und L 6. Das Pferd zeigt eine Ataxie und Parese, die die rechte Körperhälfte stärker betrifft.
(a) Wo ist der Krankheitsherd lokalisiert?
(b) Was ist in der Regel die Ursache dieser Erkrankung?
(c) Wie sieht gegenwärtig die Therapie aus?

67 Nach einer intramuskulären Injektion im unteren Halsdrittel ist diese Schwellung eingetreten (Abb. 56).
(a) Wie kann man die Schwellung weiter untersuchen?
(b) Welche Komplikationen sind kurzfristig zu erwarten?
(c) Welche Komplikationen sind langfristig zu erwarten?

Abb. 56

68 Dieses elfmonatige Hengstfohlen ist seit dem Absetzen enorm gewachsen.
(a) Welche Symptome zeigt Abb. 57?
(b) Stehen diese Probleme in einem Zusammenhang?
(c) Welches sind höchstwahrscheinlich die Ursachen?
(d) Welchen Rat geben Sie dem Besitzer hinsichtlich Fütterung und Zucht?

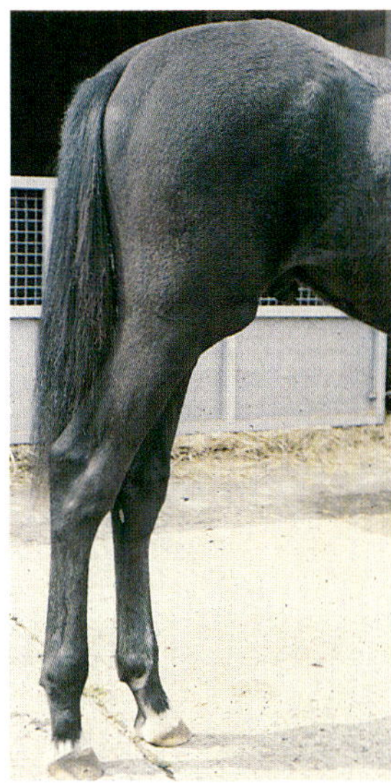

Abb. 57

69
(a) Welche Erreger gelten als obligat pathogen für das Genitale des Pferdes?
(b) Welche Symptome zeigen sich bei Stute und Hengst?
(c) Wie kann die Ausbreitung verhindert werden?

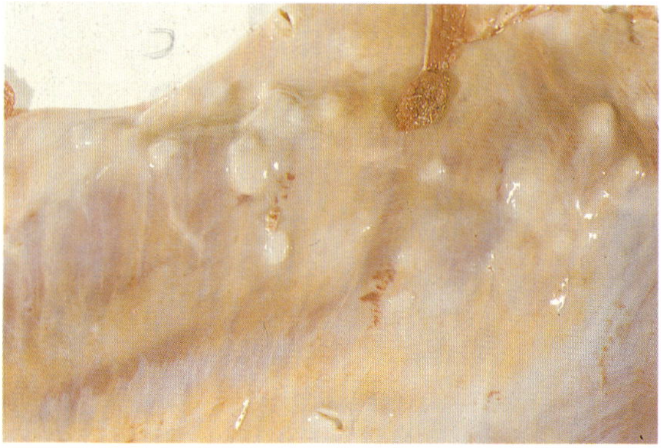

Abb. 58

70 So (Abb. 58) sieht das Peritoneum der Bauchwand eines Pferdes aus, das nach fünfmonatiger Krankheit euthanasiert wurde. Das Pferd litt an rezidivierenden Koliken und chronischem Gewichtsverlust.
(a) Wie kommt es zu diesen Veränderungen?
(b) Stehen diese in Zusammenhang mit der Erkrankung?

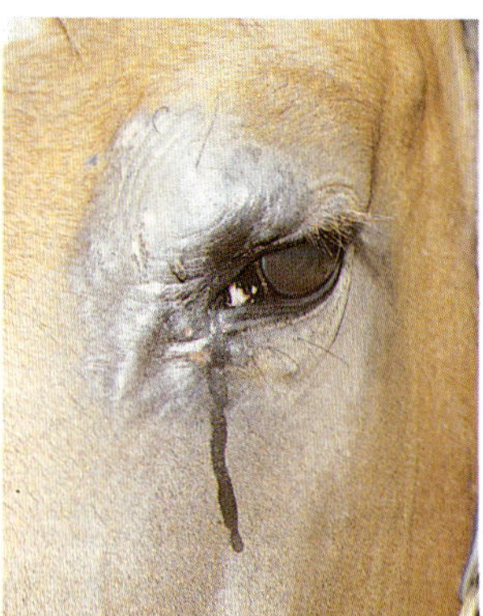

Abb. 59

71 Eine fünfjährige Zuchtstute hat Tränenfluß und ein haarloses, mäßig geschwollenes Oberlid. In der Unterhaut des Lides befinden sich mehrere kugelförmige Knoten (Abb. 59). Der Besitzer sucht Ihren Rat.
(a) Was sind die Differentialdiagnosen?
(b) Wie kann man die Diagnose absichern?
(c) Welche Gefahr birgt dies in sich?
(d) Welche Behandlungsmöglichkeiten gibt es?

72 Beim Legen eines Venenkatheters traten Probleme auf. Der Katheter wurde zurückgezogen und zeigte nebenstehendes Bild (Abb. 60).
(a) Wie konnte es dazu kommen?
(b) Was hätte passieren können, wenn man den Katheter hätte liegen lassen?

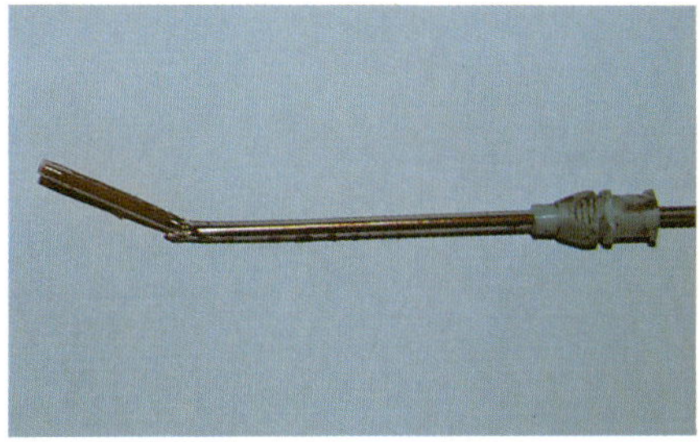

Abb. 60

73 Manchmal bereitet die rektale Untersuchung der Eierstöcke Probleme. Man findet zwar das Ovar und kann es mit den Fingerspitzen palpieren; die Konturen sind aber schwierig zu ertasten. Wieso?

74 Dieser Jährlingshengst (Abb. 61) hat eine Schwellung im Bereich des Nabels.
(a) Nach welchen Kriterien werden solche Hernien klassifiziert?
(b) Welche weiteren Aspekte haben Einfluß auf die chirurgische Versorgung?
(c) Welche chirurgische Technik wird angewandt?
(d) Welche zuchthygienische Bedeutung hat die Hernia umbilicalis?

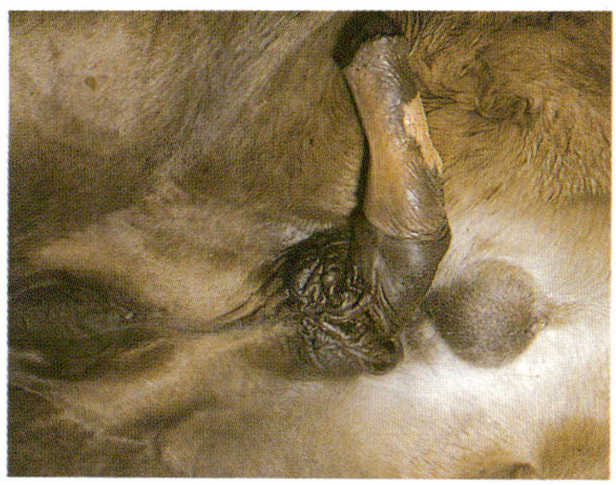

Abb. 61

75 Welche Bedeutung hat die Bestimmung von Estronsulfat im Blut trächtiger Stuten? Wie sieht der Vergleich mit dem Östrogen im Harn aus?

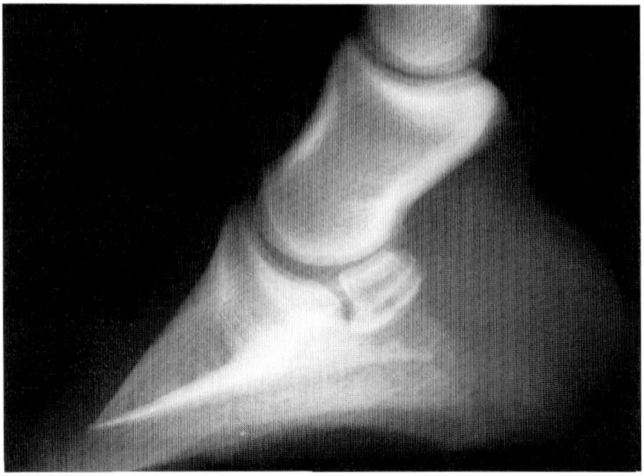

Abb. 62a

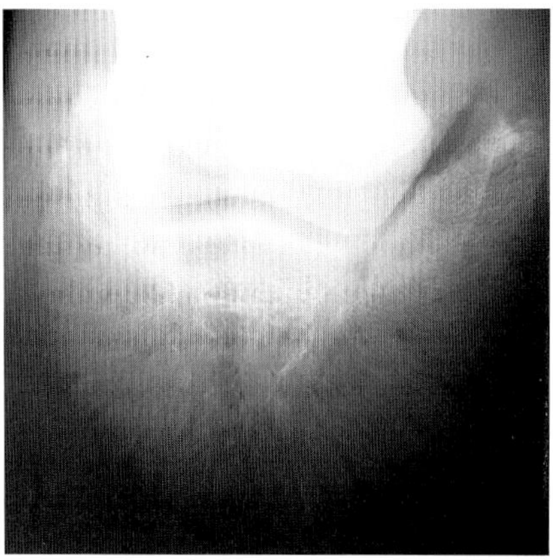

Abb. 62b

76 Ein neunjähriger Wallach zeigt eine akute hochgradige Lahmheit der Vordergliedmaße. Die Arterien pulsieren mäßig. Druck mit der Hufuntersuchungszange im Bereich der medialen Strahlfurche verursacht eine starke Reaktion. Weitere Untersuchungen verlaufen negativ. Ein warmer Umschlag für drei Tage bringt keine Besserung. Die Palmarisanästhesie ist nur schwach positiv; eine Restlahmheit bleibt.

Abb. 62c

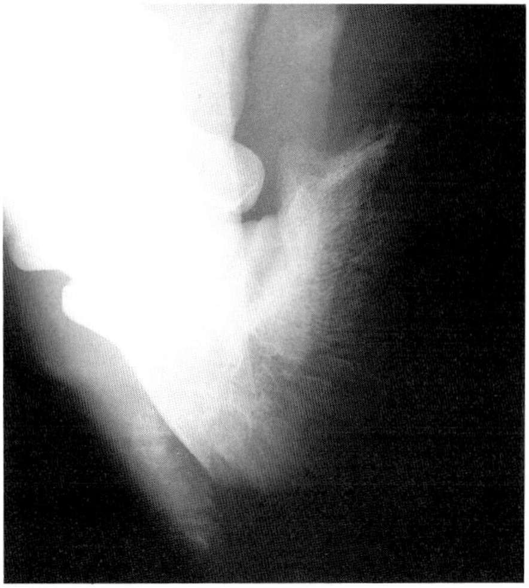

Abb. 62d

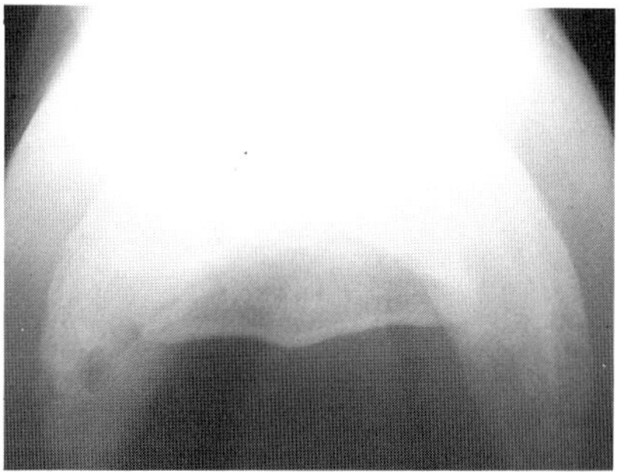

(a) In welchem Strahlengang wird der Huf geröntgt?
(b) Beschreiben Sie die Röntgenbefunde der Abb. 62 a–c.
(c) Welche zusätzliche Röntgenaufnahe ist sinnvoll?
(d) Beschreiben Sie den Röntgenbefund der Abb. 62 d.
Wie lautet ihre Diagnose? Wie sieht die Therapie aus? Wie ist die Prognose?

Abb. 63

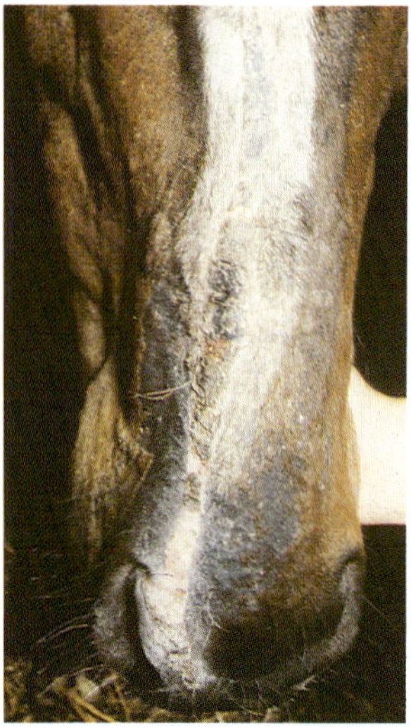

77 Das zehnjährige Pferd in Abb. 63 leidet seit vier Wochen an einer schmerzhaften Entzündung der Haut auf dem Nasenrücken und an den unpigmentierten Stellen der Fessel. Seit drei Monaten ist das Pferd apathisch und verliert an Gewicht.

(a) Um welche Dermatitis handelt es sich vermutlich? Wie wird sie verursacht?

(b) Erklären Sie die Pathogenese.

78 Bei diesem zehnjährigen Ponywallach traten vor einer Woche plötzlich eine Dyspnoe und Tachypnoe auf. Das subkutane Ödem am Brustbein besteht seit zwei Tagen (Abb. 64). Die klinische Untersuchung bestätigt die Tachypnoe (32/min); es liegt eine in- und exspiratorische Dyspnoe vor. Bei der Auskultation des Thorax hört man dorsal beidseits rauhe und pfeifende Atemgeräusche; ventral sind die Geräusche stark gedämpft. Die Perkussion des ventralen Thorax ergibt einen dumpfen Klang.

(a) Was ist vermutlich die Ursache der Dyspnoe?

(b) Was sind die Differentialdiagnosen? Wie geht man weiter vor?

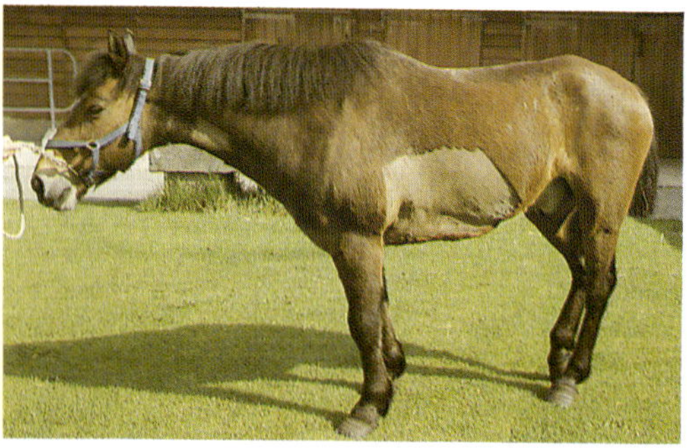

Abb. 64

79 In Abb. 65 sieht man das endoskopische Bild vom Kehlkopf eines vierjährigen Pferdes. Seit Trainingsbeginn hat es ein vibrierendes inspiratorisches Atemgeräusch. Welche Veränderungen sieht man? Welchen Rat geben Sie dem Besitzer?

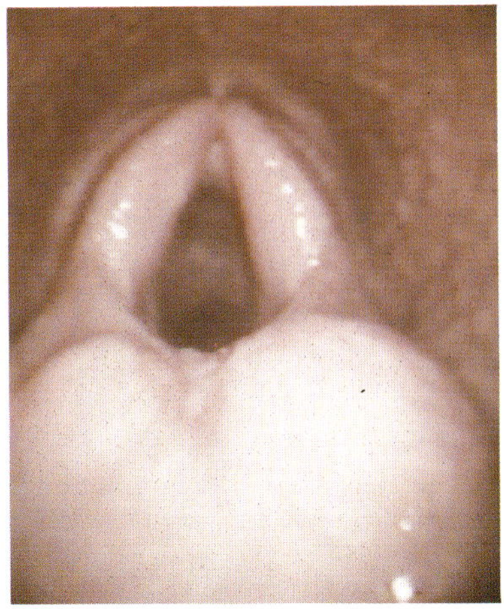

Abb. 65

80 Verletzungen am Sprunggelenk sind schwierig zu behandeln. Ein Kinderreitpony wird mit der gezeigten Verletzung vorgestellt (Abb. 66).
(a) Welches ist die kostengünstigste Behandlungsmethode?
(b) Wie lange zieht sich die Behandlung hin?
(c) Wird es langfristig Komplikationen geben?

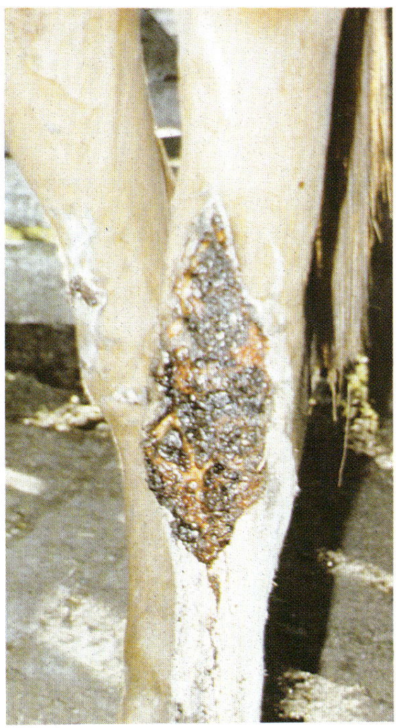

Abb. 66

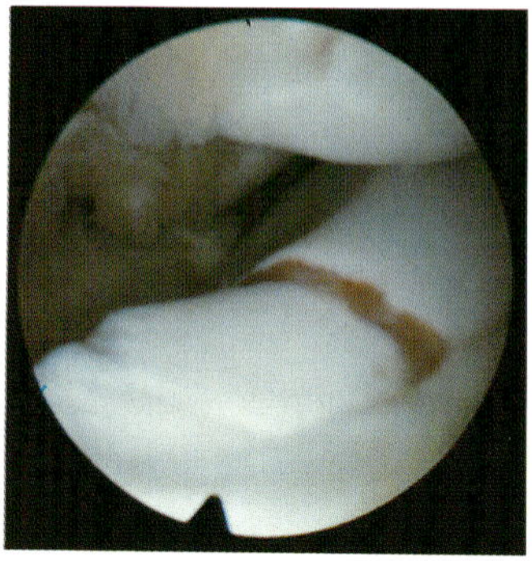

Abb. 67

81 Ein fünfjähriges Hindernisrennpferd ist im Ziel hochgradig lahm. Die Gliedmaße wird bandagiert; am nächsten Tag ist das Fesselgelenk stark geschwollen. Röntgenologisch diagnostiziert man eine Gleichbeinfraktur. Das arthroskopische Bild der Fraktur ist in Abb. 67 wiedergegeben.
(a) Wie entstehen solche Frakturen?
(b) Welche weiteren Untersuchungstechniken sind für die Prognose wertvoll?
(c) Unter welchen Voraussetzungen kann man das Bruchstück chirurgisch entfernen?

82 Abb. 68 zeigt das Sektionsbild der Kolonschleimhaut eines dreijährigen Vollblüters. Im März trat plötzlich schwerer Durchfall auf. Das Pferd fraß schlecht und hatte leichte Kolikanzeichen. Der Besitzer ließ das Pferd nicht tierärztlich behandeln, sondern obduzieren. Die Obduktion erfolgte 24 Stunden nach dem Tod.
(a) Wie lautet Ihre Diagnose?
(b) Wie kann man die Diagnose absichern?
(c) Was ist die Pathogenese der Erkrankung?

Abb. 68

83 Ihnen wird eine zweijährige Araberstute vorgestellt. Von Zeit zu Zeit sieht man eine rosafarbene, ballartige Struktur zwischen den Labien, vornehmlich im Liegen oder beim Urinabsetzen.
(a) Wie lautet die Diagnose? Wie sichert man die Diagnose ab? Wie sieht die Behandlung aus?
(b) Eine Stute hat in der Nacht unbeobachtet gefohlt. Sie blutet aus Anus und Vulva. 15 cm kranial des Dammes befindet sich eine Rißwunde zwischen Scheide und Rektum. Wie ist sie entstanden? Wie sieht die Erstversorgung aus? Wie sieht die endgültige Versorgung aus?

84 Blutentnahmeröhrchen haben verschiedenfarbige Stopfen. Ordnen Sie die Farben den entsprechenden Antikoagulantien zu: violett, blau, schwarz, rot, grün, gelb/EDTA, Na- Citrat 3,8%, NaF-Kaliumoxalat, Serumröhrchen ohne Antikoagulans, LithiumHeparin.
(Anm.: Die Farbzuordnung ist international nicht genormt.)

85 Bei der Obduktion einer vierjährigen Stute finden sich Veränderungen an der Mitralklappe (Abb. 69).
(a) Wie lautet die Verdachtsdiagnose?
(b) Welche Symptome hat die Stute vermutlich gehabt? Wie hätte man diese rechtzeitig diagnostizieren können?
(c) Wie hätte die Behandlung ausgesehen?
(d) Welche Faktoren bestimmen bei dieser Erkrankung den weiteren Verlauf?

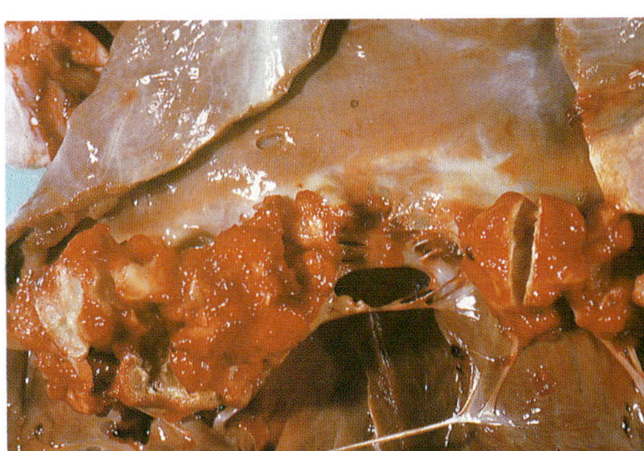

Abb. 69

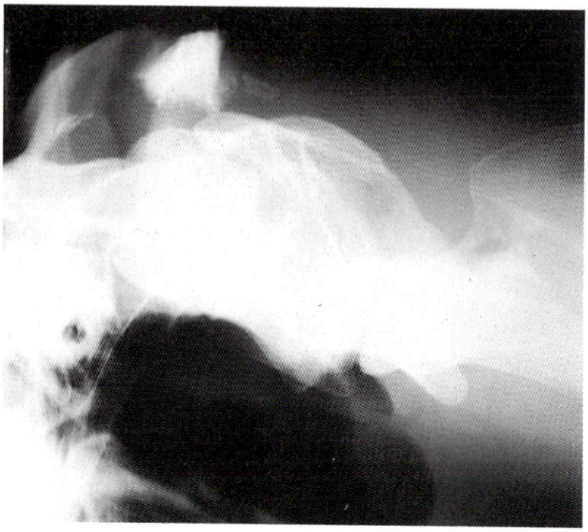

Abb. 70

86 In einer Gruppe von Weidepferden kann ein Pferd eines morgens den Kopf nicht heben. Der Gang ist normal; es hat keine offensichtlichen neurologischen Ausfälle. Der Kopfbereich wird ohne Narkose im lateralen Strahlengang geröntgt (Abb. 70).
Wie lautet Ihre Diagnose? Wie wird das Pferd behandelt?

87
(a) Kann das Pferd mit diesem Beschlag (Abb. 71) problemlos laufen?
(b) Welche Empfehlung geben Sie?

Abb. 71

Abb. 72

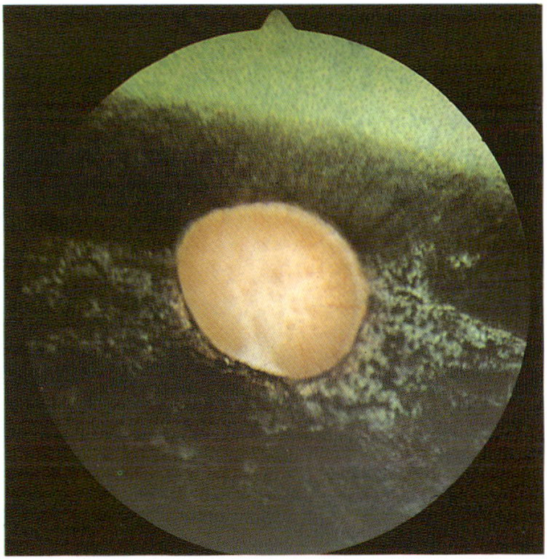

88
(a) Ist dieser Retinabefund (Abb. 72) eines siebenjärigen Pferdes normal?
(b) Welche Details fallen besonders auf?

Abb. 73

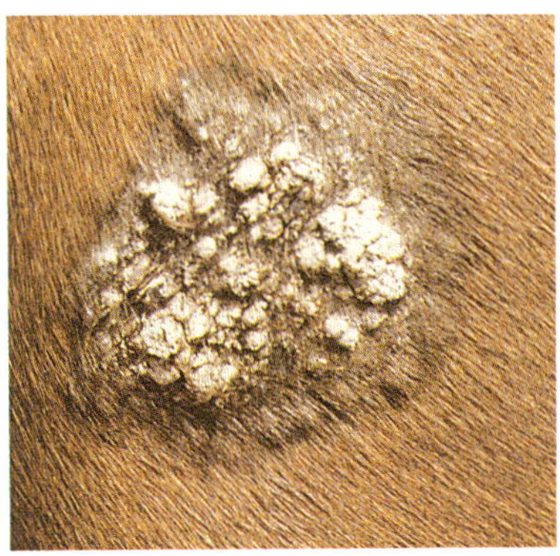

89 Eine dreijährige Stute hat seit einem Jahr eine warzige Zubildung mit Haarverlust (Abb. 73). Der Besitzer fragt Sie um Rat.
(a) Was ist vermutlich die Ursache der Veränderung?
(b) Besteht Ansteckungsgefahr für andere Pferde?
(c) Raten Sie zur chirurgischen Entfernung?
(d) Wie ist die prozentuale Heilungschance bei alleiniger chirurgischer Behandlung?

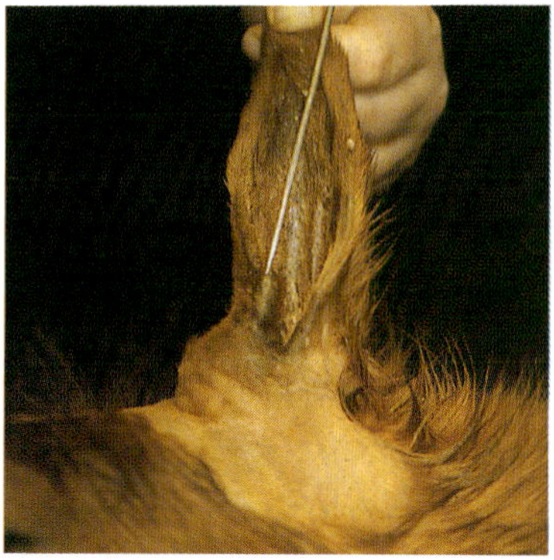

Abb. 74

90 Ein Jährling hat Ausfluß aus einer Fistel am rostralen Rand der Ohrmuschel (Abb. 74). Eine Sonde läßt sich einführen. Wie lautet Ihre Diagnose? Wie sieht der weitere Untersuchungsgang aus? Wie sieht die Behandlung aus?

91 Ein sechsjähriger Wallach ist seit neun Tagen apathisch und inappetent. Er hat leichten Durchfall und verliert an Gewicht. Hinzu kommen leichte Koliksymptome (häufiges Liegen, Umdrehen zur Flanke, Flehmen), Fieberschübe bis 40,0 °C. Die Rektaluntersuchung ist unauffällig. Das Bauchhöhlenpunktat ist rotbraun und trübe (Abb. 75).
Labordiagnostisch finden sich folgende Abweichungen:

Blut:	
Gesamtleukozyten	$18{,}5 \times 10^9$/l
Neutrophile	$15{,}0 \times 10^9$/l
Stabkernige Granulozyten	$1{,}1 \times 10^9$/l
Plasmafibrinogen	7,5 g/l
Bauchhöhlenpunktat:	
kernhaltige Zellen	$85{,}4 \times 10^9$/l
Neutrophile	$84{,}7 \times 10^9$/l
zusätzlich toxische und pyknotische Formen	

(a) Wie lautet Ihre Diagnose?
(b) Was sind vermutlich die Ursachen?
(c) Wie sieht die Therapie aus?

Abb. 75

92 Eine siebenjährige Vollblutstute hat eine diffuse Vorgeschichte von Leistungsschwäche und intermittierendem Fieber (bis 40,6 °C), beschleunigter Atmung (in der Ruhe bis 60/min) und Ödemen an den Hintergliedmaßen. Die Beschwerden bestehen seit sechs Wochen. Die Schleimhäute-einschließlich der Genitalschleimhaut-sind blaß und mit petechialen Blutungen übersät (Abb. 76).
Abweichungen im Blutlabor:

Hämatokrit	16%
Erythrozyten	$3{,}10 \times 10^{12}$/l
Hämoglobin	5 g/dl
Neutrophile	$0{,}10 \times 10^{9}$ /l
Lymphozyten	$9{,}14 \times 10^{9}$ /l
Thrombozyten	35×10^{9} /l

Wie lautet die Verdachtsdiagnose und wie kann man sie absichern?

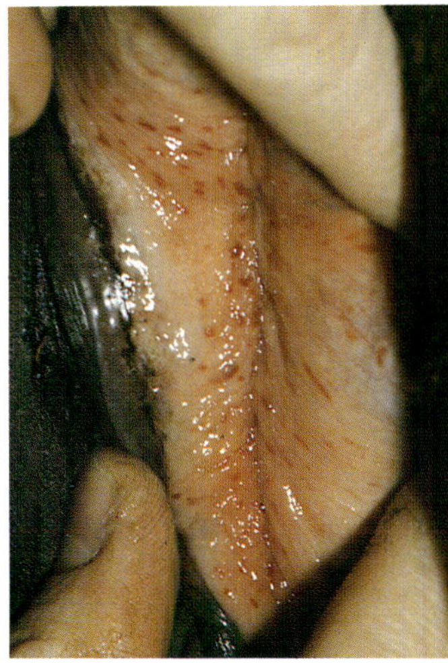

Abb. 76

93 Abb. 77 zeigt das Sektionspräparat des Ösophagus einer fünfjährigen Stute. Sie wurde wegen einer schweren Kolik getötet.
(a) Wie kommt es zu den Veränderungen?
(b) In welchem Zusammenhang stehen die Kolik und diese Veränderungen?
(c) Welches Organ kann die exakte Diagnose liefern?
(d) Kann der Besitzer die anderen Pferde des Bestandes schützen?

Abb. 77

94

(a) Welche Altersgruppe von Stuten erkranken an einem Granulosazelltumor?
(b) Welches sind die Symptome?
(c) Wie diagnostiziert man ihn?
(d) Wie behandelt man ihn?
(e) Wie ist er prognostisch zu beurteilen?

95 Das Blutlabor (Tab. 1) stammt von einer zehnjährigen tragenden Stute. Sie hat seit einem Tag Symptome einer akuten Kolitis. Bei der Erstuntersuchung lag der Hämatokrit bei 65 %, das Gesamtprotein bei 62 g/l. Seitdem wurde sie infundiert.
(a) Welcher weitere Krankheitsprozeß verbirgt sich hinter diesen Laborwerten?
(b) Wie geht man diagnostisch weiter vor?
(c) Wie sieht eine sinnvolle Therapie aus?
(d) Wie ist die Prognose?

Tabelle 1

		Referenzbereich
Natrium	125	134–143 mmol/l
Kalium	6,3	3,3–5,3 mmol/l
Chlorid	91	86–106 mmol/l
Calcium	2,3	2,9–3,9 mmol/l
Phosphor	0,37	0,5–1,6 mmol/l
Harnstoff	30,1	3,5–8,0 mmol/l
Kreatinin	1328	90–180 μmol/l
AP	321	50–250 U/l
Glucose	3,9	3,5–5,9 mmol/l
Gesamtprotein	46	46–70 g/l
Albumin	22	17–37 g/l
Globulin	24	21–41 g/l
Erythrozyten	8,11	$6{,}5–12{,}5 \times 10^{12}$/l
Hämatokrit	39,6	35–45 %
Hämoglobin	14,2	11–16 g/dl
MCV	49	31–41 fl
Gesamtleukozyten	3,42	$4–10 \times 10^{9}$/l
Neutrophile	0,97	$1{,}4–5{,}8 \times 10^{9}$/l
Lymphozyten	2,05	$1{,}4–4{,}7 \times 10^{9}$/l
Monozyten	0,2	$0–0{,}2 \times 10^{9}$/l

96 Ein Rennpferd zieht sich während des Rennens an der Plantarseite des Röhrbeins eine Schnittwunde zu. Die Stelle schwillt an und heilt nicht (Abb. 78). Es besteht kontinuierlicher Sekretfluß.
(a) Welche Strukturen sind verletzt? Wie kann man sie untersuchen?
(b) Warum verzögert sich die Heilung?
(c) Welche Behandlung empfehlen Sie?

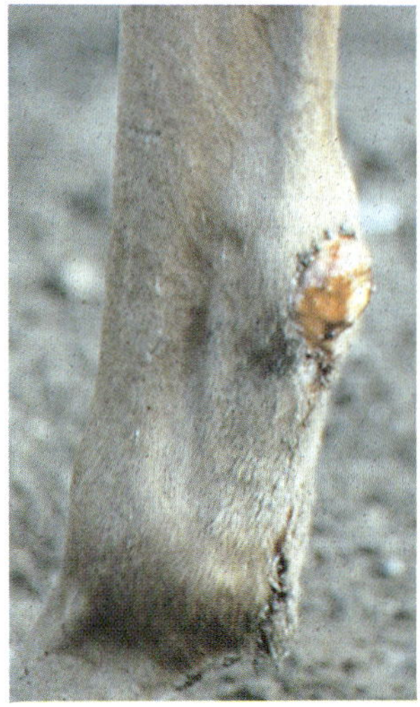

Abb. 78

97 Welche Tastbefunde kann man rektal bei der tragenden Stute am Genitale erheben am (a) 21. Tag (b) 32. Tag (c) 60. Tag (d) 90. Tag (e) 150. Tag (f) im 8. Monat der Trächtigkeit?
Erklären Sie die unterschiedlichen Befunde.

98 Ein sechsjähriger Wallach, der mit anderen Pferden auf der Weide steht, wird mit einer Kieferfraktur vorgefunden (Abb. 79). Wie sieht eine einfache und zuverlässige Fixation der Fraktur aus?

Abb. 79

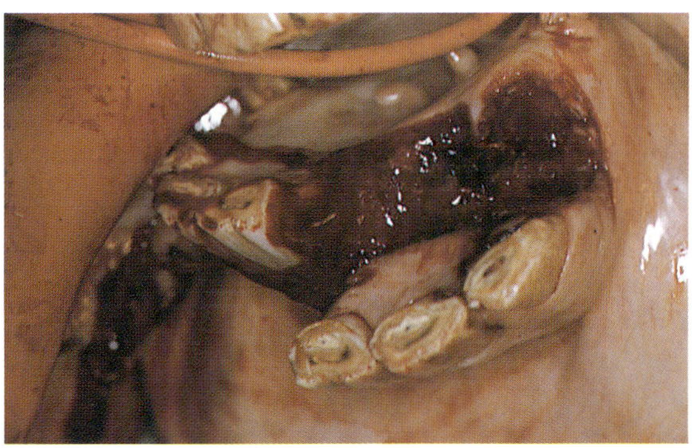

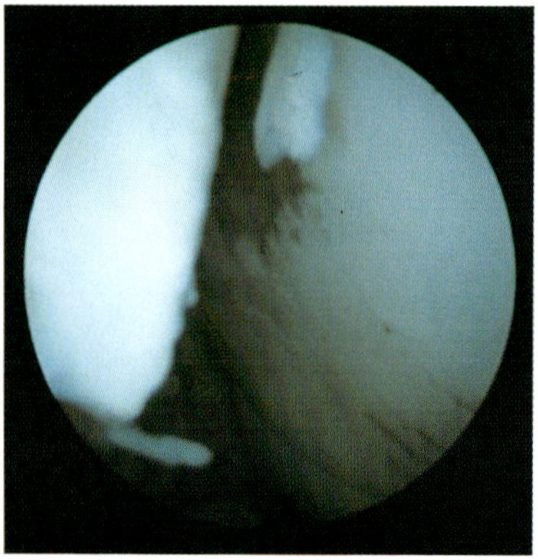

Abb. 80

99 Abb. 80 zeigt eine dislozierte Fraktur des Os carpale III (dorsolaterale Blickrichtung vom mittleren Karpalgelenk).
(a) Wie reponiert man das Frakturstück? Welches ist die Methode der Wahl?
(b) An welchen Stellen sind diese Frakturen meist lokalisiert?
(c) Erkennen Sie noch weitere Veränderungen an dem Gelenk?

100 Was wissen Sie über die Zufütterung von Fett und Öl beim Pferd?
(a) Was sind die Hauptvorteile der Fettfütterung?
(b) Ist sie für Rennpferde geeignet?
(c) Ist eine übermäßige Fettzufuhr schädlich?
(b) Welches Öl oder Fett ist geeignet?

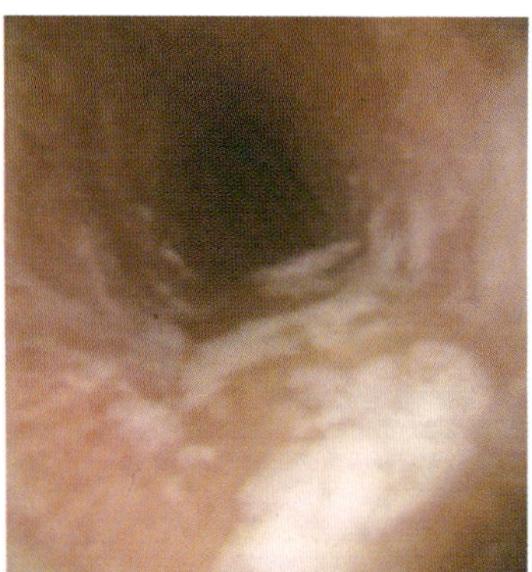

Abb. 81

101 Ein Pony hat Zuckerrübenschnitzel gefressen. Kurze Zeit später fängt es stark an zu husten. Das endoskopische Bild der Trachea ist in Abb. 81 wiedergegeben. Was hat es zu bedeuten, und was ist zu tun?

Abb. 82

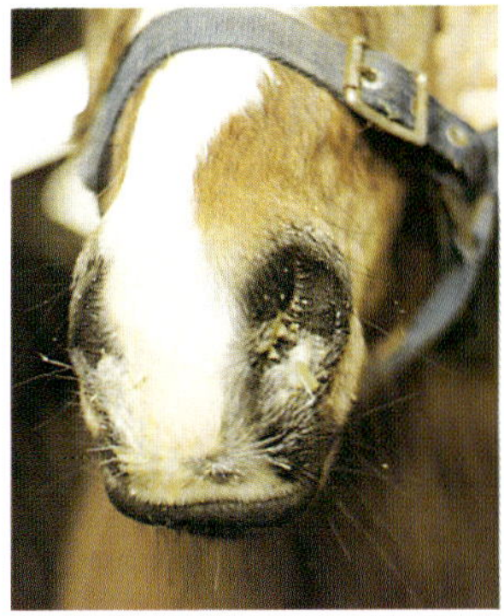

102
In einer Gruppe von 20 Vollblutjährlingen entwickeln fünf eine Atemwegserkrankung. Sie fressen schlecht, haben Fieber (bis 40,5 °C), Husten und eitrigen Nasenausfluß (Abb. 82). die submandibularen Lymphknoten sind geschwollen. Einige Pferde haben Schluckbeschwerden. Der erste Jährling erkrankte vor zehn Tagen; bei ihm sind die submandibularen Lymphknoten aufgeplatzt. Es trat zähflüssiger Eiter zutage. Bei zwei weiteren Pferden werden die Lymphknoten langsam weich.
(a) Wie lautet die Diagnose?
(b) Welcher Behandlungsmethode geben Sie den Vorzug?
(c) Wie läßt sich ein Ausbreiten der Infektion verhindern?

103 Ein Hengst soll eine Stute bedecken. Dabei stellen Sie borkig-krustige Veränderungen am Penisschaft fest (Abb. 83).
(a) Um welche Erkrankung handelt es sich höchstwahrscheinlich?
(b) Ist sie auf Stuten übertragbar?
(c) Kann Sie zu Fruchtbarkeitsstörungen führen?

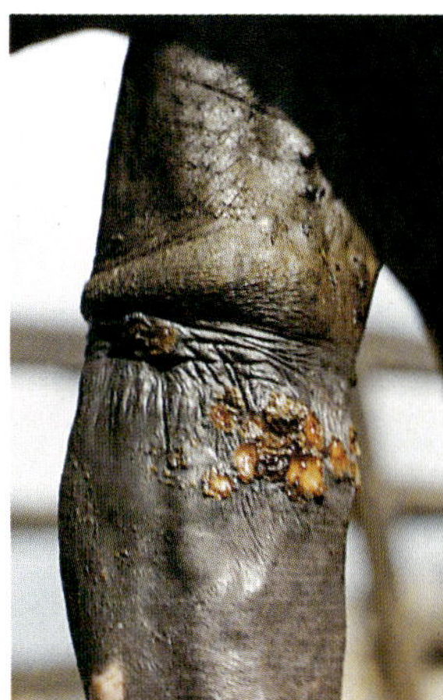

Abb. 83

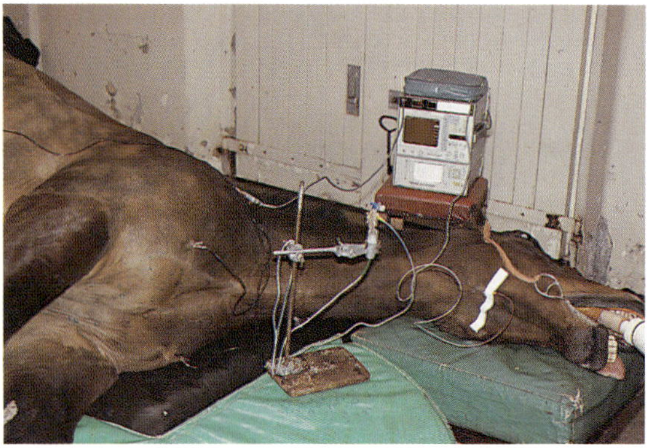

Abb. 84

104
(a) Welche Narkoseüberwachungsgeräte sind in Abb. 84 dargestellt?
(b) Welches Gerät ist Ihrer Meinung nach am wichtigsten?

105 Diese Schwellung (Abb. 85) führte der Besitzer auf einen schlecht sitzenden Sattel zurück.
(a) Wie lautet ihre Verdachtsdiagnose?
(b) Was ist seuchenrechtlich zu beachten?
(c) Welche weiteren diagnostischen Hilfsmittel kann man einsetzen?
(d) Wie geht man therapeutisch vor?

Abb. 85

106 Diese sechsjährige Stute (Abb. 86) ist seit sechs Wochen erkrankt.
(a) Welche Schädigung liegt vor?
(b) Welche weiteren Informationen sind diagnostisch wertvoll?
(c) Läßt sich daraus eine Prognose ableiten?

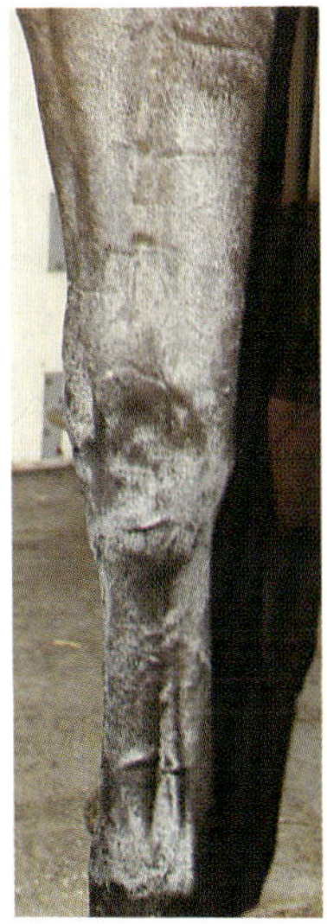

Abb. 86

107 Welches sind die disponierenden Faktoren für eine Mastdarmperforation? Wie diagnostiziert man sie?

108 Eine Shetlandponystute ist ganzjährig aufgestallt. Im Juni entwickelt sie starken Juckreiz an der Schweifrübe (Abb. 87).
(a) Was ist die Ursache?
(b) Wie kommt es zu den Symptomen?
(c) Wie sichert man die Diagnose ab?
(d) Wie sieht die Behandlung aus?

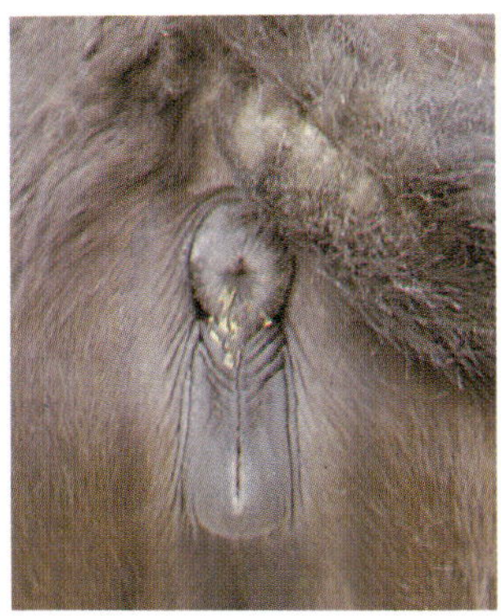

Abb. 87

Abb. 88a

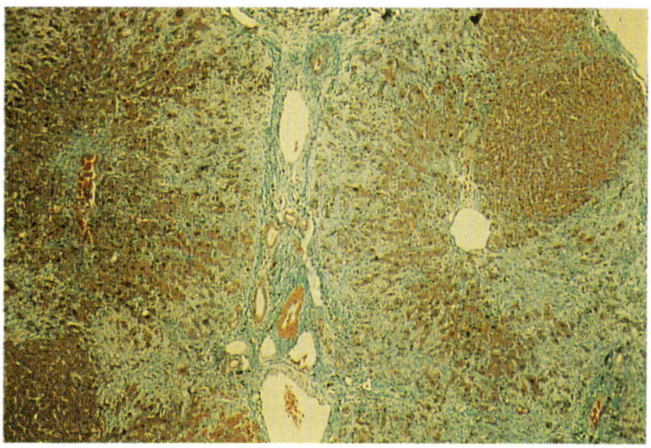

Abb. 88b

109 Zwei von vier Pferden auf einer Weide verlieren an Gewicht. Auf der Weide ist diese Pflanze (Abb. 88 a) sehr häufig anzutreffen.

(a) Wie heißt die Pflanze? Wie heißt ihr Toxin?

(b) Dies ist das histologische Bild der Leberbiopsie eines der erkrankten Pferde (Abb. 88 b; Färbung nach Masson). Beschreiben Sie die pathologischen Veränderungen.

(c) Welche toxischen Schädigungen treten auf?

(d) Mit welcher einfachen Blutuntersuchung kann man subklinische Vergiftungen bei den anderen Pferden des Bestandes aufdecken?

110 Ein vierjähriger Ponywallach wird zur Untersuchung vorgestellt. Er verliert seit einem Monat deutlich an Gewicht. Das Pferd hat normalen Appetit und vermehrten Durst. Die klinische Untersuchung bestätigt lediglich den schlechten Allgemeinzustand des Pferdes. Das spezifische Gewicht des Urins ist normal; der Urin enthält 2% Glucose.
Die Laborwerte sind in Tabelle 2 wiedergegeben.
(a) Wie lautet die Verdachtsdiagnose?
(b) Was ist vermutlich die Ursache für den Gewichtsverlust?
(c) Welche weiteren Untersuchungen sind angezeigt?

Tabelle 2

		Referenzbereich
Natrium	136	134–143 mmol/l
Kalium	3,6	3,3–5,3 mmol/l
Chlorid	92	86–106 mmol/l
Calcium	2,9	2,9–3,9 mmol/l
Phosphor	0,64	0,5–1,6 mmol/l
Harnstoff	4,6	3,5–8,0 mmol/l
Kreatinin	135	90–180 μmol/l
AP	430	50–250
γ-GT	87	< 40 IU/l
Glucose	10,6	3,5–5,9 mmol/l
Gesamteiweiß	68	46–70 g/l
Albumin	32	17–37 g/l
Globulin	36	21–41 g/l
Erythrozyten	6,8	6,5–12,5 × 10^{12}/l
Hämatokrit	37	35–45%
Hämoglobin	13,7	11–16 g/dl
MCV	36	31–41 fl
Gesamtleukozyten	7,23	4–10 × 10^9/l
Neutrophile	4,34	1,4–5,8 × 10^9/l
Lymphozyten	2,53	1,4–4,7 × 10^9/l
Monozyten	0,2	0–0,2 × 10^9/l
Eosinophile	0,16	0,04–0,35 × 10^9/l

Abb. 89

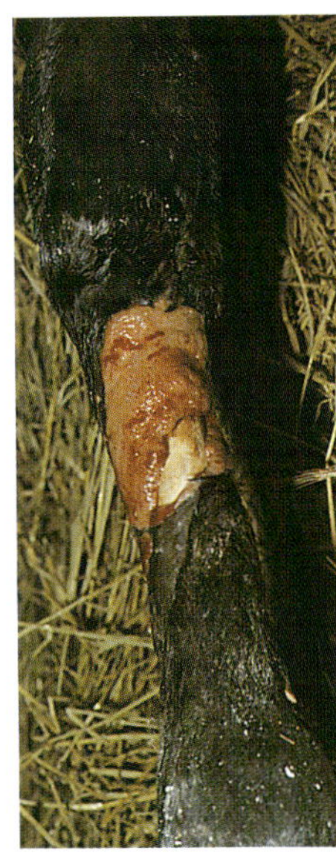

111 Die Verletzung in Abb. 89 ist drei Wochen alt. An einigen Stellen verläuft die Granulation zufriedenstellend, aber ein Teil des Knochens liegt immer noch frei.
(a) Was ist vermutlich die Ursache?
(b) Wie geht man weiter vor?
(c) Kann die Granulation dann ungestört ablaufen?

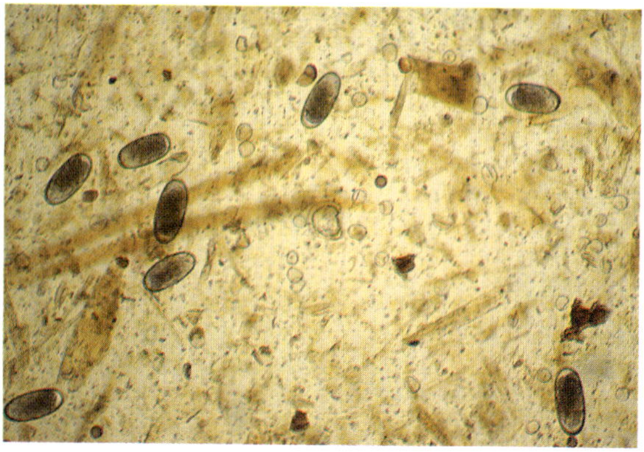

Abb. 90

112

(a) Welche Gebilde erkennt man auf Abb. 90 (Kotprobe)?
(b) Was muß als nächstes differenziert werden?
(c) Welche Prophylaxe kann der Besitzer betreiben?

113 In Abb. 91 sieht man einen normalen Hoden (links) und einen unvollständig abdominal-kryptorchiden Hoden (rechts).
(a) Auf welche Strukturen weisen die Pfeile hin?
(b) Welche verschiedenen Formen des Kryptorchismus gibt es beim Pferd?
(c) Wie kann man Hodengewebe beim Klopphengst nachweisen?

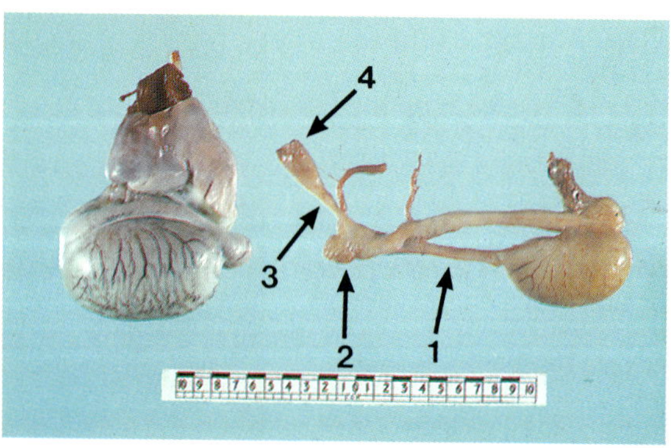

Abb. 91

114 Eine zehnjährige Ponystute leidet seit sieben Monaten an chronischem Durchfall. Das Pony hat zwar etwas an Gewicht verloren, ist ansonsten aber munter. Der Besitzer konnte es trotz der Erkrankung weiter arbeiten. Die Kotkonsistenz reichte von kuhfladenartig bis wäßrig. Das Pony wird im Sommer auf der Weide gehalten und im Winter aufgestallt. Es wird seit drei Jahren regelmäßig alle sechs Wochen entwurmt. Die Versorgung ist allgemein sehr gut. Wiederholte Laboruntersuchungen (Blut, Kotparasitologisch, bakteriologisch und zytologisch) waren unauffällig; ebenso die Untersuchung des Peritonealpunktats, des oralen Glucosetoleranztests und einer Biopsie der Rektalschleimhaut.
(a) Was ist vermutlich die Ursache des Durchfalls?
(b) Gibt es noch irgendeine sinnvolle diagnostische Maßnahme?
(c) Wie sieht die Behandlung aus?

115
(a) Um welche Leberschädigung handelt es sich in Abb. 92?
(b) Sind diese von klinischer Bedeutung?
(c) Deuten sie auf eine Zoonose hin?

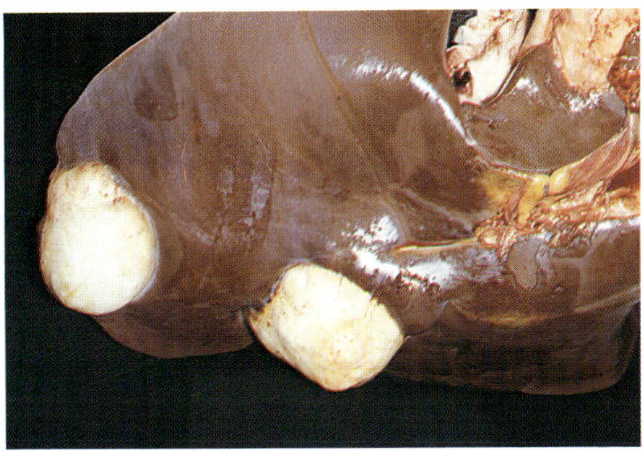

Abb. 92

116 Sieben Pferde in einem großen Reitbetrieb haben eine leichte Atemwegserkrankung. Die Symptome sind seromuköser Nasenausfluß, Husten, leichtes Fieber und Inappetenz. Die submandibularen Lymphknoten sind leicht geschwollen. Die Pferde stehen auf Stroh und werden mit Heu gefüttert. Sie sind in den letzten zwölf Monaten sämtlich gegen Influenza geimpft worden.
(a) Wie lautet die Verdachtsdiagnose?
(b) Wie sieht die Therapie aus?

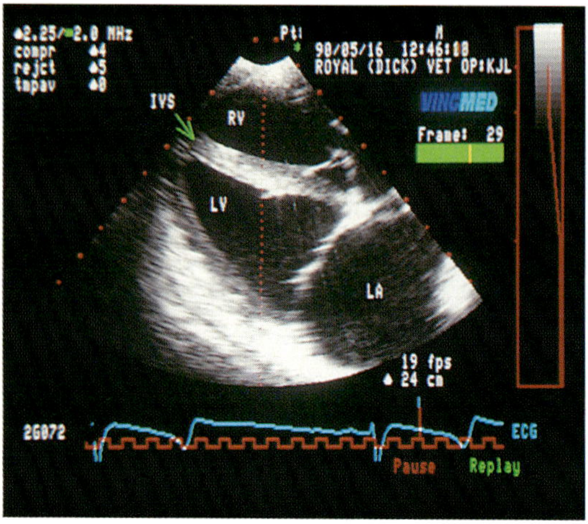

Abb. 93

117 Ein dreijähriges Pony hat ein holosystolisches Herzgeräusch der Stärke 5/6 über der rechten Thoraxhälfte. Das Maximum liegt über der Trikuspidalgegend; man hört es aber auch ventral und kranial entlang des Brustbeins. Die Brustwand in diesem Bereich zittert, der zweite Herzton ist lauter als normal.

(a) Was ist vermutlich die Ursache für das Geräusch?

(b) Welche Hinweise liefert das Echokardiogramm (Abb. 93) im Hinblick auf die klinische Bedeutung?

(c) Welchen Bereich des Herzens sollte man zusätzlich darstellen, um die Diagnose abzusichern?

(d) Wie ist die Prognose?

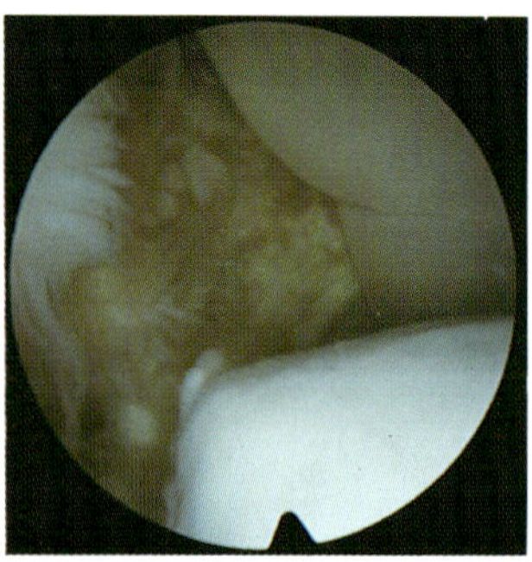

Abb. 94

118 Ab. 94 zeigt eine Chipfraktur am unteren dorsalen Rand des Os carpi radiale.

(a) Sieht man arthroskopisch eher einen akuten oder eher einen chronischen Zustand?

(b) Welcher röntgenologische Strahlengang kann solche Chipfrakturen am besten sichtbar machen?

119
(a) Welche Pflanze zeigt Abb. 95? Welche Bedeutung hat sie?
(b) Welche Symptome ruft ihr Verzehr hervor?
(c) In welchem Zustand ist sie für das Pferd besonders gefährlich?

Abb. 95

120 Eine harte Schwellung (Abb. 96) auf dem Nasenbein hat sich innerhalb von drei Wochen entwickelt. Ihre beiden Höcker sind symmetrisch angeordnet. Was hat die Schwellung klinisch zu bedeuten? Wie sichert man die Diagnose ab?

Abb. 96

Abb. 97

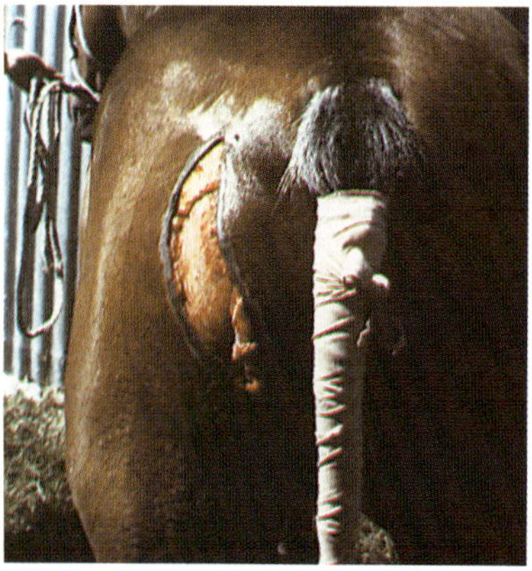

121 Diese vertikale Schnittwunde (Abb. 97) entstand beim Verladen des Pferdes.
(a) Kann man diese Wunde chirurgisch versorgen?
(b) Wie sind die Heilungschancen?
(c) Ist mit einer Beeinrächtigung der Funktion zu rechnen?

122 Ein vier Stunden altes Araberfohlen (Trächtigkeitsdauer 340 Tage) ist lebensschwach. Die Geburt verlief normal; die Stute hat schon drei gesunde Fohlen zur Welt gebracht.
Die Schleimhäute sind zyanotisch, die Atemfrequenz 40/min.
Die Lungengeräusche sind verschärft, aber man hört kein Pfeifen oder Knistern. Die Herzauskultation ist unauffällig. Die arterielle Blutgasanalyse ergibt folgende Werte: Pa O_2 20 mm Hg, Pa CO_2 45 mm Hg, pH 7,2.
(a) Welches sind die Differentialdiagnosen?
(b) Wie geht man diagnostisch weiter vor?

123 Eine dreijährige Vollblutstute hat in den letzten drei Monaten an Gewicht verloren. Klinisch zeigt sie Inappetenz, Apathie, Polydipsie und Polyurie. Rektal findet man eine vergrößerte Milz mit einer unebenen Oberfläche. Die Herzfrequenz ist erhöht (50/min); man hört ein holosystolisches Geräusch an der linken Brustwand.
Dies sind die Laborbefunde:

		Referenzbereich
Hämatokrit	21	35–45 %
Erythrozyten	4,75	7,5 -11,0 $\times 10^{12}$/l
Hämoglobin	7,6	14–19 g/dl
Gesamtleukozyten	13,6	5–9 $\times 10^{9}$ /l
Fibrinogen	8,4	2–4 g/l
Harnstoff	7,3	3,2–5,2 mmol/l
Kreatinin	134	128–188 µmol/l
Calcium	3,9	2,8–3,1 mmol/l
Urin spez. Gew.	1,018	1,020–1,050

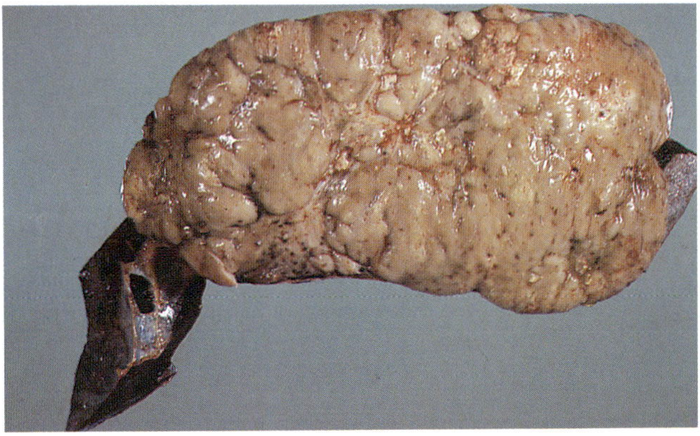

Abb. 98 a

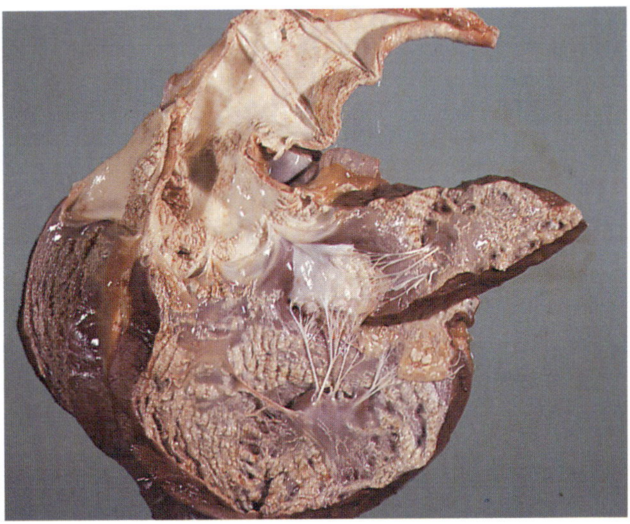

Abb. 98 b

Das Pferd mußte euthanasiert werden. Bei der Obduktion fand sich eine vergrößerte Milz, die fest-knotig und von blasser Farbe war (Abb. 98 a). Das Endokard war in allen vier Kammern kalzifiziert, ebenso die Herzklappen und die Aorta (Abb. 98 b).

(a) Erklären Sie die pathologischen Veränderungen.

(b) Wie lautet die Verdachtsdiagnose? Wie kommt es zu den klinischen Symptomen?

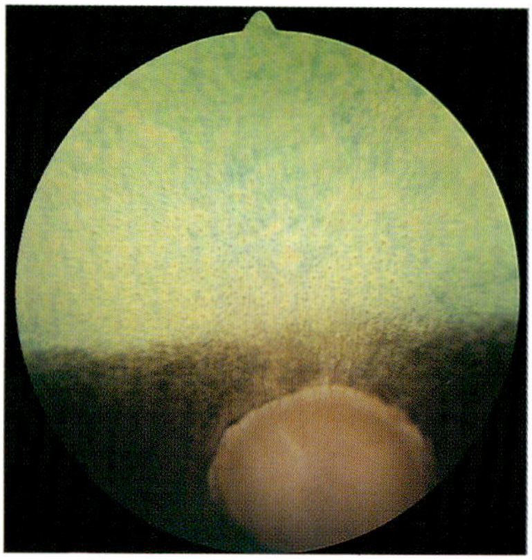

Abb. 99

124
(a) Ist der Retinabefund in Abb. 99 normal?
(b) Was sind die ophthalmoskopischen Besonderheiten?

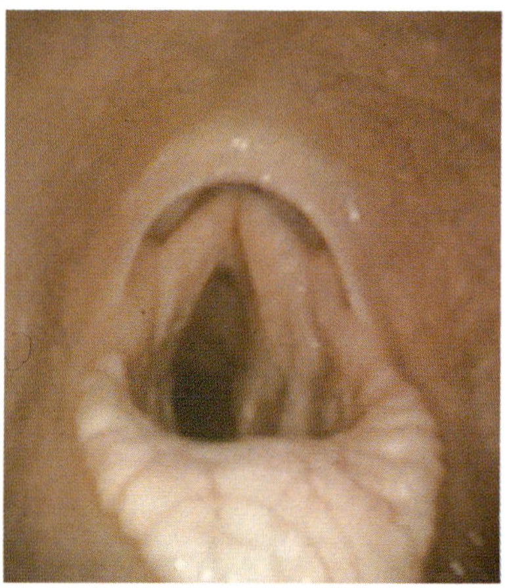

125 Abb. 100 zeigt das endoskopische Bild vom Kehlkopf eines zweijährigen Vollblüters. Unter Belastung treten unnormale Atemgeräusche auf. Wie lautet Ihre Diagnose? Welche weiteren Symptome könnte das Pferd haben?

Abb. 100

126 Abb. 101 zeigt eine 18jährige New-Forest-Stute. Sie war vor kurzem im Pferdehänger schwer verunglückt (Überschlag). Seitdem geht sie hinten rechts hochgradig lahm.
(a) Wie lauten die Differentialdiagnosen?
(b) Welche Untersuchungen müssen durchgeführt werden?
(c) Was kann man dem Besitzer zur Prognose sagen?

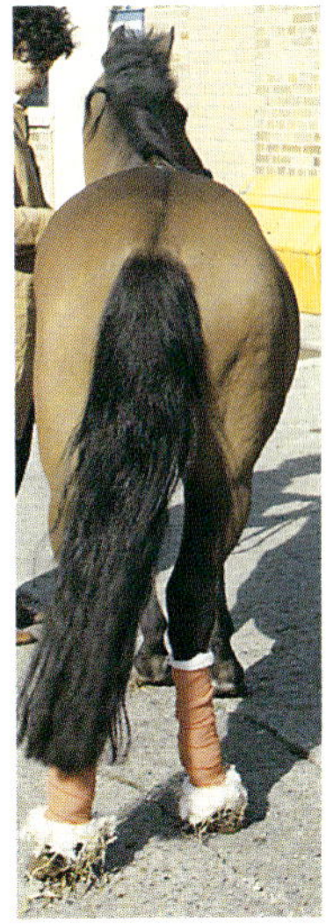
Abb. 101

127 Eine sechsjährige Shettystute bekommt im letzten Stadium der Trächtigkeit Durchfall mit Kolik. Sie ist matt und entwickelt ein Unterbauchödem. Abb. 102 zeigt die Maulschleimhaut.
(a) Welche Veränderungen sieht man?
(b) Wie lautet Ihre Verdachtsdiagnose?
(c) Wie kann man diese absichern?
(d) Wie sieht die Therapie aus?
(e) Wie kann man die weitere Entwicklung labordiagnostisch überwachen?

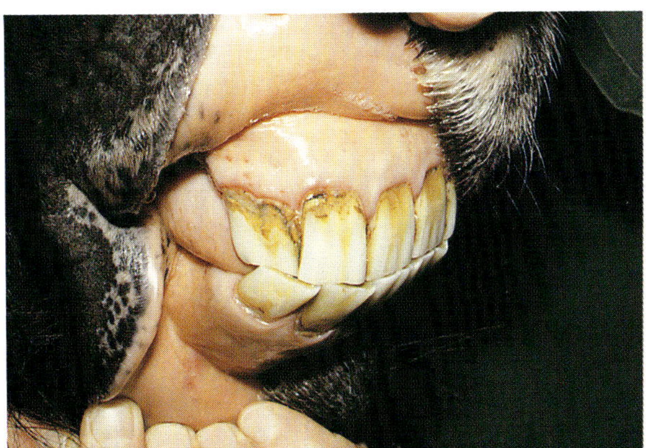
Abb. 102

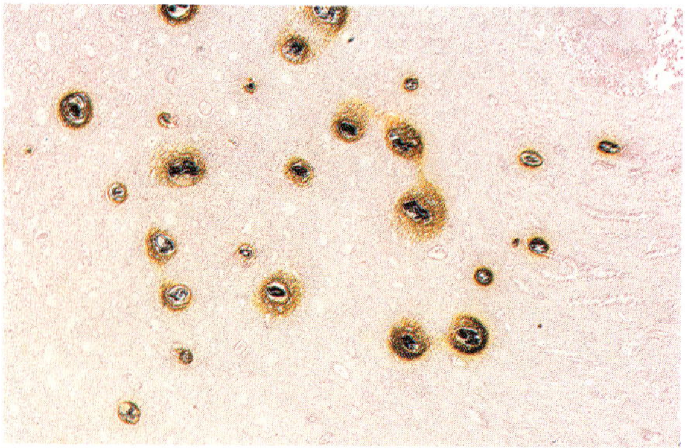

Abb. 103

128 Abb. 103 zeigt den histologischen Schnitt (Färbung: von Kossa; Vergrößerung 100fach) aus der Niere eines vierjährigen Vollblüters. Er litt seit sechs Monaten an Gewichtsverlust, Polydipsie und Polyurie.

(a) Wie lautet die Diagnose?

(b) Welche anderen pathologischen Befunde kann man möglicherweise noch erheben?

129 In welchem Trächtigkeitsstadium können Zwillinge frühestens entdeckt werden durch

(a) Ultraschall, (b) rektale Palpation?

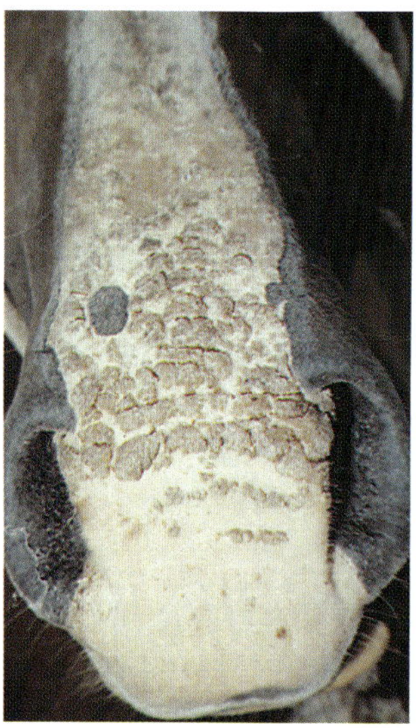

Abb. 104

130 Eine Gruppe von Weidepferden wird vorgestellt mit Haarverlust an Kopf, Körper und Beinen. Bei der Untersuchung fallen umfangreiche Borken mit Exsudation und Eiterbildung auf (Abb. 104). Juckreiz ist nicht oder kaum vorhanden. Die Veränderungen beschränken sich nicht auf die unpigmentierten Hautstellen.

(a) Wie lautet die Diagnose?

(b) Welches Untersuchungsmaterial benötigt man zur Diagnose?

(c) Muß der Erreger speziell angezüchtet werden?

(d) Nennen Sie die Behandlungsmöglichkeiten.

131 Bei diesem Pferd wurde die Stirnhöhle chirurgisch eröffnet (Abb. 105).
(a) Welche topographischen Punkte nimmt der Chirurg zur Eröffnung
- der Stirnhöhle?
- der Kieferhöhle?

(b) Worauf ist bei der Eröffnung der Nasennebenhöhlen besonders zu achten?
(c) Welche Komplikationen treten bei der Chirurgie der Nasennebenhöhlen relativ häufig auf? Wie kann man sie in den Griff bekommen?

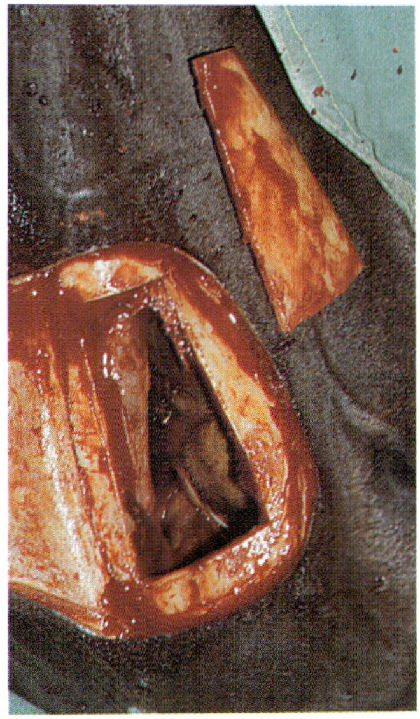

Abb. 105

132 Dieses Myelogramm eines Fohlens von etwa 250 kg KM wurde am gebeugten Hals aufgenommen (Abb. 106). Wo sind Veränderungen sichtbar?

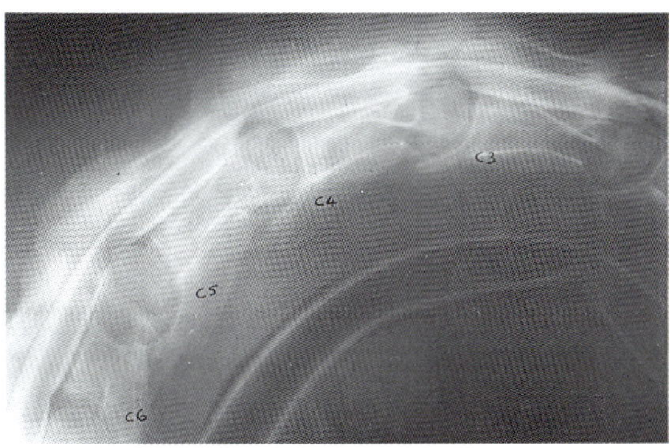

Abb. 106

133 Welchen Wert hat die Bestimmung der Progesteronkonzentration im Serum trächtiger Stuten?

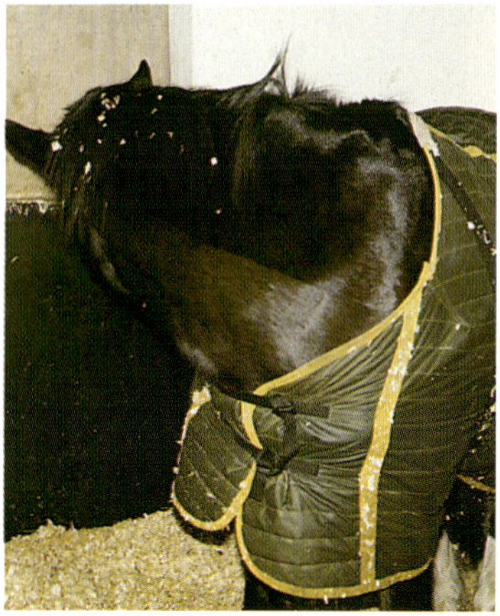

Abb. 107

134 Zwei Stunden nach der Arbeit zeigt dieser siebenjährige Ponywallach mäßige Koliksymptome (Abb. 107). Die Darmgeräusche sind vermehrt, speziell während der Schmerzschübe. Zwischen den Schüben liegt die Pulsfrequenz bei 35/min. Die Schleimhäute sind normal, die rektale Untersuchung unauffällig; ebenso die Magensondierung.
(a) Wie lautet die Diagnose?
(b) Wie gehen Sie therapeutisch vor?
(c) Welche Medikamente sind kontraindiziert?
(d) Was muß sonst noch beachtet werden?

135 Diese frische Verletzung am Oberschenkel (Abb. 108) wird zur Versorgung vorgestellt.
(a) Wird eine Wundnaht halten?
(b) Wann ist nach einer Naht mit dem Auftreten von Komplikationen zu rechnen?
(c) Was macht man bei einer Nahtdehiszenz?
(d) Welchem Behandlungsversuch würden Sie zunächst den Vorzug geben?

Abb. 108

136 Ein dreijähriges Rennpferd erkrankt eine Stunde nach der Heimreise von einem Rennen. Es ist apathisch und hat wäßrigen, faulig-stinkenden Durchfall. Lidbindehäute und Mundschleimhaut sind gestaut, die Kapillarfüllungszeit beträgt 4,5 s. Die Herz- und Atemfrequenz sind erhöht (86 bzw. 28/min). Die Rektaltemperatur beträgt 39,0 °C;
die Gliedmaßen fühlen sich jedoch kalt an. Bei der rektalen Untersuchung fällt lediglich der wäßrige Darminhalt auf.
Trotz intensiver Infusionsbehandlung stirbt das Pferd sechs Stunden später. Abb. 109 zeigt ein histologisches Sektionspräparat
aus dem Kolon (H-E-Färbung).
(a) Beschreiben Sie die histologischen Veränderungen.
(b) Welche pathologisch-anatomischen Veränderungen sind zu erwarten?
(c) Welches sind die Differentialdiagnosen?
(d) Wie lassen sich die Differentialdiagnosen gegenseitig abklären?

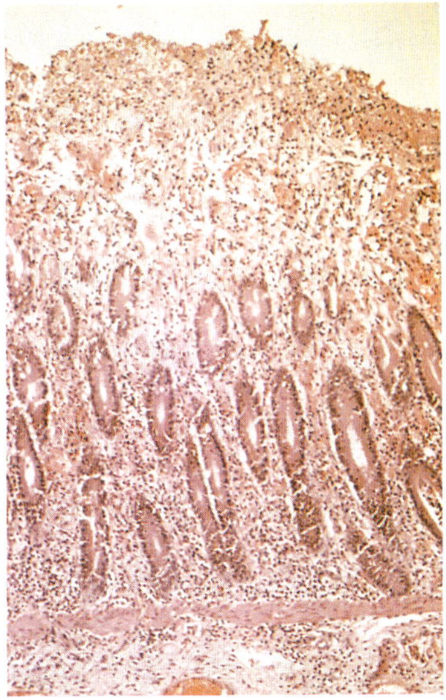

Abb. 109

Abb. 110

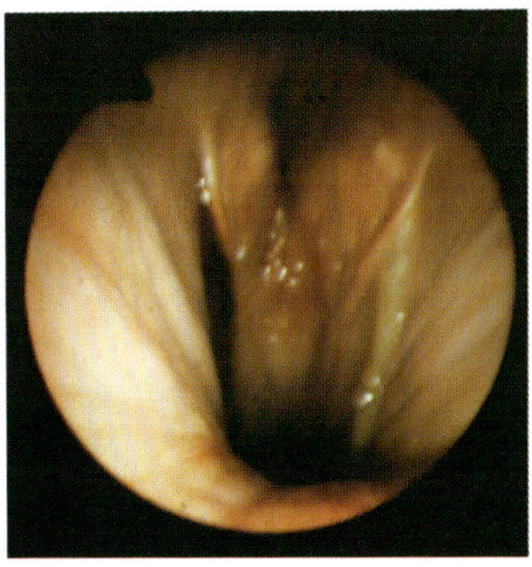

137
(a) Was zeigt das endoskopische Bild (Abb. 110) des Pharynx dieses Jungpferdes?
(b) Besteht für das Tier eine unmittelbare Lebensgefahr?
(c) Wie erklärt sich der unterschiedliche Befund der beiden Seiten?

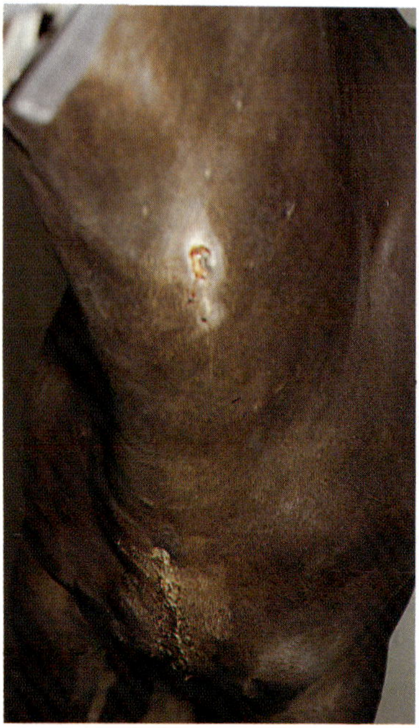

Abb. 111

138 Das Pferd in Abb. 111 wurde vor zehn Tagen in Narkose gelegt. Die Narkoseeinleitung verlief sehr zügig.
(a) Welche Medikamente hat man vermutlich bei diesem Pferd eingesetzt?
(b) Wann behandelt man einen solchen Zwischenfall: unmittelbar nach dem Geschehen oder zehn Tage später?
(c) Wie lassen sich solche Zwischenfälle vermeiden?

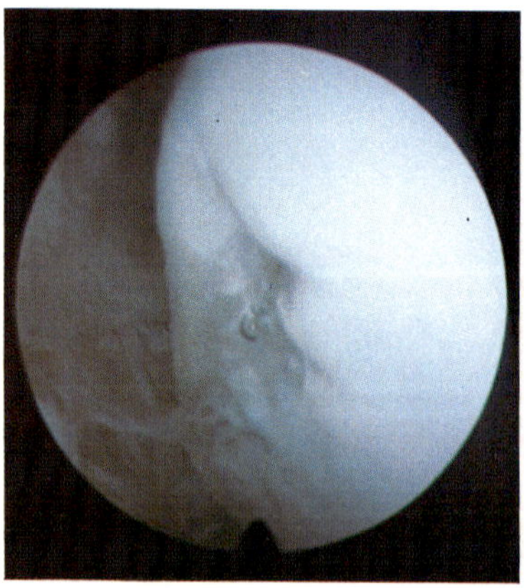

Abb. 112

139 Ein dreijähriges Rennpferd lahmt ständig auf einer Vordergliedmaße. Die Anästhesie des mittleren Karpalgelenks weist dieses als Sitz der Erkrankung aus. Arthroskopisch findet man eine Veränderung an der proximalen Fläche des Os carpale III (Abb. 112).
(a) Um welche Schädigung handelt es sich?
(b) Welcher Strahlengang ist für die Röntgenaufnahme zu wählen?
(c) Welche anatomische Struktur befindet sich dicht bei diesem Gelenk?

140 Ein dreijähriger Hengst kehrt nach drei Tagen von einem Langstrecken-Distanzritt zurück. Er entwickelt leichtes Fieber, Apathie und Inappetenz. Zuerst drängt sich der Verdacht eines Ileus auf; nach 24 Stunden setzt jedoch Durchfall ein. Eine Blutprobe wird zur Laboruntersuchung eingeschickt. Man stellt eine Leukopenie mit degenerativer Linksverschiebung fest. Alles deutet auf eine Kolitis hin. Welche weiteren Laboruntersuchungen und Infusionen sind angezeigt?

141 Ein siebenjähriges Springpferd geht seit eigigen Wochen unterschiedlich stark lahm. Die mittlere Palmarisanästhesie ist negativ, die hohe Palmarisanästhesie hingegen positiv. Das Fesselgelenk wird geröntgt.

(a) In welchem Strahlengang werden die Aufnahmen gemacht?
(b) Schildern Sie den Röntgenbefund von Abb. 113.
(c) Welche klinische Bedeutung hat der freie Gelenkkörper?
(d) Welche Differentialdiagnosen gibt es?
(e) Welche Behandlung empfehlen Sie?
(f) Wie ist Ihre Prognose?

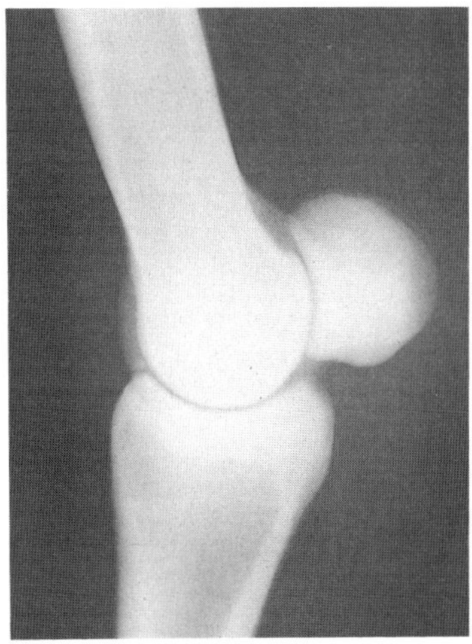

Abb. 113

142 Ein Züchter macht sich Sorgen, weil seine Stute nach 350 Tagen Trächtigkeit noch immer nicht abfohlen will. Was empfehlen Sie?

Abb. 114

143 Diese Aufnahme (Abb. 114) wurde im Hochsommer gemacht.
(a) Was ist Ihr Verdacht? Begründen Sie.
(b) Welche weiteren Symptome kann man erwarten?
(c) Ist eine Besserung zu erwarten?
(d) Kann dieses Bild auch durch starken Wurmbefall bedingt sein?

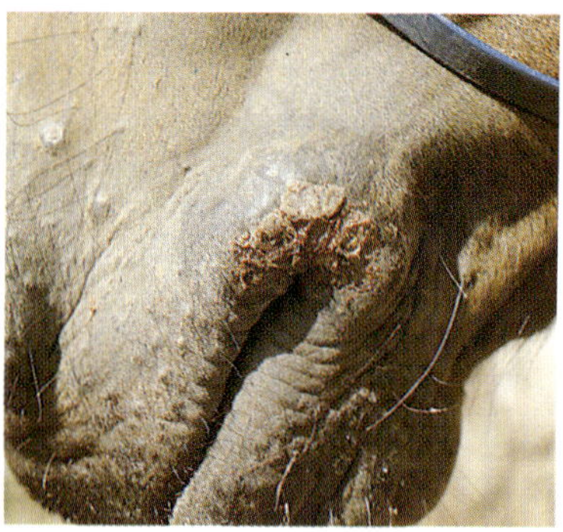

Abb. 115

144 Dieses Pferd war bis vor kurzem in einem subtropischen Land im Training. Im Maulwinkel hat es eine schmerzhafte Veränderung (Abb. 115). Nach der Reinigung findet man klumpig-granulomatöse und eitrige Haut. Das Pferd scheuert sich ständig an dieser Stelle.
(a) Wodurch entsteht diese Veränderung?
(b) Wie lauten Ihre Differentialdiagnosen?
(c) Welche Therapie empfehlen Sie?

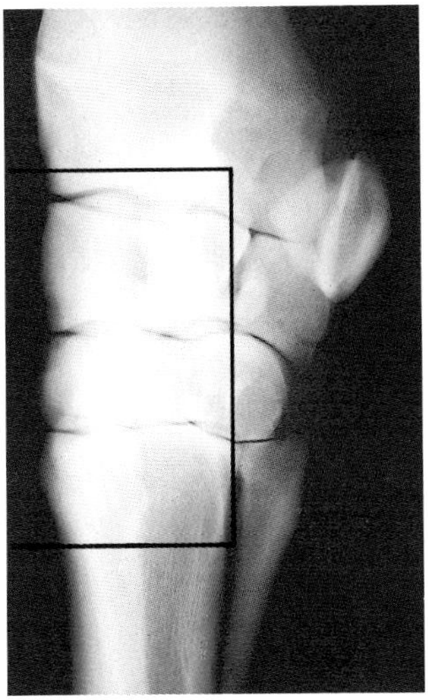

Abb. 116 a

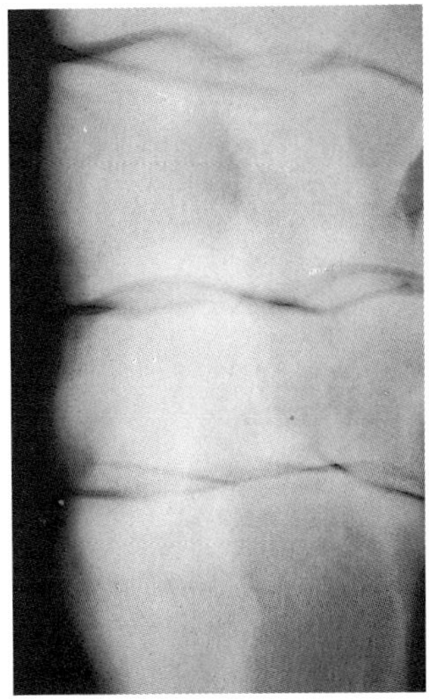

Abb. 116 b

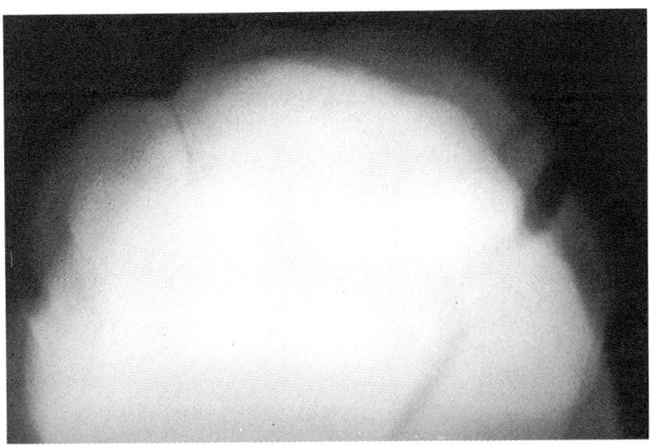

Abb. 116 c

145 Ein vierjähriges Rennpferd leidet seit zehn Tagen an einer Lahmheit der rechten Vordergliedmaße. Die Gelenkkapsel des mittleren Karpalgelenks war leicht geschwollen; eine intraartikuläre Anästhesie bestätigte diese Stelle als lahmheitsursächlich.

(a) Welche Röntgenaufnahmen fertigen Sie an?
(b) Welcher Strahlengang ist auf Abb. 116 a und 116 c zu sehen?
(c) Beschreiben Sie die Röntgenbefunde in den Abb. 116 a–c.
(d) Wie lauten Diagnose, Therapie und Prognose?

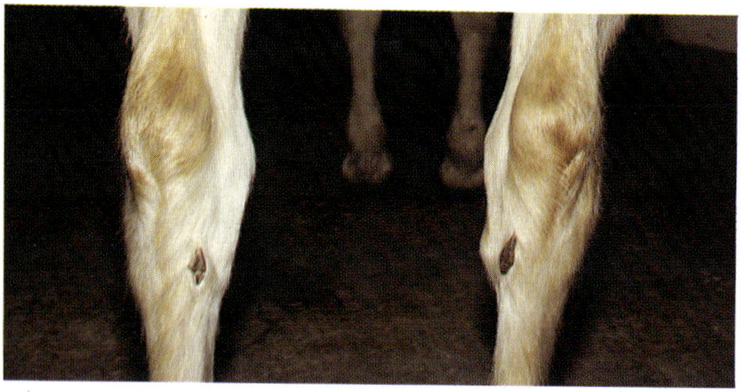

Abb. 117

146 Diese neunjährige Ponystute wird mit einer Lahmheit vorne links vorgestellt. Bei der Untersuchung finden Sie diese (Abb. 117) Veränderung an den Hintergliedmaßen.
(a) Was sehen Sie? Welche Folgen haben die Veränderungen?
(b) Sind diese Veränderungen von klinischer Bedeutung?

147 Abb. 118 zeigt eine Kombination aus EKG und Druckdiagramm, wobei der Druck im linken Vorhof und im linken Ventrikel mittels doppelter Manometersonde gemessen wird.
(a) Zählen sie sechs abweichende Befunde auf.
(b) Wodurch lassen sich diese Veränderungen erklären?
(c) Wie wird vermutlich die klinische Symptomatik aussehen?

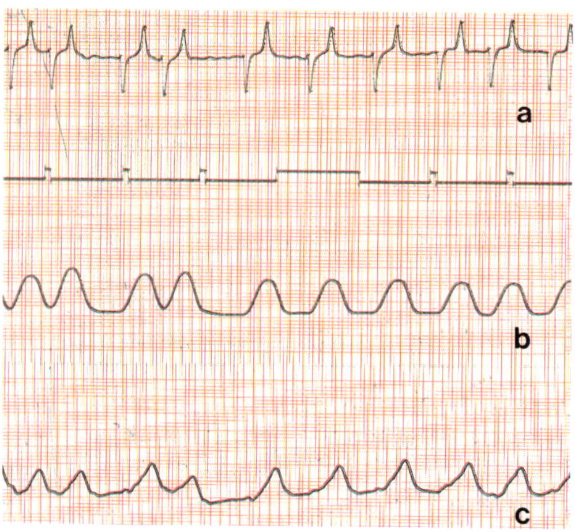

Abb. 118. (a) Y- Ableitung, (b) Druck im linken Ventrikel (in mm Hg), (c) Druck im linken Vorhof (in mm Hg); Papiergeschwindigkeit 25 mm/s.

148
(a) Welchen Zugang zur Bauchhöhle wählt man üblicherweise bei einer Routinelaparotomie?
- die Medianlinie
- die Paramediane
- die Flanke
- die Leiste

(b) Wie sieht die Schnittführung beim Medianschnitt in bezug auf den Bauchnabel aus?
(c) Warum muß exakt in der Linea alba geschnitten werden?
(d) Warum soll zu Beginn einer jeden Exploration der Bauchhöhle der Blinddarm vorgelagert werden?
Der Wundverschluß der medianen Laparotomiewunde kann drei- oder vierlagig erfolgen. Welche Lagen sind gemeint, und welches Nahmaterial nimmt man für die einzelnen Schichten?

149 (a) Welches Symptom erkennen Sie in Abb. 119?
(b) Kann dieser Defekt auf einen Sturz während des Rennens zurückzuführen sein?
(c) Welche anderen Ursachen könnten dahinterstecken?
(d) Wie ist die Prognose in bezug auf das Sehvermögen?

Abb. 119

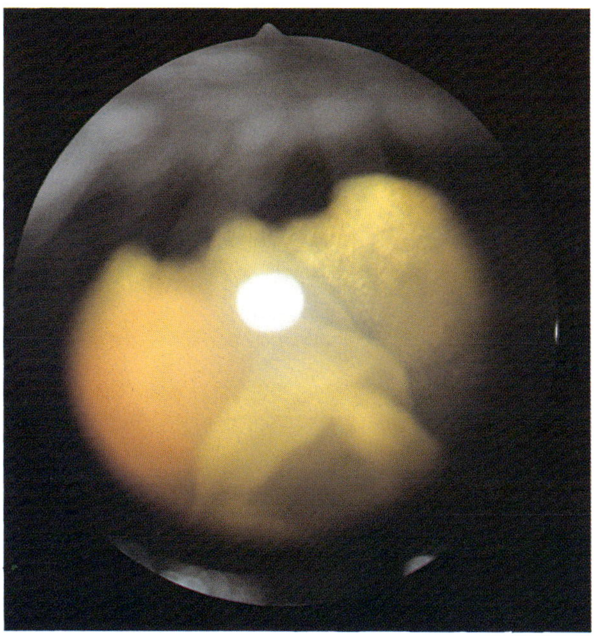

150 Was machen Sie bei einer Fehlbedeckung einer Stute, wenn diese nicht tragend werden soll?

151 Abb. 120 zeigt die traditionelle Methode der Trepanation und des Ausstempelns eines Backenzahns.
(a) Welche weiteren chirurgischen Zugänge hat man bei der Entfernung eines Backenzahns?
(b) Worin bestehen die jeweiligen Vorteile?
(c) Was sind die häufigsten Komplikationen bei Eingriffen am Backenzahn?

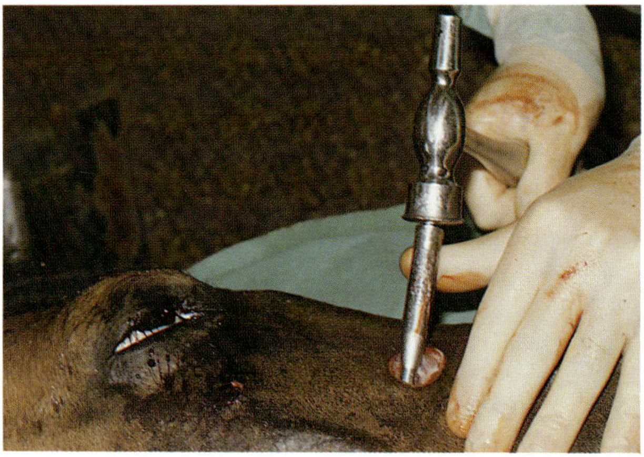

Abb. 120

152 Unter welchen Bedingungen kann ein Fetus mumifizieren?

153 Eine Zuchtstute zieht sich eine schwere Verletzung am Karpus zu und wird zwölf Stunden später zur Behandlung vorgestellt (Abb. 121). Das Karpalgelenk ist nicht betroffen.

(a) Kann man die Wunde vernähen?

(b) Wie sieht die Behandlung im Verlauf der ersten Woche aus?

(c) Wie sind die Heilungschancen bei optimaler Versorgung?

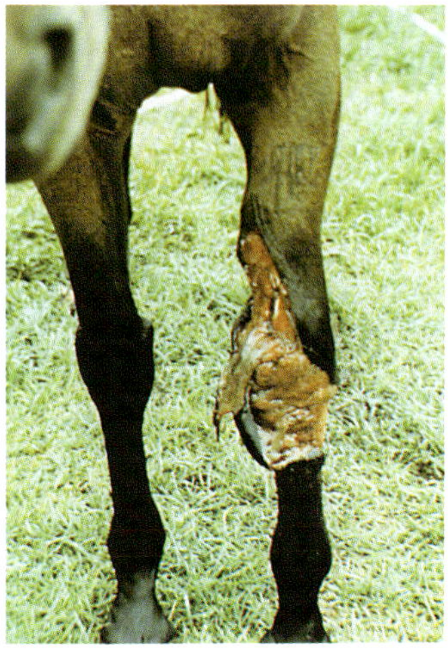

Abb. 121

154 Zur Diagnostik von viralen und bakteriellen Infektionen benötigt man unterschiedliche Tupfer. Einige davon sind in Abb. 122 wiedergegeben. Ordnen Sie die Tupfer bitte zu:

(a) Genitaltupfer für Hengste

(b) Tupfer für einen Abstrich aus Cervix und Endometrium

(c) Virusisolierung bei Atemwegserkrankung einschließlich EHV 1

(d) Klitoristupfer (Sinus und Fossa)

(e) Nachweis einer Streptococcus-equi-Infektion.

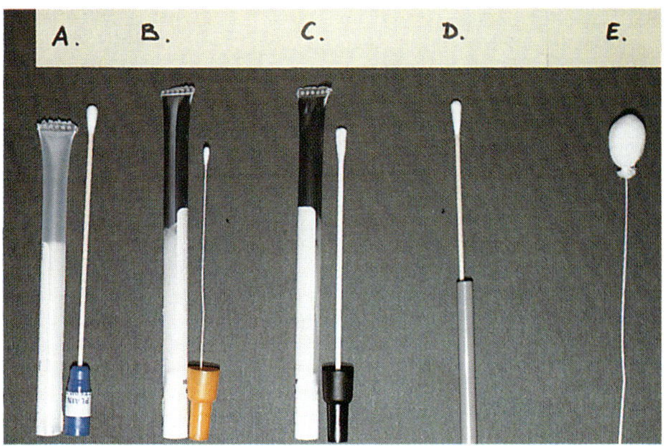

Abb. 122

155 Ein chirurgischer Kolikpatient bleibt nach der Operation in der Regel für ein bis zwei Wochen in der Klinik.
(a) Welche Antibiotika werden routinemäßig zur Prophylaxe gegeben? Wie lange kann man sie geben?
(b) Ab wann darf der Patient wieder Futter und Wasser aufnehmen? Welches Futter kann man zum Anfüttern nehmen?
Nach dem Verlassen der Klinik werden Sie um Rat gefragt:
(c) Wann werden die Fäden der Hautnaht gezogen?
(d) Muß das Pferd in der Box bleiben oder darf es auf den Paddock? Ab wann kann man es wieder normal arbeiten?
Kann man vorher schon leichtes Training aufnehmen? Warum muß das Training eingeschränkt werden?
(e) Welche Empfehlungen geben Sie zur Fütterung?

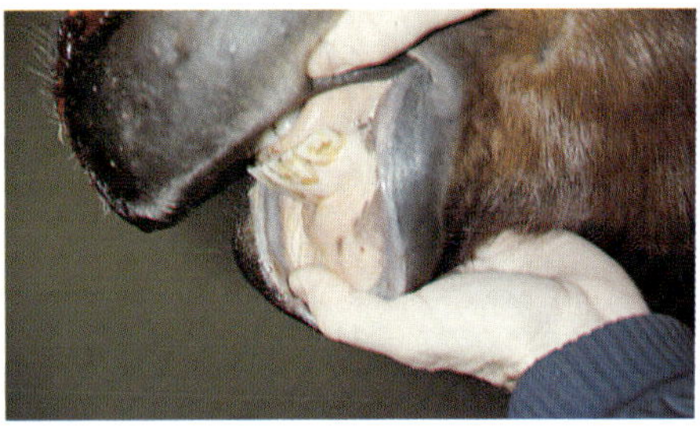

Abb. 123a

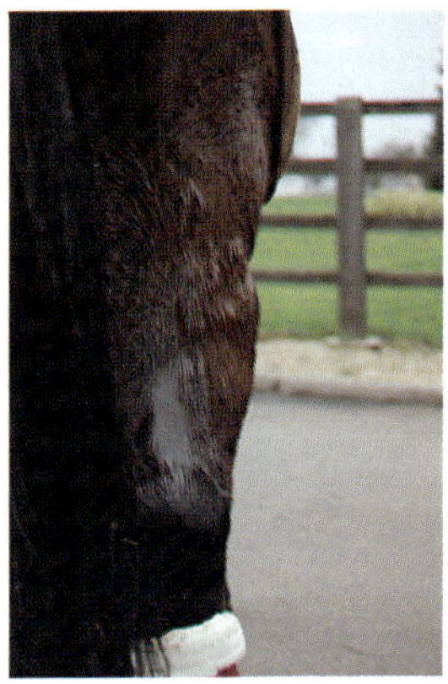

Abb. 123b

156 Das Pferd in Abb. 123 a und b wurde seit vier Wochen wegen einer leichten Atemwegsinfektion behandelt.
(a) Welche vier Symptome erkennt man auf den Bildern?
(b) Wie lauten die Differentialdiagnosen?
(c) Welche Ursachen haben die Symptome hervorgerufen? Inwiefern sind sie diagnostisch aufschlußreich?
(d) Kann man im Blutlabor Abweichungen feststellen?

157 Bei einer Ankaufsuntersuchung bei einem vierjährigen Pferd fällt Ihnen dieser Augenbefund auf (Abb. 124).
(a) Wie lautet Ihre Diagnose?
(b) Was ist sonst noch zu erkennen?
(c) Was erklären Sie dem Käufer?

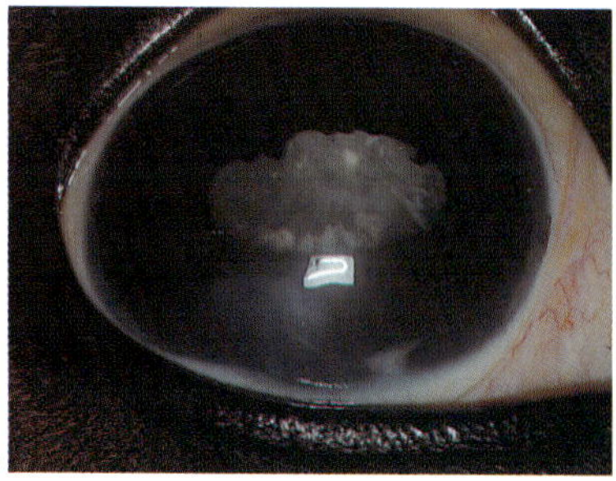

Abb. 124

158 Ein achtjähriger Vollblüter – ein Hochleistungspferd – ist seit drei Monaten „leer" und hat keine Leistung. Der Trainer hat lediglich einen leichten Husten zu Beginn des Trainings bemerkt. Es hat weder Husten noch Nasenausfluß und ist in allen anderen Bereichen unauffällig. Das Blutlabor ist ebenfalls nicht aufschlußreich. Die klinische Untersuchung in der Ruhe verläuft ohne besondere Befunde. Sie vermuten eine Erkrankung der unteren Atemwege.
(a) Was ist Ihre Verdachtsdiagnose?
(b) Welche diagnostischen Verfahren kann man bei Affektionen der unteren Atemwege anwenden?

159 Dieses arthroskopische Bild (Abb. 125) stammt von einem Hochleistungspferd. Es zeigt die distalen Rollkämme des Femurs und die Fossa intercondylica, außerdem Teile der Synovialmembran. Das Pferd war wiederholt nach Belastung hochgradig lahm. Die Ursache war eine Zerrung im Femoropatellargelenk. Weder arthroskopisch noch röntgenologisch war das Gelenk auffällig.
(a) Haben Sie eine Theorie zur Ätiologie?
(b) Welche weiteren diagnostischen Maßnahmen werden ergriffen?

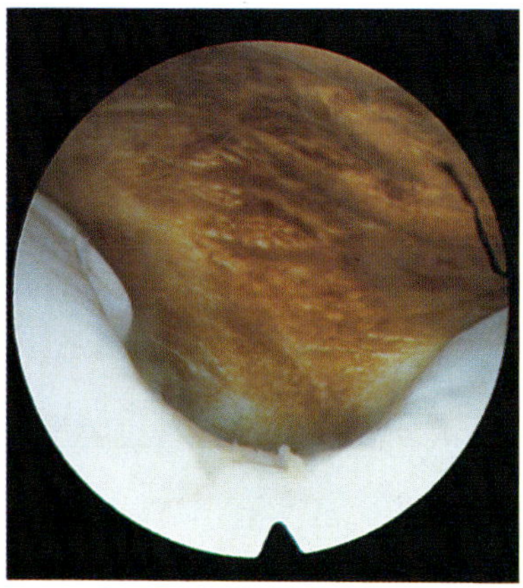

Abb. 125

160 Ein achtjähriger Vollblutwallach kommt während einer großen Vielseitigkeitsveranstaltung lahm vom Geländeritt zurück.
Er schont hinten rechts. Mit der Erlaubnis der Kommission wird das Pferd mit 1 g Phenylbutazon behandelt. Am folgenden Tag geht das Pferd halbwegs klar. Einen Tag später ist das Pferd hochgradig lahm und zeigt eine Schwellung der Kapsel des Femoropatellargelenks. Das Kniegelenk wird geröntgt.

(a) Was sieht man auf der Aufnahme in Abb. 126?
(b) Welche weiteren Projektionen benötigt man?
(c) Wie ist das isolierte Knochenstück vermutlich entstanden?
(d) Wie sehen Therapie und Prognose aus?

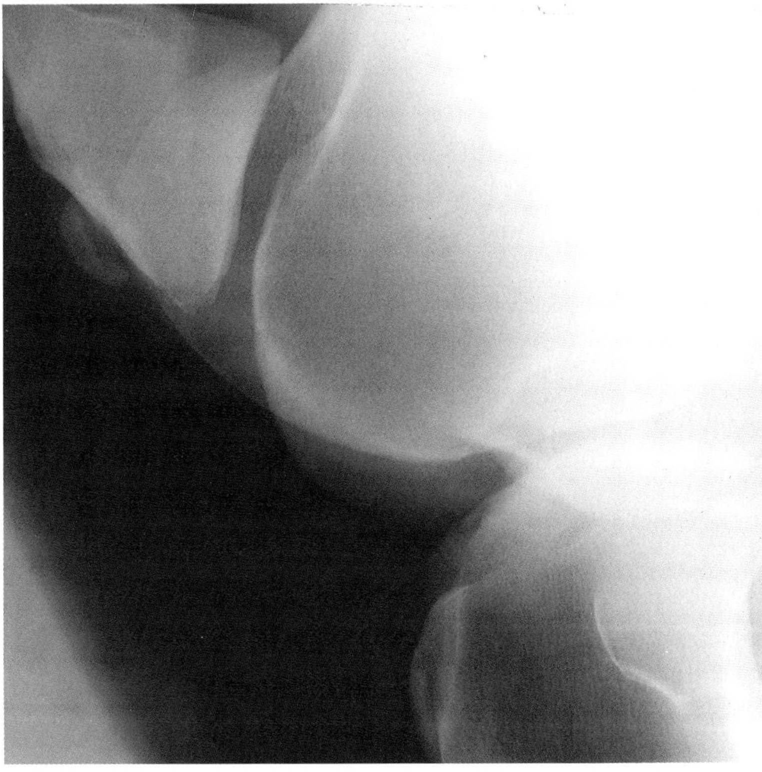

Abb. 126

161 Ein Pferd mit einer akuten Graskrankheit hat folgende Laborwerte:

		Referenzbereich
Hämatokrit	48	35–45%
Gesamtprotein	85	58–75 g/dl
Harnstoff	15	2,5–8,3 mmol/l
Cortisol	942	60–170 nmol/l
AP	250	84–180 U/l

Nach zwei Tagen stirbt das Pferd.

(a) Wie deuten Sie die Laborwerte?

(b) Welche weiteren Laboruntersuchungen wären intra vitam sinnvoll gewesen?

162 Ein Jährling soll verkauft werden. Der Besitzer entdeckt die warzigen Zubildungen (Abb. 127) am Augenlid und fragt Sie um Rat.

(a) Wodurch entstehen die Warzen? Ist die Erkrankung ansteckend?

(b) Wie geht man in diesem speziellen Fall vor?

(c) Warum ist hier besondere Vorsicht angezeigt?

(d) Würde man diese Warzen z. B. an der Nase auch behandeln?

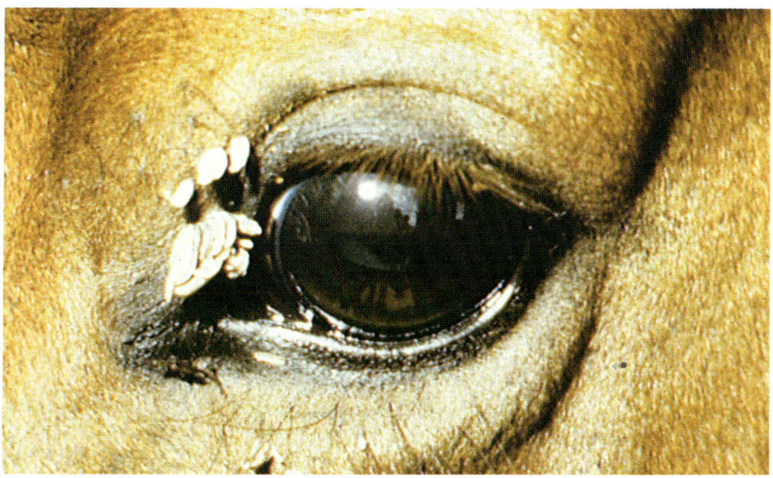

Abb. 127

Abb. 128

163 Welche diagnostischen Möglichkeiten hat man bei dem in Abb. 128 gezeigten Symptom?

164 Ein siebenjähriges Barrelracepferd geht nach einem Galopp im Training hochgradig lahm. In der Fesselbeuge entdeckt man eine tiefe Stichwunde. Es tritt keine Synovia aus. Das Pferd wird mit einem Breitbandantibiotikum und NSAID behandelt. Nach einer vorübergehenden Besserung tritt ein Rückfall ein. Die Beugesehnenscheide ist geschwollen. Das Pferd geht im Schritt mittelgradig lahm. Die Fesselbeuge wird sonographisch untersucht (Abb. 129).

(a) Welche Strukturen erkennen Sie?
(b) Sind sie auffällig verändert?
(c) Welche weiteren diagnostischen Möglichkeiten hat man?
(d) Wie sieht die Behandlung aus?
(e) Wie ist die Prognose?

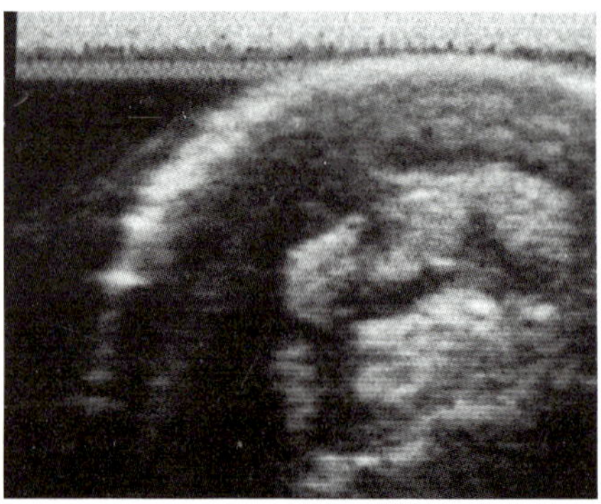

Abb. 129

Abb. 130

165 Ein dreimonatiges Fohlen wird wegen einer Fehlstellung der Zehe vorgestellt.
(a) Was erkennt man in Abb. 130?
(b) Ist eine Röntgenaufnahme aufschlußreich?
(c) Welche Sekundärerkrankung könnte die Behandlung erschweren?

166 Ein Trainer will wissen, ob man beim Pferd die Glycogenreserven erhöhen kann.
(a) Ist dies möglich?
(b) Ist dies vorteilhaft?
(c) Welche Gefahren stecken darin?

167 Was bewirkt die HCG-Injektion bei der Stute? Unter welchen Bedingungen ist sie sinnvoll?

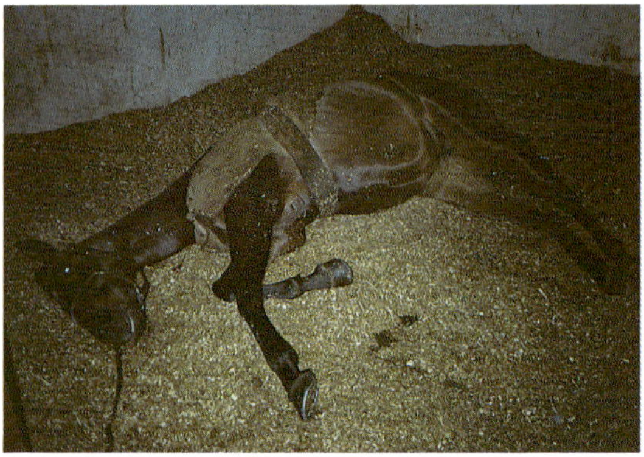

Abb. 131

168 Ein achtjähriges Jagdpferd wird mit leichten Koliksymptomen vorgestellt (Abb. 131). Die Kolik besteht seit sechs Stunden. Die Herzfrequenz ist 35/min, der Puls normal. Die Schleimhäute sind leicht injiziert; Temperatur und Atmung normal. Die Kapillarfüllungszeit beträgt 1 s. Die Darmgeräusche sind unterdrückt; von Zeit zu Zeit hört man ein lautes Grollen in der linken Flanke. Die NSS fördert keinen Reflux zutage; es wird nur wenig Kot abgesetzt. Rektal fühlt man eine vergrößerte und angeschoppte Beckenflexur am Beckeneingang.
(a) Wie lautet die Diagnose?
(b) Wie sieht die Behandlung aus?
(c) Kann man dieses Problem durch eine Fütterungs- und Haltungsumstellung verhindern?

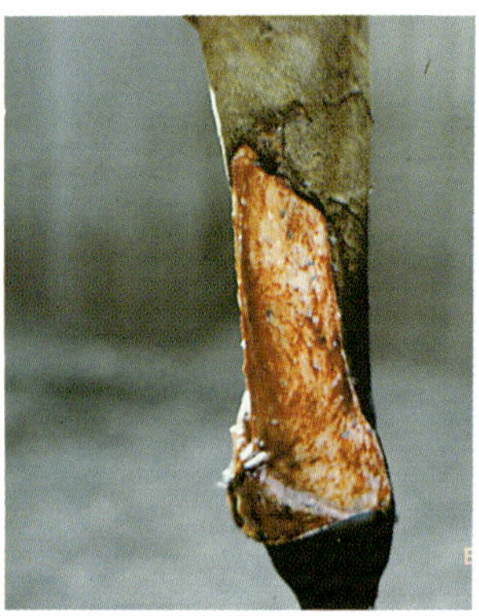

169 Abb. 132 zeigt eine Schälwunde an Unterarm und Karpus. Sie ist eine Stunde alt.
(a) Wie wird die Wunde chirurgisch versorgt?
(b) Besteht bei korrekter Behandlung eine Heilungschance?

Abb. 132

170 Ein Zirkuspferd, das mit einer Kette angebunden ist, hat seit vier Wochen einseitig Nasenbluten (Abb. 133).
(a) Ist eine Blutuntersuchung, speziell die Überprüfung der Blutgerinnung, sinnvoll?
(b) Welche weiteren diagnostischen Maßnahmen sind ratsam?

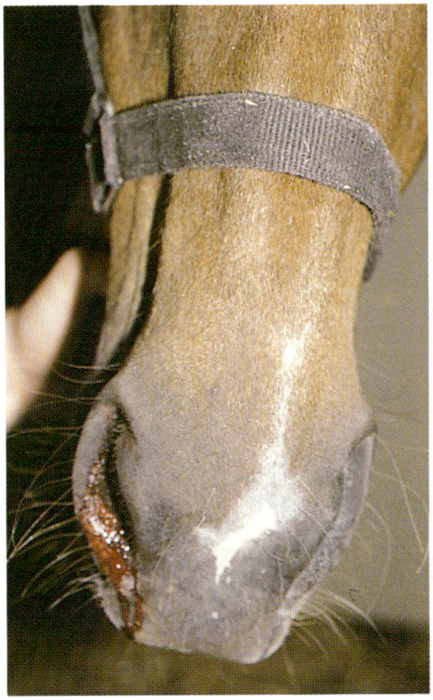
Abb. 133

171 Ein neunjähriger Vollblüter (500 kg KM) zieht sich eine Kronbeinfraktur zu. Sie wird chirurgisch versorgt. Postoperativ wird das Pferd mit Flunixin zwei- bis dreimal täglich – je nach Bedarf – und antibiotisch mit Procain-Penicillin (7,5 Mio IE zweimal täglich) versorgt.
Zwei Wochen nach dem Eingriff bekommt das Pferd Fieber, wird apathisch und inappetent. Koliksymptome stellen sich ein; kurze Zeit später setzt wäßriger Durchfall ein; es kommt rasch zur Dehydratation. Das Pferd wird infundiert; zusätzlich bekommt es Trimethoprim/Sulfonamid und Flunixin. 36 Stunden später beginnt eine akute Hufrehe. Das Pferd muß euthanasiert werden. Bei der Obduktion findet man eine massive Entzündung und Ulzeration im rechten dorsalen Kolon. Wie kommt es dazu?

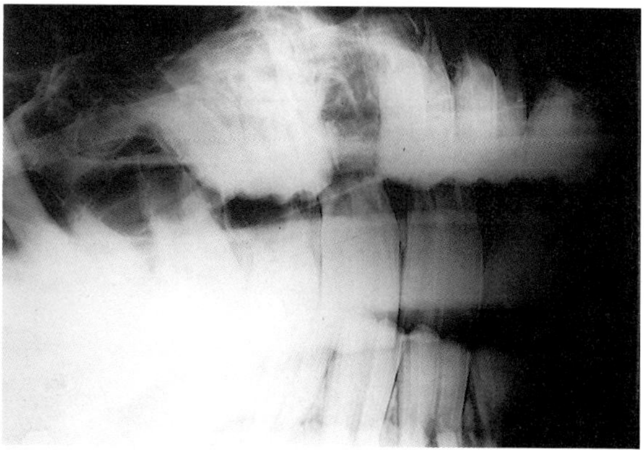

Abb. 134

172 Bei einem erwachsenen Pferd mit einer Nasennebenhöhlenvereiterung wurde der 4. Backenzahn nach Trepanation ausgestempelt. Einen Monat später hat das Pferd erneut einseitigen, stinkenden Nasenausfluß. Die Röntgenaufnahme (Abb. 134) wurde unter Narkose gemacht.
(a) Welche Projektion ist das?
(b) Was zeigt das Röntgenbild?
(c) Was ist die Ursache für den Nasenausfluß?

173 Ein Fohlen wird mit Halothan/Sauerstoff narkotisiert. Es atmet spontan. Folgende Blutgaswerte werden gemessen:

		Referenzwerte
pH	7,276	7,35–7,45
PCO_2	72,1	35–45 mm Hg
PO_2	269,8	$>$ 100 mm Hg

(a) Welche Störung liegt vor?
(b) Wie behandelt man sie?

174 Ein fünfjähriger Ponywallach hat massiven Nasenausfluß, vermischt mit Futterbestandteilen und Speichel. Er scheint zu würgen.
(a) Wie lautet die Verdachtsdiagnose? Was kommt differentialdiagnostisch in Betracht?
(b) Wie sieht die Behandlung aus
(c) Wie sieht die Nachbehandlung aus?

Abb. 135

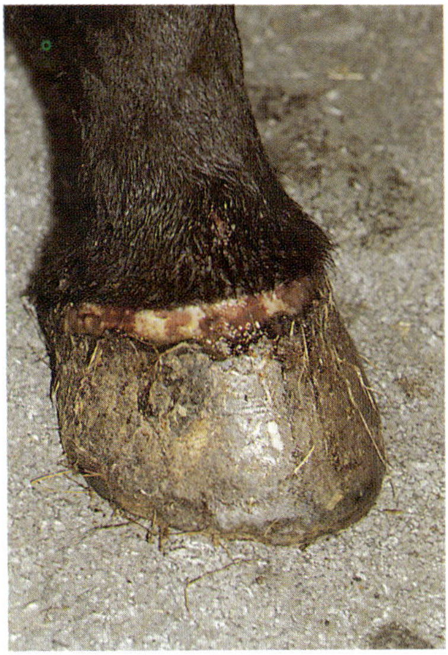

175 Eine fünfjährige Stute verliert seit drei Monaten an Gewicht. Der Appetit ist unterschiedlich, der Kot weich. In letzter Zeit hat sie ein Unterbauchödem entwikkelt; hinzu kommt eine schwere Entzündung des Saumbandes (Abb. 135). Außerdem hat das Pferd eine Zahnfleischentzündung sowie Haarverlust und Hyperkeratose an Nüstern und Stirn.

(a) Wie lautet Ihre Verdachtsdiagnose?

(b) Wie entsteht die Erkrankung und wie kann man sie behandeln?

176 Ein vierjähriger Wallach fällt anamnestisch durch verzögerte Entwicklung und mangelnde Leistungsfähigkeit auf. Wurmkuren wurden vom Besitzer nur in unregelmäßigen Abständen durchgeführt.

Die klinische Untersuchung ist ohne besonderen Befund. Die parasitologische Untersuchung verläuft negativ; trotzdem vermuten Sie einen klinisch inapparenten Parasitenbefall. Wie können Sie ihn nachweisen?

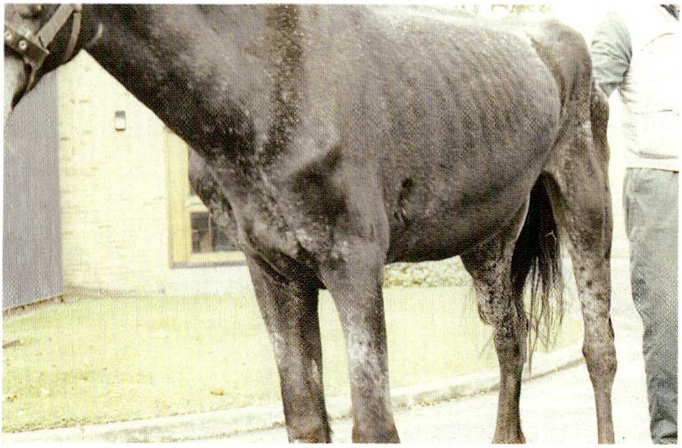

Abb. 136

177
(a) Welche Symptome erkennen Sie in Abb. 136?
(b) Was sind die Ursachen?
(c) Gibt es eine Behandlungsmöglichkeit?

178 Bei dem Fohlen in Abb. 137 sind die Vitalfunktionen in Ordnung; es fällt lediglich eine hörbare inspiratorische Dyspnoe auf.
(a) Wie ist die Dyspnoe zu erklären?
(b) Welche Differentialdiagnosen kommen in Betracht?
(c) Wie läßt sich die Diagnose absichern?

Abb. 137

Abb. 138

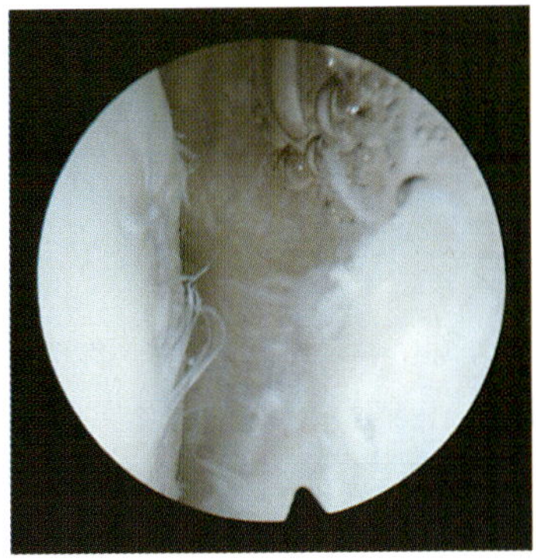

179 Im medialen Condylus des Femur befindet sich eine subchondrale Knochenzyste (arthroskopisches Bild Abb. 138).
(a) Wo sitzen die subchondralen Zysten bevorzugt?
(b) Wie kann man die klinische Bedeutung dieser Veränderungen abklären?
(c) Welche beiden chirurgischen Behandlungsmethoden kennen Sie?
(d) Welche weiteren Untersuchungen müssen vor einem chirurgischen Eingriff durchgeführt werden?

180 Ein Kutscher wundert sich über große Fliegen, die die Pferde an Kopf und Beinen belästigen. Er findet hellgelbe kleine Eier an den Haaren im Brustbereich und an den Beinen (Abb. 139)
(a) Um welche Fliege handelt es sich?
(b) Welche Behandlung empfiehlt sich?
(c) Was regt die Eier zum Schlüpfen an?
(d) Wie gelangen die Larven ins Körperinnere?

Abb. 139

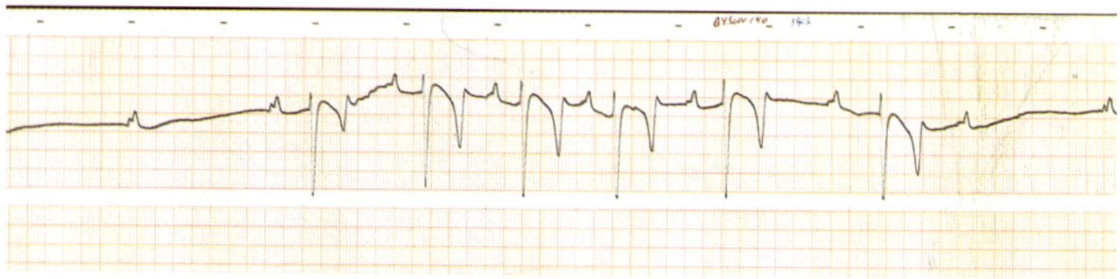

Abb. 140: Y- Ableitung; Papiergeschwindigkeit 25 mm/s.

181 Dieses EKG (Y- Ableitung, Abb. 140) wurde bei einem achtjährigen Springpferd unmittelbar nach der Belastung abgenommen.
(a) Was sieht man im EKG?
(b) Wie klärt man den Fall weiter ab?
(c) Haben die Veränderungen Einfluß auf die Leistungsfähigkeit des Pferdes?

182 Ein achtjähriges Vielseitigkeitspferd wird in die Klinik eingewiesen. Es hat seit 20 Stunden mittel- bis hochgradige Kolikschmerzen. Es war folgendermaßen medikamentös vorbehandelt: 40 ml Buscopan compositum, 12 ml Rompun, 50 mg Butorphanol und 1 g Flunixin.
Bei der Einlieferung ist das Pferd apathisch; es schwitzt und hat kontinuierliche Schmerzen. Die Herzfrequenz ist 42/min, die Atemfrequenz 32/min und der Hämatokrit 34 %. Darmgeräusche sind nicht zu hören. Es besteht Reflux aus der NSS. Bei der rektalen Untersuchung fallen geblähte Dünndarmschlingen auf. Die linke Kolonlage ist angeschoppt (Abb. 141).
(a) Welche weiteren diagnostischen Schritte sind nötig?
(b) Welches Vorgehen empfehlen Sie?
(c) Welche Kriterien entscheiden über die Methode der Wahl?
(d) Warum sind die kardiovaskulären Parameter im Hinblick auf die endgültige Diagnose kaum verändert?

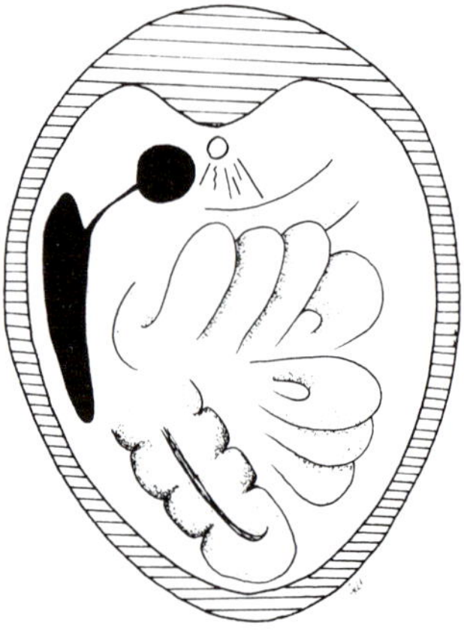

Abb. 141

183
(a) Welche auffallenden Besonderheiten sieht man in Abb. 142 a?
(b) Beschreiben Sie die Veränderungen in Abb. 142 b.
(c) Welche anderen Befunde kann man erheben?
(d) Was ist seuchenhygienisch zu beachten?

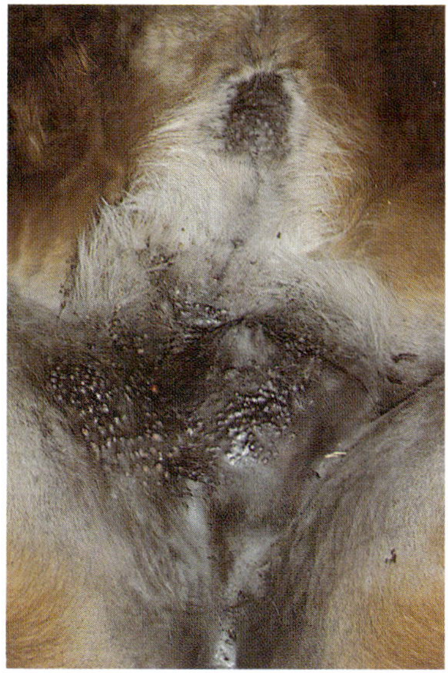
Abb. 142 a

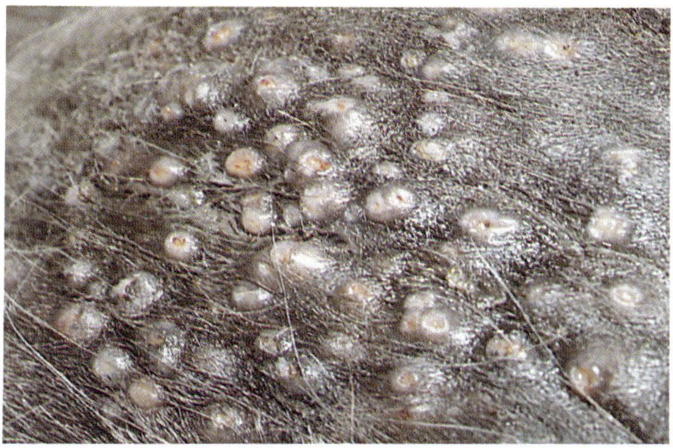
Abb. 142 b

184
(a) Warum fühlt man bei der tragenden Stute keine Plazentome? Warum gibt es keinen Eihautgriff?
(b) Was bedeutet das Schwirren der A. uterina media?

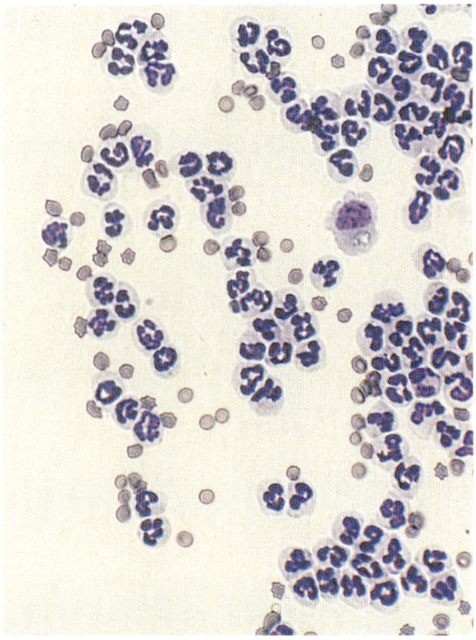

Abb. 143 a

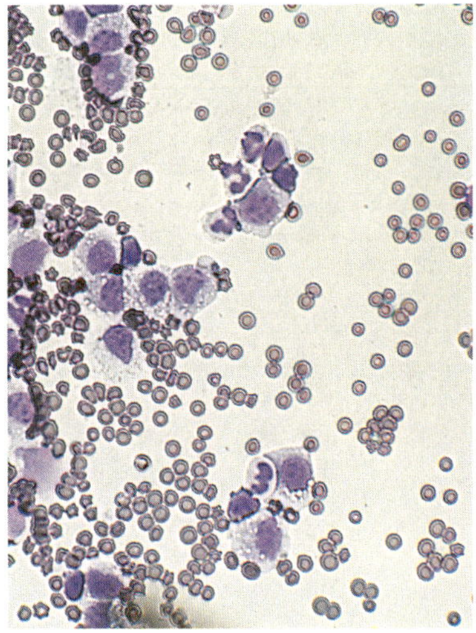

Abb. 143 b

185 Die Abb. 143 a und 143 b zeigen gefärbte Synoviaausstriche vom Tarsalgelenk eines Fohlens im Alter von zwei bzw. vier Wochen.

(a) Wie lauten die Differentialdiagnosen?

(b) Welche Behandlung wurde vermutlich zwischen den beiden Entnahmen durchgeführt?

(c) Ist das Problem im Griff?

186 Nachfolgende Laborwerte stammen von einem Pferd, das vier Tage unter einer leichten Kolik mit Appetitmangel litt. Bei der Allgemeinuntersuchung fiel außer dem schlechten Futterzustand nichts auf.

		Referenzwerte
Gesamteiweiß	90,4	58–75 g/l
Albumin	21,2	23–35 g/l
Globulin	69,2	30–58 g/l
Harnstoff	1,9	2,5–8,3 mmol/l
AST	624	258–554 U/l
GlDH	481	1–12 U/l
Gesamtbilirubin	38	17–34 μmol/l

(a) Wie deuten Sie die Laborwerte?

(b) Welche weiteren Untersuchungen sind angeraten?

187 Ein neunjähriger Vollblutwallach leidet seit drei Tagen an einer Kolik. Er wird in die Klinik eingewiesen. Dort diagnostiziert man eine Anschoppung im großen Kolon, die aber auf die routinemäßige Behandlung nicht anspricht. Die Therapie wird umgestellt, und innerhalb von 48 Stunden tritt eine Besserung ein. Bei der rektalen Kontrolle verspürt der Untersucher plötzlich ein Nachlassen des Druckes am Arm. Die Eingeweide sind unmittelbar zu ertasten. Beim Herausziehen befindet sich frisches Blut am Untersuchungshandschuh.

(a) Was ist passiert?

(b) Wo sind diese Art von Verletzungen meist lokalisiert?

(c) Eine sofortige genaue Untersuchung des verletzten Gebietes ist notwendig. Wodurch kann man sie erleichtern?

(d) Auf welche Kriterien achtet man bei dieser Untersuchung besonders? Wie klassifiziert man diese Verletzungen?

(e) Wie verfährt man bei den einzelnen Schweregraden?

188 Welche neurologische Ausfallserscheinung hat das Pferd in Abb. 144? Kann man den Sitz der Erkrankung erahnen?

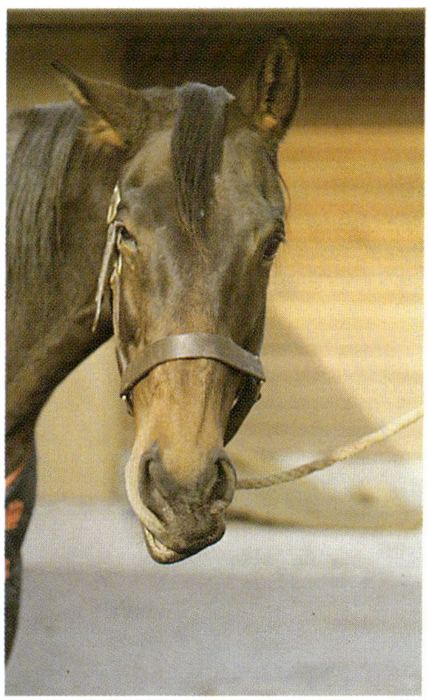

Abb. 144

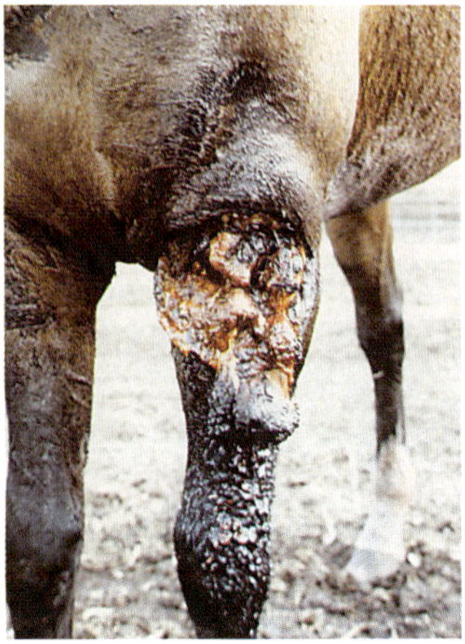

Abb. 145

189 Ein Rennpferd hat sich eine schwere Verletzung am Oberarm zugezogen. Die Haut und die Streckmuskulatur sind betroffen (Abb. 145).
(a) Wie behandelt man eine solche Verletzung?
(b) Kann das Pferd trotz der schweren Verletzungen der Streckmuskulatur wieder Rennen laufen?
(c) Wie lange wird der Heilungsprozeß voraussichtlich dauern? Kann mit Fortschreiten der Heilung das Training vorsichtig wiederaufgenommen werden oder muß das Pferd komplett ruhiggestellt werden?

190 Was bedeutet ab der Mitte der Trächtigkeit
(a) Milchbildung im Euter?
(b) geringgradig blutiger Ausfluß aus der Scheide?

191 (a) Hat die Veränderung in Abb. 146 Auswirkungen auf den Stoffwechsel? Welche biochemischen Parameter sind betroffen?
(b) Welche sonstigen Schwellungen kommen in diesem Gebiet vor?
(c) Kann die Schwellung zu einer Beeinträchtigung der Atmung führen?

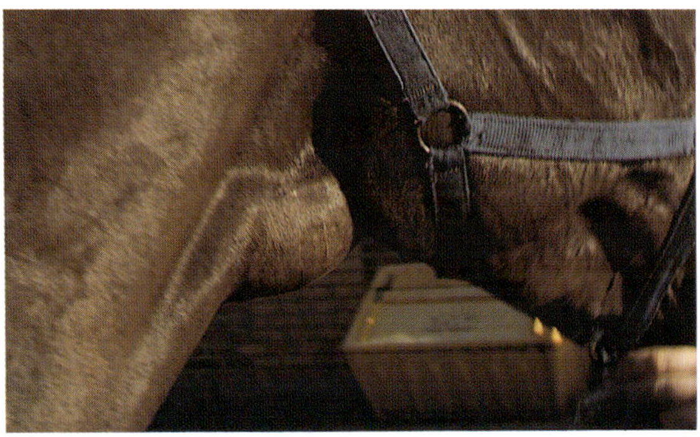

Abb. 146

192 Ein vierjähriger Vollblutwallach hat in den letzten drei Monaten permanent an Gewicht verloren. Er frißt schlecht, hat Fieberschübe und leichte Kolikschmerzen. Das Präputium ist ödematös angeschwollen (Abb 147). Labordiagnostisch fällt lediglich ein Albuminmangel auf (19,6 g/l). Es wird ein oraler Glucosetoleranztest durchgeführt. Dafür hungert das Pferd über Nacht. Am nächsten Morgen wird eine 20%ige Glucoselösung per NSS zugeführt (1 g Glucose/kg KM)

Zeit	Plasmaglucose (mmol/l)
vorher	4,0
nach	
30	4,3
60	4,1
90	4,1
120	4,0
180 Minuten	4,0

(a) Wie sehen die zu erwartenden Werte bei einem gesunden Pferd aus?
(b) Wie interpretieren Sie diese Befunde?
(c) Welche Erkrankungen kommen in Betracht?
(d) Wie ist die Prognose?

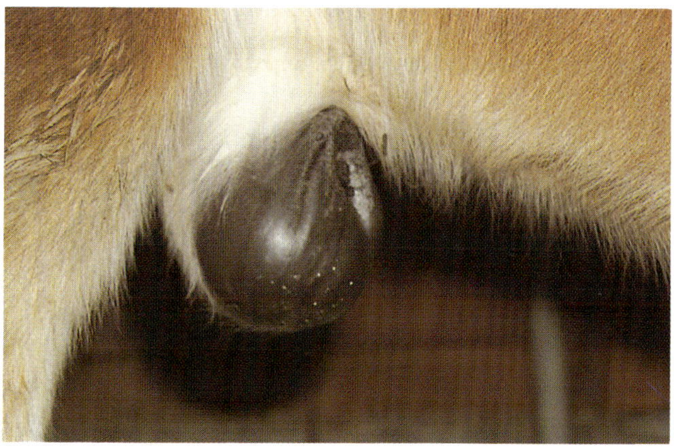

Abb. 147

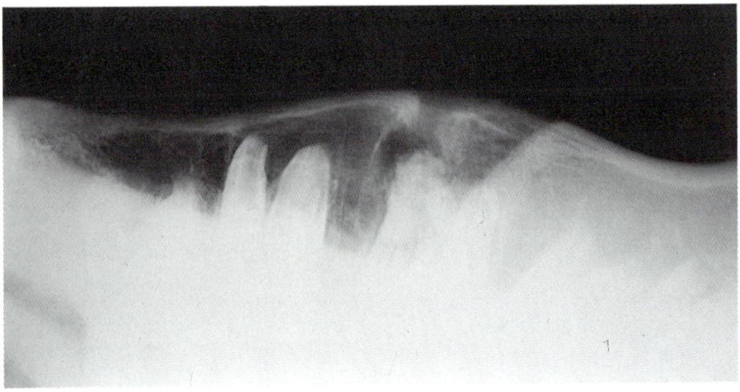

Abb. 148

193 Abb. 148 zeigt die Röntgenaufnahme eines Pferdes mit einer einseitigen Unterkieferschwellung. Aus einer Öffnung ventral strömt Ausfluß.
(a) Was sind die Differentialdiagnosen?
(b) Was fällt röntgenologisch besonders auf? Wie lautet Ihre Diagnose?

194 Ein Schimmelpony mit einer farbigen Iris wird vorgestellt. Der Bezirk oberhalb der Iris ist geschwollen (Abb. 149).
(a) Wie lautet Ihre Diagnose?
(b) Wie lauten die Differentialdiagnosen?
(c) Wie sieht die Behandlung aus?

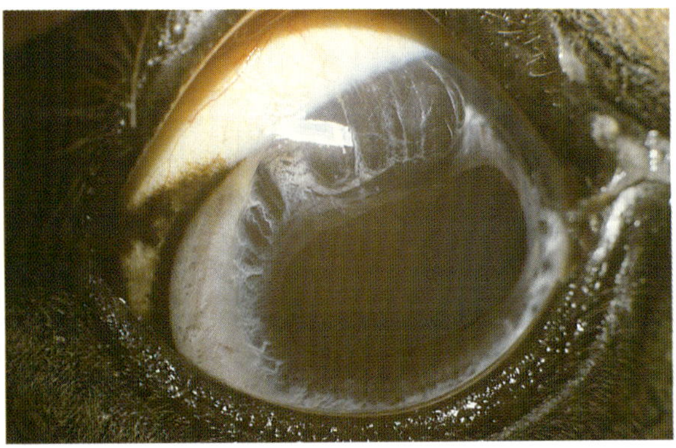

Abb. 149

Abb. 150

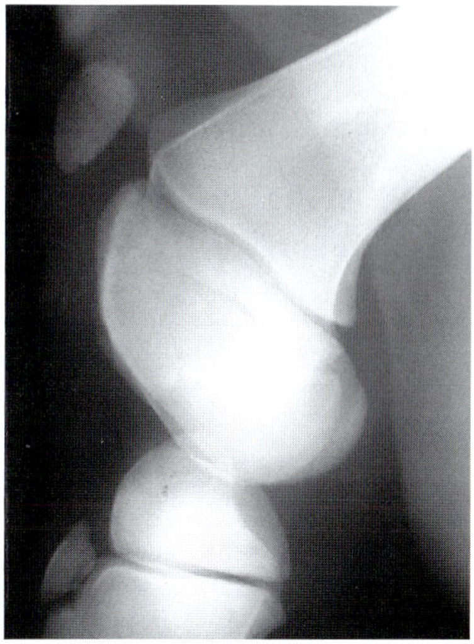

195 Ein sieben Tage altes Fohlen lahmt hinten links. Die Kniegelenkkapsel ist geschwollen. Es werden Röntgenaufnahmen angefertigt.
(a) Welche Projektionen benötigt man?
(b) Erklären sie die röntgenologischen Besonderheiten in Abb. 150.
(c) Welches sind die Differentialdiagnosen?
(d) Wie sieht die weitere Diagnostik aus?
(e) Wann ist die Kniescheibe vollständig verknöchert? Wann schließt sich (röntgenologisch) die distale Femurepiphyse?

196 Bei einem zwölf Tage alten Fohlen schwillt plötzlich die Kapsel des Tarsokruralgelenks an (Abb. 151). Das Fohlen ist munter, hat kein Fieber und lahmt nur leicht.
(a) Wie gehen Sie diagnostisch vor?
(b) Wie ist die Verdachtsdiagnose?
(c) Welche Behandlungsmöglichkeiten hat man?

Abb. 151

Abb. 152

197 Ein Springpferd kommt im Frühjahr vom Trainingsaufenthalt zurück. Am nächsten Morgen hat es sich an allen Stellen des Körpers gescheuert und gebissen. Stellenweise fehlen die Haare, insbesondere unter der Mähne und an exponierten Körperstellen. (Abb. 152). Das Pferd ist bei der Untersuchung sehr unruhig.
(a) Was kann die Ursache sein?
(b) Welche Behandlung ist angezeigt?

198 Ein zwölfjähriges Pferd leidet seit langem an Husten mit leichtem einseitigem Nasenbluten.
(a) Ist die Veränderung in Abb. 153 dafür verantwortlich?
(b) Wie lautet die Diagnose?
(c) Worauf muß sich der Besitzer einstellen?

Abb. 153

Abb. 154

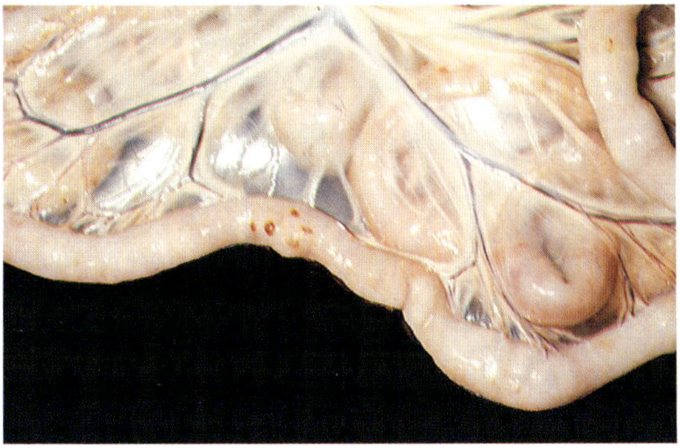

199 Abb. 154 zeigt den Sektionsbefund eines Jährlings. Man sieht einen Teil des Dünndarms mit dem Mesenterium.
(a) Wie kommt es zu den Veränderungen?
(b) Wie äußern sich solche Veränderungen klinisch?

Abb. 155 a

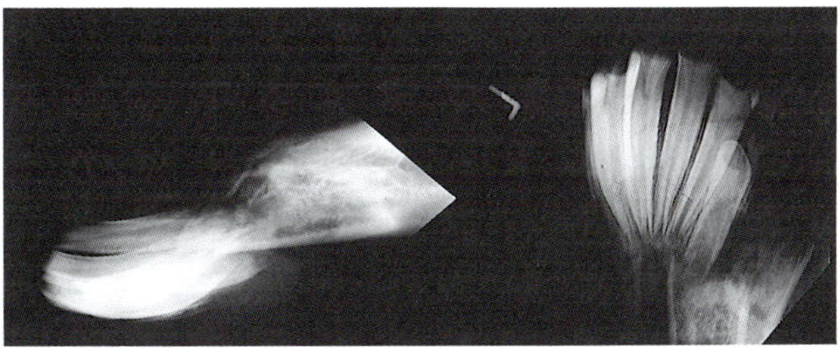

Abb. 155 b

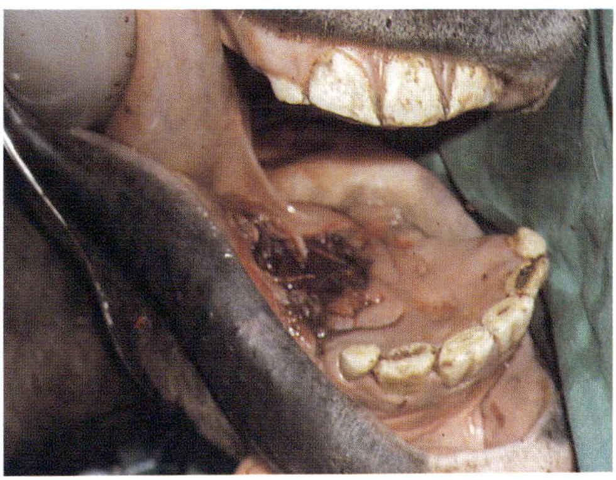

200 Ein Pferd mit einer Unterkieferfraktur wird im lateralen und oralen Strahlengang in Narkose geröntgt (Abb. 155 a und b).
(a) Was zeigen die Röntgenbilder?
(b) Wie sehen die klinischen Befunde aus?
(c) Wie behandelt man die Fraktur?

201 Gibt es außer dem Granulosazelltumor weitere Indikationen für eine Ovariektomie bei der Stute?

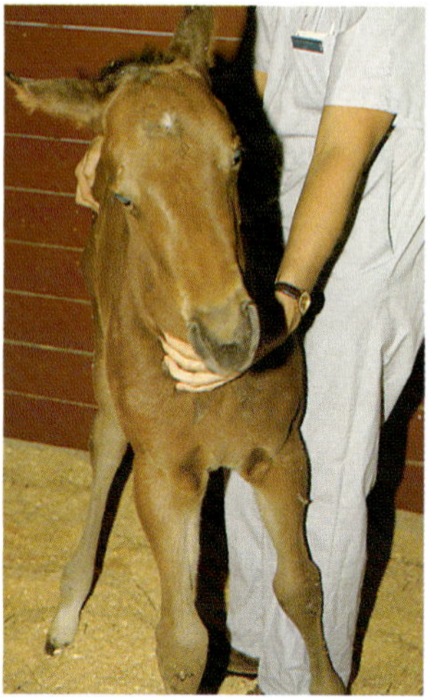

Abb. 156

202 Dieses Vollblutfohlen (Abb. 156) hat sich rückwärts überschlagen und ist mit dem Kopf auf den harten Boden gefallen. Es blieb einige Minuten liegen. Nachdem es langsam aufgestanden war, hielt es den Kopf schief. Es hat rechts eine Facialisparese und einen asymmetrischen Gang mit einem Rechtsdrall.
(a) Welche weiteren Befunde wird man bei dem Fohlen erheben können?

- zentrale Erblindung (normale Pupillen)
- periphere Erblindung (erweiterte Pupillen)
- Horner-Syndrom
- Atrophie des Masseters
- Schluckbeschwerden

(b) Erklären Sie die Zusammenhänge.

203 Ein zwölf Stunden altes Fohlen wälzt sich auf dem Boden (Abb. 157). Die Geburt verlief normal, es stand und trank innerhalb von zwei Stunden. Alle Vitalitätsproben waren normal, aber das Fohlen hatte offensichtlich Beschwerden.
(a) Was ist Ihre Verdachtsdiagnose?
(b) Brauchen sie weitere Informationen zur Diagnose?
(c) Wie sieht die Therapie der Wahl aus?

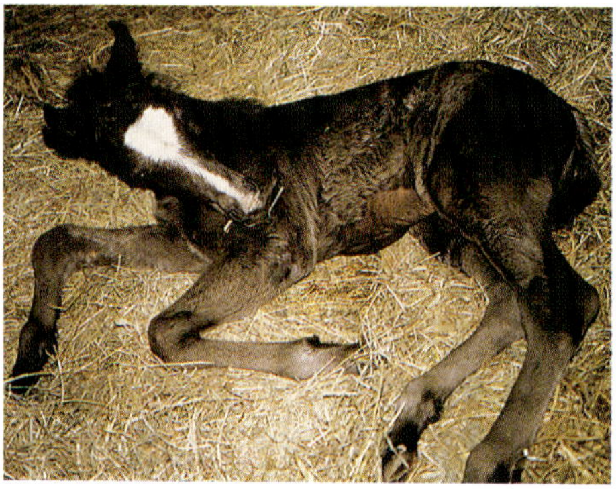

Abb. 157

204 Gegen Ende einer langen Auslandsreise wird ein neunjähriges Springpferd matt, inappetent und bekommt kolikähnliche Symptome. Sofort nach der Ankunft wird es untersucht. Die Temperatur ist 39,5 °C, die Herzfrequenz 56/min, die Atemfrequenz 16/min. Die Atmung ist angestrengt. Es scharrt immer weiter auf dem Boden und sieht sich zur Flanke um. Die Darmgeräusche sind unterdrückt. Rektal findet sich nichts Auffälliges. Das Pferd setzt wenig und trockenen Kot ab.
(a) Wie sieht der weitere Untersuchungsgang aus?
(b) Wie ist Ihre Verdachtsdiagnose? Wie ist die Sofortversorgung, wie die weitere Diagnostik?

205 Ein zweimonatiges Fohlen hat von Geburt an eine Gliedmaßenfehlstellung (Abb. 158).
(a) Wie lautet Ihre Diagnose?
(b) Wie sieht die Behandlung aus?

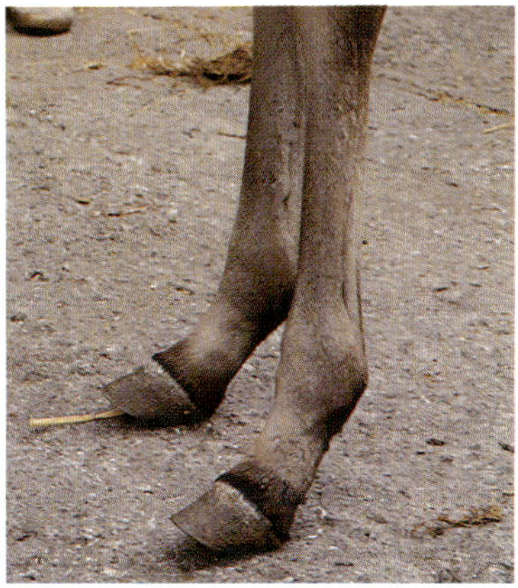

Abb. 158

206 Abb. 159 zeigt ein Pferd zwei Stunden nach dem Ende einer Allgemeinnarkose.
(a) Was ist zu sehen?
(b) Wie kann man diesen Zustand behandeln?

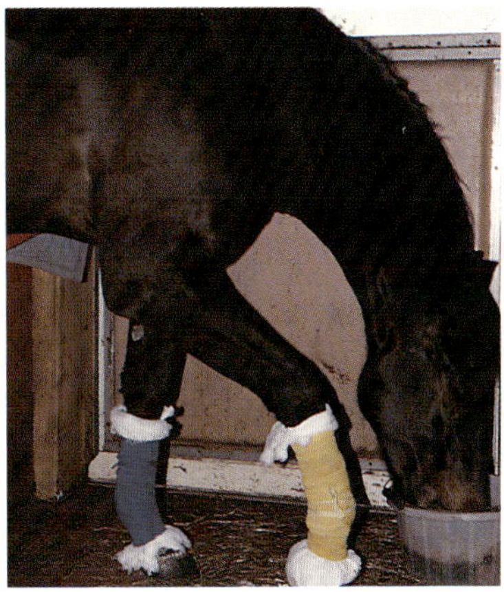

Abb. 159

207 Ein acht Wochen altes Vollblutfohlen lahmt plötzlich hochgradig vorne links. Es hält die Gliedmaße gebeugt; der Ellbogen scheint nach unten verlagert. Beim Gehen kann die Gliedmaße kein Gewicht übernehmen, sie hat eine verkürzte Stützphase und schleift mit der Zehe über den Boden. Krepitation, Schwellung und Schmerz fehlen.
(a) Wie ist Ihre Verdachtsdiagnose?
(b) In welchem Strahlengang wird der Ellbogen geröntgt?
(c) Schildern Sie den Röntgenbefund in Abb. 160
(d) Was bedeuten A und B in Abb. 160?
(e) Welche Therapie schlagen Sie vor?
(f) Wann ist normalerweise der Epiphysenfugenschluß der Ulna und des proximalen Radius? Welche Bedeutung hat das für die Behandlung?

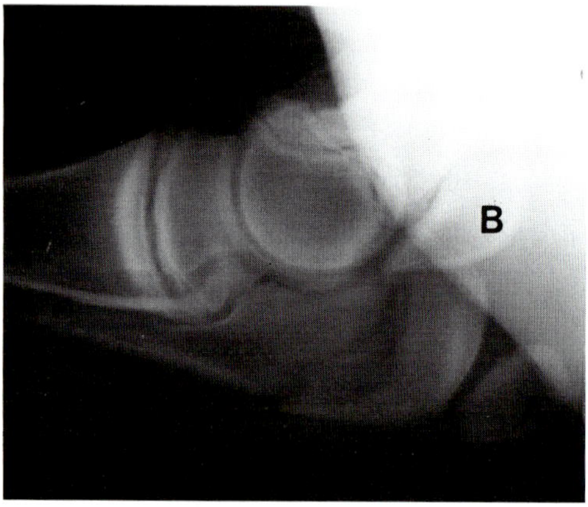

Abb. 160

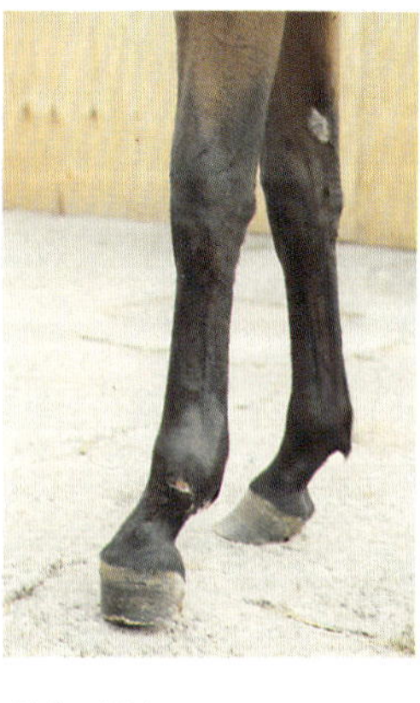

Abb. 161

208 Diese einjährige Halbblutstute hat sich im Alter von zwei Wochen an der Fessel schwer verletzt.
(a) Was ist in Abb. 161 zu sehen?
(b) Was ist die Ursache?
(c) Wie kann man dem Pferd Erleichterung verschaffen?

209 Ein zehnjähriges Vielseitigkeitspferd geht nach einer schweren Prüfung vorne rechts lahm. Beide Fesselgelenke sind geschwollen. Abbeugen im Fesselgelenk ist beidseits schmerzhaft; rechts ist der Schmerz stärker als links.Am rechten Fesselgelenk befindet sich lateral eine Schwellung. Auf Druck reagiert der laterale Schenkel des Unterstützungsbandes schmerzhaft.

(a) Beschreiben Sie den sonographischen Untersuchungsgang am Unterstützungsband.
(b) Beschreiben Sie die sonographischen Befunde in Abb. 162 a–e.
(c) Welche weiteren Untersuchungen sind anzuraten?

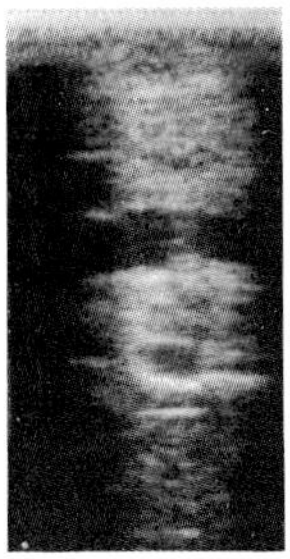

Abb. 162a

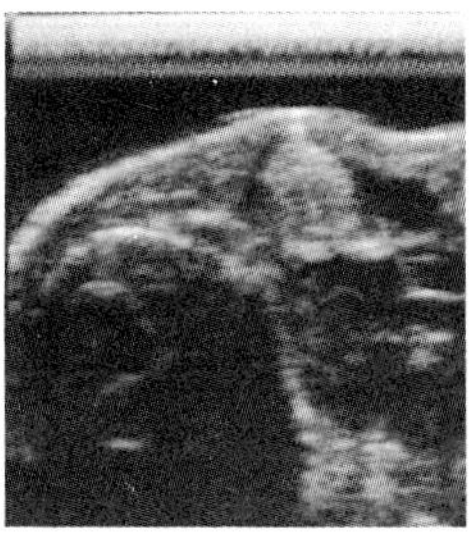

Abb. 162b

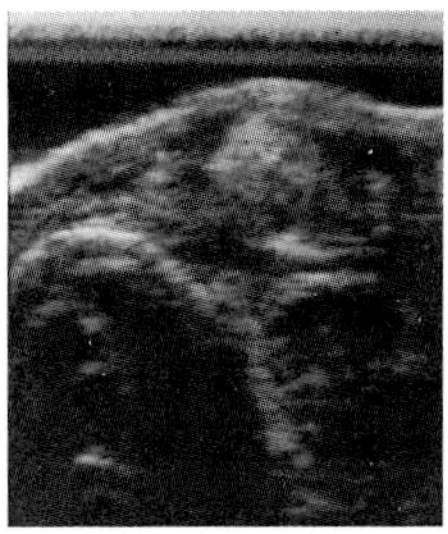

Abb. 162c

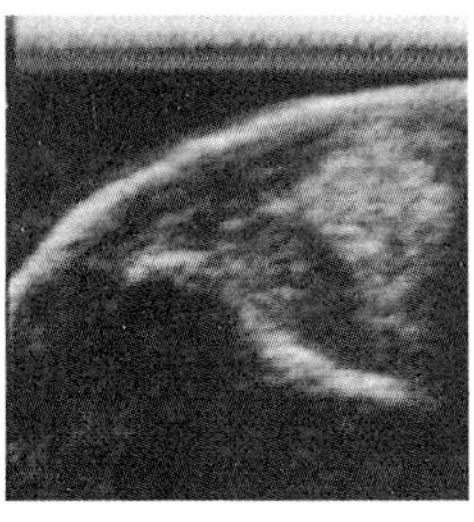

Abb. 162d

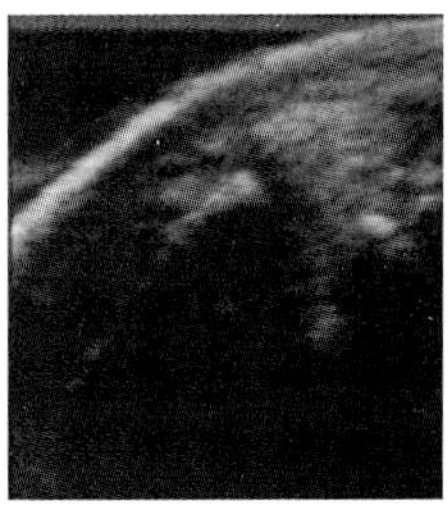

Abb. 162e

Abb. 163

210 Das Pferd in Abb. 163 ist apathisch und zeitweise lahm.
(a) Kann man aus dem Bild Rückschlüsse auf die Ursachen ziehen?
(b) Wie lauten die Differentialdiagnosen?
(c) Wie könnte die weitere Diagnostik aussehen?

211 Ein fünf Tage altes Vollblutfohlen ist apathisch und hat eine erhöhte Atemfrequenz. Bei der klinischen Untersuchung (Abb. 164) ist das Fohlen geschwächt und schnell erschöpft. Die Rektaltemperatur ist 39,3 °C, die Herzfrequenz 140/min. Die Schleimhäute sind ikterisch.
(a) Was untersuchen Sie als erstes? Begründen Sie.
(b) Wie lauten Verdachtsdiagnose und Differentialdiagnosen?
(c) Wie sieht die Behandlung aus?
(d) Wie läßt sich die Erkrankung zukünftig verhindern?

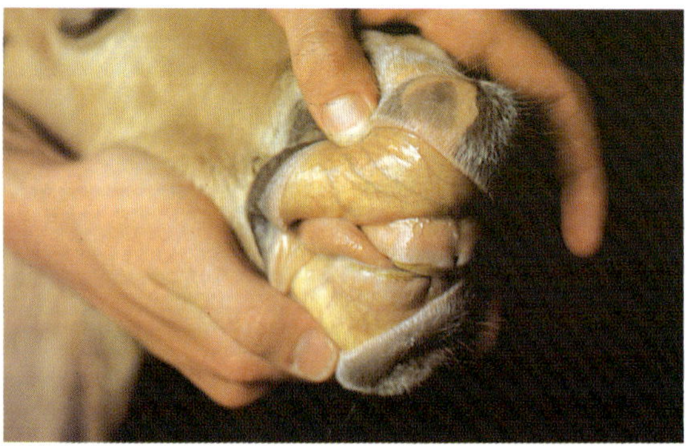

Abb. 164

Abb. 165

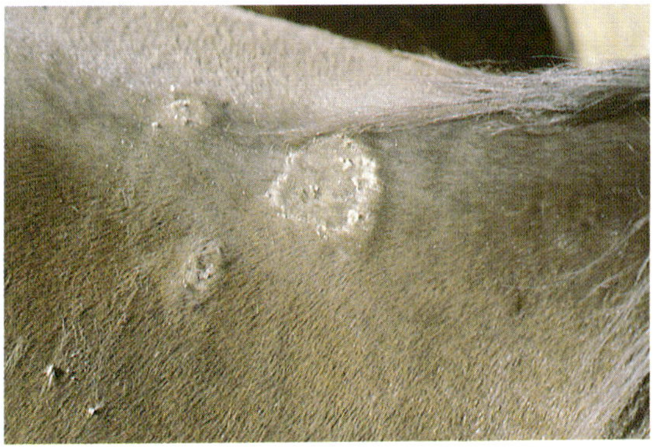

212 Dieses Kutschpferd (Abb. 165) hat kreisförmige, schuppige Hautveränderungen an Kopf, Hals und Körper. Es besteht Juckreiz. Mykologische Untersuchungen verliefen bislang negativ. Antiseptische, antibiotische und fungizide Behandlungen waren erfolglos.
(a) Wie lautet die Diagnose?
(b) Welches weitere Untersuchungsmaterial benötigt man zur Diagnose?
(c) Wie sieht die Behandlung aus?

213 Wie stellen sich folgende Zustände und Strukturen bei der gynäkologischen Ultraschalluntersuchung dar?
(a) ein präovulatorischer Follikel
(b) ein östrogenisierter Uterus
(c) ein Corpus haemorrhagicum (C. h.)
(d) ein zehn Tage altes Corpus luteum (C. l.)
(e) ein anovulatorisch luteinisierter Follikel
(f) ein verlängerter Diöstrus?

214 Ein neunjähriges Pony hat kontinuierlich schwere Kolikschmerzen mit hundesitziger Stellung und starkem Schwitzen. Es hat kurz zuvor Rasenschnitt gefressen. Die Temperatur ist 38,5 °C, die Herzfrequenz 78/min, die Atemfrequenz 28/min. Die Schleim häute sind mäßig injiziert. Rektal fühlt man die nach kaudal verlagerte Milz. Durch die NSS entweicht etwas Gas und Schaum.
(a) Was ist Ihre Diagnose?
(b) Wie sieht die Behandlung aus?

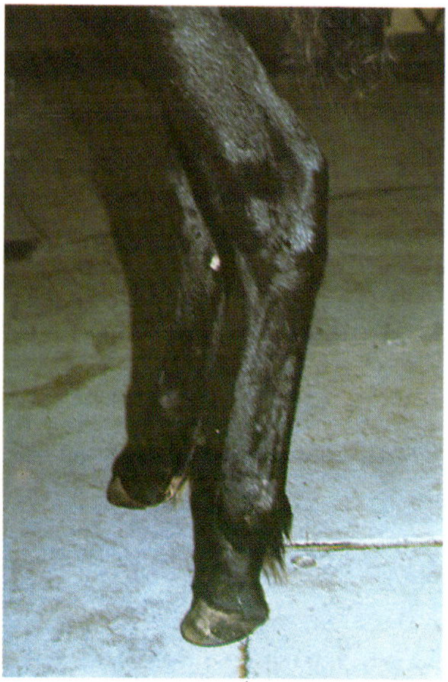

215 Ein dreimonatiges Welsh-Cob-Fohlen hat seit seiner Geburt eine Fehlstellung an der Hintergliedmaße. Auffällig ist die hasenhackenartige Ausbuchtung (Abb. 166).

(a) Welche Ursachen liegen zugrunde?

(b) Mit welchen sekundären Komplikationen muß man rechnen?

(c) Was empfehlen Sie dem Besitzer?

Abb. 166

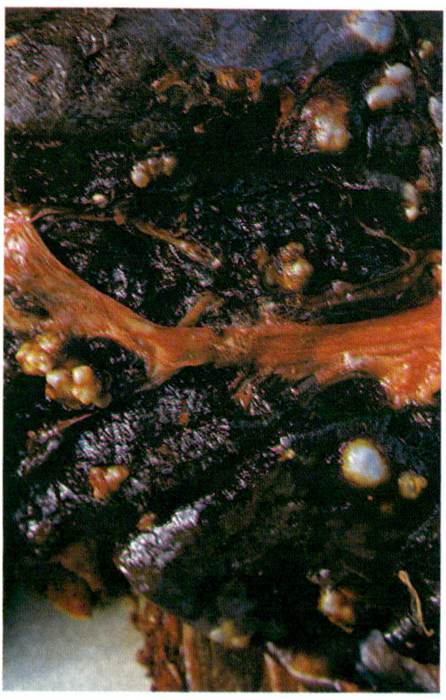

216 Bei einer Obduktion findet sich als Zufallsbefund diese veränderte Leber (Abb. 167).

(a) Um welche Veränderungen handelt es sich?

(b) Wie ist die Epidemiologie dieser Erkrankung?

(c) Hätte man den Zustand intra vitam diagnostizieren können?

Abb. 167

Abb. 168

217 Dieses Pferd aus Italien hat massive Ödeme an Bauch und Gliedmaßen. Vor sechs bis zehn Tagen hatten drei andere Stuten abortiert; die Fohlen waren offensichtlich normal entwickelt.
(a) Was sieht man in Abb. 168?
(b) Welche Erkrankungen kommen in Betracht?
(c) Sie finden bei der weiteren Untersuchung diese Pferdes Durchfall, Husten und petechiale Blutungen in den Schleimhäuten. An welche Erkrankung denken Sie?

218 Dieser neunjährige Wallach (Abb. 169)ist laut Vorbericht leistungsschwach. Der Ruhepuls liegt bei 32/min; bei der Auskultation des Herzens fällt ein AV-Block 2. Grades auf. Über der linken Herzbasis vernimmt man zu Beginn der Systole ein Geräusch der Stärke 2/6; zu Beginn der Diastole ein Geräusch (2/6) in Verbindung mit dem dritten Herzton.
Nach kurzer Belastung beginnt das Tier hinten zu schwanken und macht einen erschöpften Eindruck.
(a) Wie lautet Ihre Diagnose?
(b) Wie ist die klinische Bedeutung der Herzgeräusche?
(c) Wie ist die weitere Diagnostik?
(d) Wie ist die Prognose?

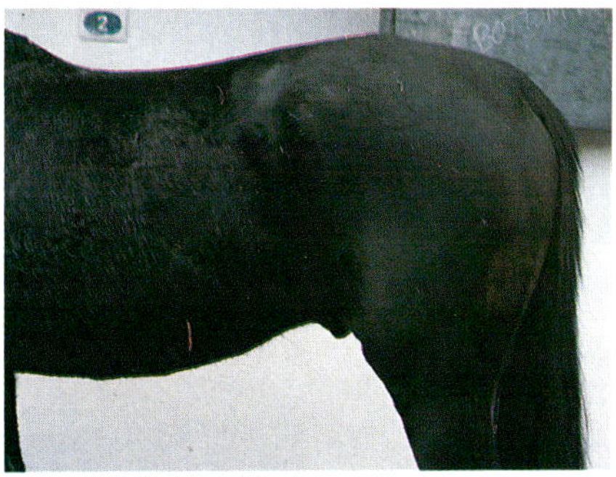

Abb. 169. Das Bild wurde fünf Minuten nach einer leichten Belastung aufgenommen.

219 Die Entscheidung für eine konservative oder eine chirurgische Therapie spielen bei gastrointestinalen Störungen eine große Rolle. Außerdem wünscht der Besitzer eine möglichst genaue Prognose, da viele persönliche und wirtschaftliche Aspekte mit in die Entscheidung einfließen.

(a) Wieviel Prozent der in der Praxis auftretenden Koliken sind chirurgische Fälle?
- 5–10%
- 10–20%
- 30–50%

(b) Der Tod eines Kolikers ist in der Regel durch ein Kreislaufversagen (Schock) bedingt. Wie ist insgesamt die Überlebensrate bei „chirurgischen" Koliken?
- $<30\%$
- 30–40%
- 50–60%
- 70–80%

(c) Wieviel Zeit hat man realistisch nach dem Beginn der ersten Kolikschmerzen bei einem Strangulationsileus?
- 8 h beim Dünndarm und 4 h beim Dickdarm
- 4 h beim Dünndarm und 8 h beim Dickdarm
- 12 h beim Dünndarm und 8 h beim Dickdarm
- 8 h bei Dünn- und Dickdarm

(d) Welcher Ileus hat die höchste Mortalitätsrate?
- Anschoppung des Ileums
- vollständige Torsio coli
- nichtstrangulierende Verlagerungen des Kolons
- Inkarzeration des Dünndarms ins Foramen epiploicum

(e) Was ist die häufigste Ursache für das Scheitern einer Kolikoperation?
- Probleme bei der Flüssigkeitssubstitution
- mangelnde Erfahrung des Operateurs
- Schwierigkeiten bei der Dekompression des Magens
- der übermäßige Einsatz von Flunixin
- die zu späte Entscheidung zur Operation

(f) Bei welchen Befunden sinkt die Überlebenschance drastisch?
- Herzfrequenz über 100/min
- Hämatokrit über 60%
- Herzfrequenz 60–80/min und Hämatokrit 50–60%
- Herzfrequenz 80–100/min und Hämatokrit unter 20%
- Herzfrequenz über 100/min und Hämatokrit über 60%

Abb. 170

220 Ein Hengst blutet nach dem Deckakt am Penis. Bei der Untersuchung fällt ein vergrößerter Processus urethralis auf. Er ist käsig vereitert. (Abb. 170). Beim Entfernen der Beläge treten Blutungen auf.
(a) Um welche Erkrankung könnte es sich handeln?
(b) Was sind die Differentialdiagnosen?
(c) Wie sieht die Therapie aus?
(d) Beeinträchtigt die Blutung die Fertilität?

221 Bei einer elfjährigen Ponystute wird der Verdacht auf ein Malabsorptionssyndrom geäußert. Sie verliert seit acht Wochen an Gewicht, hat ventrale Ödeme und leichte Kolikschmerzen. Labordiagnostisch fällt lediglich ein Albuminmangel auf. Der orale Glucosetoleranztest ergibt folgende Resultate (siehe auch Frage 192):

Zeit	Plasmaglucose (mmol/l)
vorher	3,8
nach	
30	4,8
60	5,1
90	5,5
120	5,9
180 Minuten	4,0

(a) Wie interpretieren Sie diese Befunde?
(b) Welche weiteren diagnostischen Schritte sind sinnvoll?

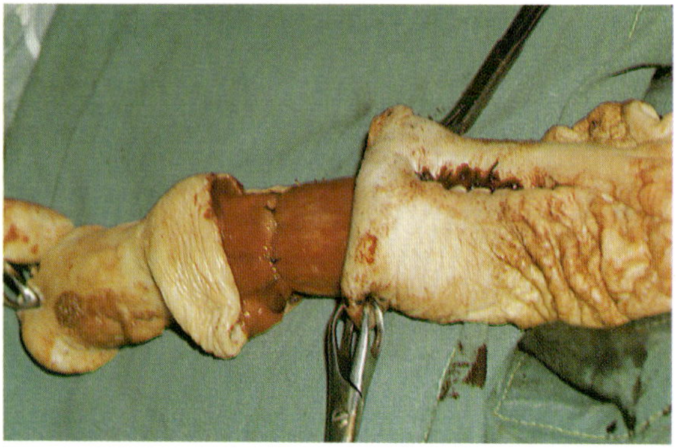

Abb. 171

222 Ein zwölfjähriger Ponywallach hat faulig-stinkenden, blutigen, eitrigen Ausfluß aus dem geschwollenen Präputium.
(a) Welche Veränderungen sieht man in Abb. 171 distal am Penis?
(b) Welcher chirurgische Eingriff ist dargestellt?
(c) Welche Komplikationen können auftreten?
(d) Wie ist die Langzeitprognose?
(e) Welche alternativen Eingriffe werden praktiziert?

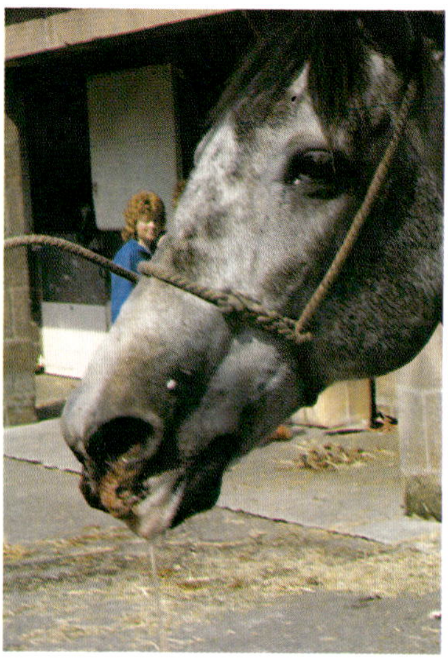

Abb. 172

223 Diese klinischen Symptome (Abb. 172) sind im Verlauf von drei Wochen nach und nach entstanden.
(a) Benennen Sie drei Symptome.
(b) Welche weiteren Symptome gehören zu dem Krankheitsbild?
(c) Welche diagnostischen Rückschlüsse kann man ziehen?
(d) Wie sieht die weitere Diagnostik aus?

Abb. 173

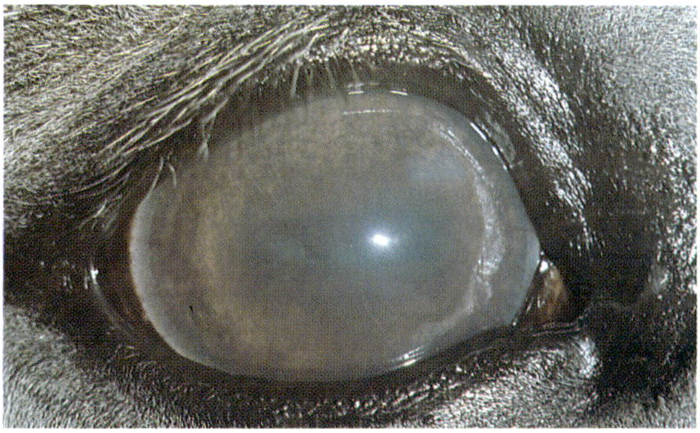

224 Bei diesem dreijährigen Vollblüter vermutet man eine Verletzung des Auges (Abb. 173).
(a) Wie lautet Ihre Diagnose?
(b) Wie kommen Sie darauf?
(c) Wie sieht die Behandlung aus?

225 Abb. 174 zeigt die Leber eines zweijährigen Esels.
(a) Welche Parasiten befinden sich in den Gallengängen?
(b) Welche Symptome kann man bei dieser Infektion erwarten?
(c) Wie kann man den Befall intra vitam nachweisen?
(d) Wie behandelt man ihn?

Abb. 174

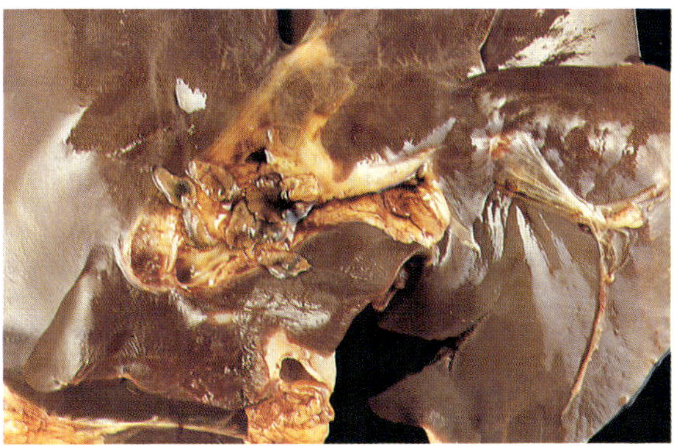

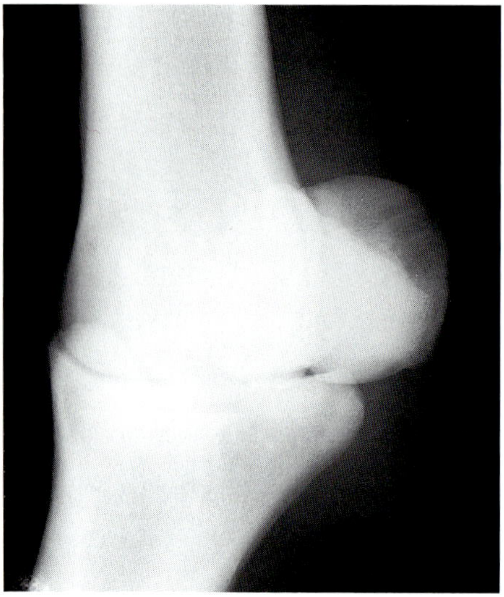

Abb. 175

226 Das rechte Fesselgelenk eines zehnjährigen Turnierpferdes wird geröntgt (siehe auch Frage 209).
(a) Was erkennt man in Abb. 175?
(b) Welche klinische Bedeutung haben die Veränderungen?
(c) Wie gehen Sie weiter vor?
(d) Was könnte die Ursache der röntgenologischen Veränderungen am Gleichbein sein?

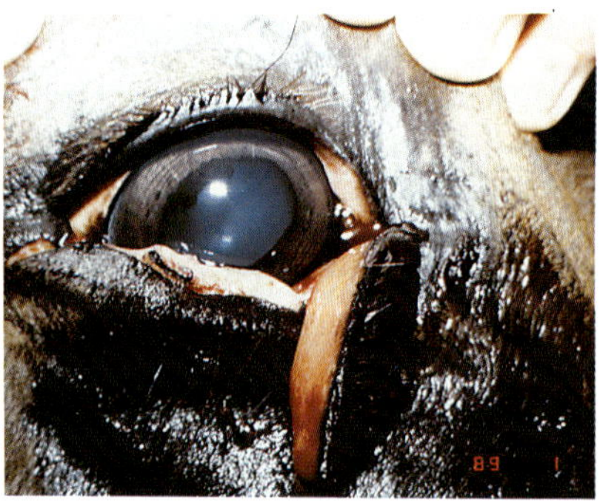

Abb. 176

227 Diese Lidverletzung ist 30 Minuten alt (Abb. 176).
(a) Soll man den Hautlappen adaptieren oder entfernen?
(b) Unter welcher Sedierung und Anästhesie kann man die Wunde versorgen?
(c) Welches Nahtmaterial und welche Naht wählen Sie für
- die Bindehaut?
- die äußere Haut?

228 Ein Reiter bemerkt permanenten Tränenfluß bei seinem Pferd
(a) Welche auffälligen röntgenologischen Veränderungen sind in Abb. 177 zu sehen?
(b) Welche diagnostischen Maßnahmen hätte man vor der Röntgenaufnahme durchführen können?
(c) In welcher Beziehung stehen Röntgenbild und klinische Symptome zueinander?

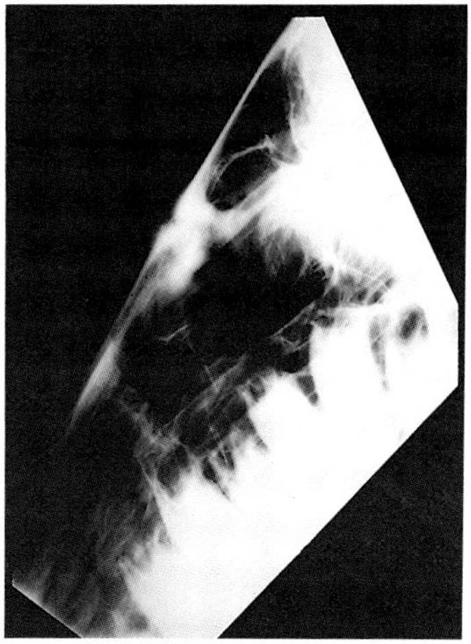

Abb. 177

229 Eine nichtträchtige zehnjährige Stute wird den ganzen Juni über nicht rossig. Sie wird mit einem Prostaglandin behandelt. Trotzdem kommt sie nicht in die Rosse. Was können die Ursachen sein?

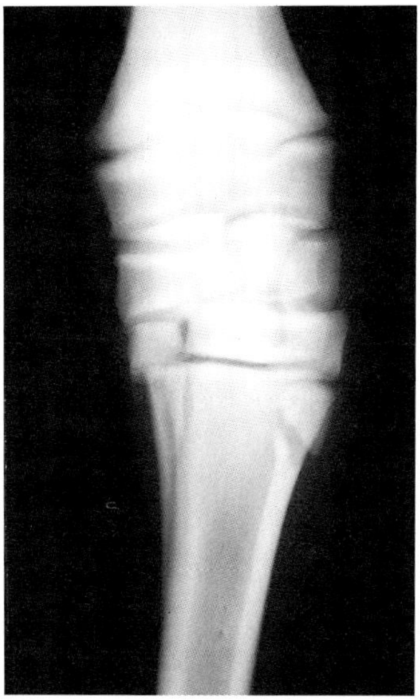

Abb. 178

230 Ein zweimonatiges Fohlen hat eine Fehlstellung im Karpus (Abb. 178).
(a) Wie lautet die Diagnose?
(b) Wie ist die Behandlung?
(c) Wie ist die Prognose?

Abb. 179

231 Abb. 179 zeigt die Blinddarmschleimhaut eines erwachsenen Pferdes.
(a) Welche Parasiten sind zu sehen?
(b) Wie ist ihre klinische Bedeutung?
(c) Wie diagnostiziert und behandelt man diesen Parasitenbefall?

232 Man stellt Ihnen einen dreijährigen Wallach mit ausgeprägten Hengstmanieren vor. Er deckt die Stuten in seinem Paddock. Mit welcher Laboruntersuchung kann man einen Kryptorchismus (Klopphengst) nachweisen?

233 Was wissen Sie über den Natrium- und Calciumbedarf im Futter?
(a) Erhaltungsbedarf Na
(b) Erhaltungsbedarf Ca
(c) Wieviel Na und Ca enthält der Schweiß?
(d) Wieviel Schweiß produziert ein Pferd bei der Arbeit?
(e) Na-Bedarf bei mittlerer Arbeit
(f) Ca-Bedarf bei mittlerer Arbeit

234 Bei einer Ankaufsuntersuchung eines fünfjährigen Wallachs wird endoskopisch dieser Befund (Abb. 180) erhoben. Er zeigt des weiteren grünlichen Nasenausfluß und pathologische Atemgeräusche.
Welchen Rat geben Sie dem Kaufinteressenten?

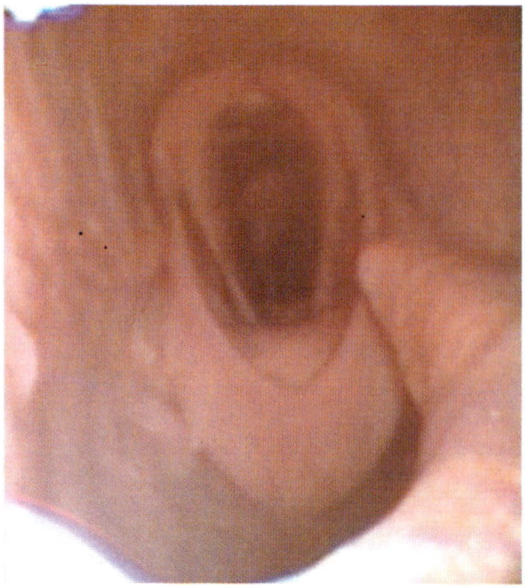

Abb. 180

235

(a) Welchen auffälligen Befund erkennt man in Abb. 181?
(b) Welches weitere Problem könnte latent vorhanden sein?
(c) Welche akuten und chronischen Schäden können auftreten?
(d) Gibt es Vorbeuge- oder Behandlungsmöglichkeiten?

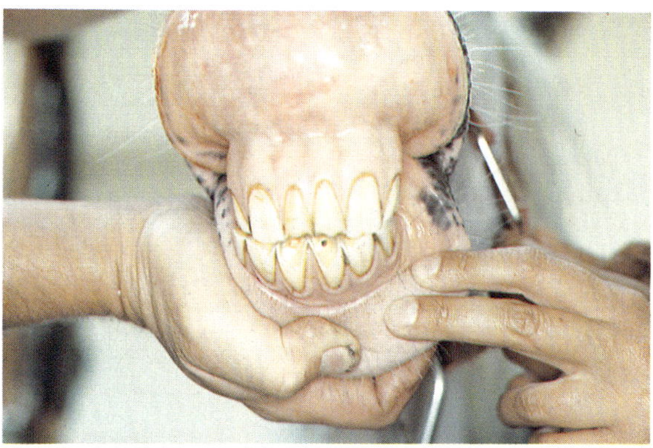

Abb. 181

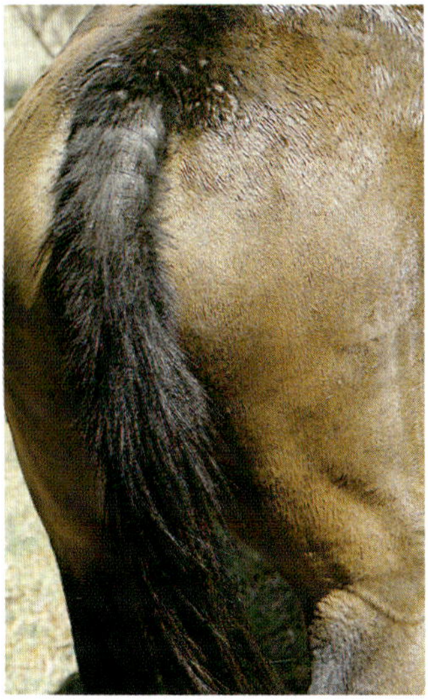

Abb. 182

236 Dieses Pferd (Abb. 182) scheuert sich im Hochsommer stark an Mähne und Schweif. Bei genauerer Untersuchung findet man kleine Knoten an Kopf, Ohren, Hals, Rükken, Kruppe und Schweifrübe. Einige Stellen sind wund; es tritt Serum aus.

(a) Wie lautet die Diagnose?

(b) Welche anderen Erkrankungen muß man differentialdiagnostisch berücksichtigen? Wie weist man sie nach?

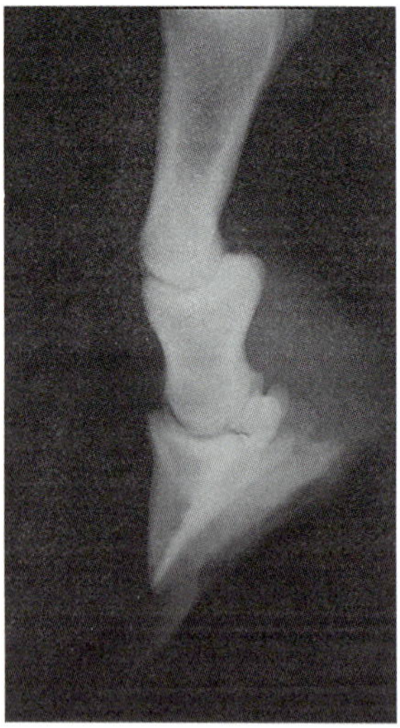

Abb. 183 a

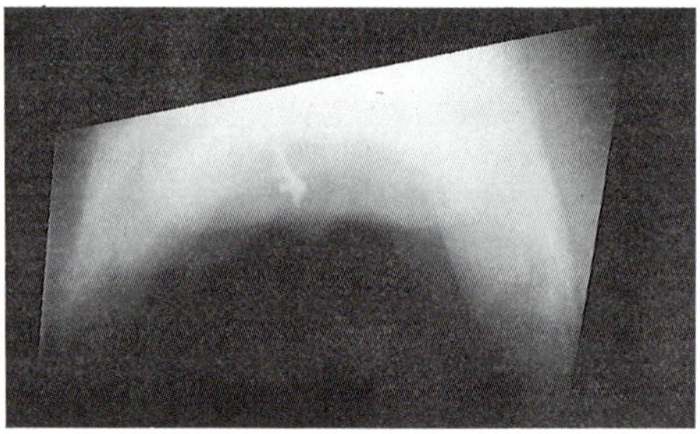

Abb. 183 b

237 Eine zwölfjährige Vollblutstute geht hinten links hochgradig lahm (Röntgenbilder Abb. 183 a und b).

(a) Seit wann besteht die Lahmheit vermutlich?

(b) Was ist die Ursache?

(c) Wie sieht die Behandlung aus?

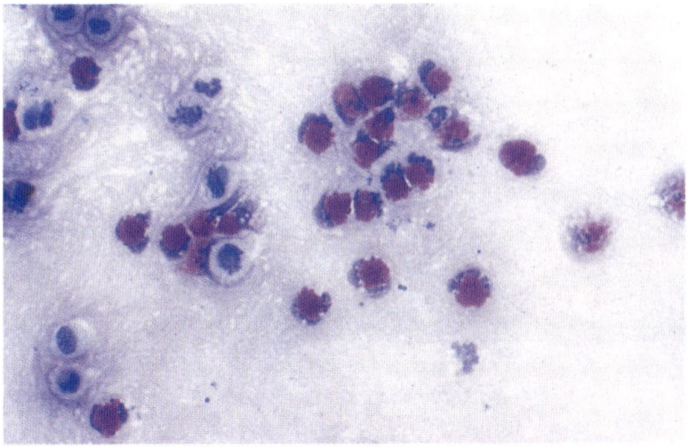

Abb. 184

238 Ein dreijähriges Kinderpony hustet seit dem Kauf vor drei Monaten permanent. Das Pony ist auf Stroh aufgestallt. Vorher lief es zusammen mit einem Esel auf der Weide. Das Pony ist munter und wurde in den vergangenen acht Wochen zweimal mit Pyrantelpamoat entwurmt. Der Husten tritt anfallsartig auf; Nasenausfluß und Fieber sind nicht festzustellen. Auskultatorisch findet man lediglich verschärfte Lungengeräusche. Abb. 184 zeigt einen gefärbten Trachealausstrich.

(a) Wie lautet Ihre Verdachtsdiagnose?

(b) Wie sieht die Behandlung aus?

239 Dieses EKG (Abb. 185) stammt von einem Pferd in Narkose.

(a) Welche Rhythmusstörung liegt vor?

(b) Wie ist die Prognose, wenn man nicht auf diese Warnhinweise reagiert?

(c) Welche Medikamente kann man einsetzen?

Abb. 185

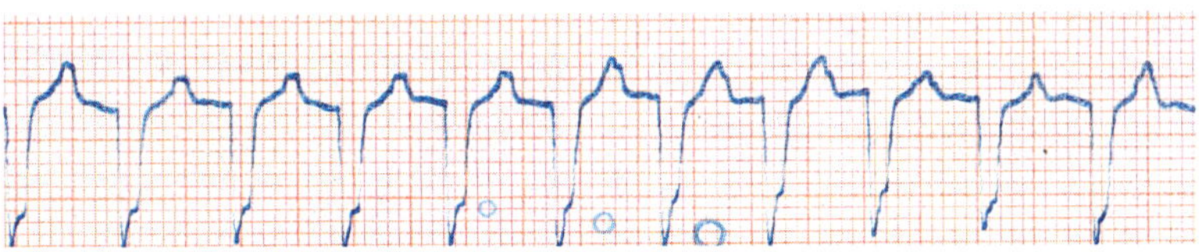

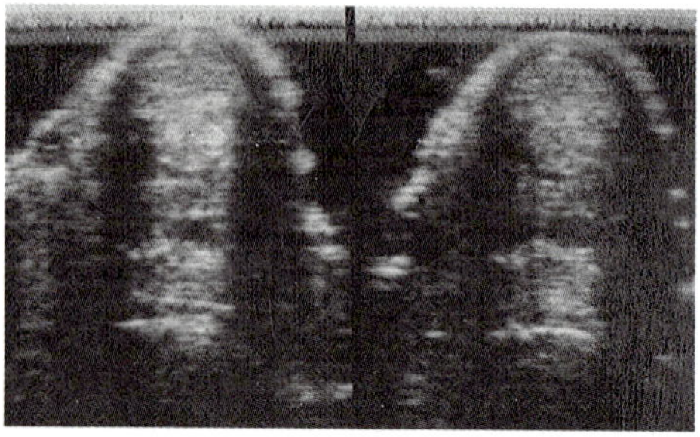

Abb. 186

240 Ein achtjähriges Turnierpferd hat an einem festen Hindernis angeschlagen. Es kann den Ritt aber ohne Lahmheit beenden. Tags darauf bemerkt man eine diffuse Schwellung dorsal auf dem rechten Karpus. Das Pferd geht geringgradig lahm. Bei der weiteren Untersuchung stellt man vermehrte Wärme an der Palmarseite des Röhrbeins fest. Der oberflächliche Zehenbeuger ist druckempfindlich.

(a) Was zeigt die sonographische Darstellung in Abb. 186?
(b) Wie lautet Ihre Empfehlung?

241 Man stellt Ihnen ein zwei Tage altes Fohlen vor. Es kann kaum stehen. Die Stute hatte bei der Geburt unnormalen Ausfluß. Die klinische Untersuchung ergibt als vorläufige Diagnose eine neonatale Septikämie. Welche weiteren Laboruntersuchungen sind für eine sinnvolle Therapie erforderlich?

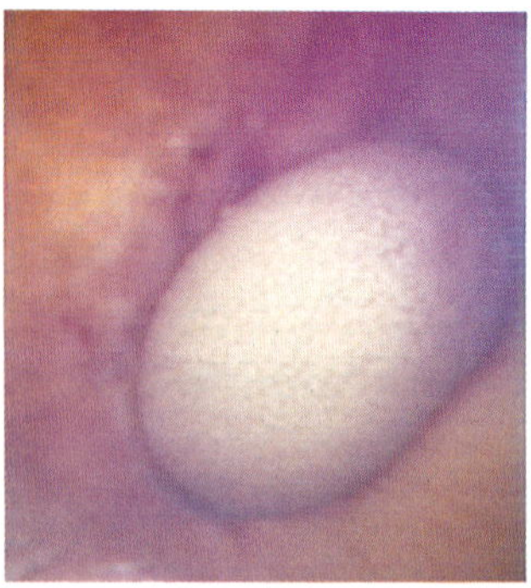

Abb. 187

242 Abb. 187 zeigt das endoskopische Bild der Blase eines Wallachs. Er leidet seit einem Jahr an einer rezidivierenden Hämaturie.
(a) Wie lautet die Diagnose?
(b) Woraus besteht das Gebilde?
(c) Wie geht man chirurgisch vor?
(d) Welche Komplikationen können sich einstellen?

Abb. 188

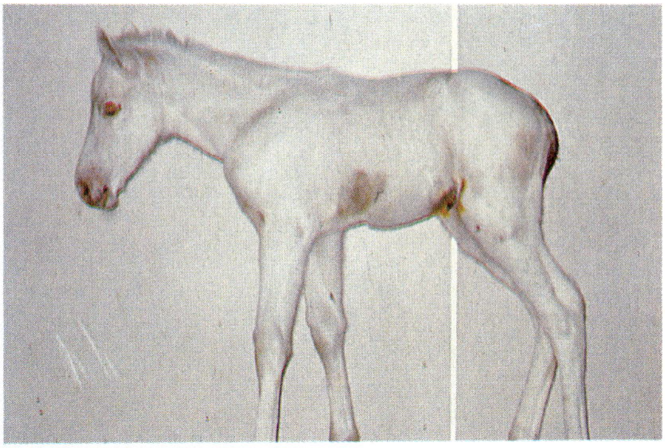

243 Das Hengstfohlen in Abb. 188 ist 18 Stunden alt. Kotabsatz wurde bislang nicht beobachtet. Es bekommt rasch Koliksymptome; das Abdomen bläht auf.
(a) Wie lauten die Differentialdiagnosen?
(b) Welches diagnostische Verfahren kann Aufschluß geben?
(c) Welches ist bei der am ehesten zutreffenden Diagnose die Behandlung der Wahl?

244 Eine vierjährige Ponystute hat seit einigen Monaten abartigen Durst (225 l/Tag). Sie verhält sich unauffällig, frißt normal und ist in gutem Allgemeinzustand. Bei wiederholten Blutuntersuchungen waren Harnstoff, Kreatinin und Glucose im Normbereich. Ein Wasserentzugstest erbrachte folgende Urinbefunde:

Tabelle 3

	vorher	nach 18stündigem Wasserentzug
Eiweiß (mg/dl)	0	0
Glucose (%)	0	0
pH	8,2	8,0
Dichte	1,004	1,008

(a) Wie lautet Ihre Verdachtsdiagnose?
(b) War der Wasserentzugstest gerechtfertigt?
(c) Welche weiteren diagnostischen Maßnahmen sollte man ergreifen?

245 Wie ist der sonographische Uterusbefund bei einer Endometritis?

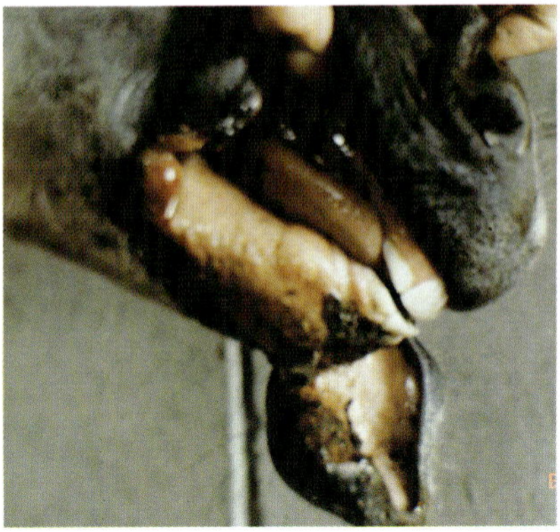

Abb. 189

246 Dieser Jährling hat sich vor acht Wochen eine Verletzung an der Unterlippe zugezogen (Abb. 189). Die Maulschleimhaut ist vorgestülpt; ein großes Stück der Unterlippe hängt lose herunter. Wie stellt man die Lippe kosmetisch und funktionell wieder her?

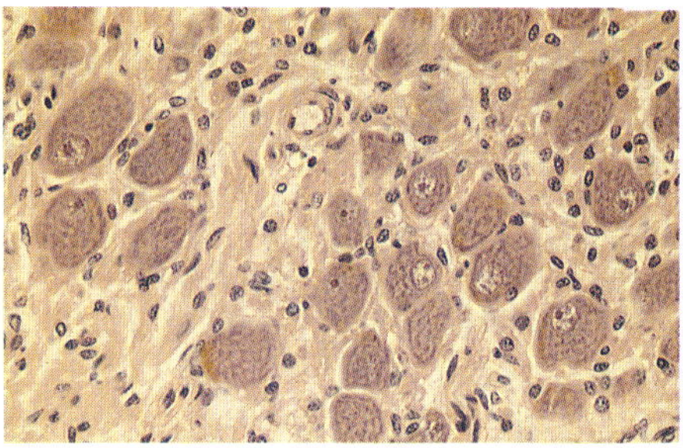

Abb. 190a

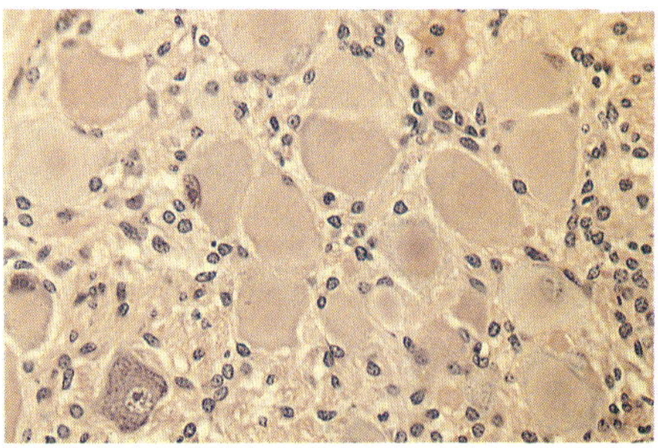

Abb. 190b

247 Dies sind zwei histologische Schnitte von Nervengewebe (Abb. 190 a und b; H-E-Färbung; Vergrößerung 235fach). Bild a stammt von einem gesunden Pferd, Bild b von einem vermutlich an Graskrankheit gestorbenen Pferd.

(a) Woher stammt das Nervengewebe?

(b) Nennen Sie die Veränderungen in Abb 190 b.

(c) Was folgern Sie daraus?

248 Abb. 191 zeigt ein zwölfjähriges Pony. Es leidet seit vier Wochen an Durchfall und verliert an Gewicht. Bei der rektalen Untersuchung palpiert man im Mesenterium kleine Knötchen; die Mastdarmschleimhaut fühlt sich verdickt an. Ansonsten finden sich keine auffälligen Veränderungen. Das Pony war mit Anthelminthika, Antibiotika und Antidiarrhoika erfolglos vorbehandelt. Zwischenzeitlich war ein habitueller Rektumprolaps aufgetreten. Wiederholte parasitologische und bakteriologische Untersuchungen brachten keine weiteren Erkenntnisse.
Das Blutbild sieht folgendermaßen aus: Hämatokrit 37%, Erythrozyten $6{,}7 \times 10^{12}$/l, Hämoglobin 11,3 g/dl, Gesamtleukozyten $5{,}2 \times 10^{9}$/l, Neutrophile 58%, Lymphozyten 40%, Eosinophile 2%. Im Differentialblutbild fanden sich einige Lymphozyten mit gelapptem Kern. Gesamteiweiß 41 g/l, Albumin 19 g/l, Globuline 22 g/l; AST 136 U/l, γ- GT 10 U/l. Die histologische Untersuchung der Rektalschleimhaut deutet auf eine chronische Kolitis hin. Beim Glucosetoleranztest war der Ausgangswert 60 mg/ml; nach 1 h 60 mg/ml und nach 2 und 3 h jeweils 70 mg/ml.

(a) Können Sie daraus eine Diagnose ableiten?

(b) Welchen diagnostischen Aufwand muß man bei solchen Fällen von chronischem Gewichtsverlust betreiben?

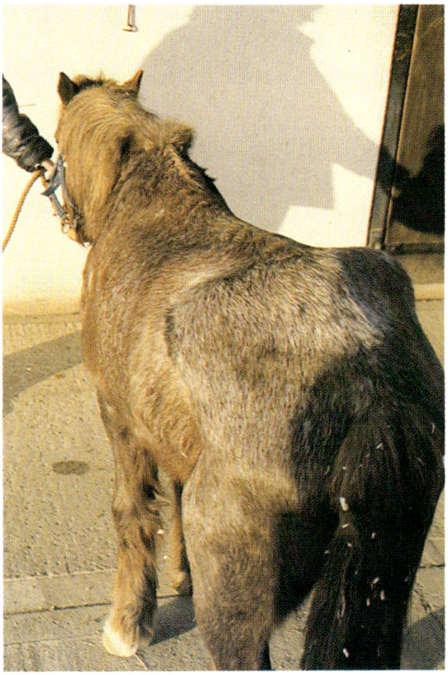

Abb. 191

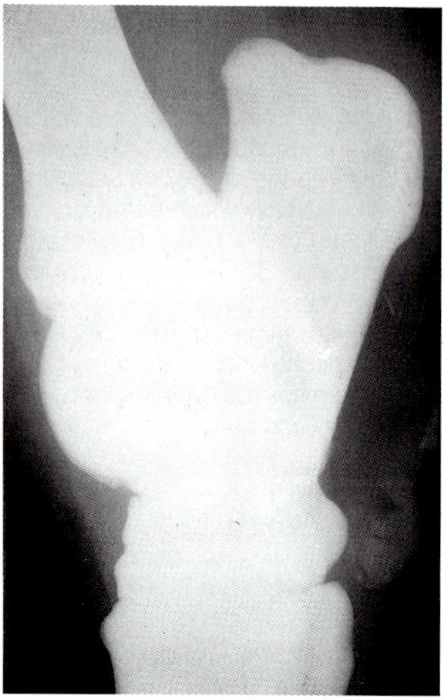

Abb. 192

249 Eine sechsjährige Ponystute geht zeitweise hinten rechts geringgradig lahm.
(a) Was fällt in Abb. 192 auf?
(b) Wie ist der weitere Untersuchungsgang?
(c) Wie sieht die Behandlung aus?

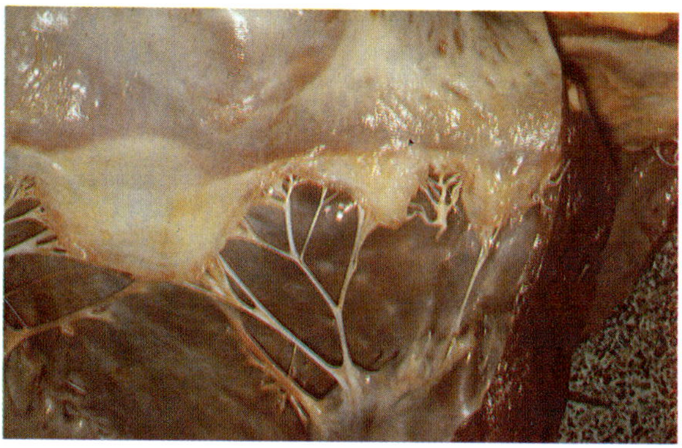

Abb. 193

250 Dies ist der Sektionsbefund an der Mitralklappe (Abb. 193) einer fünfjährigen Vollblutstute.
(a) Was sieht man?
(b) Welche klinischen Symptome gehören zu diesem Befund?
(c) Welche Prognose hat die Erkrankung üblicherweise?

251 Der Besitzer bemerkt eine Schwellung in der Parotisgegend bei dieser 15jährigen Stute (Abb. 194). Worum handelt es sich? Wie ist die Schwellung entstanden?

Abb. 194

252 Ein 13jähriger Wallach hat in den vergangenen vier Monaten an Gewicht verloren und ist mittlerweile regelrecht ausgezehrt. Er frißt schlecht und hat mehrfach Schlundverstopfungen. Die klinische Untersuchung weist Fieberschübe und eine Anämie nach. In der Peritonealflüssigkeit ist vermehrt Eiweiß. Im kranialen Abdomen kann man eine Zubildung ertasten.
(a) Welcher Zustand liegt hier vor?
(b) Wie kann man den Verdacht erhärten?

253 Ein zweijähriger Vollblüter wird mit einer Fraktur des Unterkiefers und einem geschwollenen Sprunggelenk vorgestellt (Abb. 195).
(a) Stehen die Befunde im Zusammenhang?
(b) Wie lautet die Diagnose?
(c) Welchen Therapievorschlag machen Sie dem Besitzer?

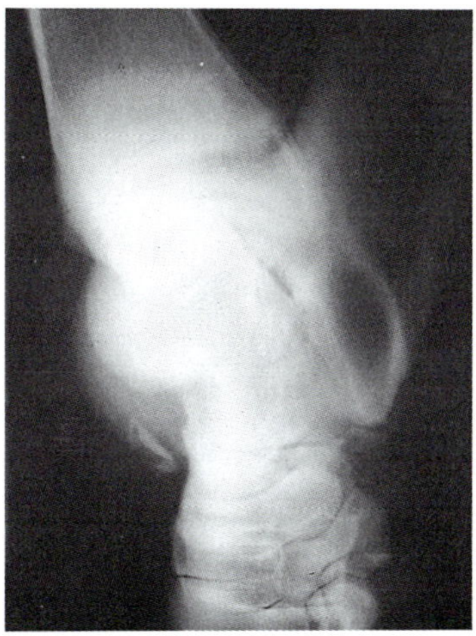

Abb. 195

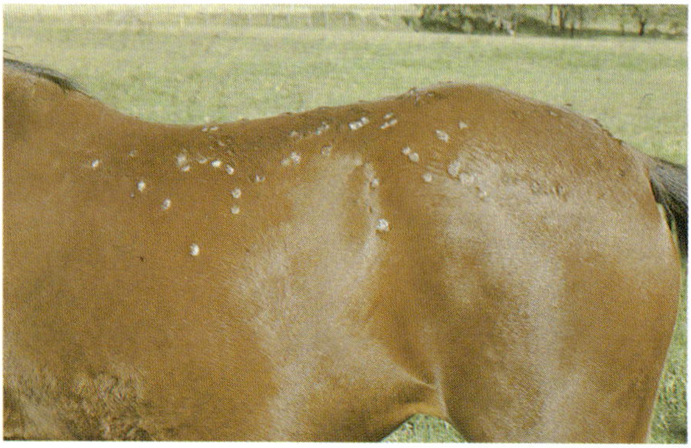

Abb. 196

254 Ein junges Rennpferd hat plötzlich Veränderungen im Haarkleid an Hals und Körper. Die Haare stellen sich in kleinen Arealen fleckenartig hoch. Sie sind zunächst schwer auszuziehen; nach weiteren 7–10 Tagen fallen sie jedoch spontan aus und hinterlassen kreisförmige, verschorfte Veränderungen.

(a) Wie lautet die Diagnose?
(b) Wodurch wird die Erkrankung übertragen?
(c) Kann der Erreger auch abseits des Tieres überleben?

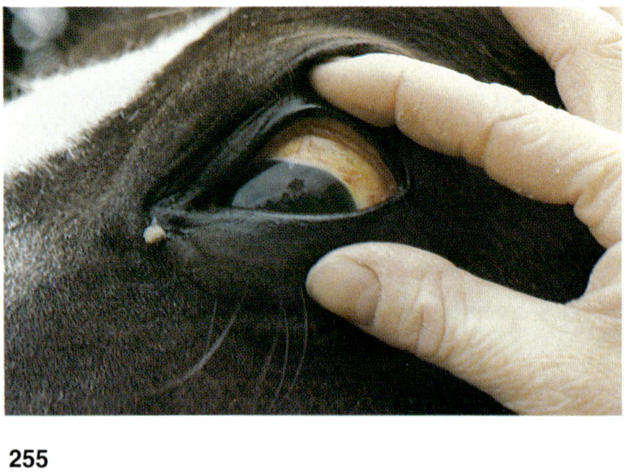

Abb. 197

255

(a) Wie aufschlußreich ist das Symptom in Abb. 197?
(b) Welche nichtinfektiösen Ursachen könnten zugrunde liegen?

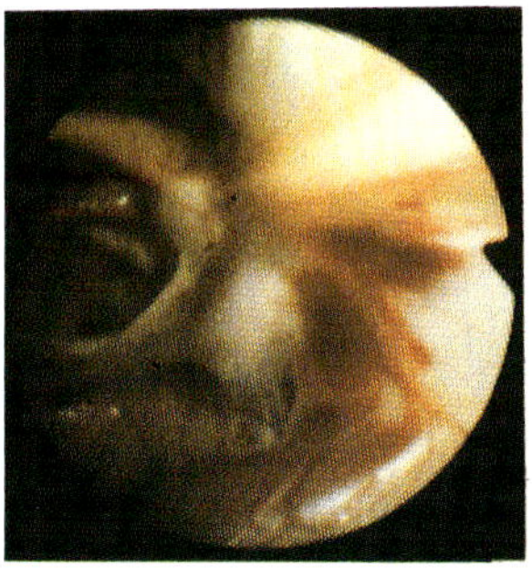

Abb. 198 a

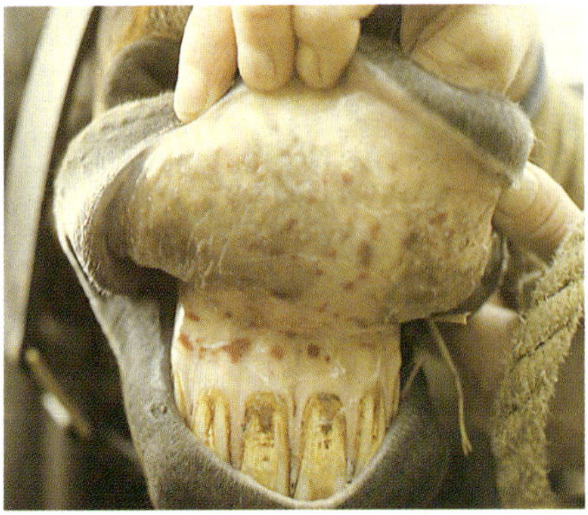

Abb. 198 b

256 Eine fünfjährige Stute wurde wegen einer Sinusitis zehn Tage lang antibiotisch behandelt. Dann trat plötzlich Nasenbluten auf. Aufgrund des endoskopischen Befundes wird der Verdacht einer Luftsackmykose geäußert (Abb. 198 a). Ist das Bild dafür typisch? Was bedeuten die Veränderungen an der Mundschleimhaut? An welcher Erkrankung leidet die Stute?

Abb. 199

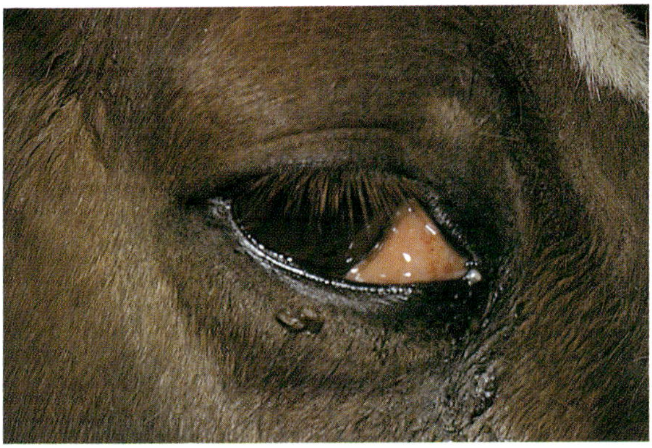

257 Ein achtjähriger Wallach leidet seit einigen Wochen an einer Schwellung des dritten Augenlides. Es wurde antibiotisch behandelt; trotzdem hält der Ausfluß an (Abb. 199).
(a) Wie lautet die Diagnose?
(b) Wie sichert man diese ab?
(c) Wie ist die Behandlung?

258 Ein aufgeregter Pferdezüchter ruft Sie an. Seine Stute hat vor zwei Stunden ein gesundes Fohlen zur Welt gebracht und ist kurz darauf vermutlich infolge einer Gefäßruptur-gestorben. Der Züchter möchte das Fohlen mutterlos aufziehen und hat einige Fragen.

(a) In welchem Zeitraum muß daß Fohlen Kolostrum bekommen?

(b) Wie kann man beurteilen, ob das Euter der Stute brauchbares Kolostrum enthält?

(c) Wieviel Kolostrum muß das Fohlen bekommen? Wie verabreicht man es ihm?

(d) Wie groß ist der Milchbedarf des Fohlens in den ersten beiden Lebenswochen?

(e) Welche Milchaustauscher kann man empfehlen?

(f) Woran erkennt man, ob das Fohlen genug Milch zu sich nimmt?

(g) Was sind die Aufgaben des Tierarztes in den ersten 24 Lebensstunden?

259 Was empfehlen Sie dem Gestütsleiter, wenn er Ende Februar bei güsten oder Maidenstuten eine ovulatorische Rosse stimulieren will?

260 Ein neunjähriges Pony ist seit zwei Monaten apathisch, verliert an Gewicht und frißt wenig. Die Blutparameter sind in Tabelle 4 wiedergegeben.

(a) Wie lautet Ihre Verdachtsdiagnose?

(b) Was sind die Ursachen?

Tabelle 4

		Referenzwerte
Natrium	130	134–143 mmol/l
Kalium	3,6	3,3–5,3 mmol/l
Chlorid	85	89–106 mmol/l
Calcium	4,3	2,9–3,9 mmol/l
Phosphor	0,4	0,5–1,6 mmol/l
Harnstoff	26	3,5–8,0 mmol/l
Kreatinin	1150	90–180 µmol/l
AP	196	50–250 U/l
Glucose	4,6	3,5–5,9 mmol/l
Gesamteiweiß	60	46–70 g/l
Albumin	24	17–37 g/l
Globulin	36	21–41 g/l
Erythrozyten	5,8	6,5–12,5 × 10^{12}/l
Hämatokrit	30	35–45 %
Hämoglobin	11,9	11–16 g/dl
MCV	36	31–41 fl
Gesamtleukozyten	8,9	4–10 × 10^9/l
Neutrophile	6,23	1,4–5,8 × 10^9/l
Lymphozyten	2,47	1,4–4,7 × 10^9/l
Monozyten	0,20	0 -0,2 × 10^9/l

261 Diese Aufnahmen (Abb. 200 a und b) wurden bei einem Pferd in Zimbabwe während der Regenzeit gemacht. Es hat Fieber.
(a) Welche Symptome erkennt man?
(b) Wie lautet die Verdachtsdiagnose? Wie ist die geographische Verbreitung der Erkrankung?
(c) Was ist epidemiologisch zu beachten?

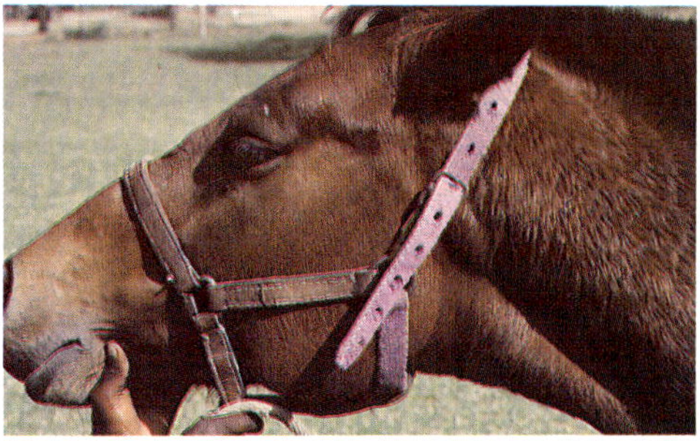

Abb. 200 a

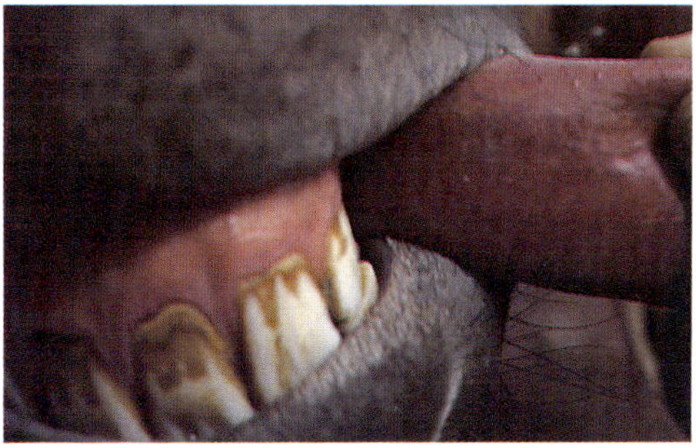

Abb. 200 b

262 Nach einer langen Regenperiode findet man an einem Huf diesen Zustand vor. Am Kronsaum tritt Flüssigkeit aus (Abb. 201).
(a) Was könnten die Ursachen sein?
(b) Wie sieht die Behandlung aus?

Abb. 201

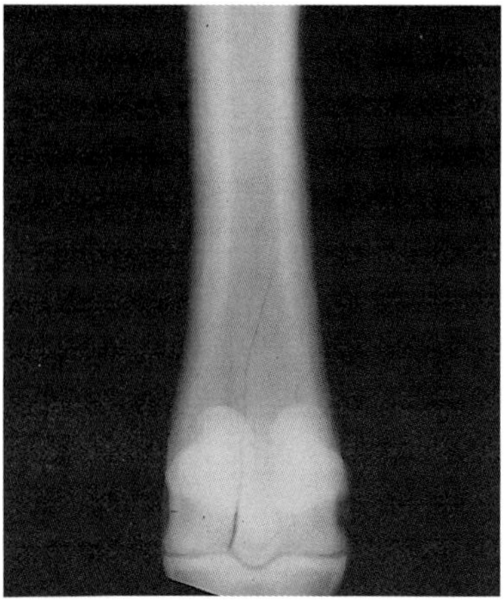

263 Ein sechsjähriger Wallach geht plötzlich hochgradig lahm. Das Röntgenbild ist in Abb. 202 wiedergegeben.
(a) Wie lautet die Diagnose?
(b) Ist dies eine typische Verletzung?
(c) Wie ist die Behandlung?

Abb. 202

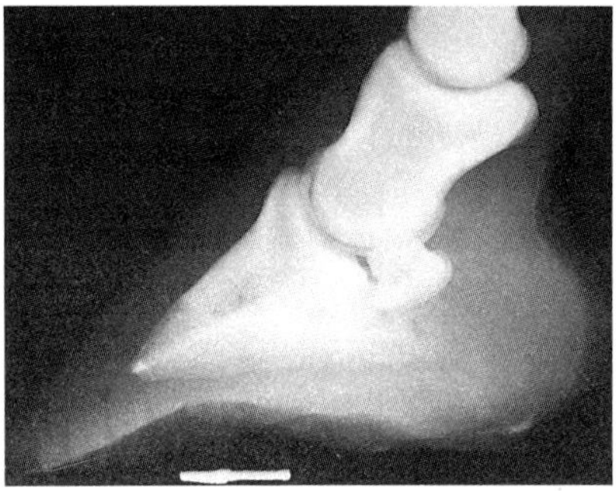

Abb. 203a

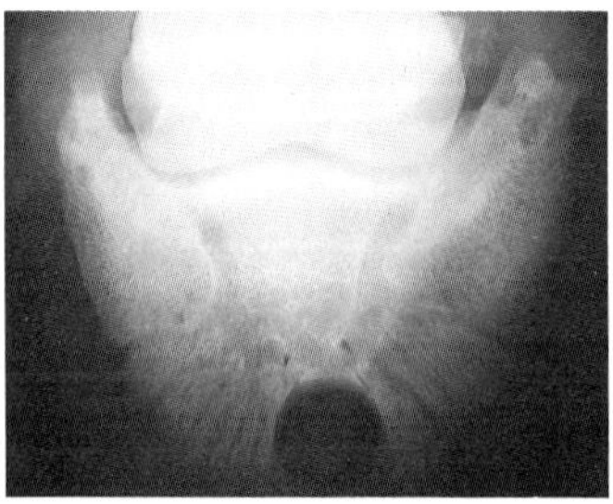

Abb. 203b

264 Ein fünfjähriger Warmblutwallach geht seit einigen Wochen hinten rechts lahm. Nach Arbeitsruhe verbessert sich der Zustand; mit Wiederaufnahme der Arbeit tritt er jedoch wieder auf. Der rechte Huf ist etwas länger als der linke. Die mittlere Palmarisanästhesie ist postiv.
(a) Welche röntgenologischen Auffälligkeiten zeigen die Abb. 203 a und b?
(b) Wie lauten die Differentialdiagnosen?
(c) Welche Behandlung empfehlen Sie?
(d) Wie ist die Prognose?

265 Ein vier Tage altes Fohlen von 50 kg Körpermasse hat seit 18 Stunden wäßrigen Durchfall(Abb. 204). Es will nicht saugen und wird zunehmend apathisch. Das Blutbild sieht folgendermaßen aus: Gesamtleukozyten $3{,}0 \times 10^9$/l, Fibrinogen 600 mg/dl, Natrium 125 mmol/l, Kalium 2,9 mmol/l, Chlorid 93 mmol/l, Gesamt-CO_2 15 mmol/l, Hämatokrit 35 %, Gesamteiweiß 7,1 g/dl.
(a) Wie hoch schätzen Sie den Flüssigkeitsbedarf in Anbetracht der Dehydratation ein?
(b) Wie hoch ist der Flüssigkeitsbedarf eines gesunden Fohlens?
(c) Welche Infusionslösungen eignen sich in diesem Fall?
(d) Was ist die häufigste Durchfallursache in diesem Alter?
(e) Welche weiteren Therapiemaßnahmen sind notwendig?

Abb. 204

266 Die Vollblutstute in Abb. 205 hat plötzlich Schwierigkeiten beim Kot- und Urinabsatz. Die Haut ist schmerzunempfindlich. Der markierte Bezirk an Schweif, Anus, hinterem Rektum und Perineum ist ohne Reflexe und atonisch.
(a) Welche beiden Erkrankungen müssen am ehesten in Betracht gezogen werden?
(b) Welche beiden diagnostischen Methoden und Hinweise tragen zur jeweiligen Diagnose bei:

- Elektromyelographie
- parasitologische Kotuntersuchung
- genaue Ganganalyse
- EHV-1-Titer
- Herkunft des Tieres aus Nordamerika
- rektale Untersuchung
- Liquoruntersuchung aus der Cisterna magna
- bakteriologische Untersuchung auf Listerien
- Untersuchung der Hirnnerven komplettes Blutlabor?

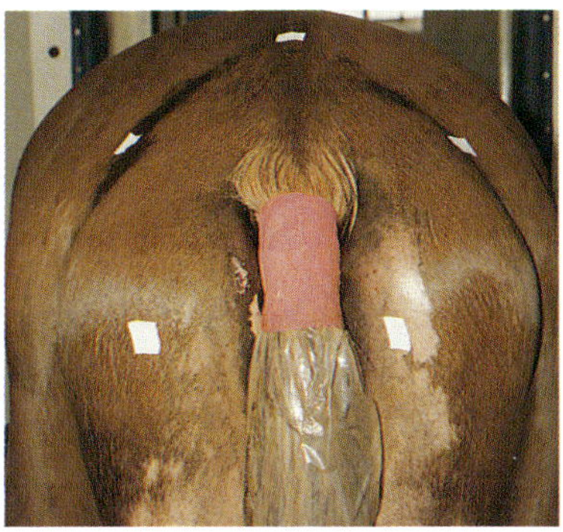

Abb. 205

267 Ein sechsjähriger Cob-Wallach ist seit zwei Monaten apathisch, verliert an Gewicht und hat Kolikschübe. In den letzten zwei bis drei Wochen haben die Schübe an Häufigkeit und Intensität zugenommen. Es gibt Hinweise auf einen Zusammenhang mit der Fütterung. Alle klinischen und labordiagnostischen Untersuchungen verlaufen ohne besonderen Befund. Der orale Glucosetoleranztest ergibt folgende Werte:

Zeit	Plasmaglucose (mmol/l)
vorher	4,6
nach	
30	4,7
60	4,9
90	7,3
120	9,0
180	9,5
240 Minuten	9,1

(a) Welche Faktoren beeinflussen die Resorption im Test?
(b) Wie interpretieren Sie das Testergebnis?

268 Das Pferd in Abb. 206 ist seit drei Monaten apathisch, frißt schlecht und hat Fieberschübe. Die Schübe wurden jeweils mit Antibiotika behandelt.
(a) Nennen Sie zwei Ursachen für die Symptome.
(b) Woran denken Sie, wenn mehrere Pferde gleichzeitig erkranken?
(c) Mit welchen Maßnahmen überwacht man den Verlauf der Erkrankung?

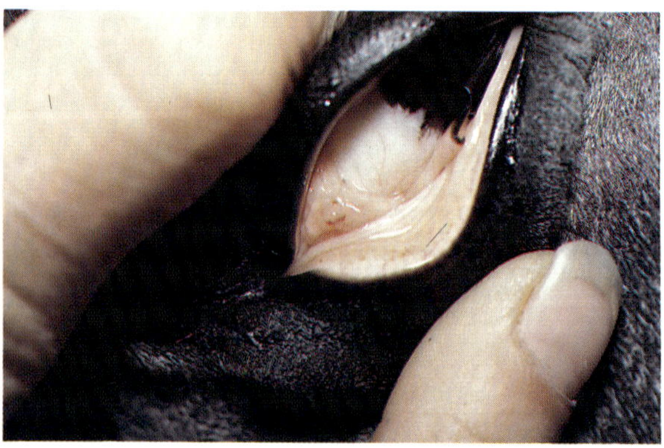

Abb. 206

269 Bei einer Ankaufsuntersuchung entdecken sie dieses endoskopische Bild des Pharynx (Abb. 207). Der Besitzer hatte am Tag nach der Anlieferung unter Belastung ein scharfes inspiratorisches Atemgeräusch gehört. Was raten Sie ihm?

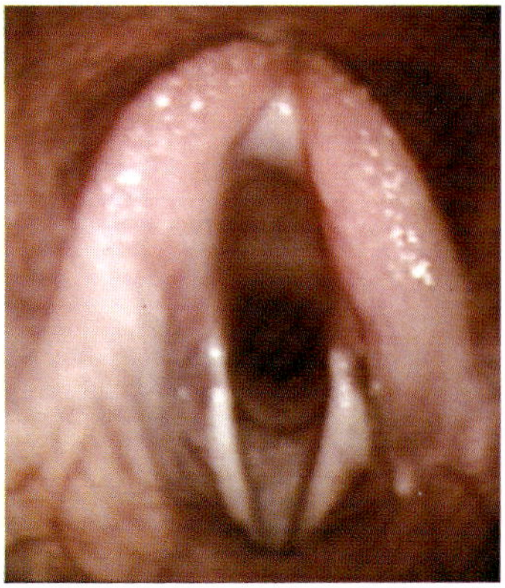

Abb. 207

270 Ein Jährling springt über einen Zaun und zieht sich diese Verletzung zu (Abb. 208).
(a) Was muß bei der chirurgischen Versorgung berücksichtigt werden?
(b) Welche Faktoren beeinflussen die Wundheilung?
(c) Wie gehen Sie chirurgisch vor?

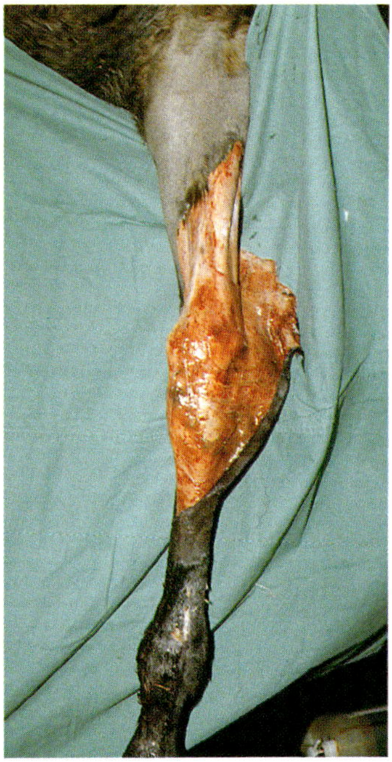

Abb. 208

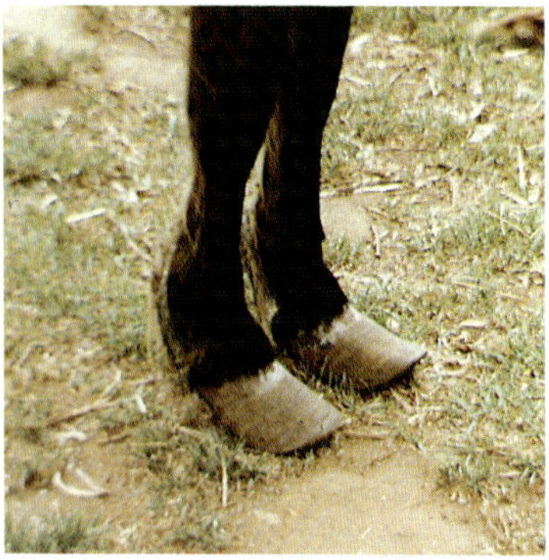

Abb. 209

271 Bei diesem zehnjährigen Pony wachsen die Hufe schnabelförmig nach oben (Abb. 209).
(a) Um welche Erkrankung handelt es sich?
(b) Was sind die Ursachen?
(c) Wie sieht die Behandlung aus?

272 Ein 18jähriger Wallach muß wegen einer Hernia foraminis epiploici operiert werden. Es werden 4,90 m vom Dünndarm reseziert. Das Pferd übersteht die Operation gut. Nach zwölf Stunden darf es etwas trinken. Der Puls liegt bei 60 /min, der Hämatokrit bei 43 %. Nach weiteren zwölf Stunden treten Anzeichen von Unwohlsein auf. Der Puls beträgt 80/min, der Hämatokrit 52 %. Darmgeräusche fehlen; per NSS werden 7 l Flüssigkeit abgehebert. Das Pferd wird infundiert; alle vier Stunden werden 2 bis 8 l dunkelbraune, faulig-stinkende Flüssigkeit per NSS abgehebert. Dies bringt dem Pferd Erleichterung; der Puls sinkt auf 52/min. Der Hämatokrit bleibt nun konstant bei 50 %. 24 Stunden später stellt man rektal geblähte Dünndarmschlingen fest. Die Blähung nimmt in den folgenden 24 Stunden zu. Die Herzfrequenz ist nun wieder 80/min, der Hämatokrit 55 %. Das Pferd ist apathisch.
(a) Wie lautet Ihre Diagnose?
(b) Welche Faktoren führen zu diesen Problemen?
(c) Kann man diesen Zustand konservativ beherrschen?
(d) Welche chirurgischen Möglichkeiten hat man, wenn die medikamentöse Behandlung versagt? Wann muß man chirurgisch eingreifen?

Abb. 210

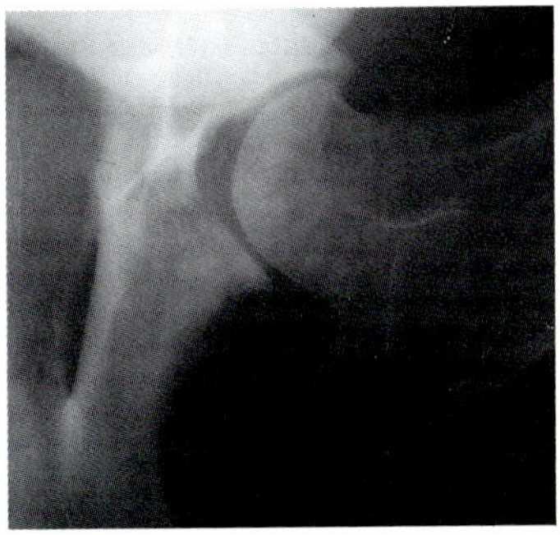

273 Ein fünfjähriger Vollblutwallach ist seit neun Monaten hinten rechts lahm. Eine deutliche Atrophie der Glutaealmuskulatur ist zu sehen. Eine Röntgenaufnahme wird angefertigt (Abb. 210).
(a) Wie lautet die Diagnose?
(b) Welchen Rat sollte man dem Besitzer geben?

274 Ein gut trainiertes Pferd wird in Halothannarkose am Kehlkopf operiert. Es erholt sich zunächst gut. Einige Zeit später wird es inappetent und apathisch; es bekommt leichtes Fieber. Bei einer Blutuntersuchung nach 14 Tagen sind die AST, γ-GT und GlDH erhöht. Welche weiteren Untersuchungen sind im Hinblick auf die Diagnose und Prognose aufschlußreich?

275 Bei einer Ankaufsuntersuchung fallen diese Veränderungen (Abb. 211) auf. Das Pferd ist acht Jahre alt.
(a) Verursachen die Veränderungen klinische Beschwerden?
(b) Welche Zusicherung kann man dem Käufer geben?
(c) Wenn man das Pferd wegen einer Kaustörung vorgestellt hätte, wäre dann ein Zusammenhang denkbar?

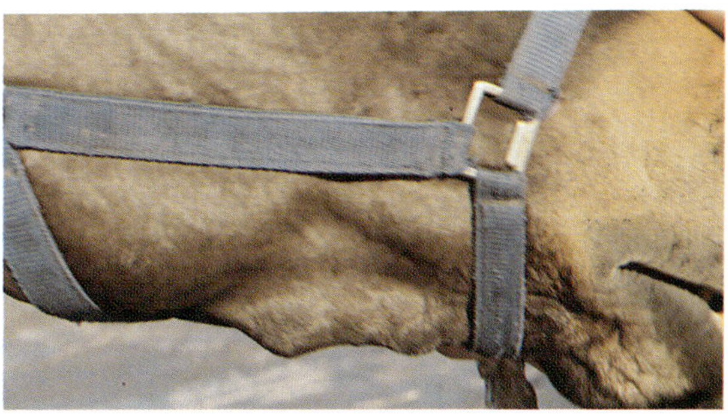

Abb. 211

276 Welches Ultraschallbild liefert der Uterus einer trächtigen Stute am (a) 14., (b) 18., (c) 21., (d) 26., (e) 30., (f) 37., (g) 42., (h) 60., (i) 100. Tag der Trächtigkeit?

277 Das Konkrement in Abb. 212 wurde aus der Harnblase einer zehnjährigen Stute entfernt. Sie litt an einer rezidivierenden Hämaturie.
(a) Welche weiteren Symptome wird man vermutlich beobachtet haben?
(b) Wie kann man die Diagnose absichern?
(c) Wie geht man therapeutisch vor?

Abb. 212

278 Bei einem Pferd wird ein Leberschaden vermutet. Der Bromsulphaleintest ergibt folgendes Ergebnis:

HWZ (t 1/2)	normal
3,9 min.	2,0–3,7 min.

(a) Beschreiben Sie das Funktionsprinzip des BSP-Tests.
(b) Wie interpretieren Sie dieses Resultat?
(c) Welche extrahepatischen Faktoren können den BSP-Test beeinflussen?

279 Ein eintägiges Fohlen hat beim Saugen Milchreflux aus der Nase. Außerdem hat es starke Atemnot. Es wird der Verdacht einer Gaumenspalte geäußert.
(a) Wie sieht der weitere Untersuchungsgang aus?
(b) Können andere Ursachen zugrunde liegen?

280 Dieses Pony (Abb. 213) hat vor kurzem an einem Wettbewerb teilgenommen. Es trug dort einen fremden Sattel. Zehn Tage später entwickelt es diese Hautveränderungen in der linken Gurtlage. Sie sind schorfig; die Haare fallen aus.
(a) Worum handelt es sich?
(b) Welches Probenmaterial benötigt man zur Untersuchung?
(c) Wie wird der Erreger kulturell angezüchtet?
(d) Wie sieht die Behandlung aus?

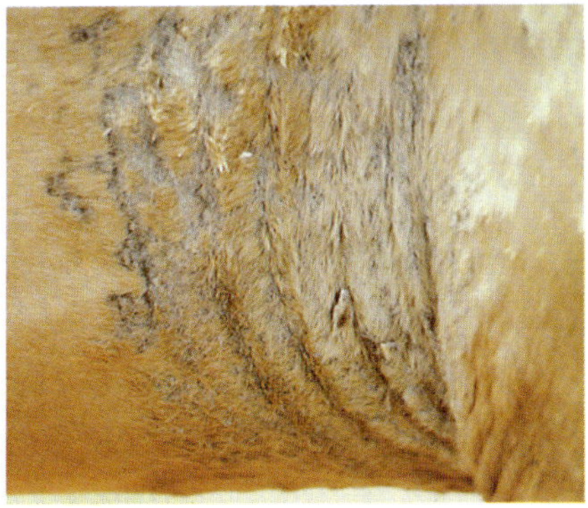

Abb. 213

281 Ein zehnjähriger Araberwallach hat eine chronische Schwellung am Knie. Er zeigt keine Lahmheit. Abb. 214 zeigt das Röntgenbild.
(a) Wie lauten Ihre Differentialdiagnosen?
(b) Welche Behandlung schlagen Sie vor?

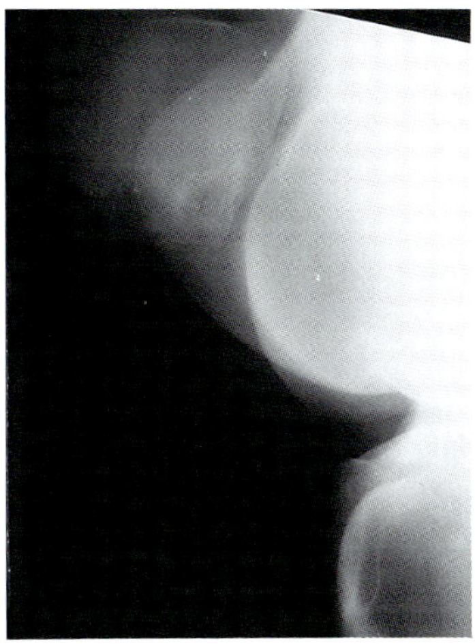

Abb. 214

282 Bei einem Jährling wird eine Intussuszeption des Dünndarms operativ beseitigt. Zwei Tage später bekommt das Pferd schweren Durchfall mit Fieber und Apathie. Man vermutet eine Salmonellose.
(a) Welche grundlegenden pathologischen Veränderungen ruft die Salmonellose hervor?
(b) Wie ist die Verlaufskontrolle der Erkrankung und des Therapieerfolgs?

283 Das EKG in Abb. 215 stammt von einer zwölfjährigen Vollblutstute. Es wurde unmittelbar nach der Belastung aufgenommen.
(a) Welche Besonderheiten sieht man?
(b) Was sind die Ursachen hierfür?
(c) Wie sieht die Prognose aus?

Abb. 215 Z-Ableitung, Papiergeschwindigkeit 25 mm/s.

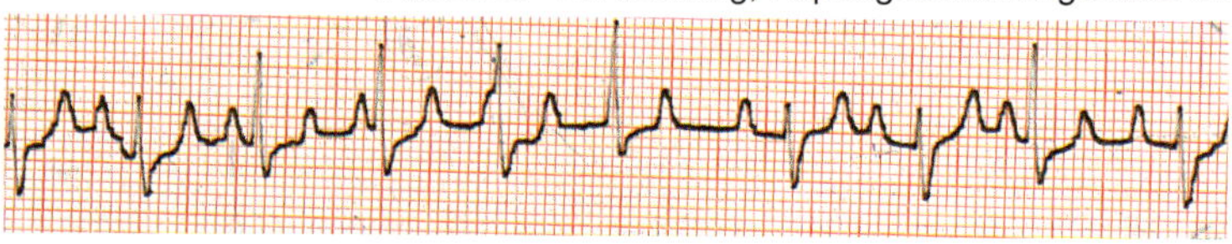

284 Bei diesem Pferd hat sich 5–7 cm oberhalb der Nüster eine Schwellung in der Unterhaut gebildet (Abb. 216). Die Zubildung ist fest, verursacht aber keine Beschwerden. Woher kommt sie und wie sieht die Behandlung aus?

Abb. 216

285 Eine alte Drahtverletzung am Ballen ist zunächst gut abgeheilt. Bei Wiederaufnahme der Arbeit geht das Pferd aber lahm. Bei der Untersuchung stellt sich heraus, daß ein tiefer Riß in der Hufwand ist (Abb. 217).
(a) Warum ist das Pferd lahm?
(b) Ist eine Behandlung möglich?
(c) Ist eine Dauerbehandlung erforderlich?
(d) Hat man alternative Behandlungsmöglichkeiten?

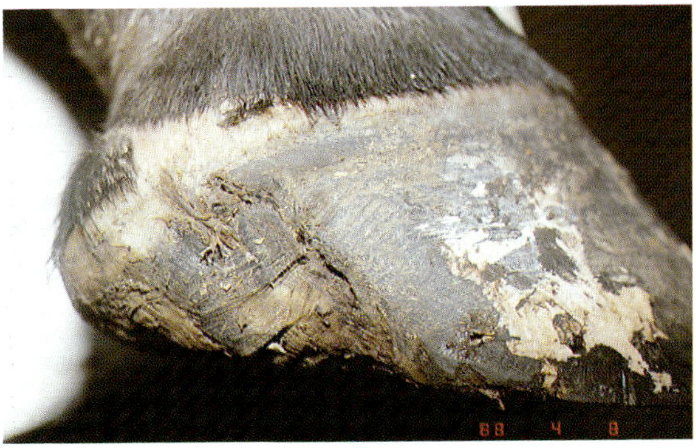

Abb. 217

286 Ein zwölfjähriger Warmblutwallach geht im Trab vorne links geringgradig lahm. Nach der tiefen Palmarisanästhesie springt die Lahmheit auf rechts um.
(a) Welche Diagnose ist aufgrund des klinischen Bildes möglich?
(b) Ist die Röntgenaufnahme (Abb. 218) aufschlußreich?
(c) Wie lautet die endgültige Diagnose?

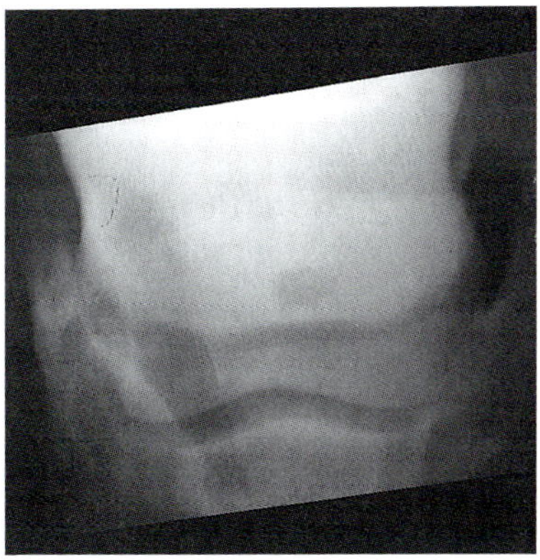

Abb. 218

Abb. 219

287 Eine Gruppe von acht Freizeitpferden und- ponys wird ganzjährig auf einer knapp 5 ha großen Weide gehalten (Abb. 219). In den vergangenen vier Jahren wurden sie regelmäßig alle zwei Monate mit Fenbendazol (7,5 mg/kg KM) entwurmt. Keines der Tiere erweckt den Eindruck eines Parasitenbefalls.

(a) Welche potentielle Gefahr steckt in diesem Entwurmungsprogramm?

(b) Wie überprüft man die Wirksamkeit anthelminthischer Behandlungen?

288 Warum kann man eine Mehrlingsträchtigkeit (i. d. R. Zwillinge) im Ultraschallbild übersehen?

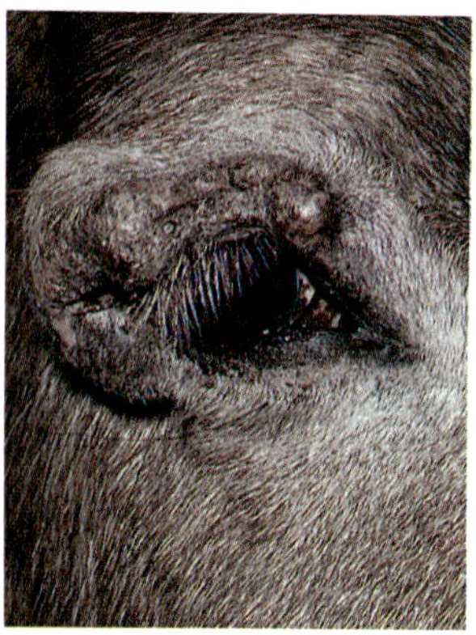

Abb. 220

289 Ein Schimmelpony hat eine Schwellung am oberen und unteren Augenlid (Abb. 220).

(a) Wie lauten die Differentialdiagnosen?

(b) Welche Diagnose ist am wahrscheinlichsten?

(c) Wie kann man die Diagnose absichern?

Abb. 221

290 Ein 19jähriges Jagdpferd ist in guter Verfassung und wird regelmäßig gearbeitet. Seit einigen Jahren befindet sich in der Unterhaut im Bereich des Kehlkopfes eine Umfangsvermehrung. Sie ist fest, abgesetzt und beweglich. Allmählich nimmt sie an Größe zu (Abb. 221).
(a) Welche Diagnose stellen Sie?
(b) Wie kann man die Diagnose absichern?
(c) Wie sieht in diesem Fall die Behandlung aus?

291 Eine dreijährige Vollblutstute ging vor einiger Zeit plötzlich hochgradig lahm.
(a) Wie lautet die Diagnose (s. Abb. 222)?
(b) Welche Behandlung kommt in Betracht?

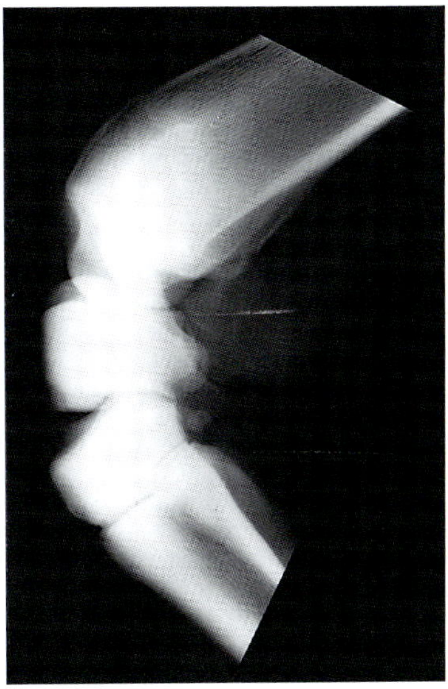

Abb. 222

292 Man stellt Ihnen ein fünfjähriges Rennpferd vor. Es hat seit einigen Wochen eine Vielzahl von kleinen (5–20 mm ∅) Knötchen in der Unterhaut der Brustwand (Abb. 223). Zahlenmäßig nehmen sie offensichtlich zu; an Größe jedoch nicht, sind fest, gut abgesetzt und jucken nicht. Sie sind nicht schmerzhaft und werden nicht haarlos.

(a) Wie lauten die verschiedenen Bezeichnungen für diese Knötchen?

(b) Obwohl es sich um fibrotische Knoten handelt, sind sie manchmal sehr hart. Warum?

(c) Gibt es eine erfolgversprechende Behandlung?

Abb. 223

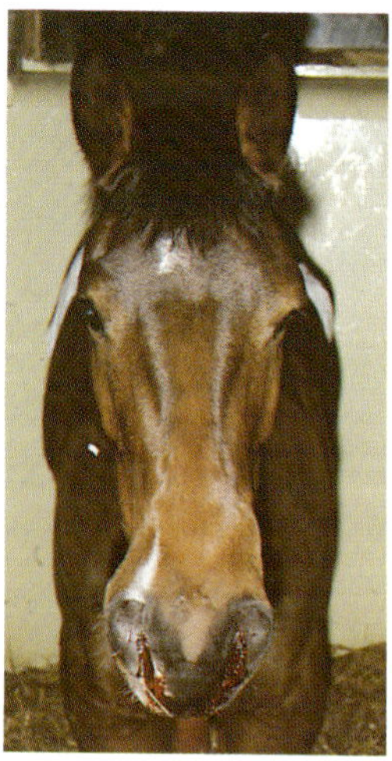

Abb. 224

293 Das Pferd in Abb. 224 wird mit diesen akuten Symptomen vorgestellt. Bei näherem Hinsehen findet man zwei kleine Stichwunden am Maul.

(a) Welches sind die auffälligen Symptome?

(b) Nennen Sie vier verschiedene Ursachen.

(c) Besteht für das Pferd Lebensgefahr?

294 Ein sechsjähriges Freizeitpferd hat seit einigen Monaten Probleme in der Hinterhand. Das Pferd ist im Sprunggelenk ungünstig (wenig) gewinkelt und tritt kaum unter. Unter dem Sattel zeigt es eine geringgradige Lahmheit hinten links; nach der diagnostischen Anästhesie unterhalb des Tarsalgelenks springt die Lahmheit um auf rechts.

(a) Welche weiteren Untersuchungen sind erforderlich?

(b) Wie interpretieren Sie die sonographischen Darstellungen (Abb. 225 a und b)?

(c) Beschreiben Sie die röntgenologischen Veränderungen in Abb. 225 c und d.

(d) Wie lauten Diagnose und Prognose?

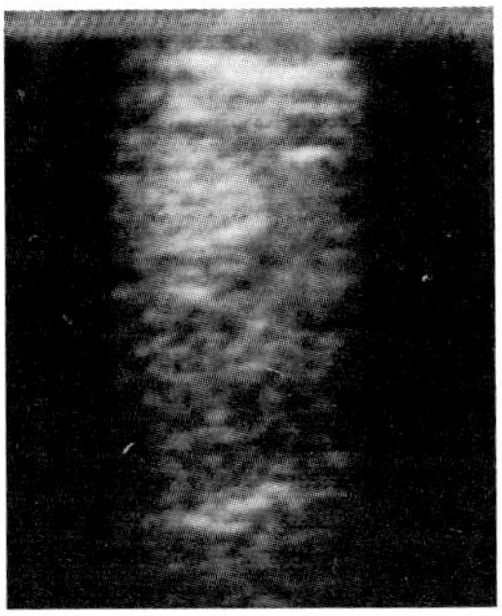

Abb. 225a

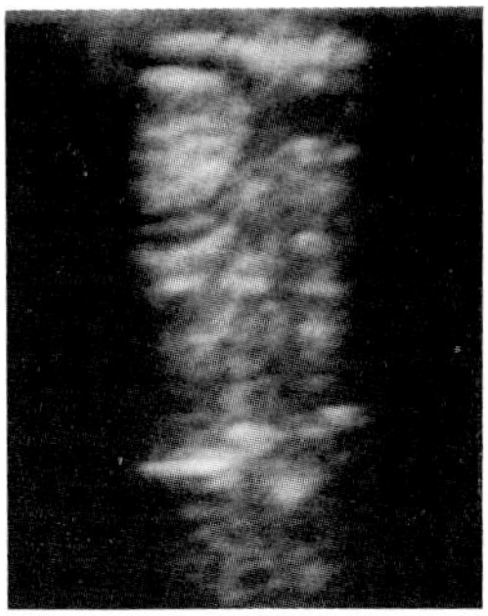

Abb. 225b

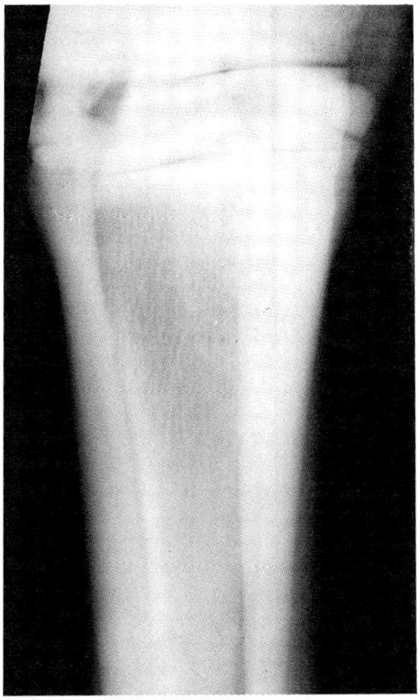

Abb. 225c

Abb. 225d

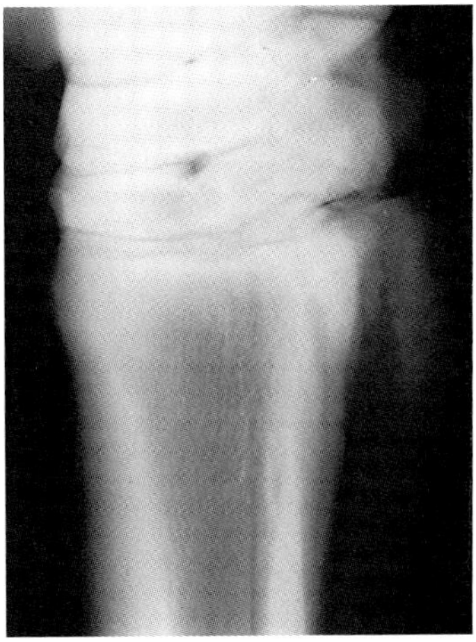

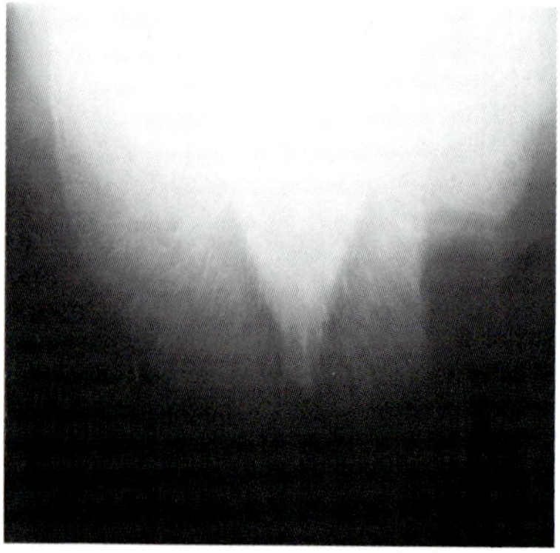

Abb. 226

295 Eine 17jährige Stute geht seit viereinhalb Monaten geringgradig lahm. Als Ursache wurde ein Hufabszeß vermutet. Beim Nachschneiden war jedoch kein Eiter zu finden. Der Huf wird geröntgt (Abb. 226).
(a) Was zeigt das Röntgenbild?
(b) Wie lauten die Differentialdiagnosen?
(c) Was soll man dem Besitzer anraten?

296 Ein Pferdehalter will wissen:
(a) Welche brauchbaren Bücher über Pferdeernährung gibt es?
(b) Wo gibt es praktische Ratschläge zum Weidemanagement?
(c) Wo gibt es praktische Ratschläge zur Fütterung?
(d) Was muß man im Hinblick auf die Rationsgestaltung berücksichtigen?

297 Bei einer Ankaufsuntersuchung sehen sie diesen Befund an den Schneidezähnen(Abb 227). Was hat er zu bedeuten?

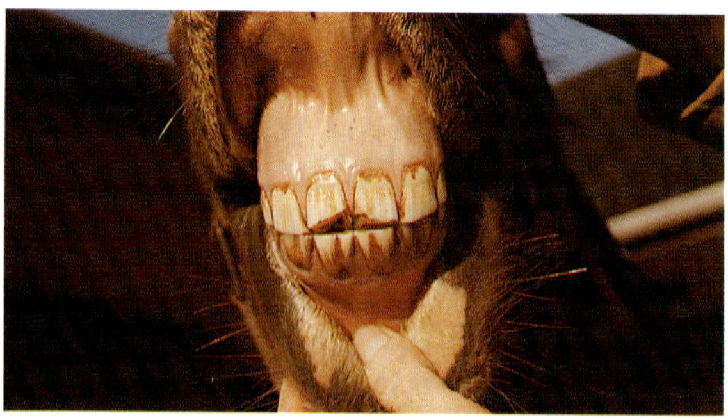

Abb. 297

298 (a) Welche Diagnose stellen Sie aufgrund dieses Symptoms (Abb. 228)?
(b) Kann man das Pferd reiten?

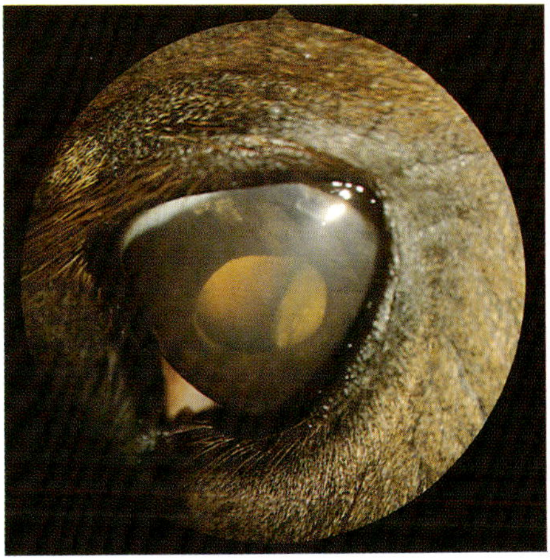

Abb. 228

299 Ein 24 Stunden altes Vollblutfohlen wird vorgestellt. Es ist schwach und hat eine hohe Atmungsfrequenz. Die Schleimhäute sind ikterisch. Sie diagnostizieren eine Neonatale Isoerythrolysis; das Labor bestätigt dies (Anämie und massiv erhöhtes Bilirubin). Erläutern Sie Ihren Therapieplan.

300 Bei diesem Pferd (Abb. 229) soll eine umfangreiche Hauttransplantation vorgenommen werden. Nennen Sie drei Varianten samt ihrer Vor- und Nachteile.

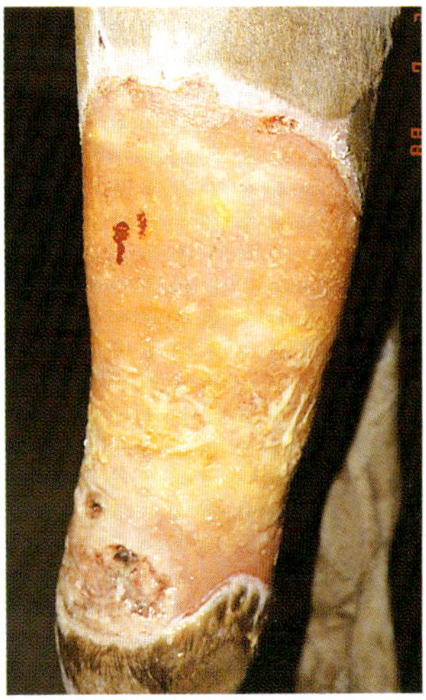

Abb. 229

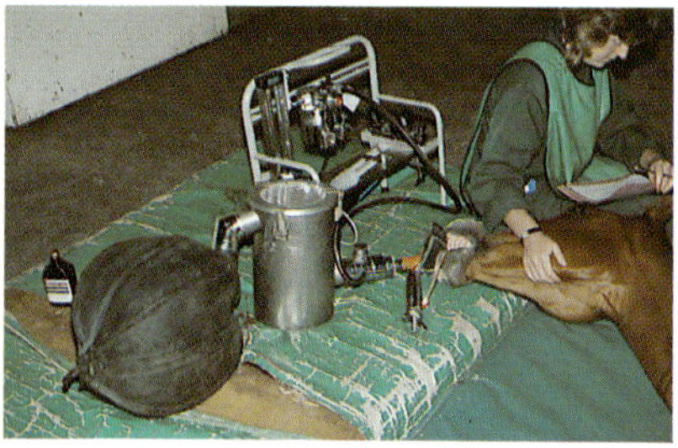

Abb. 230a

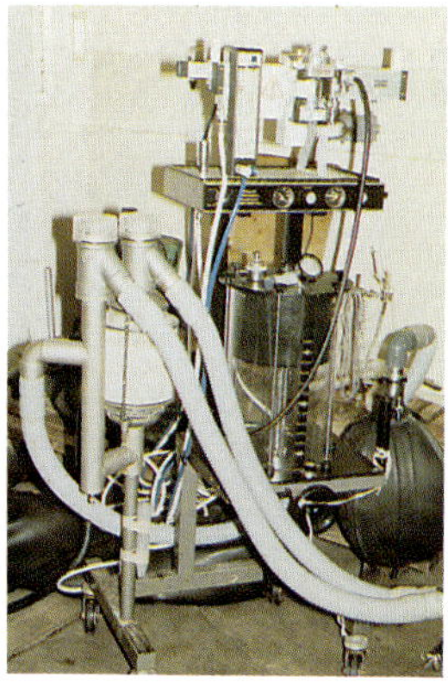

Abb. 230b

301 Die Abb. 230 a und b zeigen zwei unterschiedliche Systeme zur Inhalationsnarkose.
(a) Um welche Systeme handelt es sich?
(b) Wo liegen die Vor- und Nachteile?

302 Sie sollen Mitte April auf der Deckstation eine Stute untersuchen, die seit drei Wochen nicht rossig wird. Welche Ursachen kann das haben?

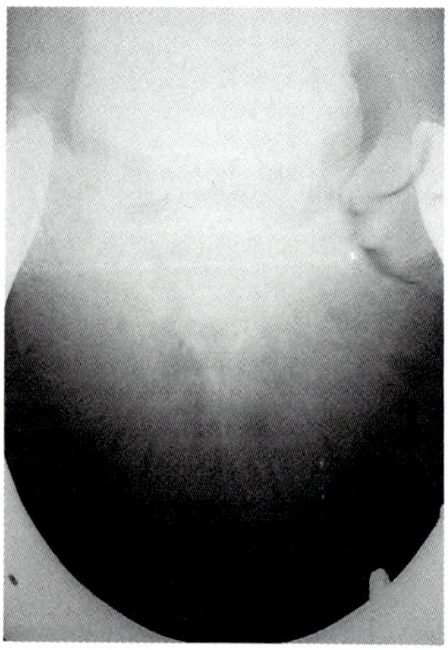

Abb. 231

303 Ein achtjähriger Halbblutwallach geht seit rund einem Jahr vorne links lahm. Die Anästhesie des Fesselgelenks behebt die Lahmheit.
(a) Wie lautet Ihre Diagnose (siehe Röntgenbild Abb. 231)?
(b) Welche weiteren Röntgenaufnahmen sind erforderlich?

Abb. 232

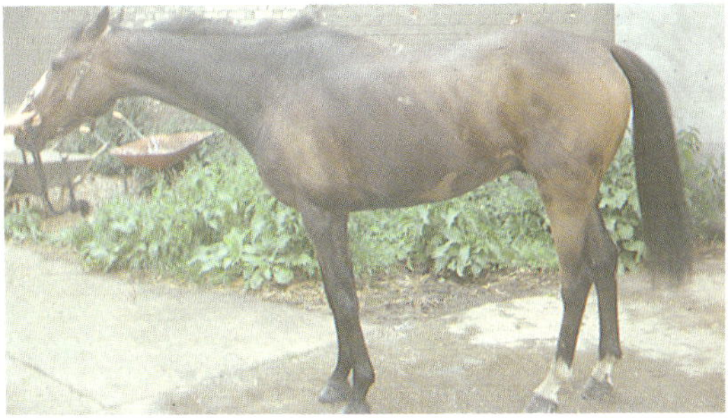

304 Dieses achtjährige Reitpferd (Abb. 232) hat nach Auskunft des Besitzers nach der Arbeit deutliche Koliksymptome bekommen. Es schwitzt und scharrt ständig. Eineinhalb Stunden später wird es untersucht. Die Pulsfrequenz ist 60/min, die Atmungsfrequenz 32/min, die Rektaltemperatur 38,6 °C. Die Darmgeräusche sind unterdrückt und die Schleimhäute mäßig injiziert. Die Bewegung der Hinterhand scheint schmerzhaft zu sein.
(a) Beschreiben Sie den klinischen Untersuchungsgang im Hinblick auf die zu erwartenden Differentialdiagnosen.
(b) Was ist Ihre Verdachtsdiagnose?
(c) Wie sieht die Behandlung aus?

305 Ein dreimonatiges Fohlen hat seit zwei Wochen Fieber und Nasenausfluß.
(a) Welche auffäligen Veränderungen sehen Sie in Abb. 233?
(b) Handelt es sich um eine ererbte Erkrankung?
(c) Wie lautet die Diagnose? Welche weiteren Symptome sind zu erwarten?
(d) Welche Behandlung ist angezeigt?

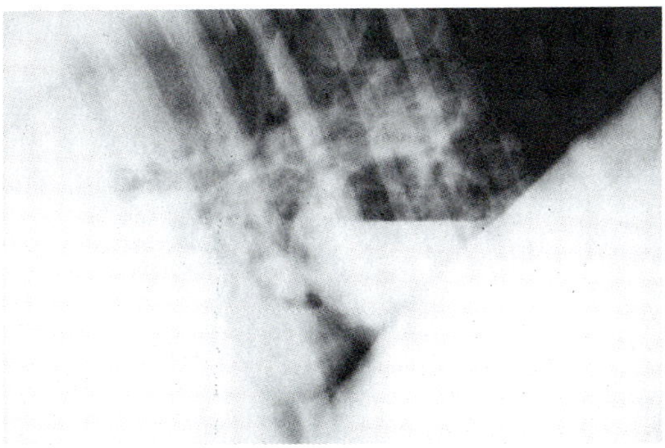

Abb. 233

Abb. 234

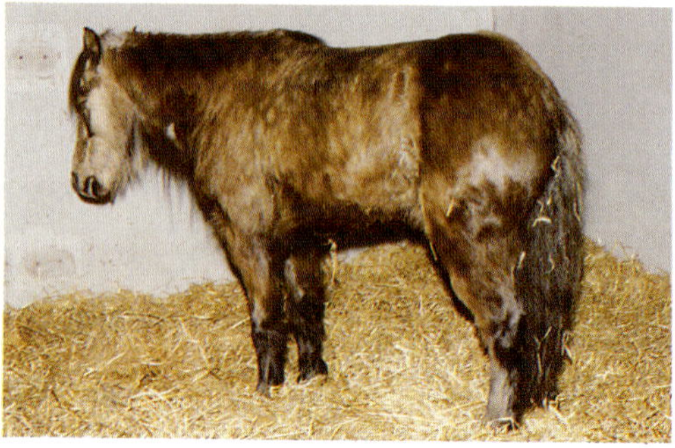

306 Diese zwölfjährige Stute (Abb. 234) leidet an einer Jakobskreuzkraut-Vergiftung (Seneziose). Sie ist seit einer Woche apathisch und unruhig. Die meiste Zeit verbringt sie in der abgebildeten Stellung.
(a) Was ist auffällig an der Haltung? Welches Syndrom steckt dahinter?
(b) Welche pathogenetischen Zusammenhänge führen zu diesem Syndrom?
(c) Kann man diese Leberstörung behandeln?

307 Ein siebenjähriger Wallach leidet seit fünf Monaten an einer Hämaturie. Der Zustand hat sich in den letzten beiden Monaten verschlechtert; das Pferd ist anorektisch und verliert deutlich an Gewicht. Die Atemfrequenz ist erhöht. Bei der Auskultation sind beidseits ventral keine Atemgeräusche zu hören. Abb. 235 ist die seitliche Aufnahme des Thorax.
(a) Was fällt am Röntgenbild auf?
(b) Welche weiteren diagnostischen Maßnahmen sind erforderlich und vertretbar?

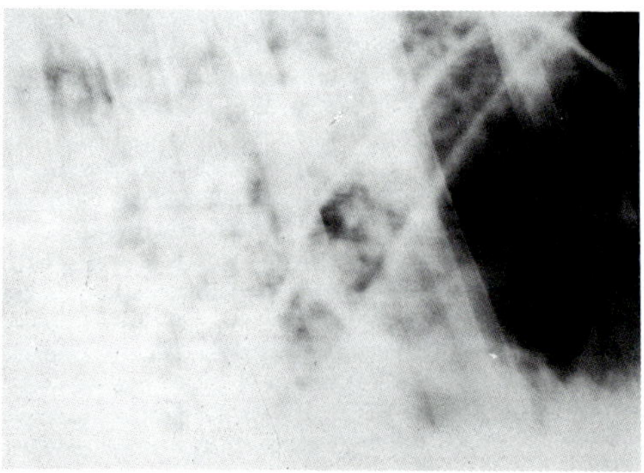

Abb. 235

Abb. 236

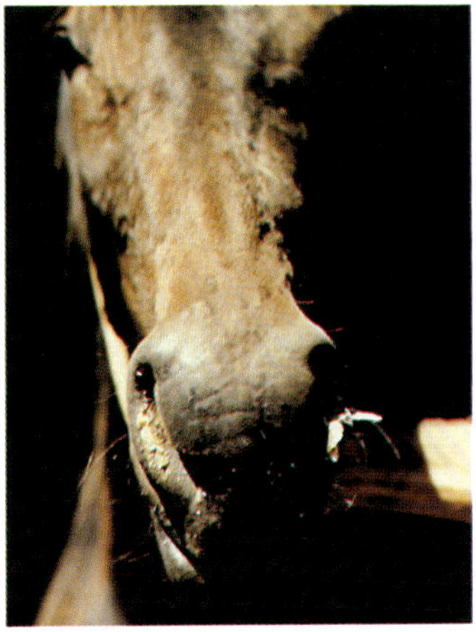

308 Ein Jährling soll verkauft werden. Bei der Vorbereitung entdeckt man Schwellungen an Nase und Augen (Abb. 236). Sie sind nicht schmerzhaft. Das Pferd ist munter; es hat normale Temperatur, Puls- und Atemwerte und guten Appetit.
(a) Um welche Erkrankung handelt es sich?
(b) Wie sieht die Behandlung aus?
(c) Ist mit einem Rezidiv zu rechnen?

309 Das Pferd in Abb. 237 wurde wegen einer Verlagerung des Dickdarms operiert. Drei Tage nach der Operation tritt Fieber auf.
(a) Wie lautet die Verdachtsdiagnose?
(b) Welche Vorsichtsmaßnahmen muß man beachten?
(c) Wie ist die Prognose?

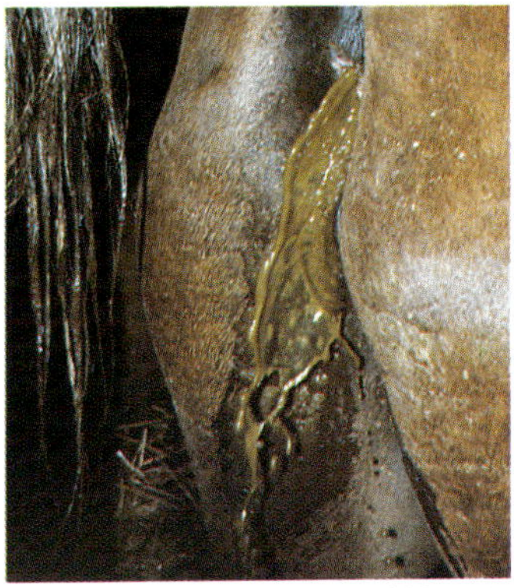

Abb. 237

310 Eine siebenjährige Stute hat seit zwei Jahren leichten Husten. Er tritt hauptsächlich morgens und bei der Arbeit auf. Zeitweise kommt aus beiden Nüstern schleimiger Nasenausfluß. Das Problem besteht hauptsächlich im Winter, wenn das Pferd aufgestallt ist. Eines Abends hat sie einen schweren Anfall von Atemnot. Die Stute war zwei Stunden zuvor aufgestallt worden. Bei der Untersuchung hat sie eine Atmungsfrequenz von 30/min. Sie hustet, hat eine starke in- und exspiratorische Dyspnoe und geblähte Nüstern. Bei jeder Exspiration wölbt sich der Anus hervor. Die Rektaltemperatur beträgt 39,0 °C. Bei der Lungenauskultation hört man knisternde und pfeifende Geräusche.
(a) Wie lautet die Diagnose?
(b) Wie sieht die Therapie aus?

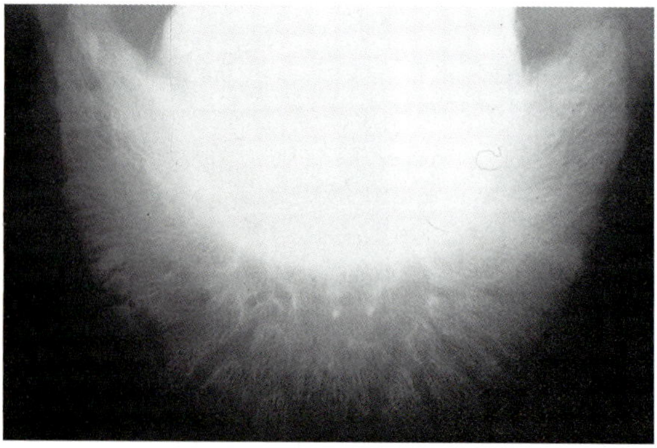

Abb. 238

311 Ein elfjähriger Wallach ist in schlechtem Allgemeinzustand. Er hat enormen Appetit. Nach und nach beginnt er zu lahmen.
(a) Welche Veränderungen sind im Röntgenbild (Abb. 238) zu erkennen?
(b) Was ist die mögliche Ursache?
(c) Welche weiteren Röntgenaufnahmen benötigt man?

312 Ein vier Tage altes Fohlen wird vorgestellt. Es ist apathisch und hat einen geblähten Bauch. Die Körpertemperatur beträgt 39,5 °C, die Herzfrequenz 140/min., die Atmungsfrequenz 36/min. Durch Ballotement läßt sich in der Bauchhöhle Flüssigkeit nachweisen. Blutparameter:
Gesamtleukozyten $3{,}6 \times 10^9$/l
60 % Segmentkernige, 10 % Stabkernige, 30 % Lymphozyten
Firinogen 600 mg/dl
Es tritt stinkender Durchfall in geringer Menge auf. Die Schmerzen nehmen zu und sprechen nicht mehr auf Analgetika an.
(a) Wie geht man diagnostisch weiter vor?
(b) Was sind die Differentialdiagnosen?
(c) Wie ist die Therapie?

313 Abb. 239 zeigt die herkömmliche Methode des Ausstempelns eines Backenzahns. Dabei wird die Kieferhöhle an der entsprechenden Stelle eröffnet und der Zahn mit einem speziellen Stößel herausgetrieben. Welche Komplikationen können dabei auftreten?

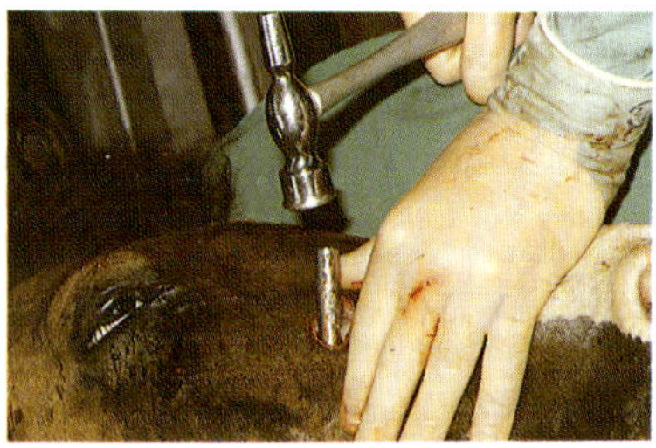

Abb. 239

Abb. 240 a
RV = rechte Herzkammer;
IVS = Kammerseptum;
LVOT = Anfang der Aorta;
MV = Mitralklappe;
LV = linke Herzkammer

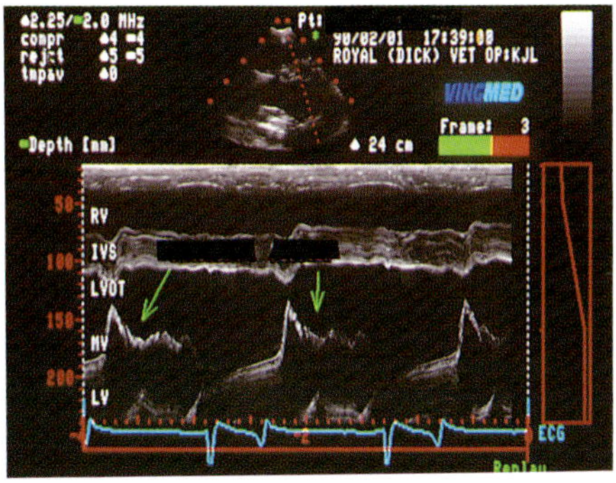

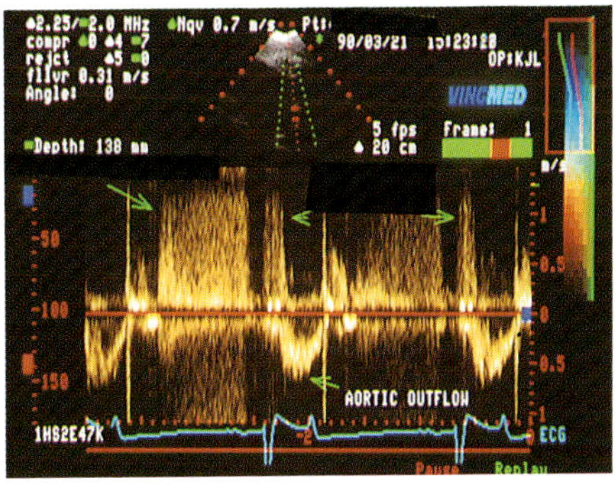

Abb. 240 b

314 Ein 15jähriger Wallach wird am Herzen untersucht. Er hat ein abschwellendes diastolisches Herzgeräusch der Stärke 3/6. Es ist beidseits am Thorax zu hören, am besten über dem Auskultationsfeld des 2. Herztons. Das Geräusch klingt summend und wird nach dem 4. Herzton etwas lauter. Die Doppler- und M-Mode-Untersuchung sind in Abb. 240 a und b wiedergegeben.

(a) Was ist die Ursache für das Geräusch?

(b) Was sieht man im M-Mode und im Doppler-Bild?

(c) Welche Veränderungen am Puls der A. facialis wird man in fortgeschrittenen Fällen bemerken?

(d) Das Pferd ist leistungsbereit, und der Besitzer möchte es unbedingt weiterreiten. Welchen Rat geben Sie ihm?

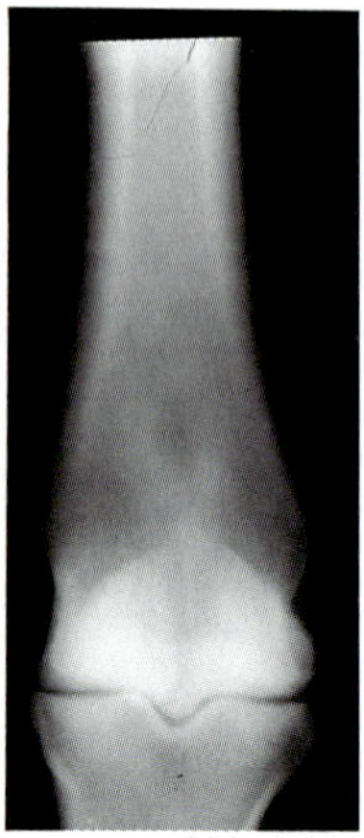

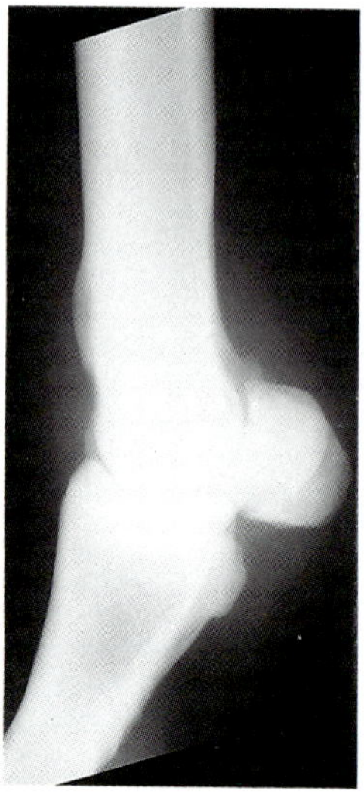

Abb. 241a

Abb. 241b

315 Ein siebenjähriger Wallach hat sich dorsal am linken hinteren Röhrbein dicht über der Fessel eine Verletzung zugezogen. Zwei Monate später werden diese Röntgenaufnahmen angefertigt (Abb. 241 a und b). Die Wunde war nicht vollständig verheilt.
(a) Wie lautet die Diagnose?
(b) Wie sieht die Behandlung aus?

316 Im Laufe der Zeit hat sich bei einem Pferd diese Hautveränderung ausgebreitet. Sie fing am Kopf an, zog über den Hals zum Rumpf (Abb. 242). Die Haut ist faltig und talgig mit Krusten und Schuppen. Der Kronrand ist ebenfalls verändert.
(a) Zu welchem Komplex von Hauterkrankungen gehören die Veränderungen?
(b) Welches Untersuchungsmaterial benötigt man zur Absicherung der Diagnose?
(c) Welche Art von Zellen findet man vermutlich bei einem Ausstrich von einem Haarbalg oder einer Pustel aus einer frisch veränderten Hautstelle?

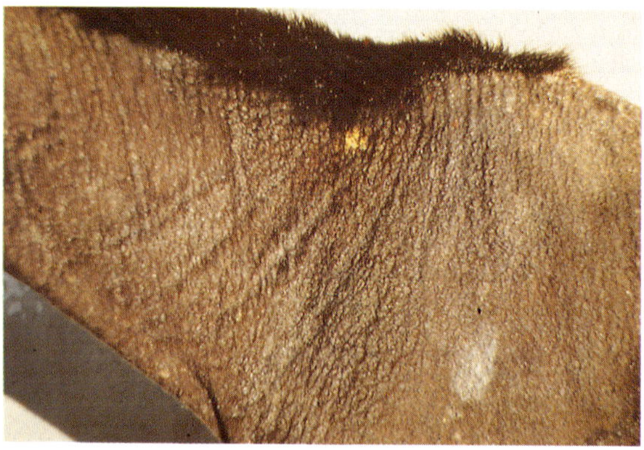

Abb. 242

317 In welchem Trächtigkeitsstadium kann man den PMSG-Test einsetzen? Was sind die Ursachen für falsch-positive Resultate?

318 Bei kürzlich abgesetzten Fohlen findet man in Kotproben diese Parasiteneier (Abb. 243).
(a) Um welche Parasiten handelt es sich?
(b) Ist der Befall für die Tiere von Bedeutung?

Abb. 243

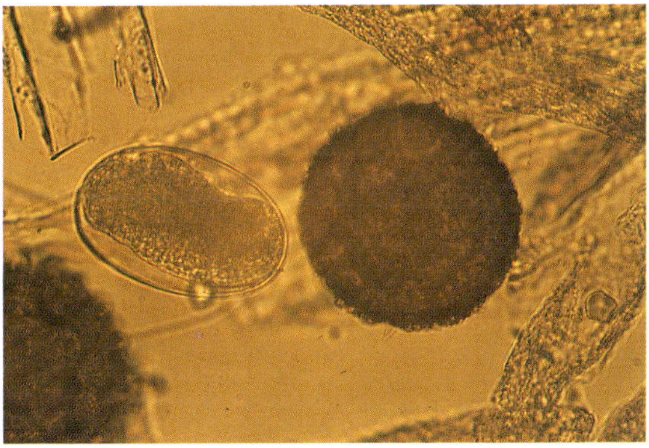

319 Ein Polopony hat einige Wochen nach einer Augenverletzung Ausfluß aus dem Auge (Abb. 244).
(a) Wie lautet die Diagnose?
(b) Nennen Sie zwei weitere Ursachen.
(c) Wie ist die Behandlung?

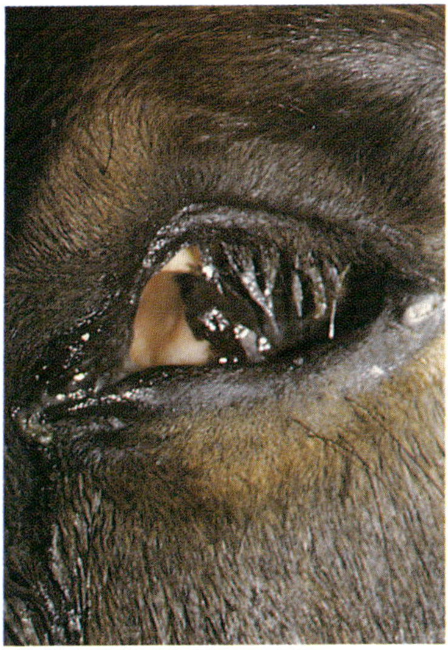

Abb. 244

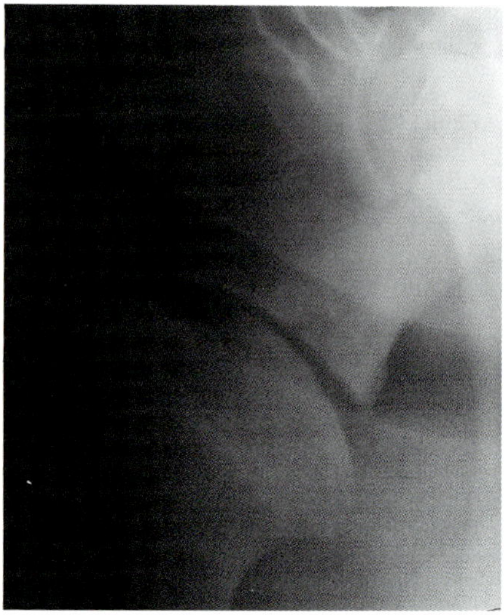

320 Es handelt sich um das gleiche Fohlen wie in Frage 44. Eine intraartikuläre Anästhesie des Schultergelenks bringt zwar eine Besserung, aber kein völliges Verschwinden der Lahmheit.
Eine Röntgenaufnahme wird angefertigt (Abb. 245).
(a) Was sehen Sie auf der Aufnahme?
(b) Was sind die Differentialdiagnosen?
(c) Welche weiteren diagnostischen Schritte sind sinnvoll?
(d) Wie sieht die Behandlung aus?

Abb. 245

321 Ein dreijähriges Pferd hat seit sechs Tagen hin und wieder leichten Husten, aber kein Fieber.
(a) Ist das Symptom in Abb. 246 aufschlußreich?
(b) Welche diagnostischen Schritte helfen weiter?
(c) Der Trainer möchte, daß das Pferd antibiotisch behandelt wird. Ist das gerechtfertigt?

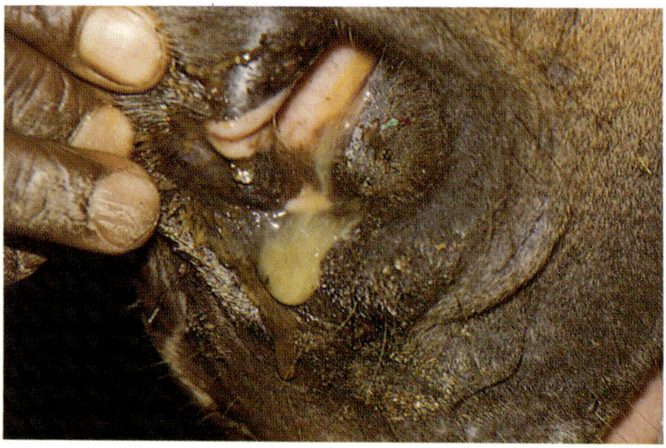

Abb. 246

322 Eine Verletzung am Hinterbein vor 18 Monaten heilt schlecht. Infolge unzureichender Behandlung und Selbstverstümmelung hat sich fibrotisches Gewebe gebildet (Abb. 247).
(a) Welche Behandlung ist erfolgversprechend?
(b) Was macht man, wenn sich das Pferd nach der Behandlung weiterhin beißt?

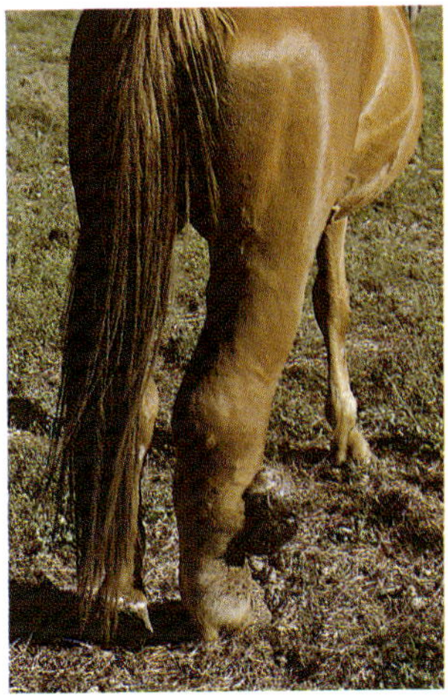

Abb. 247

322 Ein zehnjähriger kleiner Ponywallach hat chronische Hufrehe. Er geht sehr stelzig auf allen vier Beinen. Das Knie wird geröntgt (Abb. 248).
(a) Wie lautet die Diagnose?
(b) Seit wann bestehen die Beschwerden vermutlich?
(c) Welcher Rasse dürfte das Pony angehören?

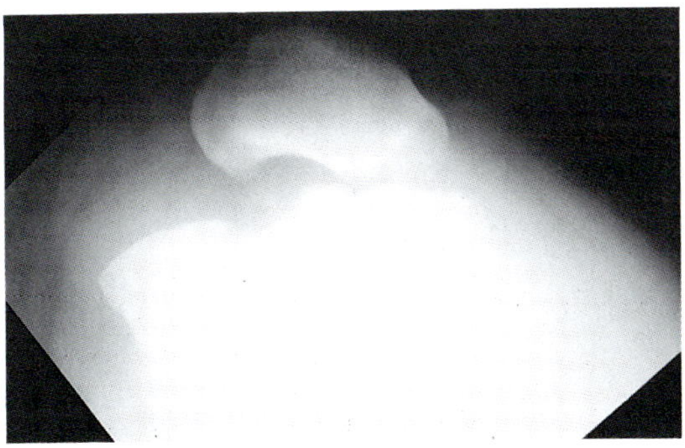

Abb. 248

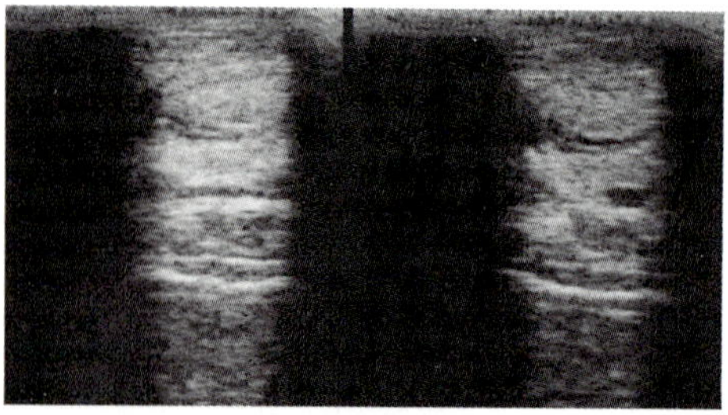

Abb. 249

324 Ein sechsjähriges Turnierpferd geht plötzlich vorne links lahm. Palpatorisch läßt sich nichts finden. Die tiefe, mittlere und hohe Palmarisanästhesie bringt keine Besserung, die subkarpale Anästhesie hingegen ist positiv.
(a) Welche zusätzlichen Untersuchungen lassen Sie durchführen?
(b) Schildern Sie den Ultraschallbefund in Abb. 249
(c) Wie lautet Ihre Diagnose?
(d) Wie sind Therapie und Prognose?

325 Der einzige neurologische Befund bei dem Fohlen in Abb. 250 sind eine leichte Ptosis und Miosis. Des weiteren schwitzt es bis zum 2. Halswirbel. Welche ätiologische Kombination ist wahrscheinlich?
- präganglionäre zervikale Sympathikusschädigung/Halsabszeß
- okulomotorische Paralyse/equine Protozoen-Myeloenzephalitis
- Facialisparalyse/Schädeltrauma
- Horner-Syndrom/postganglionäre Sympathikusschädigung
- Erkrankung des 5. und 7. Gehirnnervs/Luftsackempyem

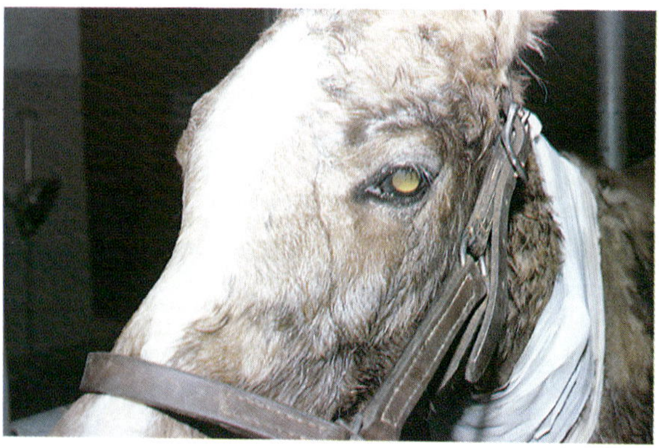

Abb. 250

326 Ein vierjähriger Araberwallach ist seit zwei Monaten vorne links lahm.
(a) Kann man auf der Röntgenaufnahme (Abb. 251) eine Diagnose aufbauen?
(b) Welche weiteren Untersuchungen wären von Nutzen?
(c) Was raten Sie dem Besitzer?

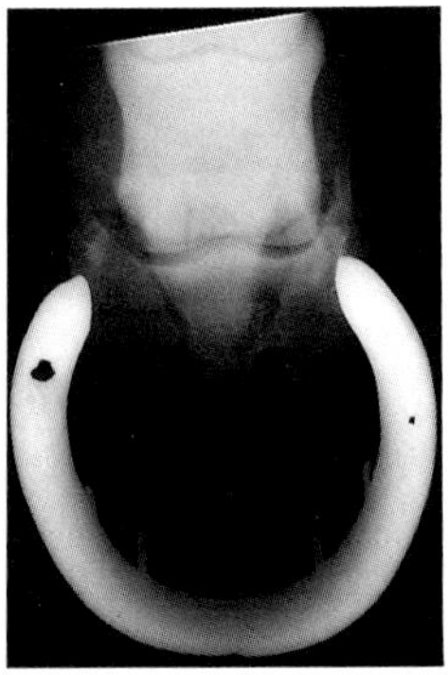

Abb. 251

327 Ein siebenjähriges Springpferd lahmt seit einigen Wochen geringgradig hinten links. In Höhe der Fessel sind beidseits die Beugesehnenscheiden geschwollen; rechts stärker als links. Beidseits ist in Höhe des Fesselringbandes eine Verengung festzustellen. Die Sprunggelenkbeugeprobe ist negativ, die distale Zehenbeugeprobe mäßig positiv. Die mittlere Plantarisanästhesie ist negativ, die hohe Plantarisanästhesie und die der plantaren Metatarsalnerven positiv.
(a) Welche weiteren Untersuchungen lassen Sie durchführen?
(b) Wie beurteilen Sie das Ultraschallbild in Abb. 252?
(c) Wie sehen Diagnose, Therapie und Prognose aus?

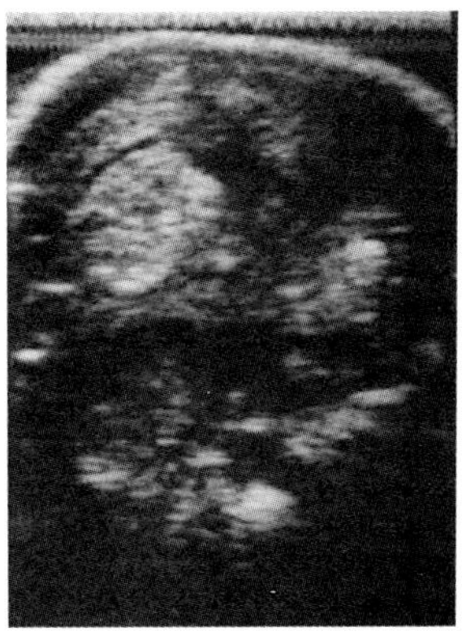

Abb. 252

328 Ein Hengstfohlen wiegt bei der Geburt 59,9 kg. Am dritten Tag p. p. stellt man es Ihnen vor. Es preßt auf Urin und setzt häufig kleine Mengen ab. Welches Untersuchungsmaterial benötigt das Labor, um Ihre Verdachtsdiagnose eines Uroperitoneums abzusichern?

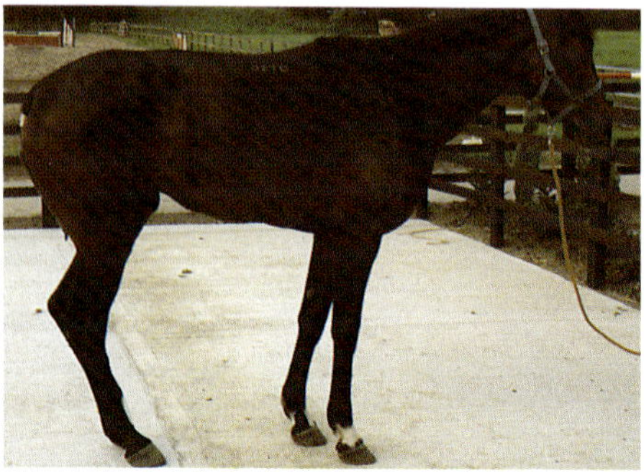

329 Bei diesem vierjährigen Pferd (Abb. 253) wurde post mortem die Graskrankheit diagnostiziert. Wie sehen die klinischen Symptome aus?

Abb. 253

330 Ein Fohlen war offensichtlich bis zur 24. Lebensstunde unauffällig. Dann stellte der Besitzer fest, daß es apathisch wurde; das Euter der Stute war gespannt. Um die 48. Lebensstunde ist die Kapillarfüllungszeit 2,5 Sekunden; der Puls ist unauffällig, die Körpertemperatur 38,8 °C und die Leukozytenzahl 4×10^9/l.
Die IgG-Konzentration beträgt 200–400 mg/dl (Schnelltest).
(a) Was ist Ihre Verdachtsdiagnose (beachte Abb. 254)?
(b) Mit welchen weiteren diagnostischen Verfahren sichern Sie die Diagnose ab?
(c) Wie sieht die Behandlung aus?

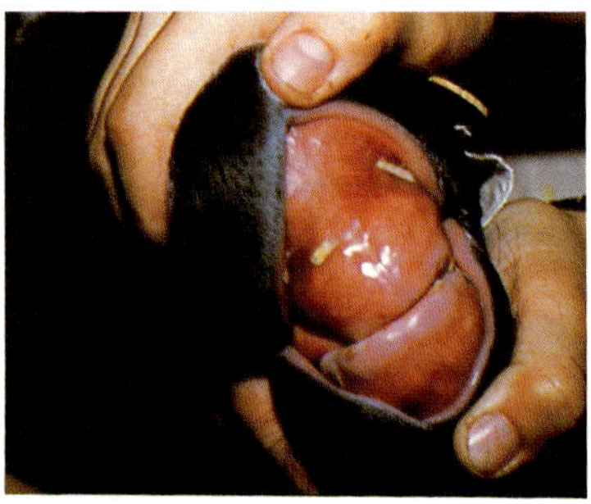

Abb. 254

331 Eine 13jährige Stute ist im 10. Monat tragend. Sie hat mäßige bis schwere Koliksymptome über zwei Stunden. Der Kotabsatz ist vermindert, die Darmgeräusche sind unterdrückt, aber vorhanden. Der Puls ist 48/min, die Atmungsfrequenz 20/min. Was sind die Differentialdiagnosen, und wie unterscheiden sie sich? Wie sieht die Behandlung aus?

332 Eine Araberstute bringt nach 305 Tagen spontan ein Fohlen zur Welt. Zwei Wochen vorher hatten die Anbildung des Euters und die Milchproduktion begonnen. Das Fohlen ist nach der Geburt schwach. Nach zwei Stunden ist die Körpertemperatur 37,7 °C, die Herzfrequenz 100/min. Der Puls ist kräftig. Die Atmungsfrequenz ist 50/min mit angestrengter Bauchatmung. Man hört ein holosystolisches Herzgeräusch der Stärke 3/6 links im 3. Interkostalraum.
Blutwerte zwei Stunden nach der Geburt:
Gesamtleukozyten 9×10^9/l; Fibrinogen 800 mg/dl, pH 7,386; PO_2 45 mm Hg, PCO_2 49 mmHg; Hydrogencarbonat 27 mmol/l.
(a) Welche Maßnahme zur Unterstützung der Atmungsfunktion ist angezeigt?
(b) Wie lautet die Verdachtsdiagnose (beachte Abb. 255 a und b)?
(c) Welche weiteren therapeutischen Maßnahmen sind jetzt wichtig?
(d) Was raten Sie dem Besitzer im Hinblick auf die Kurz- und Langzeitprognose (unter der Vorausstzung, daß eine Intensivpflege durchführbar und wirtschaftlich vertretbar ist)?

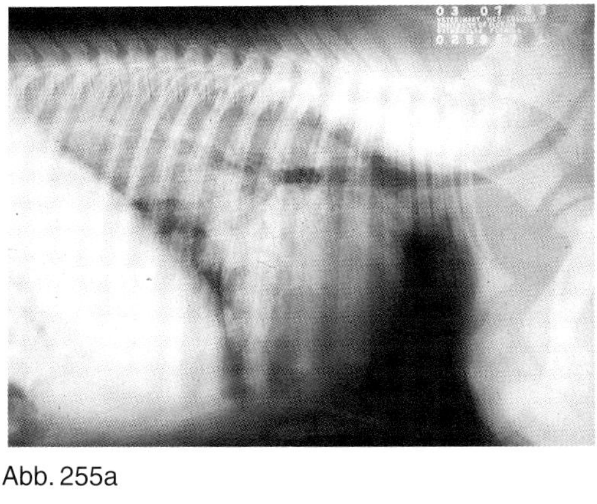

Abb. 255a

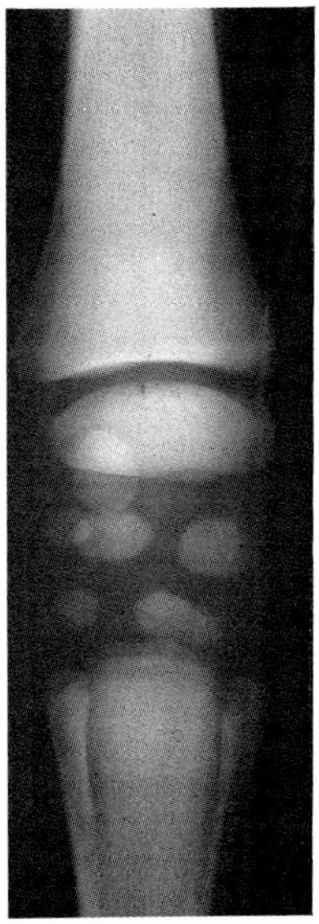

Abb. 255b

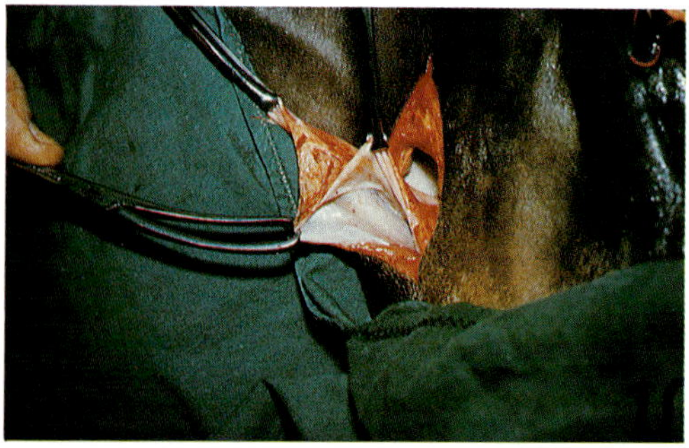

Abb. 256

333 Abb. 256 zeigt die Suche nach einem Hoden bei einem Kryptorchiden. In der Nähe des Skrotums ist ein Schnitt, der den oberflächlichen Leistenring freilegt. Im Leistenkanal findet sich ein röhrenförmiges fibröses Gebilde, das teilweise mit quergestreifter Muskulatur bedeckt ist. Das Gebilde wird angeschnitten und ausgestülpt. Die Spitze wird mit einer Klemme gehalten, die Schnittränder mit zwei weiteren. So wird der Inhalt, ein solides bindegewebiges Band, hervorgeholt.

(a) Was sind das röhrenförmige Gebilde und der zugehörige Muskel?

(b) Warum ist es bei einem Kryptorchiden besonders wichtig, die Struktur exakt zu identifizieren?

(c) Welche Strukturen findet man möglicherweise innerhalb des röhrenförmigen Gebildes?

(d) Welche dieser Möglichkeiten zeigt die Abb. 256?

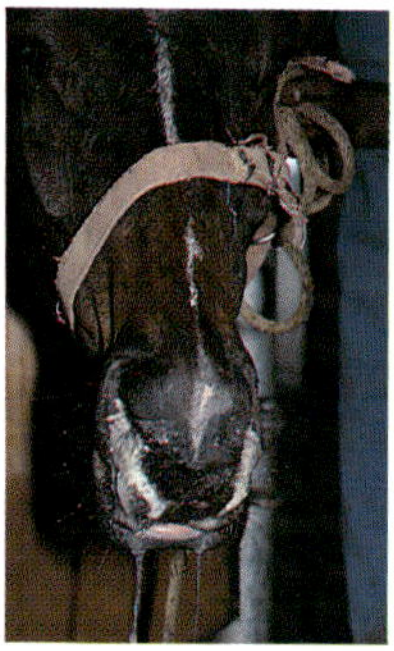

Abb. 257a

Abb. 257b

334 Das Pferd in Abb. 257 a wurde in Zentralafrika untersucht. Es beißt sich ständig ins linke Knie (Abb. 257 b). Die anfänglich geringgradige Ataxie der Hinterhand führt innerhalb von vier Tagen zu Krämpfen und Koma.

(a) Welche Krankheit muß man als erstes in Betracht ziehen?

(b) Wie wird Sie nachgewiesen?

(c) Was geschieht mit den Personen, die Kontakt mit dem Tier hatten?

335 Das Fohlen aus Frage 332 ist mittlerweile vier Tage alt. Es hat gut auf die Behandlung angesprochen. Seit zwölf Stunden setzt es aber kaum noch Urin ab und wird zunehmend apathisch.
Blutuntersuchung:
Natrium 120 mmol/l; Kalium 5,2 mmol/l; Chlorid 90 mmol/l; Kreatinin.
Sie untersuchen zusätzlich die Bauchhöhle sonographisch (Abb. 258). In Anbetracht der Anamnese:
(a) Was ist Ihre Verdachtsdiagnose?
(b) Mit welcher Untersuchung können Sie diese absichern?
(c) Welche Flüssigkeitssubstitution ist jetzt wichtig?

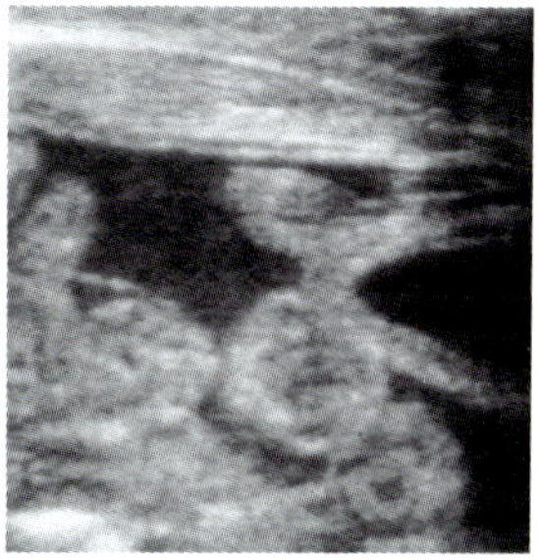

Abb. 258

336 Ein Pferd wird für eine Kolikoperation vorbereitet (Abb. 259). Es besteht der Verdacht einer Obstruktion des Dünndarms.
(a) Welche Vorbereitungsmaßnahme ist abgebildet?
(b) Warum ist sie gerade bei dieser Operation besonders wichtig?

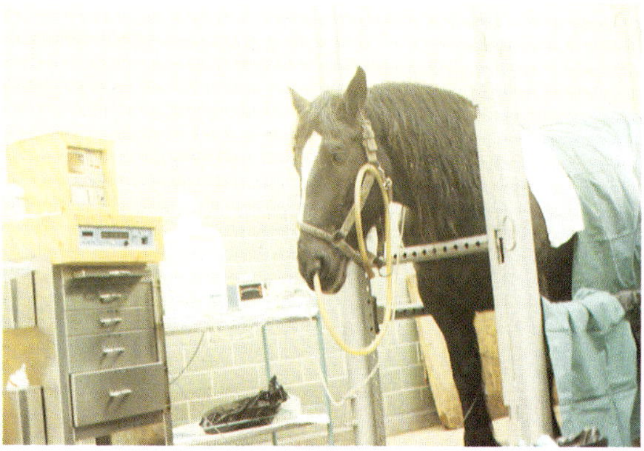

Abb. 259

Antworten Bildteil

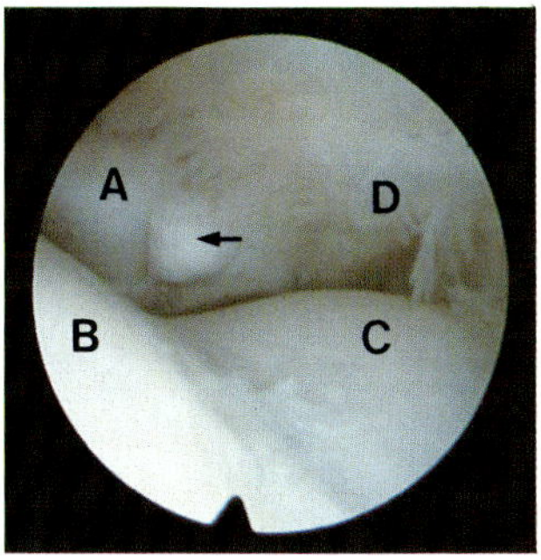

Abb. 260. A = dorsoproximale Gelenkfläche, B = mittlerer Rollkamm des Röhrbeins, C = medialer Kondylus des Röhrbeins, D = Synoviamembran, Pfeil = Knochen -/Knorpelfragment

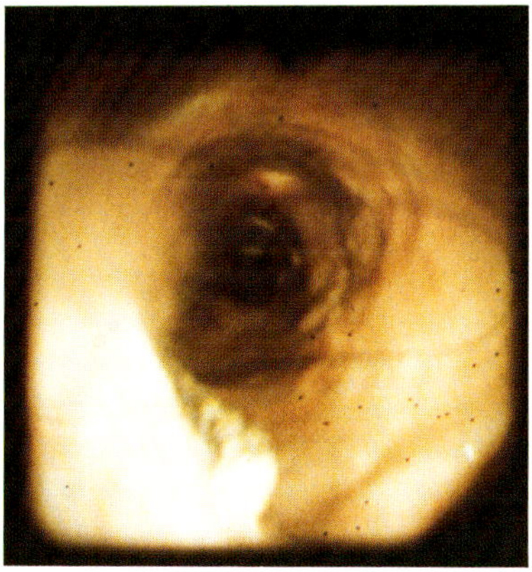

Abb. 261

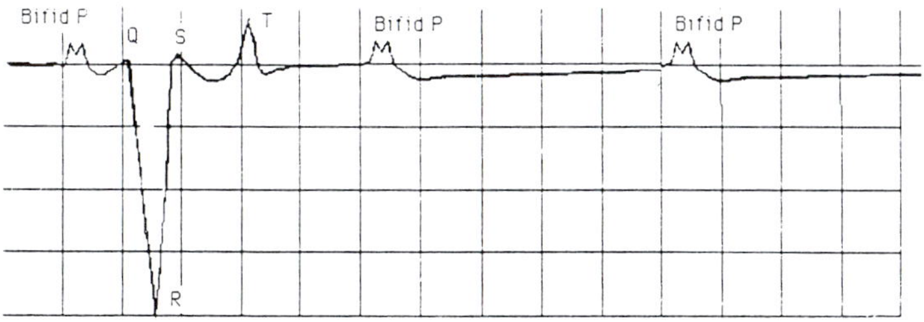

Abb. 262

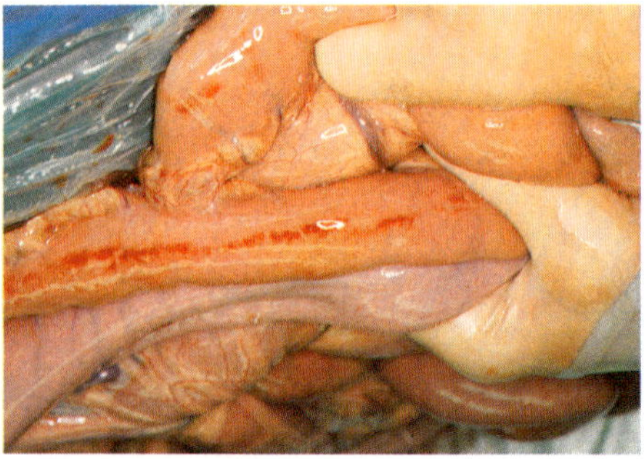

Abb. 263

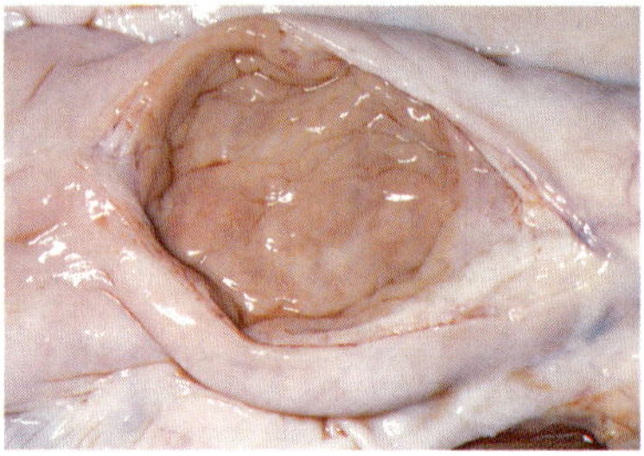

Abb. 264a

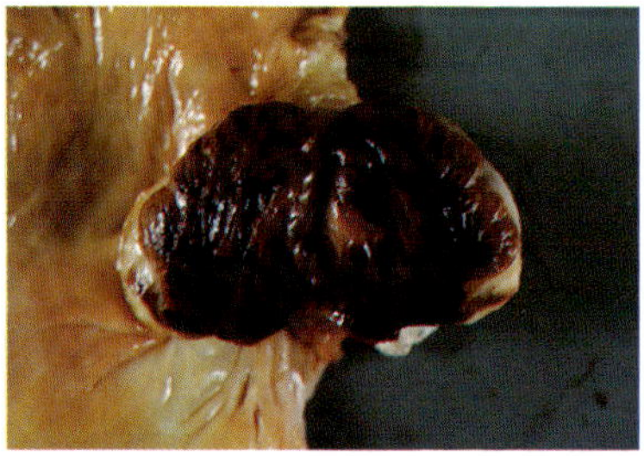

Abb. 264b

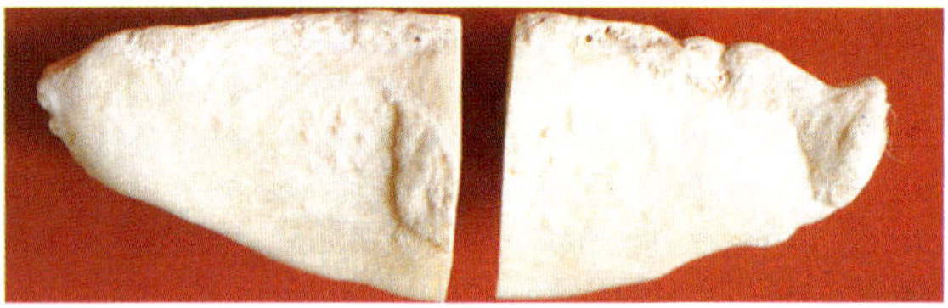

Abb. 265

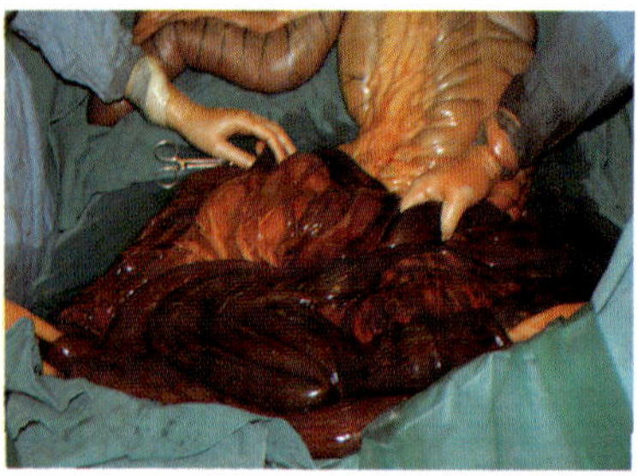

Abb. 266 a Stark verfärbter Darm mit mesenterialen Blutungen und Thrombosen

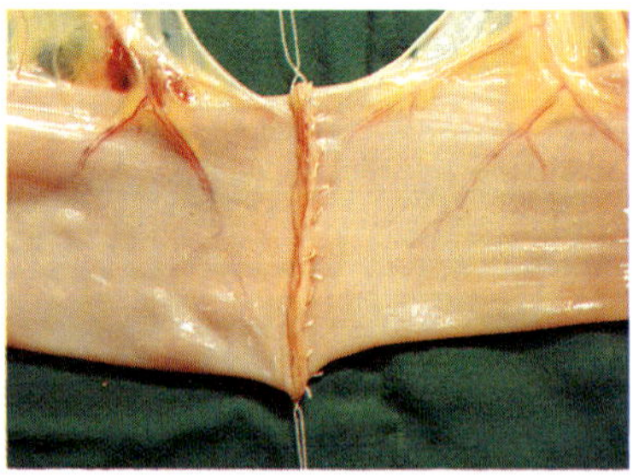

Abb. 266 b einfache ausstülpende Naht (Matratzennaht)

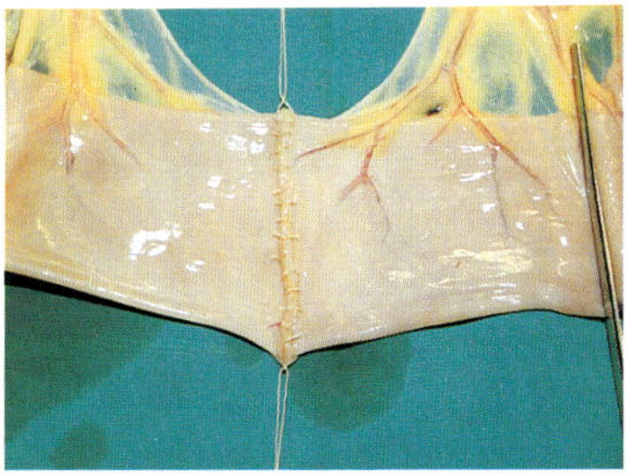

Abb. 266 c Einzelhefte stoßend

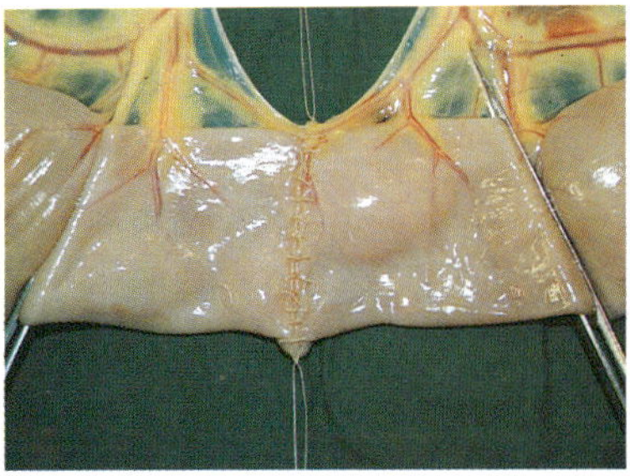

Abb. 266 d einfache einstülpende Naht (Lembert)

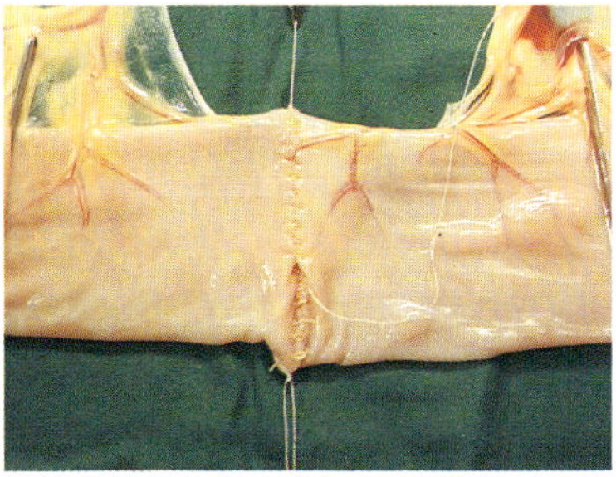

Abb. 266 e doppelte einstülpende Naht (Einzelhefte stoßend und fortlaufende Lembert-Naht).

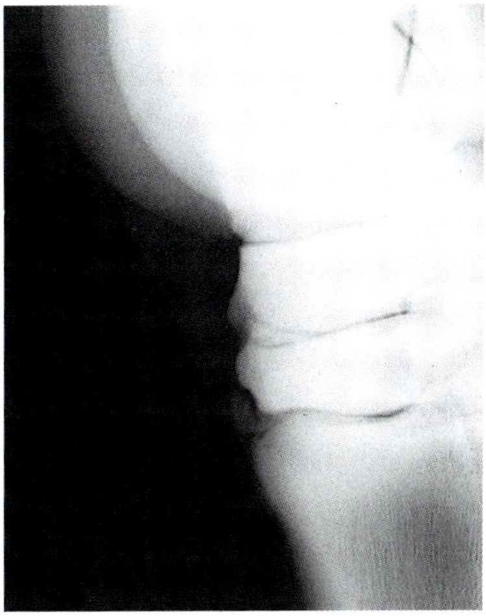

Abb. 267

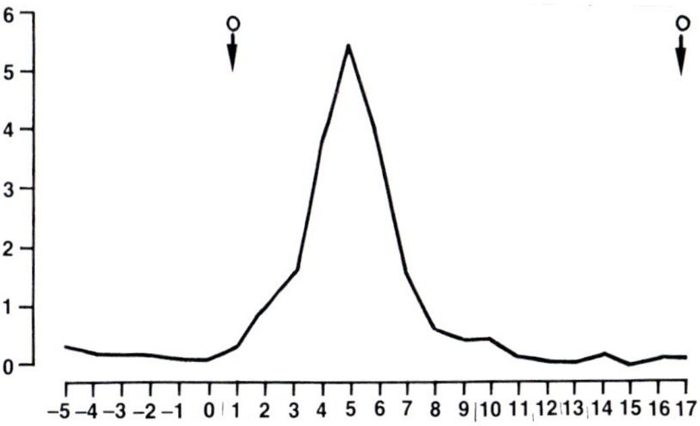

Abb. 268 Progesteron (ng/ml Plasma) Zyklustag.

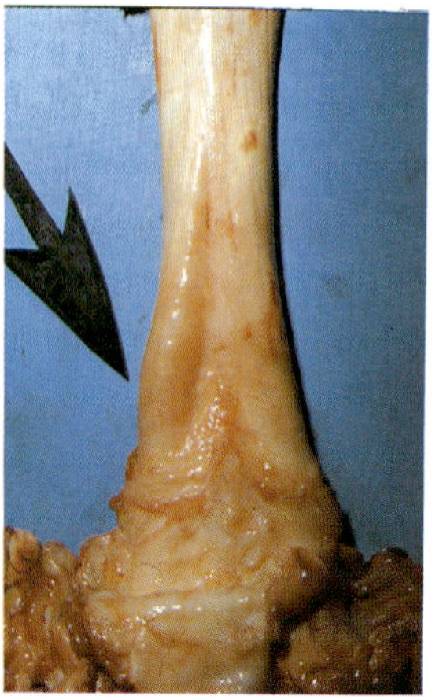

Abb. 269

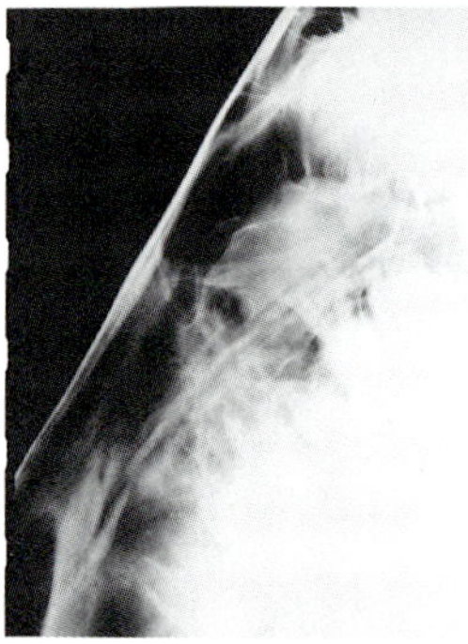

Abb. 270 a

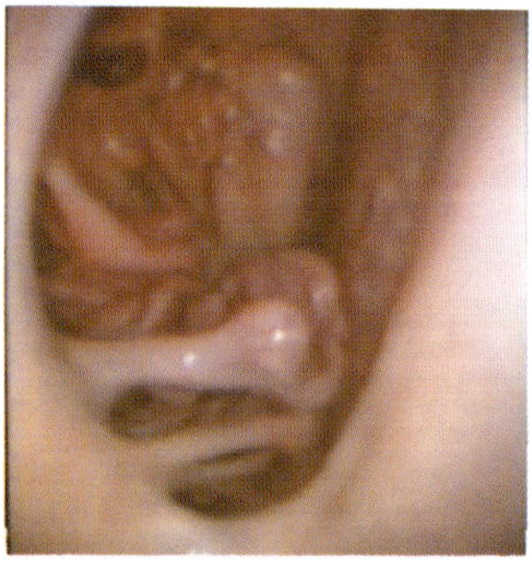

Abb. 270 b

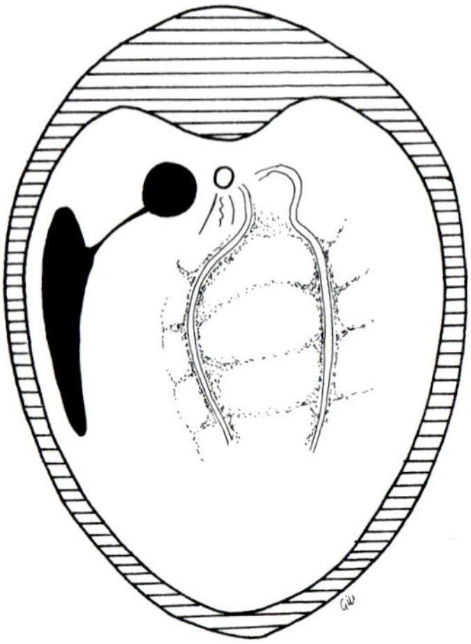

Abb. 271 a. Rektalbefund

Abb. 271 b. Bei der Laparotomie findet man ein stark vergrößertes tympanisches Caecum.

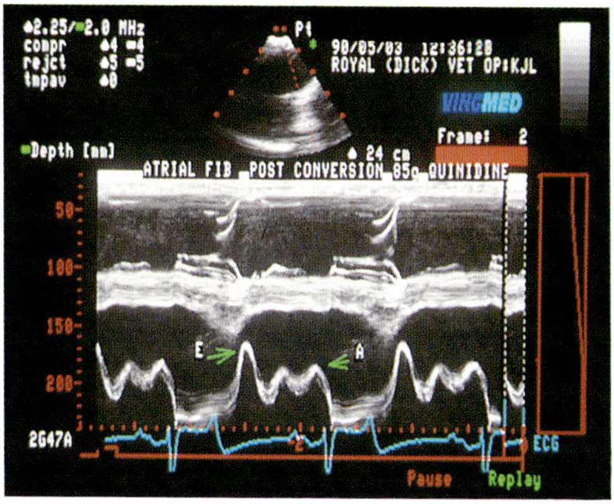

Abb. 272

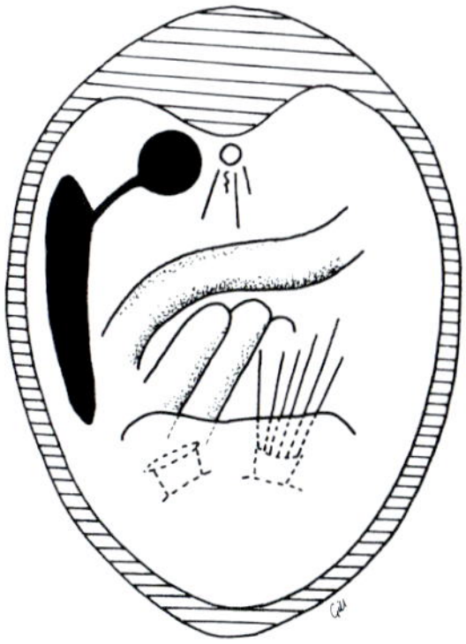

Abb. 273 Rektalbefund.

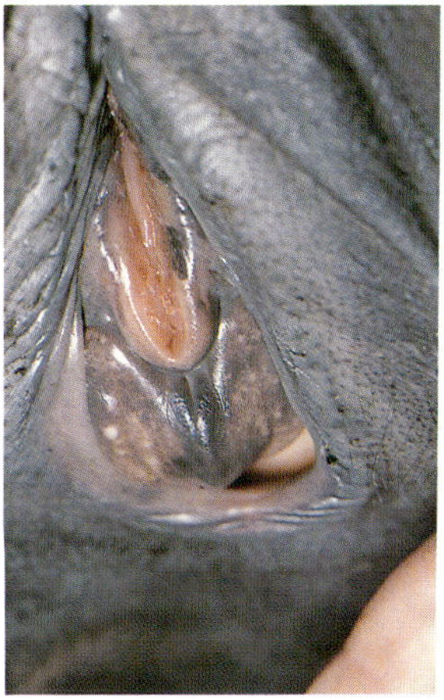

Abb. 274 a

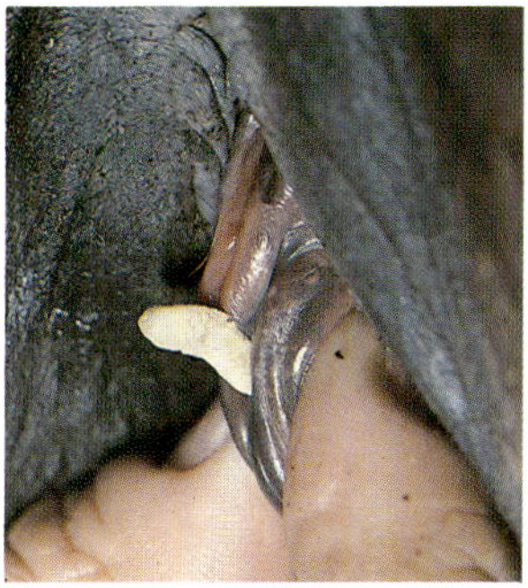

Abb. 274 b

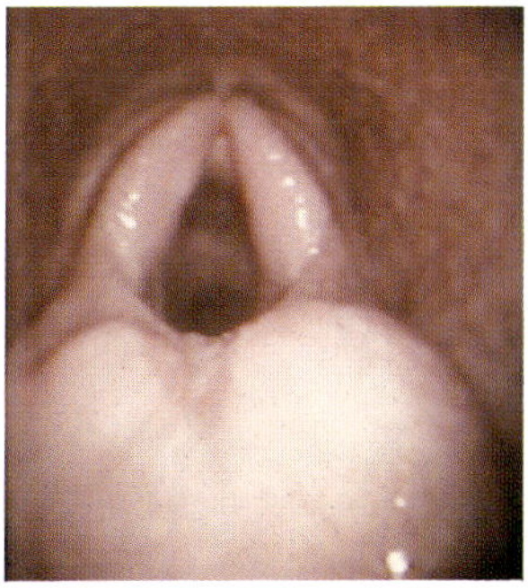

Abb. 275

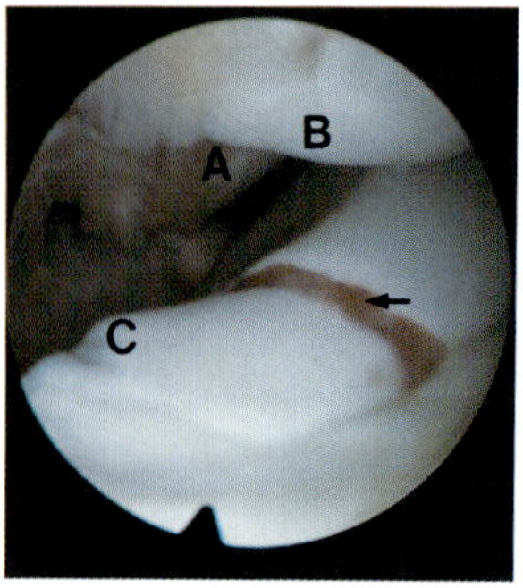

Abb. 276. A = medialer Kondylus des Röhrbeins, B = Rollkamm des Röhrbeins, C = Spitze des medialen Gleichbeins, Pfeil = Frakturstelle.

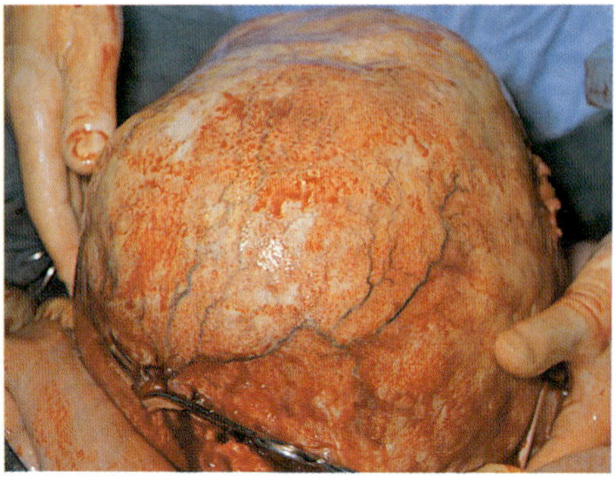

Abb. 277a

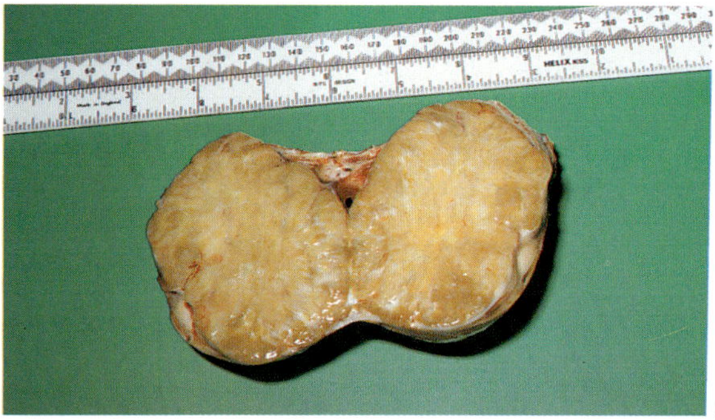

Abb. 277b

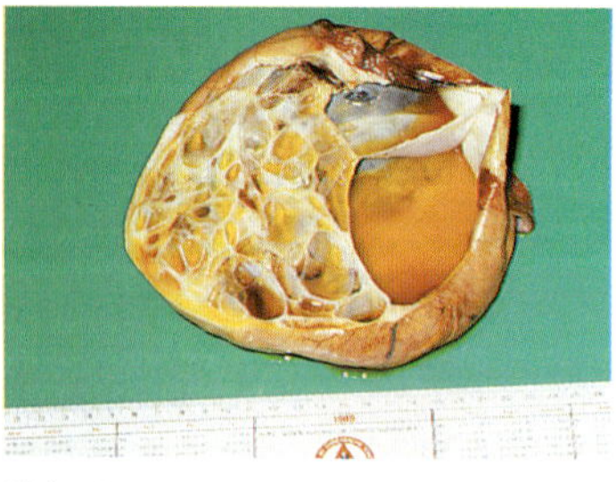

Abb. 277c

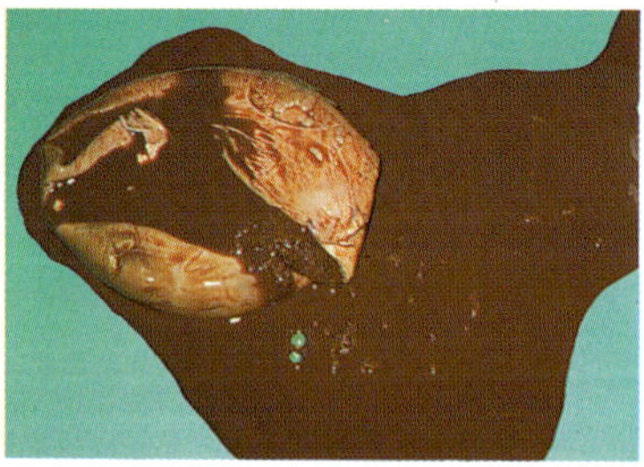

Abb. 277d

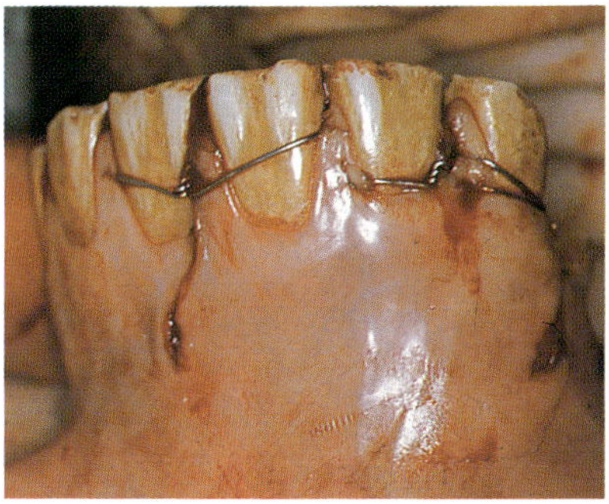

Abb. 278

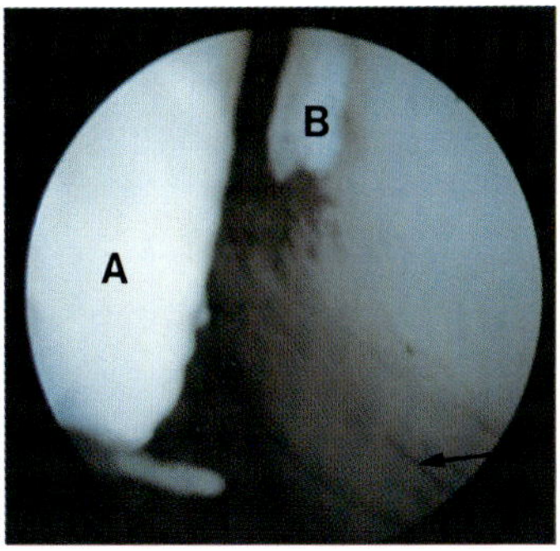

Abb. 279. A = disloziertes Frakturstück, B = Absplitterung, Pfeil = Schleifspuren.

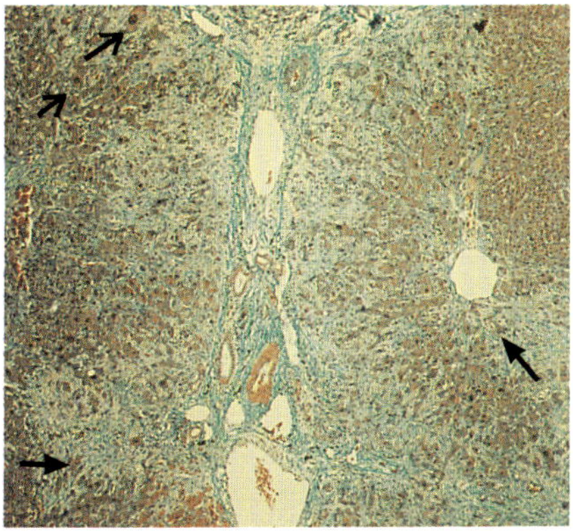

Abb. 280. Histologisches Bild der Leber nach einer Jakobs-kreuzkrautVergiftung. Die Hepatozyten sind zerstört und durch Bindegewebe
(grün, dicke Pfeile) ersetzt. Die schmalen Pfeile weisen auf eine Megalozytose hin (Färbung nach Masson, Vergrößerung 40fach).

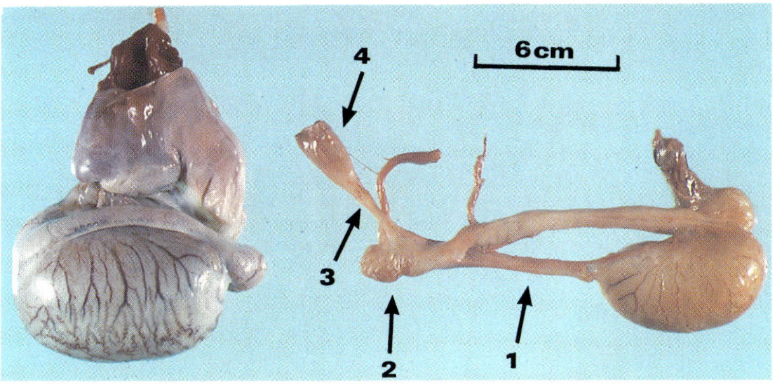

Abb. 281

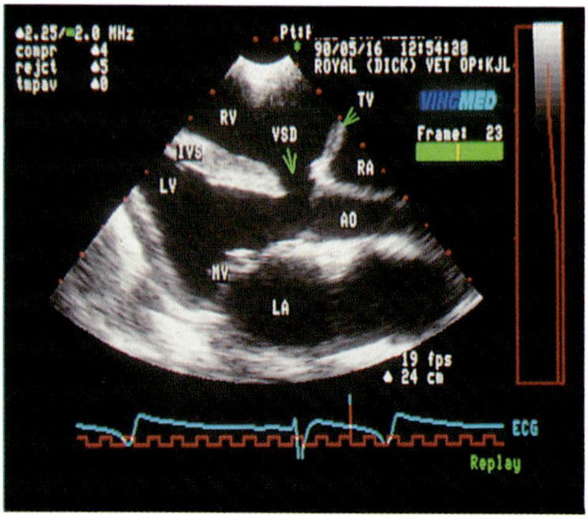

Abb. 282

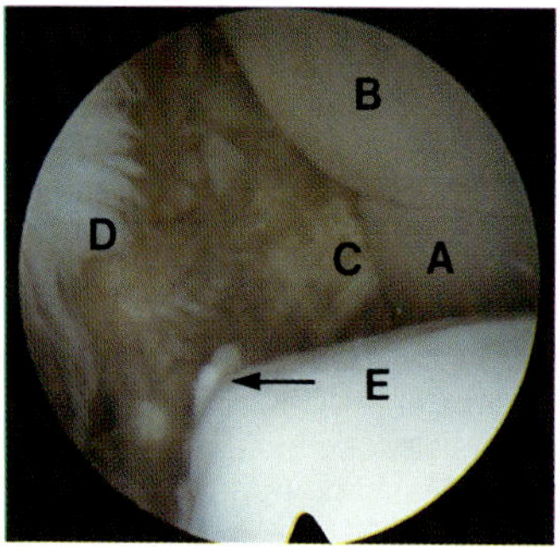

Abb. 283. A = Os carpale II, B = radiale Fläche des Os carpale III, C = Lig. intercarpale mediale dorsale, D = Synovialmembran, E = dorsodistale Gelenkfläche des Os carpi radiale, Pfeil = Chipfraktur

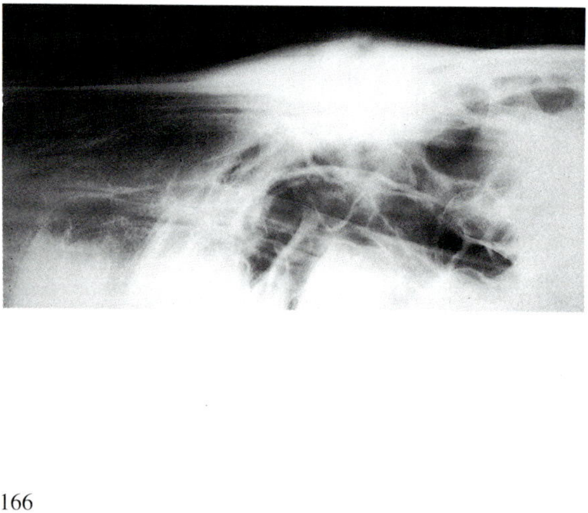

Abb. 284

Abb. 285

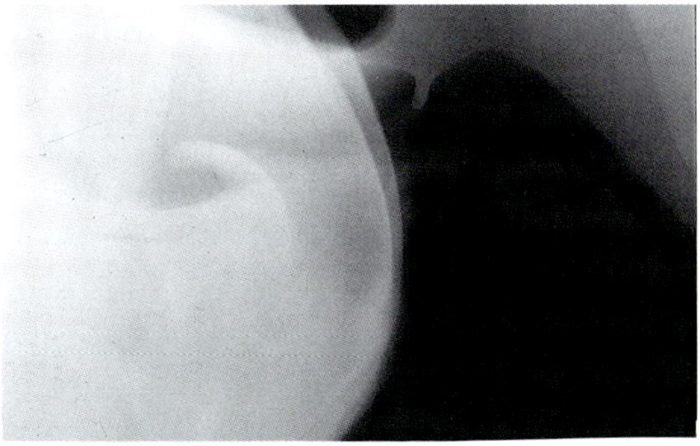

Abb. 286

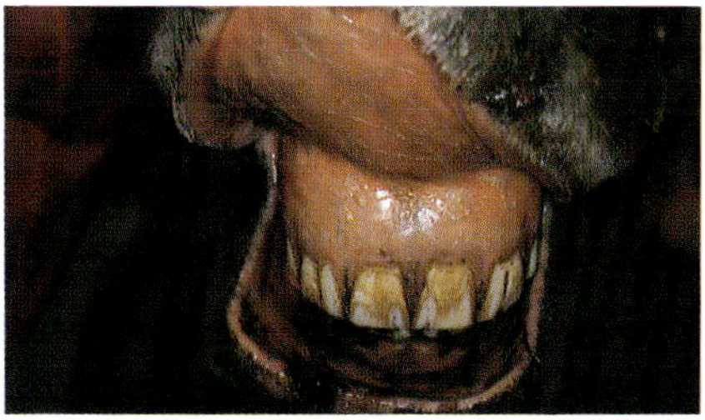

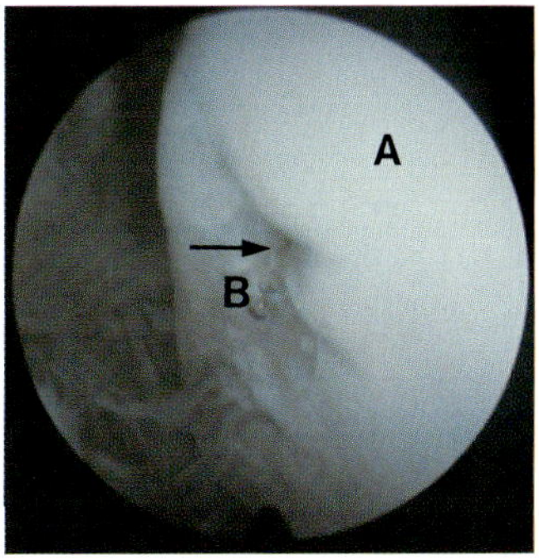

Abb. 287. A = radiale Fläche des Os carpale III, B = Auffaserung am Dorsalrand des Knorpeldefektes, Pfeil = Öffnung zum subchondralen Defekt

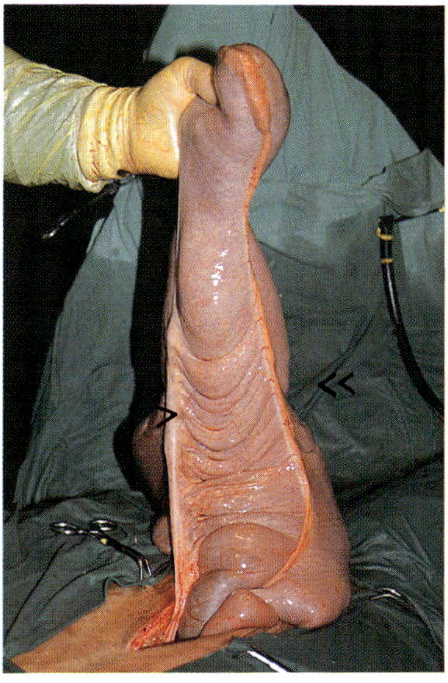

Abb.288. Das dorsale Band des Caecums (>) führt zum antimesenterialen Band des Ileums, das laterale Band des Caecums (<<) geht in das freie laterale Band des rechten ventralen Kolons über.

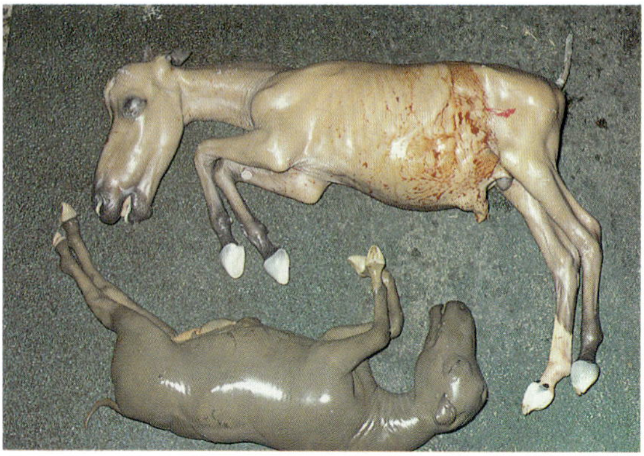
Abb. 289a

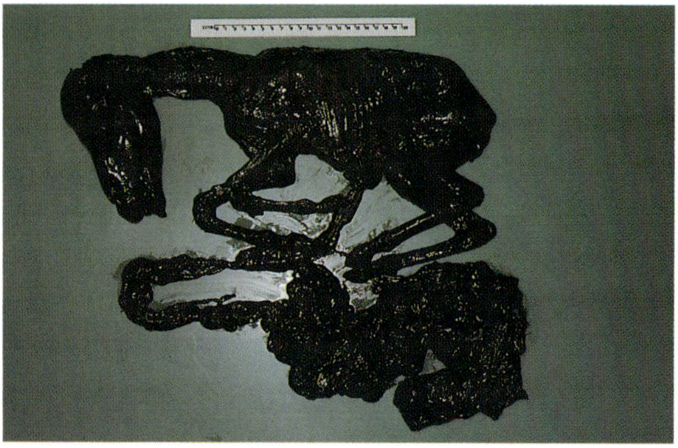
Abb. 289b

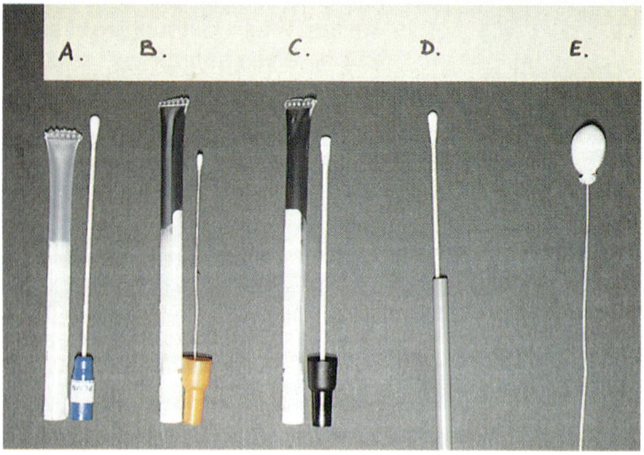

Abb. 290

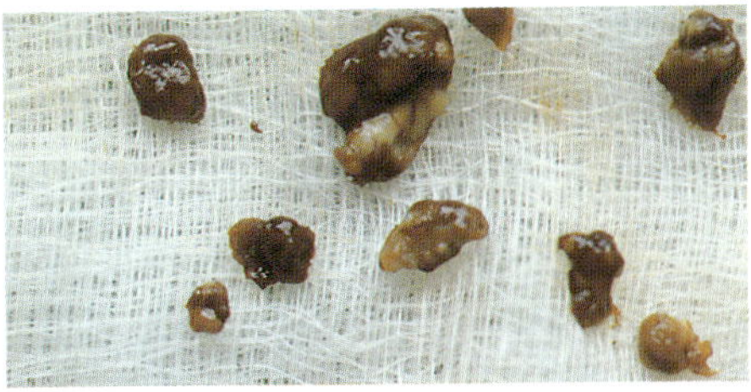

Abb. 291. Biopsiematerial der Synovialmembran von verschiedenen Stellen des Kniescheibengelenks

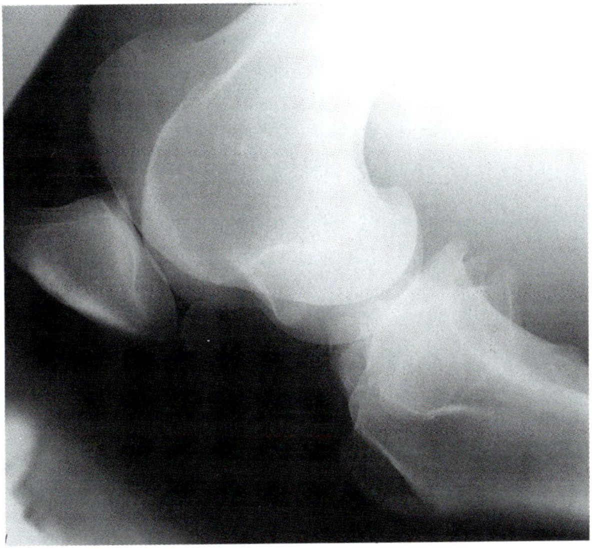

Abb. 292

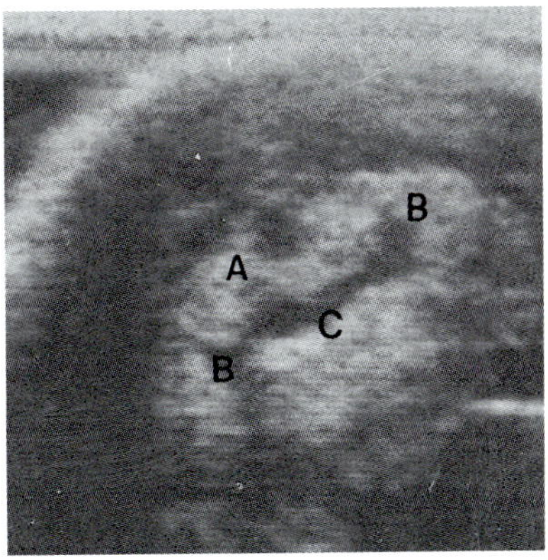

Abb. 293. A = tiefe Beugesehne, B = medialer und lateraler Ast der oberflächlichen Beugesehne, C = gerades Sesambeinband

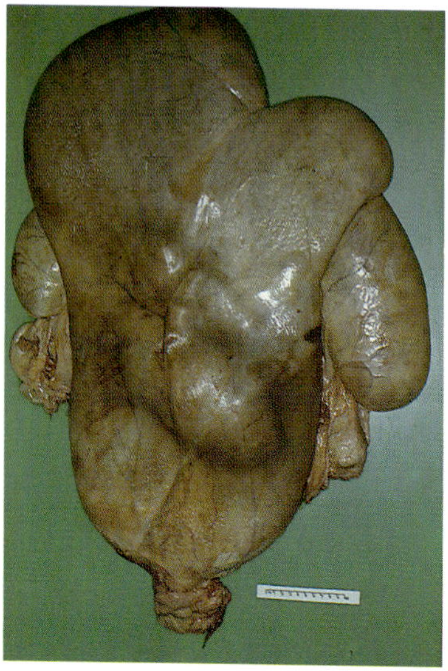

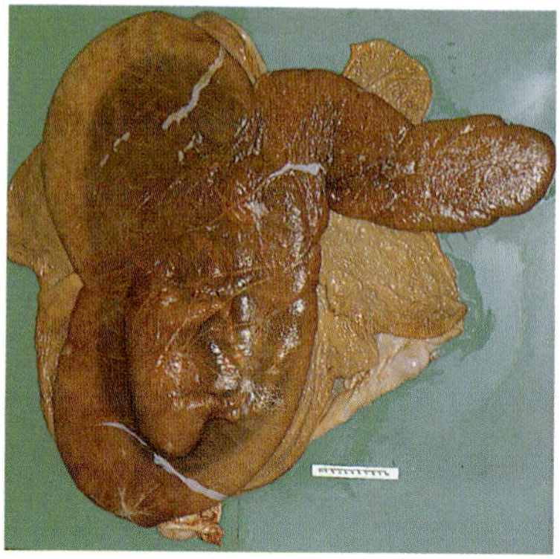

Abb. 294b

Abb. 294a

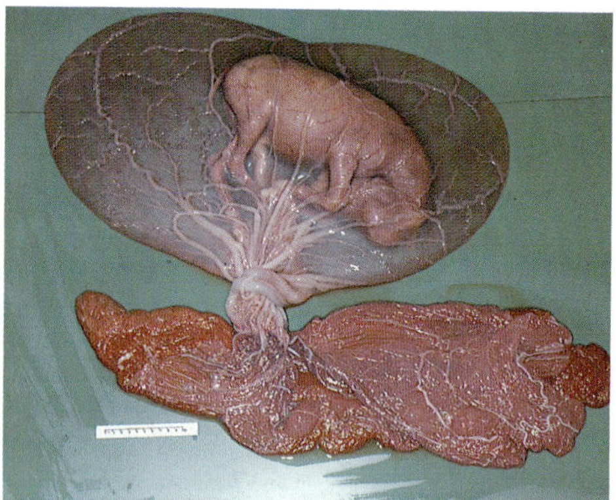

Abb. 294c

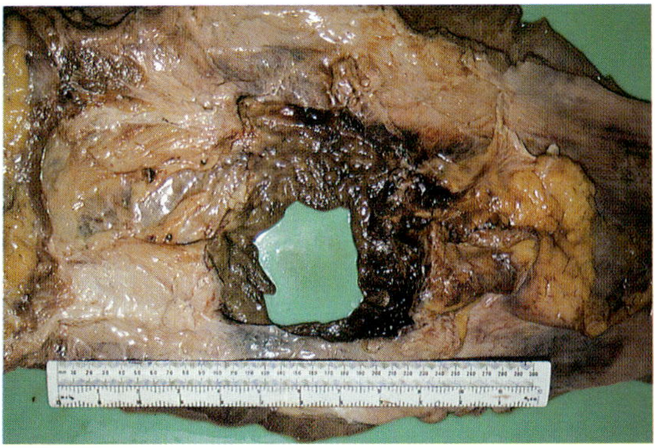

Abb. 295. Vollständige Mastdarmperforation

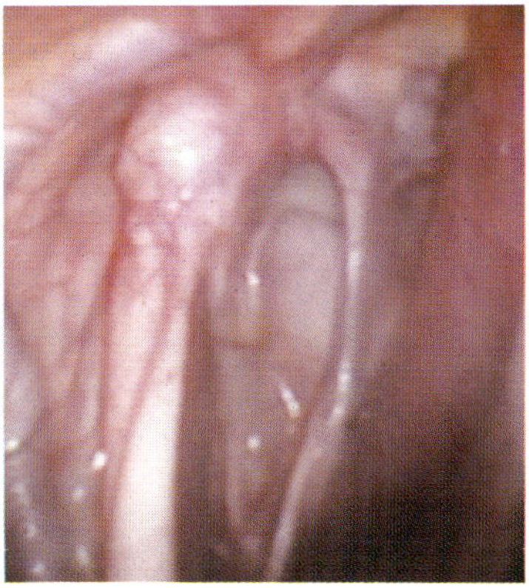

Abb. 296

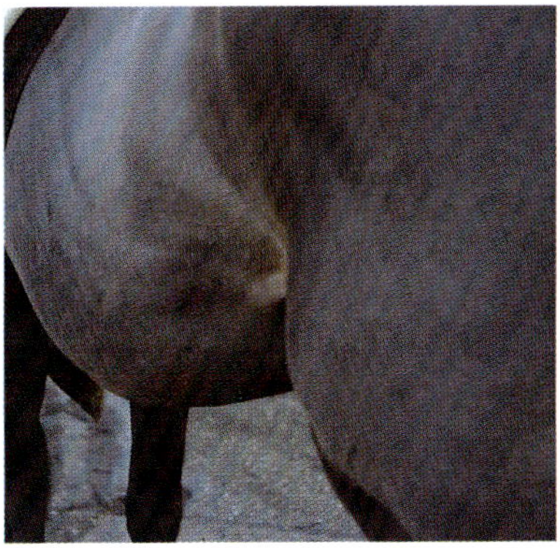

Abb. 297a

Abb. 297b

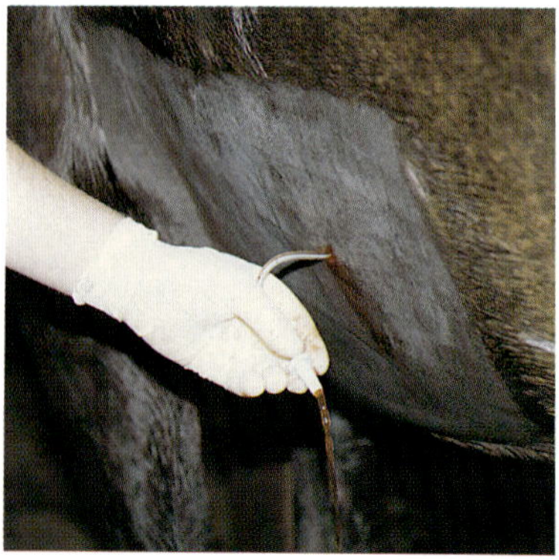

Abb. 297c

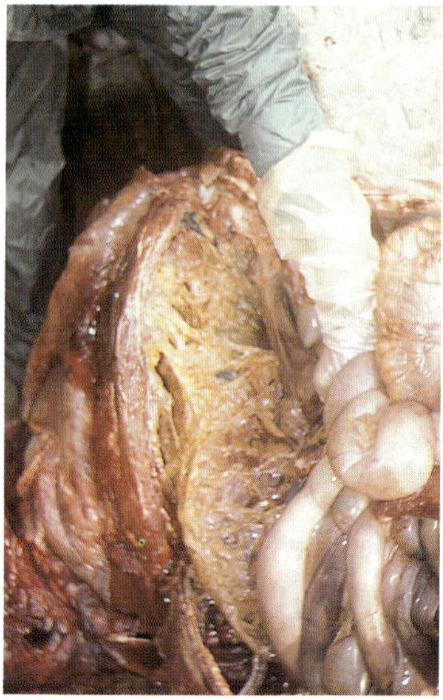

Abb. 297d

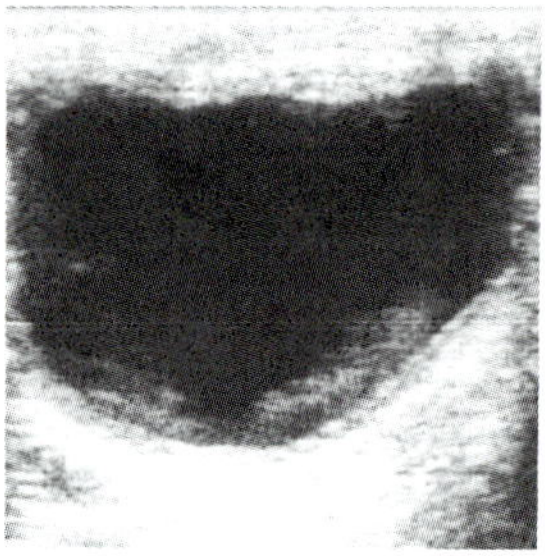

Abb. 298a

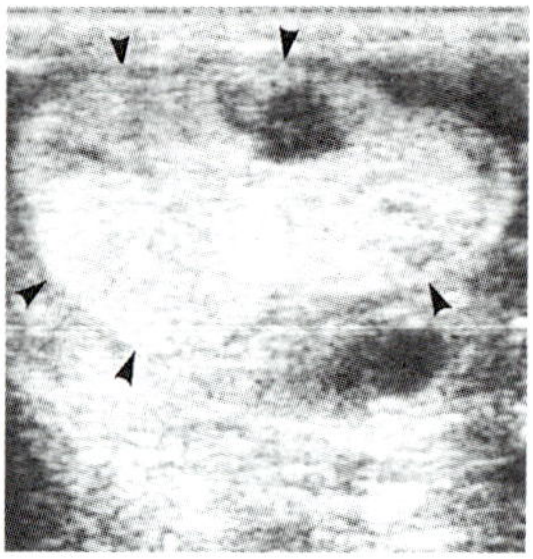

Abb. 298b

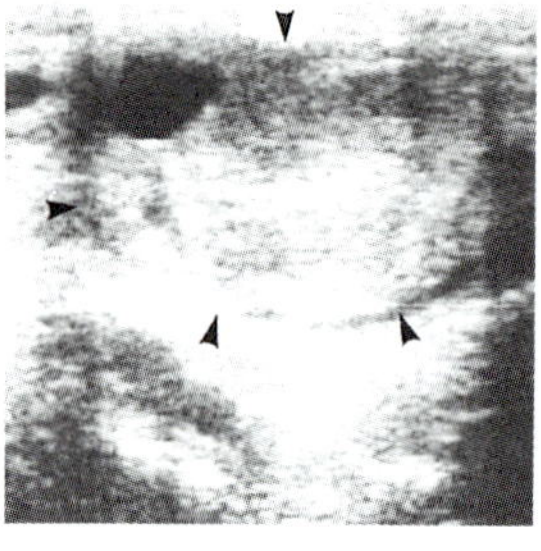

Abb. 298c

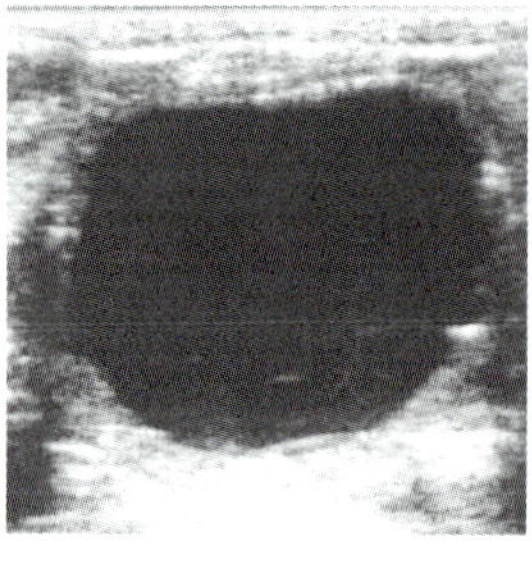

Abb. 298d

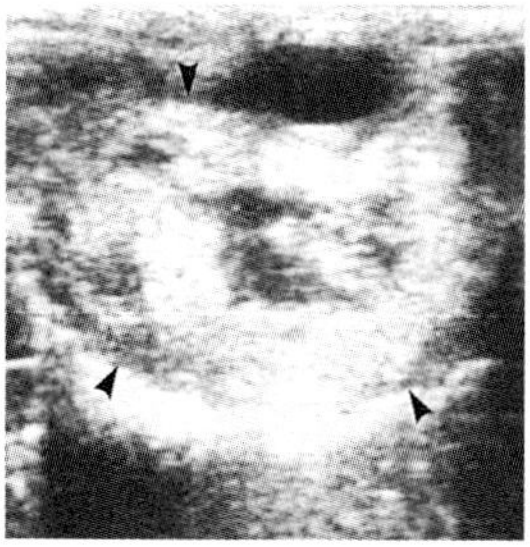

Abb. 298e

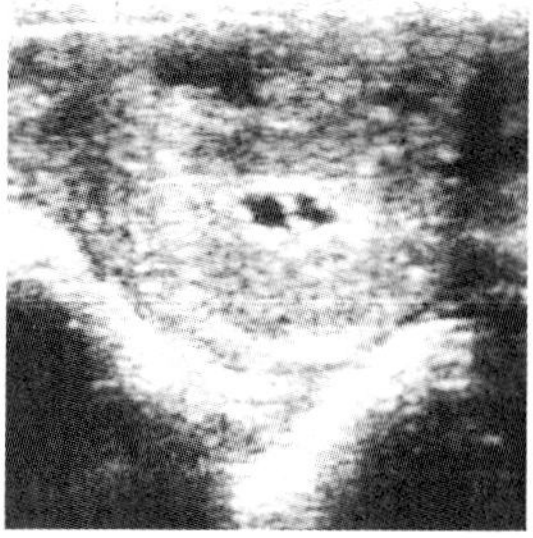

Abb. 298f

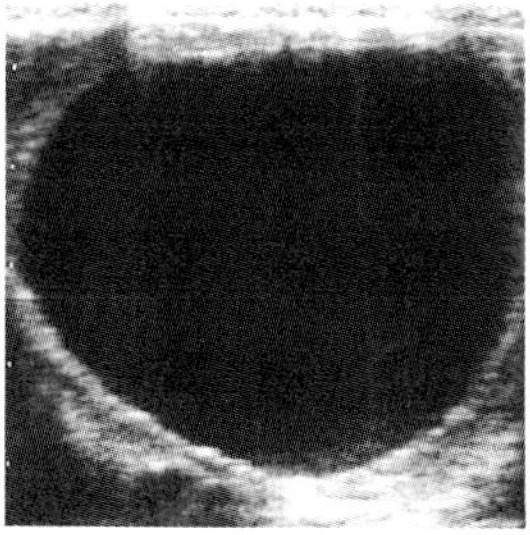

Abb. 298g

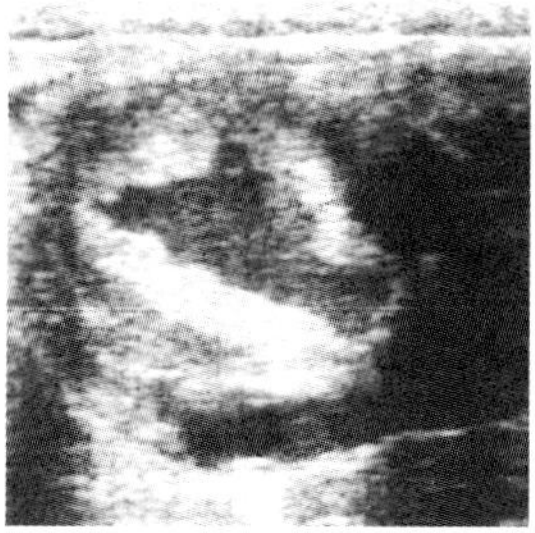

Abb. 298h

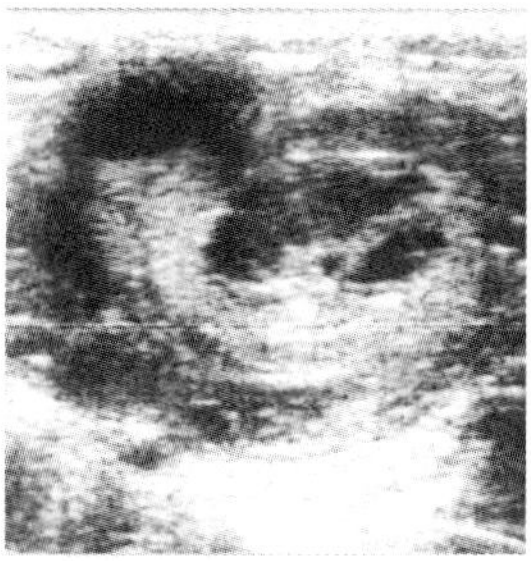

Abb. 298i

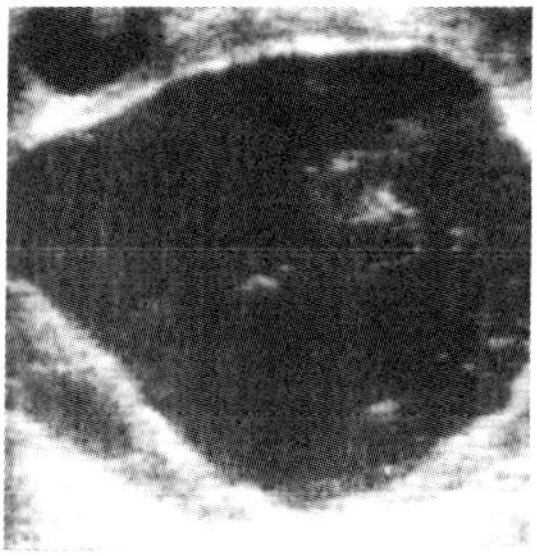

Abb. 298j

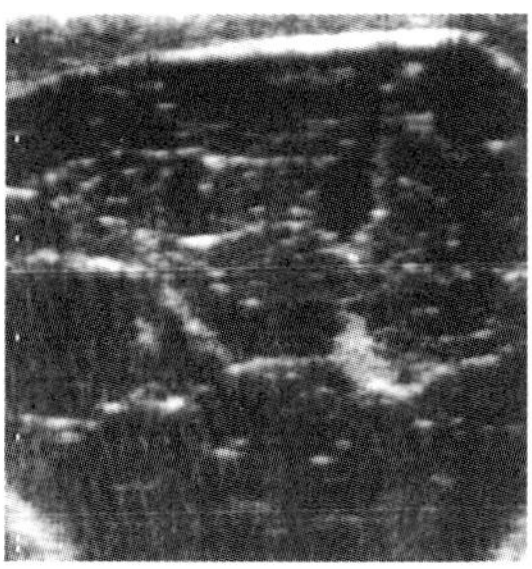

Abb. 298k

Abb. 298l

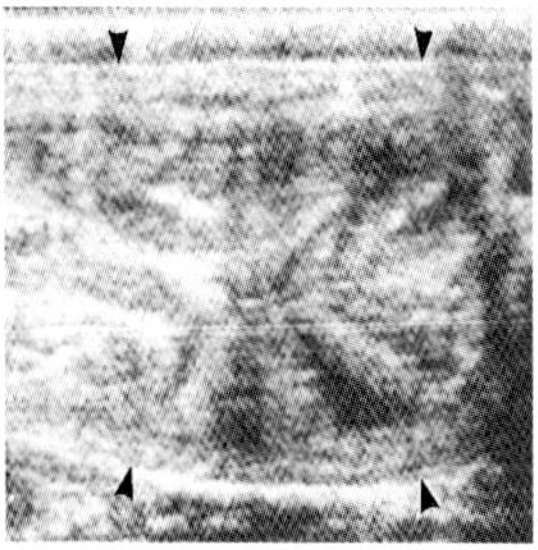

Abb. 298m

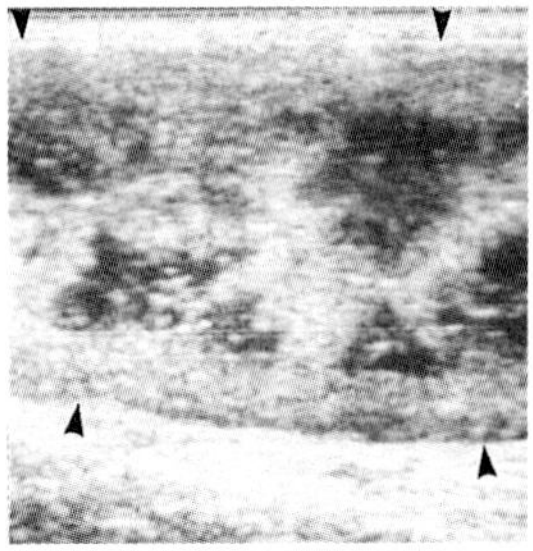

Abb. 298n

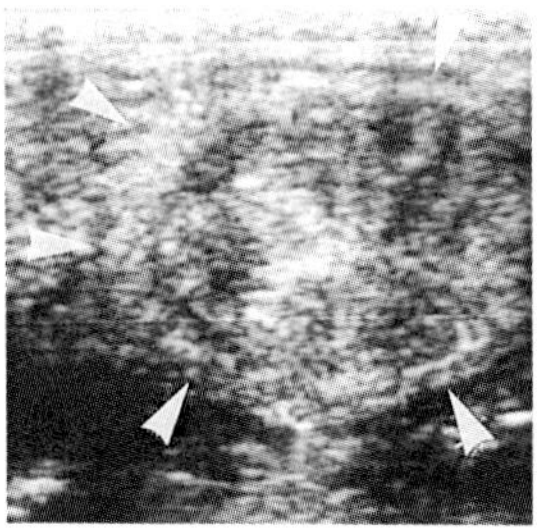

Abb. 298o

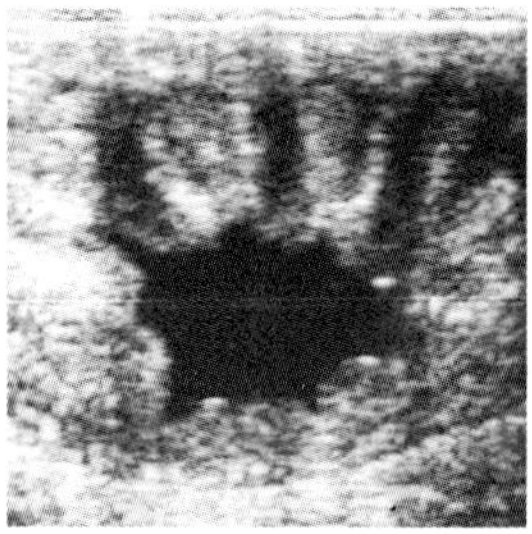

Abb. 298p

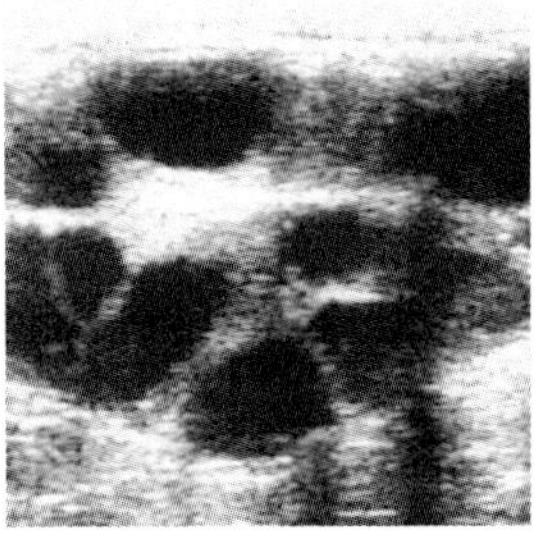

Abb. 298q

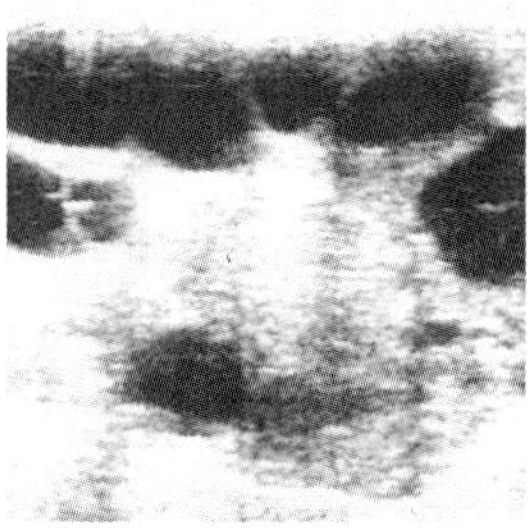

Abb. 298r

Abb. 299

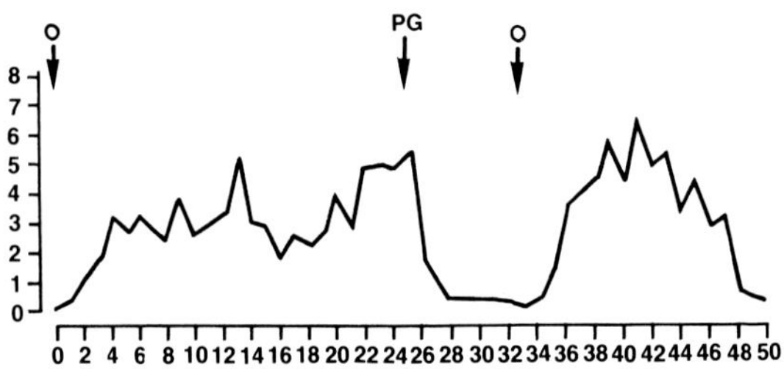

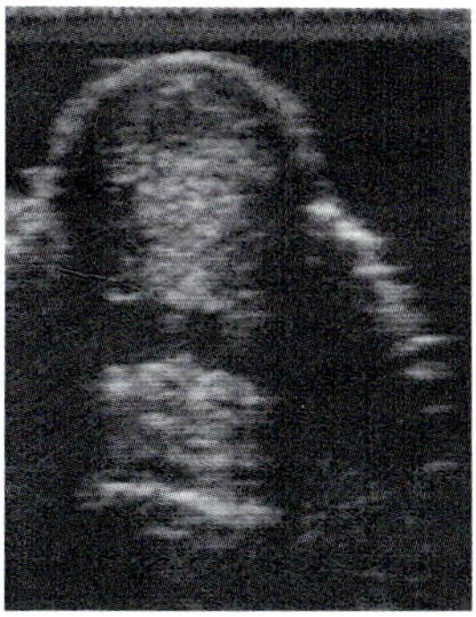
Abb. 300

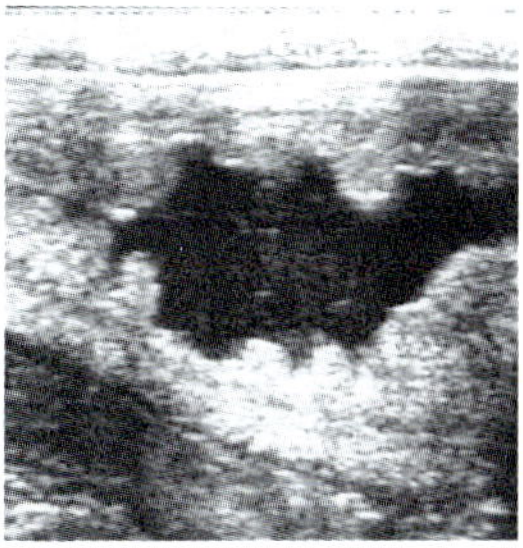
Abb. 301a

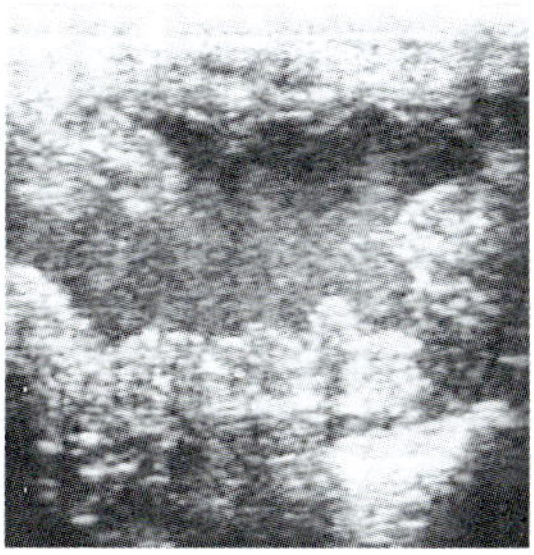
Abb. 301b

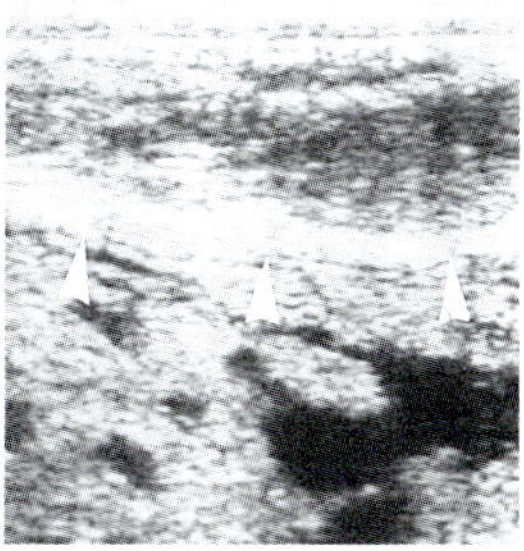
Abb. 301c

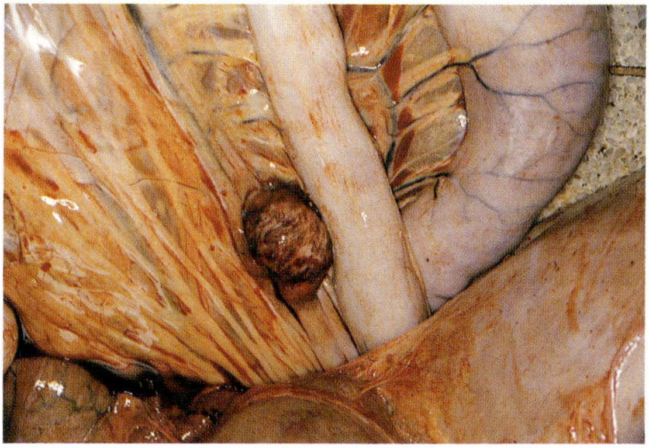
Abb. 302a

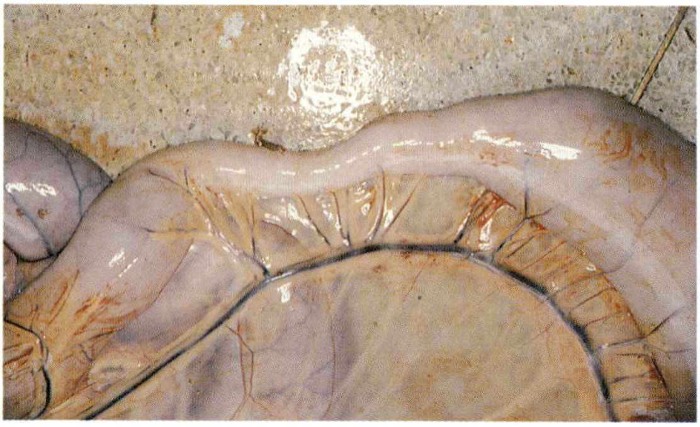

Abb. 302b

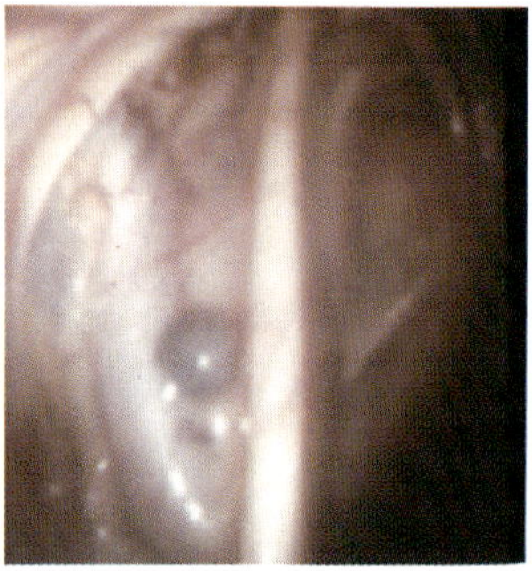

Abb. 303

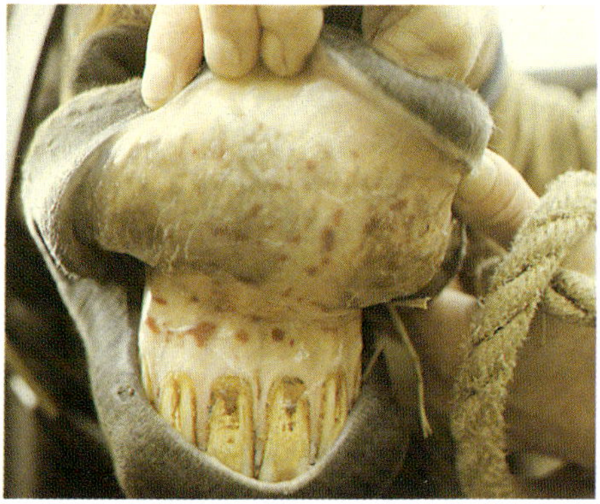

Abb. 304

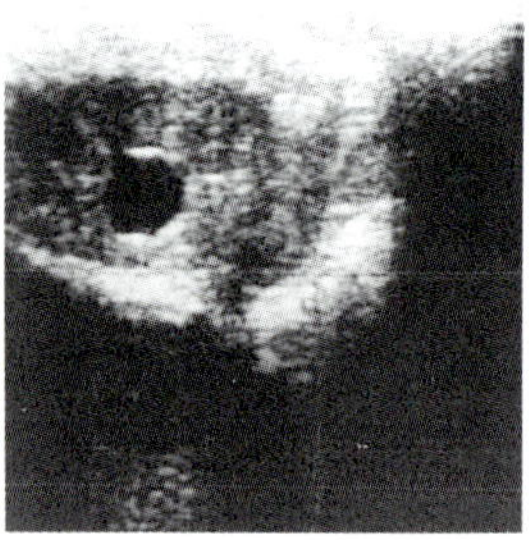

Abb. 305 a

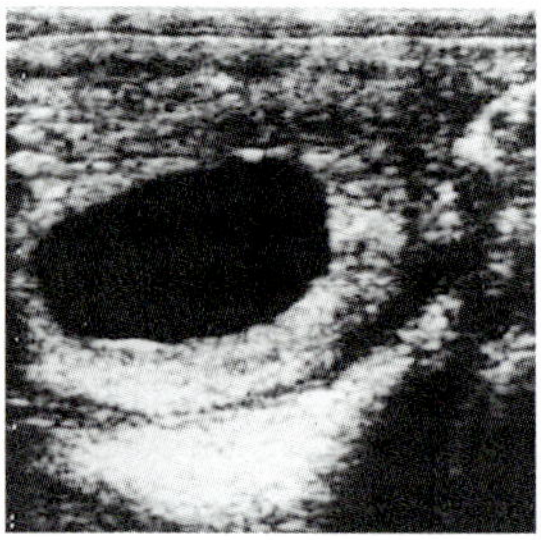

Abb. 305 b

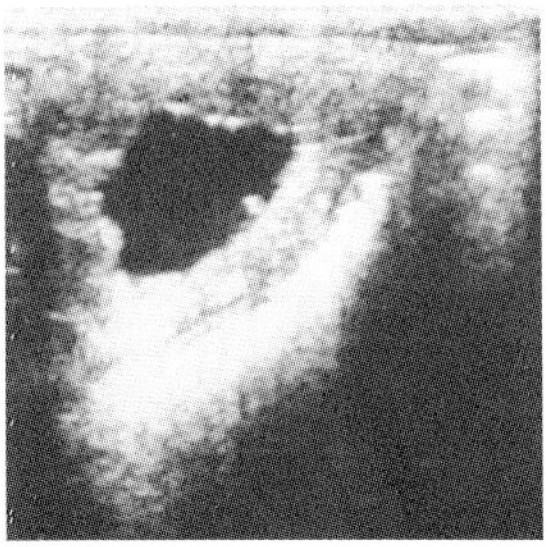

Abb. 305 c

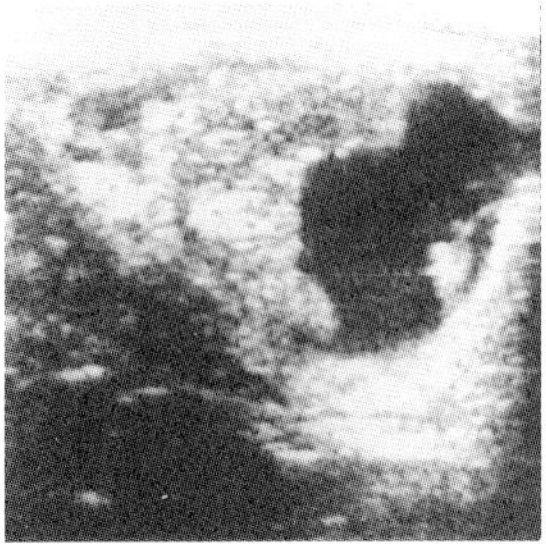

Abb. 305 d

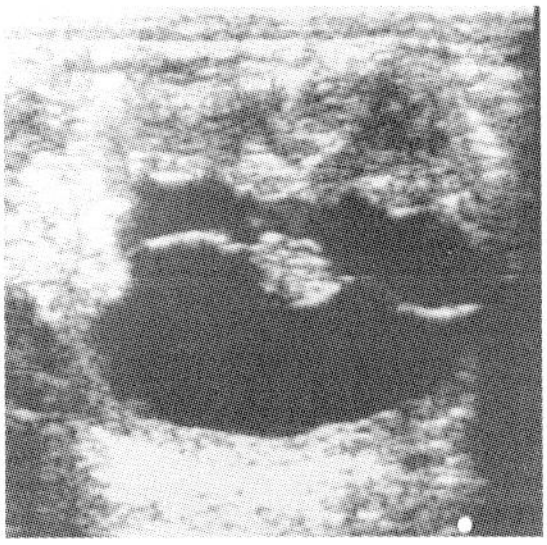

Abb. 305 e

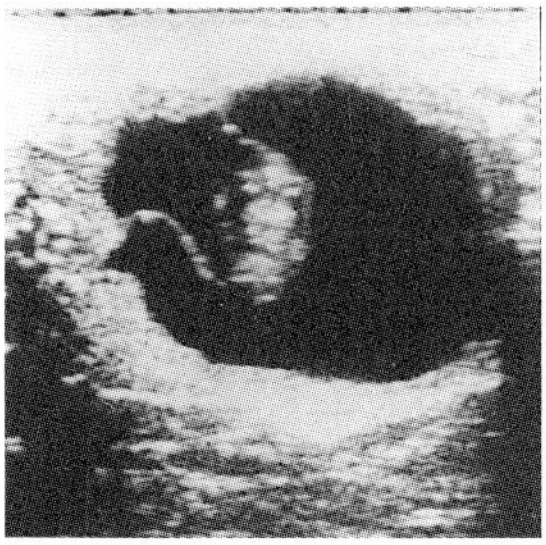

Abb. 305 f

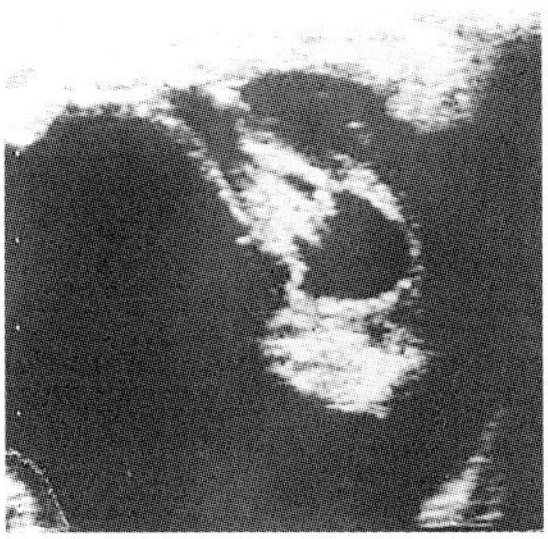

Abb. 305 g

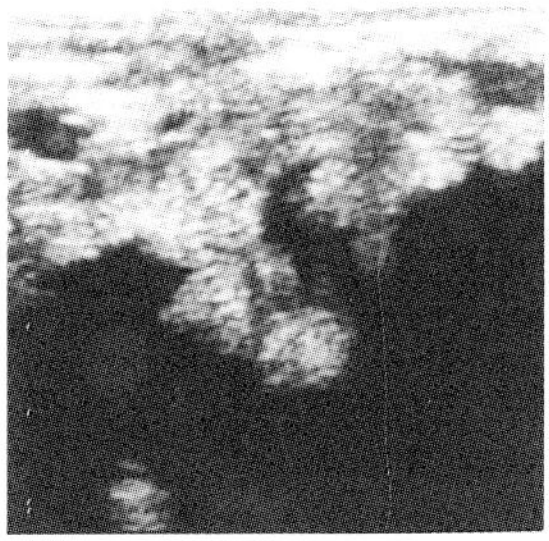

Abb. 305 h

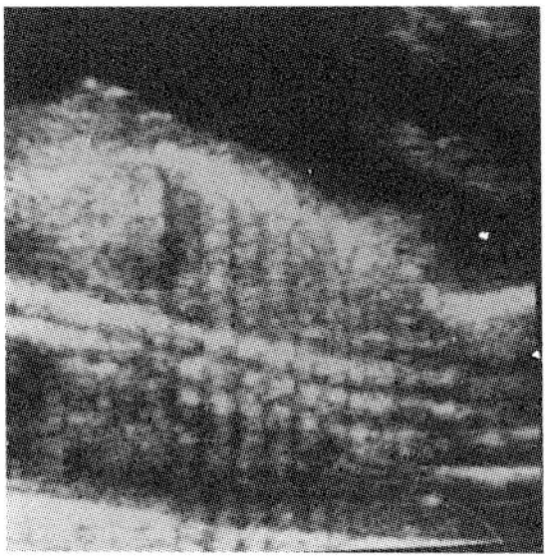

Abb. 305 i

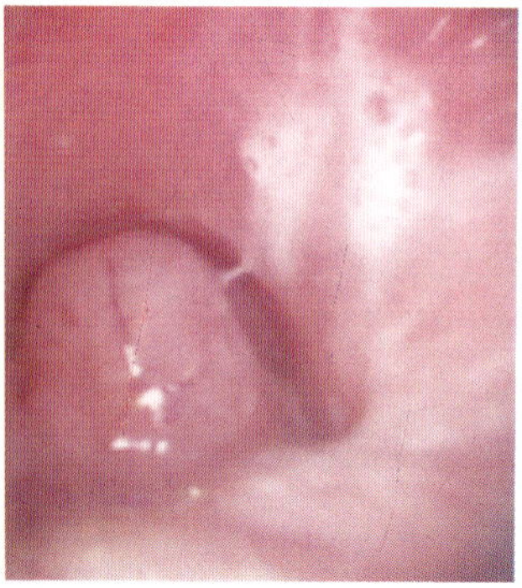

Abb. 306 a

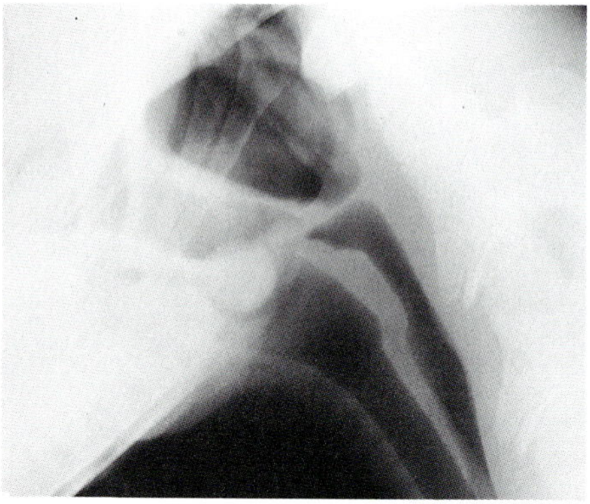

Abb. 306 b

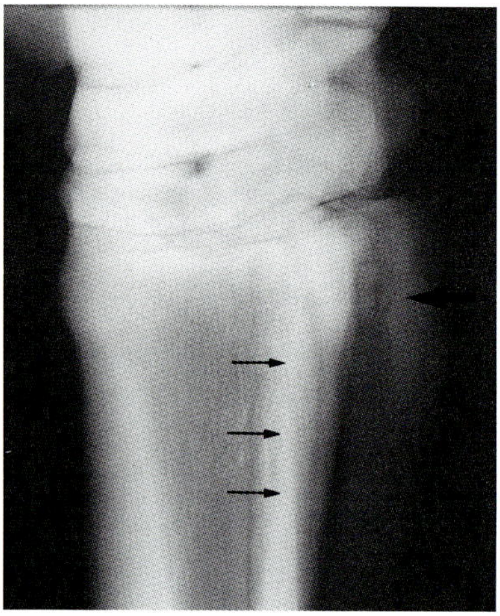

Abb. 307

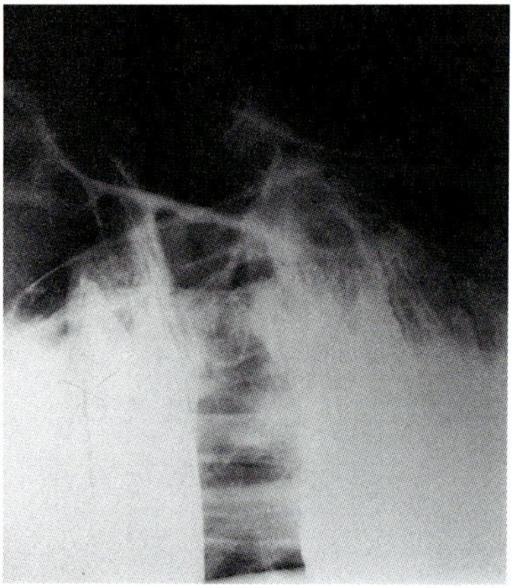

Abb. 309

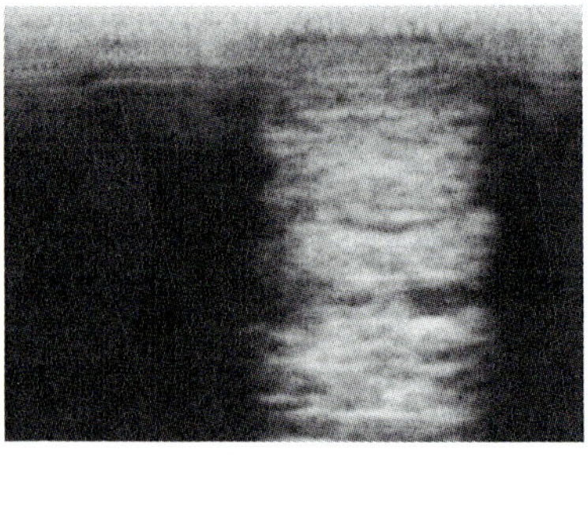

Abb. 308

Antworten

1 (a) Es handelt sich um eine osteochondrale Absprengung auf der dorsoproximalen Seite des Fesselbeins.
(b) Differentialdiagnostisch kommen traumatische Chipfrakturen und eine Osteochondrosis dissecans in Betracht.
(c) Meist ist die dorsomediale Seite betroffen.
(d) Weitere diagnostische Schritte sind die mittlere und hohe Palmarisanästhesie, oder – noch besser – die intraartikuläre Anästhesie. Auch die andere Gliedmaße muß untersucht werden. Die erwähnten Erkrankungen treten oft bilateral auf.

2 (a) Abb. 2 zeigt den latero-medialen Strahlengang. Weiter sind erforderlich: Aufnahmen im dorso-plantaren Strahlengang und Schrägprojektionen dorsolateral-plantarmedial sowie plantarlateral-dorsomedial.
(b) Es handelt sich um ein Knochenfragment distal des Rollkammes des Talus.
(c) Das Fragment ist vermutlich auf eine Osteochondrosis dissecans zurückzuführen. Meist stammen diese Fragmente vom Führungskamm der Cochlea tibiae. Sie wandern distal und setzen sich im proximalen Intertarsalgelenk fest.
(d) Da die Gelenkkapsel des Tarsokruralgelenks nicht geschwollen ist, wird vermutlich keine Lahmheit bestehen. Falls das Fragment lahmheitsursächlich ist, kann dies durch eine Gelenkanästhesie des Tarsokruralgelenks nachgewiesen werden. Auch die Anästhesie des distalen Intertarsalgelenks und des Tarsometatarsalgelenks soll in Erwägung gezogen werden, da diese Art von Lahmheit auch ohne röntgenologischen Befund vorkommt. Oft tritt die Erkrankung beidseits auf; deshalb wird die andere Gliedmaße ebenfalls geröntgt und untersucht.
(e) Das distale Ende des lateralen Rollkammes hat eine große Einkerbung.

3 (a) Man muß einen Fremdkörper in Trachea oder Bronchien in Betracht ziehen. (Brombeer-)Sträucher sind oft die Ursache. Die Dornen wirken wie Widerhaken; der Fremdkörper wandert distal, kann aber durch Husten nicht eliminiert werden. Der Nachweis geschieht endoskopisch (Abb. 261).
(b) Am nicht narkotisierten Tier ist die Entfernung des Fremdkörpers oft problematisch; eher gelingt sie in Narkose unter endoskopischer Kontrolle. Dabei kann das Holzstück aber leicht zerbrechen. Manchmal verschafft man sich besser mittels Tracheotomie einen direkten Zugang zu den unteren Atemwegen. Antibiotika sind zur Verhinderung einer Pneumonie angezeigt.

4 (a) Die Differentialdiagnosen sind Melanom, Melanosarkom und Equines Sarkoid. Die Histologie ist maßgeblich.
(b) Die Prognose des Melanoms ist sehr gut. Das Melanosarkom neigt zur Metastasierung; bisweilen muß die Schweifrübe amputiert werden. Deshalb ist die Prognose sehr vorsichtig zu stellen. Beim Equinen Sarkoid ist die Prognose mäßig bis gut. Rezidive sind häufig. Sinvoll ist die Kombination mehrerer Therapieformen (Kryochirurgie, BCG-Injektionen u. ä.).

5 (a) Das Pferd leidet an einer akuten Kolitis. Ursächlich sind u. U. Salmonellen. Eine (latente) Salmonelleninfektion kann unter Streßbedingungen in einen akuten Zustand übergehen (Transport, Klinikaufenthalt, antibiotische Vorbehandlung). Etwa vier Tage vor Einsetzen des Durchfalls sind Mattigkeit, Appetitlosigkeit, Fieber und leichte Koliksymptome zu bemerken.
(b) Zur Diagnose wird Kot bakteriologisch untersucht. Bisweilen muß die Kotuntersuchung wiederholt werden, da die Erreger – sogar im akuten Stadium – nur intermittierend ausgeschieden werden. Manchmal gelingt die Isolation erst post mortem aus dem Gewebe. Hämatologisch fällt hin und wieder eine Neutropenie im Frühstadium der Erkrankung auf; sie ist aber nicht spezifisch.
(c) Vorrangig ist der Elektrolyt- und Flüssigkeitsersatz (Dauerinfusion). Antibiotika sind umstritten. Ihr Wert dürfte – abgesehen von sepikämischen Zuständen – eher gering sein. Allgemeine Darmtherapeutika, wie Bismutsalicylat, Aktivkohle, Kaolin und Pektin, sind bisweilen von therapeutischem Nutzen.

6 (a) AV-Block 2. Grades. Auf die Vorhofkontraktion – im EKG als P-Zacke dargestellt – folgen nur unregelmäßig Kammerkontraktionen (QRST-Komplex). Das P-R-Intervall ist konstant. Die doppelte P-Zacke ist beim Pferd nicht ungewöhnlich und hat keine Auswirkung auf die Pulsfrequenz (Abb. 262).
(b) Die klinische Bedeutung zeigt sich unter Belastung (Trab o. ä.). Ein AV-Block 2. Grades tritt bei vielen gesunden Pferden auf und verschwindet in der Regel unter Belastung. Er ist deshalb ohne klinische Bedeutung (Vagotonie).

7 (a) Es handelt sich um eine Dünndarmentzündung. Verdächtig sind das Fieber, später die Schmerzen und die Leukozytose. Bei der Peritonealflüssigkeit fallen der hohe Proteingehalt (über 30 g/l)und die niedrige Leukozytenzahl auf. Immer ist ein Reflux aus dem Magen zu diagnostiziern; er ist bisweilen orange verfärbt.
(b) Die Dünndarmentzündung ist oft nicht ohne weiteres vom Strangulationsileus zu unterscheiden. Deshalb sollte man verdächtige Pferde schnellstmöglich in die Klinik überweisen. Manchmal schafft erst eine Probelaparotomie Klarheit (Abb. 263).
Die Sofortmaßnahmen sind:
1. Magenabhebern so gründlich wie möglich,
2. Elektrolyt- und Flüssigkeitsersatz parenteral,
3. Analgetika (Phenylbutazon, Xylazin). Flunixin hat zwar einen guten antiendotoxischen Effekt; aufgrund seiner ausgeprägten analgetischen Wirkung kann es u. U. einen Strangulationsileus und den damit verbundenen septischen Schock maskieren.

Sowohl die konservative wie die chirurgische Behandlung haben eine ungünstige Prognose. Wesentlich ist die konsequente Überwachung, damit ein chirurgischer Ileus schnellstmöglich erkannt wird.

8 (a) Ruptur des M. fibularis tertius.
(b) Die Ruptur des M. fibularis tertius ist oft Folge eines gewaltsamen Befreiungsversuches einer eingeklemmten Hintergliedmaße, bei Überbelasteung am (Renn-)Start oder durch Schlagen gegen die Fessel des Wurfzeugs, wenn das Sprunggelenk gestreckt ist.
(c) Sofern das Sprunggelenk nicht anderweitig verletzt ist, zeigt das Röntgenbild keine Veränderungen.

(d) In seltenen Fällen sieht man am Kniegelenk ein Knochenfragment, das vom Abriß des M. fibularius tertius an seinem Ursprung in der Fossa muscularis lateral am unteren Ende des Femurs herrührt.

9 (a) Vermutlich nicht.
(b) Es liegt vermutlich eine Tympanie des Luftsackes zugrunde. Sie kann auch beidseitig auftreten. Meist besteht eine Mißbildung der Öffnung der Tuba auditiva, die allerdings nicht immer nachgewiesen werden kann. So entsteht ein Ventileffekt. Beim Abschlucken wird Luft in den Luftsack gepreßt, die nicht mehr entweichen kann. So kommt es rasch zu einer Schwellung nach außen. Auch eine Lufsackvereiterung muß in Betracht gezogen werden.
(c) Inspiratorische Dyspnoe, Nasenausfluß; auch beidseits.

10 (a)
- Zu Beginn des Östrus fühlt sich der Eierstock höckrig und uneben an. Kleine Follikel (bis 2 cm ∅) sind tastbar. Mit Fortschreiten des Östrus werden ein oder mehrere Follikel größer (3–5 cm ∅ vor der Ovulation). Mit zunehmender Reifung werden sie weicher und sind kurz vor der Ovulation fluktuierend. 12–48 Stunden nach der Ovulation ist die Rosse üblicherweise zu Ende.
- In der Spätphase der Rosse ist der Uterus weich und knetbar aufgrund der Ödematisierung der Uteruswand. Abb. 264 a zeigt den Uteruskörper während der Rosse (die Uteruswand ist angeschnitten, um die ödematösen Endometriumfalten sichtbar zu machen).
- Die Cervix ist während des Östrus schlaff und ödematös. Rektal fühlt sie sich kaum abgesetzt und weich an. Ist sie – was bei älteren Stuten vorkommt – fibrös, fühlt sie sich fest an.

(b) Unmittelbar nach der Ovulation füllt sich die Ovulationsgrube mit Blut und bildet so das Corpus haemorrhagicum. Meist ist es kleiner, nur in Ausnahmefällen größer als der vorangegangene Follikel.
Das C. h. fühlt sich ähnlich wie ein Follikel an, was leicht zu Verwechslungen führen kann. Das C. h. wird fester und zum Corpus luteum, welches nicht mehr herausragt, sondern im Stroma des Eierstocks verschwindet. Vier bis fünf Tage nach der Ovulation ist es nicht mehr tastbar.
Abb. 264 a zeigt ein C. h. vier Tage nach der Ovulation. Im Randbereich beginnt die Luteinisierung. Die Follikelaktivität dauert während des Diöstrus in unterschiedlichem Ausmaß an.
Die Progesterondominanz bewirkt, daß der Uterus nun kleiner und mehr zylindrisch wirkt. Das Myometrium zieht sich zusammmen. Während eines normalen Diöstrus ist der Uterus in seiner Konsistenz recht variabel; gegen Ende der Progesterondominanz (etwa 14 Tage nach der Ovulation) hat der Uterus einen regelrechten Tonus (fest, beinahe gummiartig; mit einer röhrenartigen Struktur im Bereich der Bifurkation).
- Progesteron führt auch zur Kontraktion der Cervix. Dies beginnt im frühen Diöstrus. Fünf bis sieben Tage nach der Ovulation ist die Cervix fest, 7 cm in der Länge und 1 cm im Durchmesser. Die Fibrose bei älteren Stuten kann diesen Befund imitieren. Nach der Regression des Corpus luteum erschlafft die Cervix nach und nach.

(c) Die anöstrische Periode im Winter und Frühjahr ist unterschiedlich lang. Ist sie eher kurz (zwei bis drei Monate), geht die Follikelaktivität unter dem Einfluß des FSH weiter („kleiner“ Anöstrus). Längere anöstrische Perioden führen zu einer weitgehenden Inaktivität der Eierstöcke (tiefer Anöstrus, „Winterschlaf").Die Ovarien sind klein, hart und bohnenförmig mit einer gut tastbaren Ovulationsgrube.

- Der Uterus wird unabhängig von der Funktion der Ovarien dünnwandig und schlaff. Er ist palpatorisch schwer zu ertasten.
- Die Cervix ist im Anöstrus aufgrund der fehlenden hormonellen Stimulation kaum auffindbar. Man findet lediglich eine ringförmige Struktur zwischen Vagina und Uterus. Rektal ist sie schwierig zu palpieren und hebt sich kaum vom umliegenden Bindegewebe ab. Bei der rektalen Untersuchung fällt die Unterscheidung der Cervix im Anöstrus und im Östrus schwer; bei der vaginalen Untersuchung ist die Unterscheidung hingegen leicht.

(d) Meist ist eine ausbleibende Luteolyse ursächlich für einen verlängerten Diöstrus. Die Tastbefunde des Genitale werden sehr deutlich.

- Die Eierstöcke werden an der Oberfläche uneben aufgrund einer multiplen Follikelanbildung (2,0–2,5 cm ∅). Ein Corpus luteum ist nicht tastbar. Manchmal wächst ein Follikel weiter und kann sogar ovulieren.
- Der Uterustonus nimmt zu. Man kann ihn u. U. mit dem eines frühgraviden Uterus verwechseln.
- Ebenso wird die Cervix – ähnlich der Frühträchtigkeit – fester.

11 (a) Das Pony hat massiven Speichelfluß und Reflux von gelber Flüssigkeit, vermischt mit Futterpartikeln.

(b) Folgende Differentialdignosen kommen in Betracht:

- Magenerkrankungen; primäre oder sekundäre Magenüberladung
- Dünndarmverschluß, insbesondere Obstruktion, intramurales Hämatom oder Ödem, mechanischer Ileus (Volvulus, Hernien in natürliche oder pathologische Öffnungen, Einstülpungen)
- Blinddarmerkrankungen (ileocaecale oder caecocolicale Einstülpung)
- funktioneller Ileus (Graskrankheit, paralytischer Ileus mit Peritonitis, Dünndarmentzündung oder Jakobskreuzkraut-Vergiftung).

Ein Koliker mit Dysphagie und gallefarbigem Reflux ist hochgradig verdächtig für eine akute Graskrankheit.

Das starke Speicheln ist ein wertvolles diagnostisches Indiz für eine Dysphagie, da andernfalls die fehlende Wasser- oder Futteraufnahme schwierig nachzuweisen sind.

(c) Die Darmgeräusche sind unterdrückt, das Abdomen ist gebläht; hinzu kommen Tachykardie, lokales Schwitzen und leichtes Muskelzittern. Im Rektum finden sich kleine, schleimüberzogene Kotballen. Manchmal kommt sekundär eine Anschoppung des großen Kolons mit dem typischen Rektalbefund hinzu. Die Dünndarmschlingen sind bisweilen gebläht.

12 (a) Lateromedial, dorsoproximal-palmarodistal schräg und palmaroproximal-palmarodistal schräg.

(b) Abb. 9 a ist keine echte Lateralaufnahme; außerdem ist die Belichtung nicht ideal für die Beurteilung von Corticalis und Medulla sowie der Struktur des Strahlbeins. Selbst wiederholte Aufnahmen brachten keine besseren Informationen.

Abb. 9 b zeigt mindestens sechs typische Auflockerungen am Distalrand des Strahlbeins. Am proximalen und am lateralen Rand des Strahlbeins sind Zubildungen zu erkennen. Die Röntgenaufnahmen sind zur Diagnostik ungeeignet.

(c) Man sieht eine Mineralisierung der Beugesehnengleitfläche des Strahlbeins auf und medial neben dem Sagittalkamm. Die Auflösung von Cortex und Medulla ist ausreichend; es gibt keine Anhaltspunkte für eine Sklerosierung der Medulla.
(d) Abb. 9 c ist eine Schrägaufnahme palmaroproximal-palmarodistal (tangentiale Projektion). Dabei wird der Huf auf die Röntgenkassette gestellt. Der Fuß steht etwas weiter hinten als der der gegenüberliegenden Gliedmaße, so daß das Fesselgelenk etwas überstreckt ist. Das Röntgengerät wird neben dem Abdomen plaziert und der Zentralstrahl zwischen die Ballen gerichtet. Der Winkel beträgt 45° zur Horizontalen.
(e) Die Beugesehnenfläche ist mineralisiert. Die Prognose ist schlecht.
Abb. 265 zeigt ein präpariertes Strahlbein. Histologisch konnte die Zubildung von Knochensubstanz auf der Facies flexoria nachgewiesen werden.

13 (a)
- Das abgelöste Horn wird bis zum Kronrand abgetragen. Evt. muß die Stute dafür sediert und/oder örtlich betäubt werden.
- Ein Eisen mit seitlichen Aufzügen stabilisiert die Hornwand.
- Das Pferd muß etwa ein Jahr lang beschlagen werden, bis das neue Horn zum Tragrand heruntergewachsen ist.

(b) Nein, vorausgesetzt, es liegt keine irreversible Schädigung des Kronsaumes vor. Ist der Kronsaum massiv geschädigt, wird sich minderwertiges Narbenhorn an dieser Stelle bilden. Weniger komplizierte Fälle kann man mit Abtragen des Narbenhorns und Korrekturbeschlag in den Griff bekommen, sofern die Hornlamellen nicht auch beschädigt sind. Für Zuchttiere ist die Prognose gut, für Sportpferde vorsichtig.
(c) Das Pferd wird solange beschlagen, bis das Horn zum Tragrand heruntergewachsen ist.

Tabelle 5 (zu Frage 10 und 14)

	Übergangszeit	Verlängerter Diöstrus
Ovarien palpatorisch	ungleichmäßig	ungleichmäßig
sonographisch	zahlreiche Follikel	zahlreiche Follikel und Corpora lutea
Uterus palpatorisch	teigig schlaff	tonisiert (kontrahiert, röhrenartig)
sonographisch	homogen oder ödematös	homogen
Cervix palpatorisch rektal	weich; nicht abgesetzt	fest, zylindrisch
palpatorisch vaginal	erschlafft, schleimig	zusammengezogen, tonisiert, vorgewölbt Scheide pappig
Spekulum vaginal	hyperämisch, schleimig, ödematös	trocken, blaß; Cervix vorgewölbt
Plasmaprogesteron	< 1 ng/ml	> 1 ng/ml

14 Der Begriff „zystisches Ovar" o. ä. hat bei der Stute keine Berechtigung. Der Begriff „zystisch" unterstellt, daß eine pathologische Struktur bestehenbleibt, die die normalen Abläufe stört. Dies trifft für die Stute nicht zu.
Folgende Befunde werden oft fälschlicherweise als „zystisch" bezeichnet:

- paraovarielle Zysten auf der Oberfläche des Eierstocks, im Gekröse des Eileiters oder an den Fimbrien. Es handelt sich um Überbleibsel des Wolffschen Ganges. Sie dürften kaum Störungen der Fertilität zur Folge haben. Sie sind kleiner als 1,5 cm ∅ und werden meist im Ultraschallbild entdeckt.
- Persistitierende Follikel aufgrund saisonaler Einflüsse. Während des Übergangs vom Anöstrus zum saisonalen Zyklus tritt oft eine verlängerte Periode follikulärer Aktivität ein (bis zu zwei Monaten und mehr). In dieser Zeit werden Follikel herangebildet, die aber nicht ovulieren. Palpatorisch und sonographisch lassen sich eine Vielzahl von Follikeln bis 2 cm ∅ nachweisen; das Ovar fühlt sich uneben an. Bei wiederholten Untersuchungen ergibt sich immer das gleiche Bild, obwohl einige Follikel atretisch werden und durch neue ersetzt werden. Dadurch entsteht der Eindruck einer statischen Situation aufgrund einer Fehlsteuerung. Es handelt sich um eine Unterfunktion der Hypophyse, welche die Follikel an ihrer Weiterentwicklung und Ovulation hindert.

Histologisch läßt sich zweifelsfrei nachweisen, daß es sich nicht um Zysten handelt.

- verlängerter Diöstrus. Relativ häufig presistiert das Corpus luteum bis zu drei Monaten und länger. Östrus und Ovulation waren normal; die Luteolyse bleibt aber aus – gleichgültig, ob die Stute bedeckt wurde oder nicht. Auch während eines normalen Diöstrus geht die folllikläre Aktivität weiter; es bilden sich Follikel bis 2 cm ∅ – selten größer – aus. Im verlängerten Diöstrus können sie sogar 2–4 cm groß werden. Das Ovar fühlt sich dann „zystisch" an. Diese Erscheinung ist jahreszeitlich unabhängig. Die Unterscheidungsmerkmale sind in Tabelle 5 wiedergegeben.
- Granulosazelltumoren haben ebenfalls zystenähnliche Hohlräume (siehe auch Frage 94; die beiden dort erwähnten, sehr seltenen Befunde haben keinen Einfluß auf den Zyklus des anderen Eierstocks. – Hin und wieder findet man bei sehr alten Stuten winzige (2–5 mm ∅) Zysten im Bereich der Ovulationsgrube. Man nimmt an, daß sie aus Fimbrien gebildet werden, die bei der Ausbildung des Corpus haemorrhagicum in das Ovar gezogen werden. In größerer Zahl könnten sie eine Ovulation verhindern. Sie sind weder rektal noch sonographisch nachweisbar.

Der Progesterontest wird bisweilen von weniger erfahrenen Praktikern verlangt. Eine Fibrose der Cervix ist rektal schlecht vom Zervikalbefund im Diöstrus zu unterscheiden.

15 (a) Die Differentialdiagnosen der Skrotalschwellung sind: Samenstrangfistel, Nahtfistel und-abszeß, Ödem. Bei bedeckter Kastration ist eine Hernia inguinalis äußerst unwahrscheinlich.
(b) Die Samenstrangfistel (Infektion mit Staphylococcus aureus) führt zu Mikroabszessen und übermäßiger Reaktion des Bindegewebes.
(c) Hinterhandlahmheit, Muskelatrophie, vergrößerte Lymphknoten (rektal), Neutrophilie mit Linksverschiebung, Gesamteiweiß und Fibrinogen erhöht.
(d) Großzügige Umschneidung und Exzision des veränderten Gewebes. Um günstigere Operationsbedingungen zu schaffen, sollte das Pferd 10 Tage vor der Operation antibiotisch behandelt werden. Postoperativ wird die Wunde täglich gespült; sekundäre Wundheilung wird angestrebt.

(e) Die Prognose hängt von der Sorgfalt bei der Wundrevision ab. Sie muß erfolgen, ehe die Infektion zur Bauchhöhle aufsteigt.

16 (a) Es handelt sich um ein progressives Siebbeinhämatom. Differentialdiagnostisch kommen eine Koagulopathie infolge einer Warfarinbehandlung (Podotrochlose) oder andere Gerinnungsstörungen und eine Thrombozytopenie in Betracht; des weiteren Polypen und Varizen in der Nase und erosive Zerstörungen von Blutgefäßen im Luftsack.
(b)
- Kontrolle der Blutgerinnung einschließlich der Thrombozyten-Röntgen (lateraler und dorsoventraler oder ventrodorsaler Strahlengang)
- Endoskopie.

Als erstes muß der Sitz der Blutung lokalisiert werden. Eine hämorrhagische Diathese ist beim Pferd äußerst selten und würde auch an anderen Stellen des Körpers zu Blutungen führen. Im vorliegenden Fall ist natürlich die eventuelle Warfarin-Behandlung verdächtig. Röntgenologisch stellt sich ein Siebbeinhämatom als Verschattung rostral vor dem Os ethmoidale dar (ventrodorsaler Strahlengang). Endoskopisch findet man ein gut abgesetztes, gelbgrünes oder dunkelbraunes Gebilde in der kaudalen Nasenhöhle. Selten sind sie klein; meist haben sie beträchtliche Ausmaße; insbesondere wenn beide Seiten betroffen sind. Dann besteht auch meist starke Atemnot.
Die Luftsackmykose, nasale Polypen und Varizen oder andere kleine Blutungsherde können endoskopisch nachgewiesen werden. Bei der Luftsackmykose kommt auch eine Angiographie in Betracht.

17 (a) Die Anamnese und das klinische Bild sprechen für eine Cyathostomiasis. Larvenstadien dieser kleinen Strongyliden können sich in der Mukosa des Blind- und Dickdarms abkapseln und dort lange Zeit verweilen. In dieser Zeit sind sie mit den üblichen Anthelminthika schwer zu erreichen. Unter bestimmten Umständen wandern die Larven massenhaft aus der Schleimhaut aus, schädigen diese und rufen eine schwere Entzündung hervor. Die Folge sind schwerer Durchfall mit massivem Eiweißverlust. Meist erkranken Jungtiere im Winter oder Frühjahr. Manchmal beobachtet man dieses Phänomen einige Tage nach einer Routineentwurmung.
Zur Diagnose entnimmt man vorsichtig rektal etwas Dickdarmschleimhaut. Diese enthält massenhaft Cyathostomenlarven.Die normale parasitologische Kotuntersuchung kann durchaus negativ sein. Die hämatologischen Veränderungen sind unspezifisch. Oft findet man eine Hypoalbuminämie und eine Erhöhung der β1-Globuline.
Der Nachweis von Salmonellen ist in diesem Fall nicht von klinischer Bedeutung; eine Behandlung erübrigt sich. Natürlich sollten gewisse hygienische Grundregeln beachtet werden, um eine weitere Ausbreitung auf Mensch und Tiere zu verhindern. Mit Behandlung der Grunderkrankung hört die Salmonellenausscheidung von alleine auf.
(b) Die Behandlung besteht in wiederholter Gabe larvizider Anthelminthika (z. B. Ivermectin 200 μg/kg KM oder Fenbendazol 30 mg/kg KM. Dabei muß eine mögliche Benzimidazolresistenz berücksichtigt werden. Unterstützend wirkt eine antiinflammatorische Behandlung mit Corticosteroiden. Dehydratation muß mit Flüssigkeit und Elektrolyten substituiert werden.

18 (a) Die Notwendigkeit einer Resektion wird nach folgenden Kriterien beurteilt:

- Farbe und Zustand der Darmwand
- Farbe des Mesenteriums und Pulsation der Mesenterialgefäße
- Darmmotilität
- Farbe und Zustand der Mukosa nach Probeinzision.

Bei folgenden Befunden ist eine Resektion unumgänglich:

- stark verfärbte, verdickte oder ödemtöse Darmwand
- Ausbleiben der Reämisierung nach Lageberichtigung des Darmes (Abb. 266 a)
- Blutungen und Thrombosen der Mesenterialgefäße (Abb. 266 b)
- Ausbleiben der Peristaltik
- vergrößerte leere, schlaffe und strumpfartige Darmschleifen nach der Dekompression
- dunkelrote oder schwarze Mukosa, die sich ablöst; kein Austritt von Blut an der Inzisionsstelle.

Da die Einstufung nach diesen klinischen Kriterien nicht immer objektiv ist, bemüht man sich z. Zt., weitere Kriterien zu erarbeiten (intravenöse Fluoresceingabe, Doppler-Ultraschall-Messungen zur Bestimmung des intramuralen Blutflusses).

In Zweifelsfällen sollte eher die chirurgische Variante gewählt werden.

(b) In der Praxis werden beide Methoden erfolgreich durchgeführt. Komplikationen hängen nicht in erster Linie von der angewendeten Technik ab. Die End-zu-End-Anastomose ist einfacher und schneller. Die Seit-zu-Seit-Anastomose erlaubt eine größere Durchtrittspforte, dafür besteht die Gefahr der Stauung von Darminhalt in der blind endenden Tasche. Dies kann zur Nekrose führen.

(c)

- Die ausstülpende Naht (Abb. 266 b) ist prinzipiell ungeeignet, da die ausgestülpte Mukosa eine Eintrittspforte für Entzündungen, Infektionen, Abszesse und Ausgangspunkt für Verwachsungen und Peritonitis ist.
- Die stoßende Naht (Abb. 266 c) adaptiert das Gewebe am besten und ermöglicht eine rasche Primärheilung. Allerdings erhöht sie das Risiko von Verwachsungen auf 50%.
- Die einstülpende Naht verursacht selten Verklebungen, heilt aber infolge der schlechteren Gewebsadaption langsamer. Die eingestülpte Darmwand kann zu einer Verengung des Darmlumens führen (Stenose). In der Praxis stellt dies kein Problem dar.
- Die doppelte Naht aus einer stoßenden inneren und einer einstülpenden seromuskulären äußeren Lage (Abb. 266 e) ist stabil und verursacht minimale Verklebungen. Da nur eine Lage eingestülpt ist, wird das Darmlumen kaum verkleinert.

In der Darmchirurgie des Pferdes sind die einstülpende oder die doppelte Naht für die Anastomose am günstigsten.

(d)

- Polyfiles resorbierbares Nahtmaterial ist am besten geeignet (Polyglycol, Polyglactin 910).
- Catgut und Chromcat rufen zu starke entzündliche Reaktionen hervor.
- Monofiles Nahtmaterial hat zwar keine Kapillarwirkung, ist aber schwer zu knoten.

(e) Das Klammern stülpt die Mukosa nach außen; es kommt zu massiven Verklebungen und postoperativen Koliken.

19 (a) Das Geräusch rührt vom Rückfluß an der Trikuspidalklappe her. Die farbige Darstellung des Blutflusses zeigt eine Strömung in den rechten Vorhof während der Systole.

(b) Der Befund ergab sich zufällig; das Pferd war weiterhin leistungsfähig. Das Herzgeräusch war nur an der umschriebenen Stelle zu vernehmen. Die farbige Darstellung des Blutflusses weist eine schmale Strömung in einem kleinen Bezirk im rechten Vorhof in der Nähe der Trikuspidalklappe nach. Diese erscheint nicht verdickt. All dies weist auf eine geringe klinische Bedeutung der Befunde hin; dennoch sollte man den Fall weiter untersuchen.
Die Ruhefrequenz ist wichtig. Die Jugularvenen werden auf Pulsation untersucht. Dies gibt Aufschluß über die Druckverhältnisse im rechten Vorhof. Danach wird eine Belastungsprobe durchgeführt. Eine Videoaufzeichnung der sonographischen Untersuchung des Herzens zeigt am besten die Aktion der Trikuspidalklappe. Man kann die rechte Herzkammer ausmessen. Eine Doppler-Untersuchung gibt Aufschluß über die Strömungsgeschwindigkeit des Rückflusses und somit über die Druckunterschiede zwischen rechtem Vorhof und rechter Herzkammer.
(c) Ein leichter Rückfluß an der Trikuspidalklappe wird z. B. beim Dressurpferd ohne klinische Bedeutung sein. Man weiß noch zu wenig über die Langzeitentwicklung solcher Prozesse. Es gibt im vorliegenden Fall keinen Hinweis auf eine Verdickung der Trikuspidalklappe, was die nächste Stufe der Symptomatik wäre.

20 (a) Peritonitis. Meist ist eine Ruptur im Gastrointestinaltrakt Ursache einer Peritonitis. Ein Pferd kann dies nur einige Stunden überleben. Deshalb muß man im vorliegenden Fall gründlich nach anderen Ursachen suchen. Eine Thrombose der Mesenterialarterien führt zur Infarzierung von Darmabschnitten. Weiter kommen in Betracht: Darmstrangulationen (ausgenommen chronische Fälle), Penetration von Fremdkörpern aus dem Darm in die Bauchhöhle, Bauchhöhlenabszesse, Verletzungen im Genitaltrakt und systemische Erkrankungen.
(b) Die Untersuchung des Peritonealpunktats ist die einzig aussagekräftige. Bei abgekapselten und umschriebenen Prozessen ist allerdings die Gewinnung schwierig. Ein Ausstrich wird auf Bakterien untersucht; eine Kultur wird angelegt. Aufschlußreich sind weiterhin ständiges Fieber und kontinuierlicher Kolikschmerz, erkennbar am Umdrehen zur Flanke. Das Rektum scheint durch das umgebende Gewebe regelrecht eingeengt. Eine Vielzahl weiterer Symptome ist denkbar, wie z. B. Gewichtsverlust, Durchfall oder gar Reflux aus dem Magen. Sonographie und Laparoskopie sind weitere diagnostische Hilfen.
(c)
- Antibiotika hochdosiert und über einen langen Zeitraum (eine Woche bis einen Monat). Breitspektrumantibiotika oder eine Kombination aus Trimethoprim/Sulfonamid und Penicillin
- NSAID wie Phenylbutazon oder Flunixin
- nötigenfalls Flüssigkeitssubstitution
- Manchmal ist eine Peritoneallavage angezeigt; sie ist nicht ganz ungefährlich für das Pferd.
- Anthelminthika bei einer parasitären Genese
- nötigenfalls Laparotomie (bei Darmverschluß oder chirirgisch zu versorgenden Verletzungen).

21 (a) Culicoides-Allergie („klassisches" Sommerekzem), Oxyurenbefall oder Psoroptes-Räude.
(b) Plattenepithelkarzinom an den Labien und der Klitoris.
(c) Die chirurgische Entfernung der Veränderungen an Labien und Klitoris war erfolgreich; nach fünf Jahren war kein Rezidiv aufgetreten.

22 Probe A ist klare, normalgefärbte Synovia mit Beimengungen von frischem Blut. Das Blut stammt von der Punktion.
Probe B ist trübe rotbraun verfärbt und von eiweißhaltigem Schaum bedeckt. Dies deutet auf einen septischen Prozeß im Gelenk hin.
Das Gelenk von Probe A bedarf keiner weiteren Behandlung. Der Fall B hingegen muß sofort sorgfältig versorgt werden, wenn die Gelenkfunktion erhalten bleiben soll. Dazu gehören Lavage, Debridement unter arthroskopischer Kontrolle oder Eröffnung des Gelenks mit anschließender Lavage. Zusätzlich werden systemisch hochdosiert Antibiotika verabreicht. Die intraartikuläre Gabe von Antibiotika wird gegenwärtig kontrovers diskutiert; neuere Untersuchungen zeigen, daß sie u. U. doch sinnvoll sein kann. Weitere Laboruntersuchungen (Zytologie, Eiweißbestimmung, Bakteriologie) sind hilfreich, dürfen aber nicht zu einem Behandlungsverzug führen.

23 (a) dorsoplantar, lateromedial, dorsolateral-platarmedial schräg, plantarlateral-dorsomedial schräg.
(b) Abb. 19 a ist eine lateromediale Aufnahme. Zahlreiche Osteophyten haben sich dorsoproximal am Metatarsus angelagert. Von dort zieht eine aufgehellte Linie horizontal. 1 cm unterhalb der dorsalen Gelenkfläche erscheint der Metatarsus plantar etwas schmal. Die plantarlateral-dorsomediale Schrägaufnahme bestätigt diesen Befund (Abb. 19 b).
(c) Die 80°-Schrägaufnahme (dorsolateral-plantarmedial) stellt die Osteophyten besser dar.
(d) Durch die intraartikuläre Anästhesie. Sie brachte in diesem Fall eine deutliche Besserung.
(e) Vermutlich haben sich die Osteophyten sekundär aufgrund einer Mißbildung des Metatarsus gebildet. Diese kann auf eine unvollständige Ossifikation zum Geburtszeitpunkt oder auf eine Osteochondrose zurückzuführen sein.

24 (a)
- Scheidenausfluß; speziell am Ende des Diöstrus und 24 Stunden nach der Bedeckung.
- anatomische Disposition zur Pneumovagina
- Aspirationsgeräusch der Scheide
- schaumiges Exsudat in der Scheide bei der Untersuchung mit dem Spekulum
- Ein verkürzter Östrus kann ein Indiz für eine Endometritis sein. Die Entzündung beschleuningt vermutlich die Prostaglandinfreisetzung, so daß es zu einer frühzeitigen Luteolyse kommt. Ob dies dann zu einem generell verkürzten Zyklus (19 Tage oder kürzer) führt, hängt von der Länge der Follikelphase ab. Eine erneute Rosse vor dem 16. Tag deutet auf eine verkürzte Lutealphase hin. Stuten mit einer chronischen Endometriumschädigung haben einen sehr langen Zyklus (aufgrund eines Corpus luteum persistens).

- Wenn eine Stute ohne vorherige bakteriologische Untersuchung in zwei Rosseperioden von einem nachweislich fertilen Hengst gedeckt und nicht tragend wird, ist eine gründliche Untersuchung geboten.

(b) Große Sekretmengen im Uterus kann man rektal palpieren. Verwachsungen und Verengungen der Cervix verhindern den Abfluß von Eiter aus dem Uterus. Erkrankte Stuten haben – besonders im Frühstadium – einen normalen oder verkürzten Zyklus.

- Flüssigkeit im Uterus läßt sich sonographisch darstellen. Zu Beginn des Östrus sind kleine Flüssigkeitsansammlungen normal, können aber auch schon ein erster Hinweis auf eine Sekretabflußstörung nach der Bedeckung sein. Größere Ansammlungen von wolkiger Flüssigkeit – insbesondere nach der Bedeckung oder während der Lutealphase – deuten auf eine Endometritis hin.

Man kann Flüssigkeitsansammlungen im Uterus mit Urin in der Blase verwechseln. Die Blase ist sonographisch sehr vielgestaltig. Sie kann vollkommen klar (schwarz) erscheinen, stark mit Calciumkonkrementen (weiß) gefüllt sein oder sich zwischen diesen beiden optischen Varianten bewegen.

- Uterustupfer. Er muß mit einem sterilen Entnahmesystem hergestellt werden, da sonst eine Kontamination im Scheiden- oder Cervixbereich stattfindet. Die Kultur wird routinemäßig auf Blut- oder MacConkeyAgar angelegt. Auch mikroaerophile Bakterien (Taylorella equigenitalis) und Anaerobier werden bebrütet. Mit einem Ausstrich auf einem Test-Simplet kann man neutrophile Granulozyten nachweisen. Diese und kubische oder zylindrische Epithelzellen aus der Uterusschleimhaut deuten auf eine Endometritis.
- Endometriumbiopsie. Dabei werden Entzündungszellen nachgewiesen. Neutrophile Granulozyten treten bei akuten Prozessen auf; bei chronischen eher Lymphozyten oder eosinophile Granulozyten.

(c)

- Eine Pneumovagina kann mit einer Operation nach Caslick oder Pouret behandelt werden.
- Die künstliche Besamung (instrumentelle Samenübertragung ; beim Englischen Vollblut z. Zt. nicht erlaubt) reduziert den Infektionsdruck. Samenverdünner mit antibiotischen Zusätzen verhindern zwar ein Bakterienwachstum, bringen aber andere Probleme (Unverträglichkeit) mit sich. Beim Englischen Vollblüter kann man sich folgendermaßen behelfen: Unmittelbar vor der Bedeckung bringt man 200 ml Samenverdünner mit antibiotischem Zusatz in den Uterus. In der Theorie funktioniert dies. Die Praxiserfolge sind hingegen bescheiden.

Nach dem Abfohlen kann man die bakterielle Besiedlung des Uterus in der Involutionsphase durch Vernähen der Labien oder Klammern des äußeren Muttermundes verringern.

(d) Es gibt zahlreiche Methoden der Endometritisbehandlung. Hier werden nur einige Grundprinzipien angesprochen.

- Bei güsten Stuten wird der Uterus wiederholt mit Kochsalzlösung gespült und anschließend antibiotisch versorgt.
- Eine postpartale Endometritis aufgrund einer Nachgeburtsverhaltung wird mindestens einmal täglich gespült und abgehebert; anschließend bringt man Antibiotika in den Uterus.
- Größte Aufmerksamkeit gilt der Prävention und Deckhygiene. Da die befruchtete Eizelle den Uterus erst nach fünf Tagen erreicht, kann man bis zum dritten Tag nach der Ovulation Antibiotika in den Uterus einbringen. Da für eine bakteriologische Untersu-

chung mit Resistenztest keine Zeit bleibt, setzt man Breitspektrumantibiotika ein. Dazu kann auch Penicillin (gegen Streptokokken) mit anderen Antibiotika wie Streptomycin, Neomycin, Framycetin, Nitrofurantoin und Gentamicin (gegen gramnegative Bakterien und Anaerobier) kombiniert werden.

Die Menge der Spülflüssigkeit ist sehr variabel. Zu kleine Mengen werden eher von der Uterusschleimhaut resorbiert. Nur größere Mengen fließen vaginal wieder ab.

Auch nicht-antibiotische Stoffe wie verdünnte Antiseptika oder Wasserstoffperoxid werden bei der Endometritisbehandlung erfolgreich eingesetzt.

25 (a) Als erstes muß das Krampfgeschehen unterdrückt werden. Dazu gibt man Diazepam, Phenobarbital oder Phenytoin oder Kombinationen dieser Präparate. Das Fohlen muß vor Selbstverletzung geschützt werden; insbesondere oberhalb der Augen. Weitere Maßnahmen sind Sauerstoffzufuhr und ggf. Temperatursenkung (feuchte Umschläge, Antipyretika).

(b) Komplettes Blutlabor einschließlich Fibrinogenbestimmung (eine Sepsis kann auch Krämpfe hervorrufen!). Blutglucose, Natrium, Kalium, Calcium, Chlorid, Hydrogencarbonat und Gesamt-CO_2 sowie die IgG-Konzentration werden bestimmt.

(c) Fehlanpassungssyndrom, (Schädel-)Traumen, Infektionen, Elektrolytimbalancen, Mißbildungen, Leberschäden, Hitzschlag.

(d) Beim Fehlanpassungssyndrom gut ($> 80\,\%$), vorausgesetzt, der IgG-Spiegel ist hoch genug, die Krämpfe sind beherrschbar und das Fohlen wird konsequent gefüttert und betreut.

26 (a) Nein, man sieht eine Atrophie des N. opticus.

(b) Auffallend ist die runde, blasse Stelle ohne Blutgefäße; außerdem Bezirke mit einer Retinaatrophie.

27 (a) Lateromedial, dorsoproximal-palmardistal schräg (Oxspring) und palmarproximal-palmardistal schräg (tangential).

(b) Man sieht mindestens sieben aufgehellte Bezirke am distalen Rand des Strahlbeins (Canales sesamoidales). Der proximale Rand ist leicht verformt.

(c) Über die Interpretation solcher Röntgenbefunde bestehen erhebliche Kontroversen. Diese sieben Aufhellungen sind zu tolerieren, da sie nicht zu groß sind. Mehr oder größere Aufhellungen mit synovialen Einsprossungen deuten auf eine adaptive Umformung des Strahlbeins hin. Auch dies kann man bei gesunden und lahmen Pferden finden.

Aufschluß gibt u. U. die Röntgenaufnahme im tangentialen Strahlengang. Im vorliegenden Fall war diese ohne auffälligen Befund.

Die Untersuchungen werden immer an beiden Vordergliedmaßen durchgeführt, da es sich häufig um bilaterale Prozesse handelt.

Die Podotrochlose verläuft meist mit Lahmheitsschüben. Zur Diagnostik werden die tiefe und mittlere Palmarisanästhesie herangezogen. Im vorliegenden Fall war das Lahmheitsmuster nicht typisch für eine Podotrochlose.

(d)

- Sonographische Untersuchung des palmaren Fesselbereichs.
  Im vorliegenden Fall war die tiefe Beugeshne zwar verdickt, aber von normaler Echogenität.

- Hufgelenkanästhesie (negativ)
- Anästhesie der Bursa podotrochlearis (negativ)

Bei der Sektion wurde eine Zerrung der tiefen Beugesehne nachgewiesen (Abb. 269).

28 (a) Da die Palmarisanästhesie nicht eindeutig positiv war, scheiden Lahmheitsursachen im distalen Bereich der Zehe weitgehend aus (Podotrochlose, Strahlbeinfraktur, Fraktur des Hufbeinastes, Steingallen). Allerdings sprechen nicht alle Formen der Podotrochlose auf die tiefe Palmarisanästhesie an. Eventuell liegt eine Kombination mehrerer Lahmheitsursachen vor.
(b) Der N. palmaris wird in Höhe der Sesambeine blockiert; man nennt dies „mittlere Palmarisanästhesie".
(c) Viele Kliniker bevorzugen eine Vier-Punkt-Blockade aus tiefer und hoher Palmarisanästhesie (oberhalb der Fessel) oder eine intraartikuläre Fesselgelenkanästhesie.
Zunächst muß der Sitz der Lahmheit möglichst genau lokalisiert werden, erst dann werden die bildgebenden Verfahren eingesetzt!

29 (a) Ptosis, eitrig-katarrhalischer Ausfluß aus dem Auge; das linke Ohr, die linke Nüster und Lippe hängen schlaff herunter.
(b) Lähmung des N. facialis.
(c) Die Dauer der Symptome und das Auftreten von Komplikationen, wie z. B. die Schädigung des kranialen N. sympathicus. Eine vollständige Durchtrennung des Nervs ruft irreversible Schäden hervor. Eine Quetschung oder Entzündung heilt in der Regel vollständig aus.

30 (a) Die Differentialdiagnosen sind eine chronische Infektion der oberen Luftwege und der tributären Lymphknoten sowie eine neoplastische Erkrankung.
Die Symptome sind weitgehend typisch für die disseminierte Form des Lymphosarkoms. Chronische Atemwegsinfektionen führen nur selten zu knotigen Schwellungen der Pharynx- und Larynxschleimhaut; beim Lymphosarkom sind diese hingegen regelmäßig anzutreffen.
(b) Die Hämatologie hilft differentialdiagnostisch nicht weiter. Beide Erkrankungen verlaufen mit Leukozytose, Neutrophilie und erhöhtem Fibrinogengehalt. Nur die histologische Untersuchung eines Schleimhautknotens oder eines betroffenen Lymphknotens ist aussagekräftig.

31 (a)
- Das abgestorbene Gewebe wird abgetragen und die Wunde sorgfältig gereinigt.
- Die Wunde kommt unter Verband, bis sie vollständig granuliert ist.
- Das Granulationsgewebe wird abgetragen, so daß sich eine gleichmäßige Vertiefung von 2–4 mm bildet.
- Ein PVP-Verband wird für zwei bis drei Tage angelegt.
- Nun kann man eine Hauttransplantation vornehmen.

(b) An der Entnahmestelle wachsen manchmal weiße Haare nach.
- Man entnimmt die Transplantate aus dem Bereich unter der Mähne (mit Einwilligung des Besitzers).
- Transplantate aus dem Bereich des Abdomens bilden eine sehr lange Behaarung aus.

32 (a) Aufhängung des großen Kolons auf dem Milz-Nierenband (linke dorsale Verlagerung).
(b) Laparotomie in der Medianen und chirurgische Reposition des verlagerten Kolons. Ist das Kolon stark gebläht oder angeschoppt, wird es zunächst entleert.
(c) Es gibt eine konservative Behandlungsmethode. Dabei wird das Pferd auf den Rükken gedreht und mit gefesselten Hintergliedmaßen mit Hilfe einer Winde hochgezogen. Dadurch rutscht das große Kolon nach vorne. Dann läßt man das Pferd auf die linke Seite herunter. Danach dreht man es über die Brustlage auf die rechte Seite. Es gelingt so auffallend oft, eine Spontanreposition herbeizuführen.
(d) Bei rascher Korrektur ist die Prognose günstig. Selten treten örtliche Darmläsionen und Adhäsionen auf. Ein Rezidiv ist nicht wahrscheinlich.
(e) Die Milz ist nach ventral verlagert und gestaut. Deshalb punktiert man manchmal ungewollt die Milz; es tritt dann reines Blut aus.

33 (a) Ursprünglich vermutete man, daß der Eiweißbedarf im Training nicht oder nur gering ansteigt. Der Schweiß enthält aber immerhin 1 -1,5 g Stickstoff/kg. Bei Pferden in Arbeit konnte man eine erhöhte Stickstoffretention nachweisen. Deshalb stellt man den Eiweißbedarf besser in Relation zum Energiebedarf. So wird mit steigendem Energiebedarf dem Körper auch eine steigende Menge Eiweiß zugeführt. Darüber hinaus haben Jungtiere einen höheren Eiweißbedarf. Der National Research Council (1989) gibt folgende Werte an:
5 g verd. Rohprotein/1 MJ verd. Energie als Erhaltungs- und Trainingsbedarf
6 g verd. Rohprotein/1 MJ verd. Energie für Absetzer
5,5 g verd. Rohprotein/1 MJ verd. Energie für Jährlinge.
(b) Die Auswirkungen einer Eiweißüberfütterung werden unterschiedlich beurteilt. Einige Untersucher vermuten weder positive noch negative Folgen auf die Leistung; andere äußern den Verdacht, daß die nachlassende Leistung bei Distanzpferden auf eine Eiweißüberfütterung zurückzuführen ist. Höhere Mengen als 2 g verd. Rohprotein/kg KM und Tag sollten wegen ihrer Auswirkungen auf den Harnstoff- und Ammoniakspiegel und den Wasserhaushalt vermieden werden. Umstritten ist, ob hohe Eiweißgaben den Calcium- und Phosphorverlust über die Niere begünstigen.
Die Eiweißzusammenssetzung ist – besonders beim heranwachsenden Pferd – von großer Bedeutung. Dabei spielt der Resorptionsort im Darm eine entscheidende Rolle. Eiweiße, die im Dünndarm resorbiert werden, werden als Aminosäuren in den Stoffwechsel eingeschleust, während die Eiweißresorption im Dickdarm eher zur Ammoniakbildung führt. Die Verdaulichkeit des Eiweißes hängt nicht nur von seiner Herkunft und Zusammensetzung ab, sondern auch von der Konzentration in der Futterration. Wenn man z. B. das Verhältnis Kraftfutter : Rauhfutter auf 1 : 1 anhebt, hat man eine sehr hohe Verdaulichkeit. Höhere Konzentrationen hingegen verringern die Verdaulichkeit wieder. Leichtes Training und die daraus resultierende bessere Kondition verbessern die Verdaulichkeit ebenfalls.
Das Pferd ist eines der wenigen Haustiere, für das der tägliche Bedarf an Aminosäuren noch nicht exakt ermittelt ist. In übliche Futterzusammenstellungen scheint Lysin der limitierende Faktor zu sein. Getreide hat in der Regel recht ungünstige Aminosäurenprofile. Die empfohlene Menge für Lysin liegt für Absetzer bei 0,5 g/MJ, für Jährlinge bei 0,45 g/MJ und für Zweijährige bei 0,4 g/MJ. An zweiter Stelle der limitierenden Aminosäuren

liegt Threonin, insbesondere bei extensiver Fütterung. Kleine Mengen Soja verbessern die Eiweißqualität erheblich, ohne die Menge nennenswert zu vergrößern.
(d) Alternative Nicht-Eiweiß-Stickstoffverbindungen, wie z. B. Harnstoff, wurden in letzter Zeit auf ihre Verwertbarkeit untersucht. Ihr Einsatz ist beim Pferd nicht zu empfehlen, da zu ihrer Verwertung hochverdauliche Rohfaser erforderlich ist.

34 (a) Man sieht eine röntgendichte, gut umschriebene Stelle im dorsokaudalen Lungenfeld. Es handelt sich vermutlich um einen Lungenabszeß oder eine herdförmige Pneumonie.
Der stinkende Nasenausfluß deutet auf eine Infektion mit Anaerobiern hin, die bei solchen Prozessen öfters ursächlich beteiligt sind.
(b) Vergleichsaufnahmen des linken und rechten Thorax geben Aufschluß über den genauen Sitz. Im vorliegenden Fall wurde er (endoskopisch) auf der rechten Seite ermittelt. Diagnostisch ist ein Antibiogramm von größter Bedeutung. Dazu entnimmt man transtracheal etwas Lungenspülflüssigkeit, die bakteriologisch unter aeroben und anaeroben Bedingungen untersucht wird.

35 (a) Erworbene Inguinalhernie mit Eingeweidevorfall. Der Darm ist stranguliert und vermutlich gebläht.
(b) Zunächst müssen Schmerz und hypovolämischer Schock behandelt werden. Weitere Verletzungen des Darmabschnittes müssen verhindert werden. Eine möglichst zügige Reposition ist anzustreben. Probleme bereiten die rasche Austrocknung des Darmes und die Verschmutzung. Der Darm wird mit Kochsalzlösung gereinigt, dekomprimiert und durch den Leistenring reponiert; u. U. muß durch eine Laparotomie abgeklärt werden, wie weit der Darm geschädigt ist und ob man evtl. eine Resektion vornehmen muß. Der äußere Leistenring wird verschlossen.
(c) Eine gründliche Voruntersuchung gibt Aufschluß über eine vorhandene Hernia inguinalis. Bei einer bedeckten Kastration ist das Risiko eines Vorfalles nahezu ausgeschlossen.

36 (a) Die Ulzera in der Mundschleimhaut sind auf die Larvenentwicklung von Gasterophilus intestinalis zurückzuführen. Die reifen Larven überwintern im Magen des Pferdes.
(b) Diese Veränderungen rufen selten klinische Probleme hervor; selbst bei starkem Befall. Es kommt zu örtlichen Schleimhautläsionen, evtl. geringgradiger Inappetenz. Insgesamt ist die klinische Bedeutung eher gering.

37 (a) Das Pferd leidet an einer vermutlich angeborenen Mißbildung der Trachea oder einer Fehlentwicklung. Die Veränderungen bestehen meist lange Zeit vor dem Auftreten klinischer Symptome. Diese sind erst unter (starker) Belastung im Training zu erkennen. Die Verengung könnte auch Folge eines Traumas sein. Eine starke Kompression des Thorax bei maximaler Inspiration und geschlossenem Kehlkopf könnte zu einem partiellen Riß der Trachea in diesem Bereich geführt haben.
Des weiteren beobachtet man Trachealstenosen nach einer Tracheotomie. Dann müßte die Stenose aber weiter oral liegen.

(b) Eine chirurgische Stabilisierung der Trachea ist denkbar (prothetisch); die Prognose für die volle Belastbarkeit ist allerdings sehr schlecht.

38 (a) Es handelt sich um Eier der Magendassel (Gasterophilus intestinalis). Die adulte Fliege legt diese im Sommer ab.
(b) Die Fliegen belästigen die Pferde sehr, obwohl sie weder stechen noch beißen.
Die Wanderung der Larven beginnt mit dem Ablecken der Eier (siehe auch Frage 36). Das 2. und 3. Larvenstadium gelangt in den Magen. Auch ein starker Befall ruft normalerweise – abgesehen von leichten Schleimhauterosionen – keine Beschwerden hervor.
(c) Man kann die Eier durch Schneiden der Haare oder Rasieren entfernen. Warmes Wasser erleichtert den Ablösevorgang. Die Larven verbringen den ganzen Winter im Magen des Pferdes.
Nach dem ersten Frost sind keine adulten Fliegen mehr unterwegs, so daß keine weiteren Eier abgelegt werden können. Daher kann man etwa einen Monat später die erste Dasselbehandlung durchführen. Heute ist Ivermectin das Mittel der Wahl; wegen der besseren Verträglichkeit und der breiten Wirksamkeit gegen alle anderen Nematoden ist es den Phosphorsäureesterpräparaten vorzuziehen.

39 (a)
- Papillom
- Plattenepithelkarzinom
- Sarkoid

(b)
- Papillom: durch Biopsie und Histologie
- Plattenpithelkarzinom: vollständige Entfernung und Histologie
- bei Verdacht auf ein Sarkoid möglichst keine Biopsie

Da es sich bei der Lokalisation um eine nichtpigmentierte Stelle bei einem Clydesdale-Kaltblut handelt, ist ein Plattenepithelkarzinom am wahrscheinlichsten.

40 Dies ist ein Hinweis darauf, daß das Ovar tastempfindlich ist. Dieser Zustand besteht meist in den ersten 24 Stunden nach der Ovulation, selten präovulatorisch, bisweilen auch länger. Manche Stute sind während des ganzen Zyklus kitzlig.

41 (a) Ein Nasentubus ist an einem Strickhalfter befestigt. So soll eine Obstruktion der Atemwege verhindert werden. Eine Nasenschlundsonde ist länger; sie würde weiter herausstehen. Das Strickhalfter hat den Vorteil, daß es keine Schnallen hat. Diese könnten beim Liegen Druckstellen mit anschließender Paralyse (N. facialis) hervorrufen.
(b)
- Schwellungen der Nasenschleimhaut treten oft bei Pferden auf, die längere Zeit in Rückenlage operiert wurden. Ursache dafür ist eine vorübergehende Venenstauung oder das umgekehrte Herz-Kopf Gefälle durch den herunterhängenden Kopf.
- Verlagerung des weichen Gaumens durch einen oralen Trachealtubus. Dies kann bei der Entfernung des Tubus zur Obstruktion der Atemwege führen.

42 (a) Osteochondrosis dissecans

(b) Entfernung des veränderten Knorpels und des mineralisierten Gewebes bis ins gesunde Gewebe. Abtragen des subchondralen Knochenmaterials, bis spongiöse Knochensubstanz hervortritt.
(c) Die dystrophischen Prozesse bei der enchondralen Verknöcherung sind unheilbar. Die Heilung eines osteochondralen Defektes geht – wenn überhaupt – von der gesunden Spongiosa aus. Lediglich im Randbezirk kann der Knorpel zur Regeneration beitragen.

43 (a) Das linke Auge steht weiter vor als das rechte (Exophthalmus). Das dritte Augenlid ist etwas vergrößert, und oral befindet sich eine leichte Schwellung.
(b) Ein raumfordernder Prozeß, z. B. ein retrobulbärer Abszeß, ein Adenom der Tränendrüsen, ein Hypophysentumor oder ein Plattenepithelkarzinom können, für den Exophthalmus ursächlich sein.
(c) Röntgenologisch lassen sich röntgendichte Veränderungen nachweisen, sonographisch solche der Weichteile. Dies kann auch Hinweise für eine Biopsie geben. Nadelbiopsie und Aspiration geben Aufschluß bei Abszeß oder anderen Zubildungen.

44 (a) Die Abbildung zeigt eine dorsolateral-plantarmediale Schrägprojektion. Erforderlich sind weiterhin eine dorsomediale-plantarlaterale Schrägprojektion, eine dorsopalmare Aufnahme und eine laterale Aufnahme am gebeugten Gelenk.
(b) Man sieht eine knochenähnliche Zyste an der Unterseite des Os carpi ulnare. Die aufgehellte Zone in der distalen Radiusepiphyse deutet auf eine unvollständige Verwachsung des lateralen Processus styloideus und der distalen Radiusepiphyse.
(c)

- Wenn solche Veränderungen röntgenologisch auf beiden Seiten nachzuweisen sind, die Lahmheit aber nur einseitig besteht, handelt es sich vermutlich um einen zufälligen Nebenbefund.
- Die diagnostische Anästhesie des N. medianus und des N. ulnaris ist positiv, falls die Zyste lahmheitsursächlich ist. Die intraartikuläre Anästhesie wird keine Besserung bringen.
- Man sollte Schulter und Ellbogen diagnostisch mit in Betracht ziehen (siehe auch Frage 320).

45 (a) Es handelt sich umd eine „Tru-cut"-Biopsie-Nadel (Travenol).
(b) Man denkt sich an der rechten Körperseite eine Linie vom Schultergelenk zum Hüfthöcker. Die Entnahmestelle liegt auf dieser Linie in Höhe des 14. Interkostalraums. Bei einer verkleinerten Leber kann man auch den 10. oder 11. Interkostalraum nehmen.
(c) Es können Blutungen auftreten. Deshalb sollte vor der Biopsie untersucht werden, ob die Blutgerinnung in Ordnung ist (Prothrombinzeit, Thrombozytenzahl, Gerinnungszeit); außerdem wird der Tetanusschutz überprüft.

46 (a) Die meisten Endometritiden bei der Stute werden durch fakultativ pathogene Erreger hervorgerufen, die auch normalerweise den Genitaltrakt der Stute besiedeln. Bei der Bedeckung gelangen Erreger von Hengst und Stute in den vorderen Vaginalbereich und mit dem Ejakulat in den Uterus.
Nach jeder Bedeckung reagiert das Endometrium mit einer Entzündung, die die bakterielle Besiedlung innerhalb 24 Stunden bereinigt. Bei manchen Stuten bleibt allerdings

eine Infektion mit i. d. R. fakultativ pathogenen Erregern bestehen. Es sind dies zumeist β-Streptokokken (Streptococcus zooepidemicus), seltener coliforme Keime. Staphylokokken und andere Streptokokken werden manchmal zusätzlich mit angezüchtet; selten treten sie als alleinige Erreger auf. Es besteht keine Klarheit über alle Einzelfaktoren; ältere Stuten scheinen empfänglicher zu sein als jüngere.
Zu den für Endometritis disponierenden Faktoren zählen:

- die Pneumovagina. Man sieht sie manchmal bei Jungstuten, deren kleine Scheide oberhalb des Beckenbodens liegt; häufiger tritt sie bei älteren und/oder mageren Stuten auf, deren Anus nach kranial zieht. Dadurch zieht sich auch die dorsale Kommissur der Scheide nach vorne. Dies vergrößert die Scheidenöffnung und führt zur Aspiration von Luft und fäkaler Kontamination.
- Man vermutet, daß bei therapieresistenten Endometritiden eine Schwächung der immunologischen Abwehr des Uterus vorliegt. Experimentell ist dies bisher nicht bewiesen. Auch gibt es keinen wissenschaftlichen Beweis für den Zusammenhang zwischen der Endometritis der älteren Stute und Läsionen der Uterusschleimhaut.
- Der unzureichende Abfluß von Sekret durch die Cervix scheint z. Zt. die plausibelste Erklärung für die Entstehung einer chronischen Endometritis zu sein. Verletzungen, die Aussackungen im Uterus zur Folge haben, führen zum Nachlassen der Kontraktionsfähigkeit des Myometriums. Hinzu kommt, daß die Cervix nicht vollständig erschlafft. All das führt letztendlich zu dem „Syndrom" des Sekretstaus im Uterus.

(b) Ein Hefepilz, vermutlich eine Candida-Art. Diese Infektion ist schwierig zu behandeln. Oft ist sogar der Eileiter befallen, was die Behandlung sehr erschwert.
(c) Ein Pilz, vermutlich Aspergillus spp. Dieser Erreger ist für Entzündungen der Plazenta und Aborte verantwortlich. Die in diesem Fall beschriebene Stute hatte in der vergangenen Saison problemlos gefohlt und war danach nicht mehr bedeckt worden.

47 (a) Die Ursache des Nasenblutens ist ein progressives Siebbeinhämatom, das sich vom Ethmoid zum Nasengang vorwölbt. Die Farbe dieser Veränderung schwankt zwischen orange, grau-grün und kastanienbraun. Manchmal rufen diese Veränderungen Obstruktionen der Nasenwege hervor.
Neben der Endoskopie kann auch die Röntgenaufnahme aufschlußreich sein. Abb. 270 A zeigt eine diskrete Verschattung rostral des Ethmoids im lateralen Strahlengang.
(b) Die Therapie der Wahl ist die vollständige Resektion, obwohl auch von spontanen Rückbildungen berichtet wird. Abb. 270 B zeigt den Zustand drei Monate nach der Operation. Ein Rezidiv ist nicht zu erkennen; allerdings ist das Ethmoid aufgrund des umfangreichen Eingriffs stark deformiert. In Zukunft wird man u. U. mit transendoskopischer Laserchirurgie behandeln können.
(c) Das progressive Siebbeinhämatom tritt oft an mehreren Stellen auf und neigt zu Rezidiven. Deshalb kann die Prognose bestenfalls vorsichtig-optimistisch gestellt werden.

48 (a) Das Tier ist seit einigen Monaten krank. Man erkennt dies an der ausgeprägten Atrophie der Ellbogenmuskulatur rechts und der sekundären Verformung der Gliedmaße links.
(b) Das Primärproblem stellt die Erkrankung der rechten Vordergliedmaße dar.
(c) Radialislähmung, Erkrankungen des Plexus brachialis, Olekranonfraktur, Kontraktur des Karpus.

(d) Die dauernde Überbelastung der linken Vordergliedmaße hat zu deren Deformierung im Karpus geführt.

49 (a) Man sollte eine Neoplasie im Abdomen in Betracht ziehen. Der häufigste Tumor im Bereich des Abdomens ist das Lymphosarkom. Es geht vom lymphatischen Gewebe des Darmes aus. Der Tumor wächst meist diffus in der Darmschleimhaut und verursacht eine Malabsorption. Seltener führt eine fokale Ausbildung zu einer Obstruktion des Darmes. Weitere Tumoren in diesem Bereich sind das Adenokarzinom und das Leiomyom/Leiomyosarkom.
(b) Die Prognose ist in diesem Fall sehr schlecht; besonders beim Lymphosarkom und Adenokarzinom. Das Leiomyom/Leiomyosarkom ist theoretisch chirurgisch zu entfernen. Das Leiomyosarkom wächst nicht infiltrativ und metastasiert bei den Haustieren selten.

50 (a) Ödeme und Schwellungen der Vordergliedmaßen, an Unterbrust und Unterhals. Die V. jugularis ist gestaut.
(b) Für die Symptome ist am ehesten eine Zubildung (vermutlich ein Lymphosarkom) verantwortlich; weitere Ursachen können eine Herzinsuffizienz mit Stauungserscheinungen oder eine Purpura haemorrhagica sein. Es gibt keine Hinweise auf eine infektiöse Anamnese. Auch wenn es sich bei der Purpura haemorrhagica um ein primär infektiöses Geschehen handelt, ist es ausgesprochen unwahrscheilich, daß mehrere Pferde eines Bestandes erkranken.
(c) Die Auskultation und Perkussion des Thorax weisen Flüssigkeitsansammlungen, gedämpfte Bezirke und Herzfehler nach. Weitere diagnostische Hilfen sind Röntgen, Sonographie und Thorakozentese.

- Herzfrequez und Pulscharakter.
- Auskultation des Herzens: Hört man krankhafte Herzgeräusche? Sind die Herzgeräusche in den physiologischen Bezirken wahrzunehmen? Ist ein Schwirren oder Beben zu hören oder zu palpieren?
- Auskultation der Lunge: Sind die Lungengeräusche normal und an den üblichen Stellen zu hören?
- Perkussion der Lunge: Liegt eine Dämpfung durch Flüssigkeit oder feste Substanz vor?
- Sonographische Untersuchung von Herz und Lunge: Wie ist die Herzfunktion; gibt es Hinweise auf Zubildungen im Thorax oder einen Pleuraerguß?
- Röntgen: Sind Herzgröße und Lungenbezirke normal? Gibt es Hinweise auf Zubildungen oder Flüssigkeitsansammlungen?
- Thorakozentese: Sind Pleuraflüssigkeit, Exsudat, Transsudat, Blut, Lymphflüssigkeit oder pathologische Zellen vorhanden?

51 (a) Rektal sind eine Vergrößerung und Anschoppung des Blinddarmes zu ertasten (Abb. 271 A). Sie ist u. U. zu verwechseln mit der Anschoppung anderer Darmteile, wie z. B. der rechten dorsalen oder ventralen Kolonlage oder einer Intussuszeption des Kolons ins Caecum.
(b) Man kann konservativ oder chirurgisch vorgehen. Dies richtet sich in erster Linie nach dem Rektalbefund, da die Schmerzsymptome nicht unbedingt aussagekräftig sind.

Wenn die Anschoppung geringgradig und leicht eindrückbar ist, geht man konservativ (Fasten, orale Paraffingaben, orale und intravenöse Flüssigkeitszufuhr) vor.
(c) Das Caecum ist bei Futteranschoppungen stärker rupturgefährdet als jeder andere Teil des Dickdarmes. Nach neueren Untersuchungen beträgt die Zeitspanne vom Auftreten der Symptome bis zur Ruptur 4 bis 96 Stunden.
(d) Sobald im Caecum eine Anschoppung von härterer Konsistenz festgestellt wird, ist die chirurgische Versorgung angezeigt.
Sie umfaßt:

- die Laparotomie (Abb. 271 B) mit Aufweichen und Massage der angeschoppten Futtermassen oder
- die Typhlotomie mit Eröffnung der Blinddarmspitze und Entleerung der Futtermassen
- caecocolicale oder ileocolicale Anastomose zur Erleichterung der Futterpassage

52 (a) Vorhofflimmern. Man sieht keine P-Zacke. Die isoelektrische Linie zeigt eine grobe Wellenform, wie sie für die f-Welle charakteristisch ist. Das R-R-Intervall ist unregelmäßig.
(b) Die Bewegung der vorderen Mitralklappe ist unnormal. Die Mitralklappe öffnet sich normalerweise während der schnellen Füllung (E-Punkt). Der A-Punkt, der die Vorhofkontraktion darstellt, fehlt hier.Der Abstand zwischen dem Kammerseptum und dem E-Punkt der Bewegung der vorderen Mitralklappe ist normal. Daraus kann man schließen, daß die linke Herzkammer nicht vergrößert ist (Abb. 272 zeigt zum Vergleich einen Normalbefund. E- und A-Punkt sind eingezeichnet.)
(c) Chinidinsulfat oral. Man beginnt versuchsweise mit einer Dosis von 10 mg/kg KM. Die eigentliche therapeutische Dosis beträgt 20 mg/kg KM alle zwei Stunden, bis entweder eine Normalisierung zum Sinusrhythmus eintritt oder toxische Reaktionen auftreten. Die Maximaldosis liegt bei 60–80 g. Falls die Normalisierung nicht eintritt, kann man den Versuch nach 48 Stunden wiederholen. Die Anwendung des Chinidins kann als Glucuronat intravenös erfolgen.
(d) Es muß abgeklärt werden, ob eine kardiale Grunderkrankung vorliegt. Bei Pferden mit schweren Herzerkrankungen ist es wesentlich schwieriger, einen normalen Sinusrhythmus zu etablieren als bei gesunden. Eine gründliche Auskultation der Klappen ist wesentlich. Pferde mit einem Ruhepuls über 60/min und anderen Insuffizienzzeichen sollten nicht behandelt werden. Eine genaue Anamnese ist ebenso wichtig. Eine seit langem bestehende Arrhythmie ist schwieriger zu behandeln, und der Behandlungserfolg hält nicht lange an. Besteht die Arrhythmie erst seit kurzem und das Herz ist nicht organisch geschädigt, ist die Prognose besser. Zur Abklärung einer schweren kardialen Grunderkrankung ist die Echokardiographie ein wertvolles Hilfsmittel.

53 (a) Eine Entzündung des linken Arytenoidknorpels (in Abb. 44 rechts zu sehen). Auffallend ist die axiale Verlagerung des Knorpels, so daß man zwischen der Plica aryepiglottica und der Pharynxwand die Gaumenstaffeln erkennen kann. Manchmal ist auch durch Kontakt der gegenüberliegende Arytenoidknorpel geschädigt, oder es entsteht eine Wucherung, wenn sich in der Knorpelsubstanz Mikroabszesse bilden. Die einseitige Entzündung des Arytenoidknorpels ist eine wichtige Differentialdiagnose zur Hemiplegia laryngis. In beiden Fällen tritt ein pfeifendes Atemgeräusch auf. Bei der Chondritis kommt oft Husten hinzu. Der Arytenoidknorpel wird ebenso in beiden Fällen in die At-

mungswege eingesogen. Dies ist im Endoskop zu erkennen. Die Differentialdiagnose der beiden Erkrankungen ist möglich aufgrund der erwähnten Unterschiede. Besondere Vorsicht ist trotzdem geboten bei Pferden, die bislang respiratorisch unauffällig waren.
(b) In frischen Fällen kann die Entzündung mit Sulfonamiden behandelt werden. Bei länger bestehender Erkrankung, speziell wenn das Cricoarytenoidgelenk schon versteift ist, ist diese Behandlung nutzlos. Dann hat man nur noch die Möglichkeit der chirurgischen Entfernung von Teilen oder des gesamten Arytenoidknorpels.

54 (a) Ursprünglich war die Verletzung der Bauchwand vermutlich durch Hämatome und Ödeme verdeckt. Bei der Auskultation des betroffenen Gebietes wird man die Darmgeräusche lauter hören als am übrigen Abdomen. Falls die Stelle rektal zu erreichen ist, kann man u. U. die Zusammenhangstrennung nachweisen. In diesem fortgeschrittenen Stadium hat sich in der Muskelwunde bereits ein fibrotischer Ring gebildet.
(b) Eröffnung und chirurgische Versorgung der Wunde. Bei großen Wunden wird man ein Netz implantieren müssen.
(c) Polypropylen, rostfreier Stahldraht und ein geflochtener Nylonfaden lösen nur geringe Gewebsreaktionen aus, verhalten sich bei Infektionen inert und verursachen die geringste Serombildung.

- Polypropylen ist leicht zu verarbeiten, sehr reißfest und ruft kaum Verwachsungen hervor, falls die Naht nicht extraperitoneal gelegt werden kann.
- Der geflochtene Nylonfaden ist preiswerter und sehr reißfest; er neigt aber beim Abschneiden zum Auffasern.
- Rostfreier Stahl ruft im Vergleich zu Polypropylen stärkere Reaktionen hervor, wenn er direkten Kontakt zur Darmwand hat. Bei Versorgung der Wunde mit einem prothetischen Netz muß ein kompatibler monofiler Faden verwendet werden.

55 (a) Die Verteilung der Ödeme erklärt sich aus einer Abflußstörung der Venen oder der Lymphgefäße aus dem Bereich der Vorhand und des Kopfes. Die Hinterhand ist nicht betroffen. Ursache könnte eine Zubildung kranial im Thorax oder im Mediastinum sein. Eine Herzinsuffizienz mit Stauungserscheinungen muß ebenso in Betracht gezogen werden; sie verläuft aber normalerweise nicht mit Abmagerung. Eine Zubildung – Abszeß oder Neoplasie – paßt eher zu diesem Bild. Gewichtsverlust kann mit einer Hypoproteinämie einhergehen. Dies kann zu Ödemen führen, die aber dann stärker verteilt sind als in diesem Bild zu sehen.
(b) Beim Lymphosarkom wie beim Bauchhöhlenabszeß beobachtet man rezidivierende Fieberschübe, die bis zu vier Tage andauern. So sind dies die beiden wahrscheinlichsten Differentialdiagnosen. Wenn die Fieberkurve nicht lückenlos dokumentiert wird, können solche Fieberschübe unentdeckt bleiben.

56 (a) Bei diesem Fohlen sind so gut wie alle Organe befallen. Dies deutet auf eine Immunschwäche hin. Für die Diagnose sind die Rasse (Araber; Rassedisposition) und die absolute Lymphopenie ausschlaggebend. Es handelt sich um das Combined Immunodeficiency Syndrome (CID). Weiterhin sind diagnostisch wertvoll ein IgM-Mangel und (autoptisch) das Fehlen jeglichen Lymphgewebes. Beim CID fehlen B- und T-Lymphozyten. Die Fohlen sind bei der Geburt normal und zeigen erst nach der Aufnahme von maternalen Immunglobulinen über das Kolostrum erste klinische Symptome.

(b) Die Verdauungsorgane, der Respirationstrakt und die Haut des Fohlens sind befallen. Kryptosporidien rufen bei vielen Spezies – insbesondere bei Immunschwäche – Darmerkrankungen hervor (HIV-Infektion beim Menschen). Diese Protozoeninfektion führt zu einer Atrophie und Verklebung der Zotten der Darmschleimhaut. Sekundäre Virus- und Bakterieninfektionen kommen hinzu. Im Respirationstrakt läuft die Infektionskette über Adenoviren, Pneumocystis carinii und verschiedene andere Bakterien. Röntgenologisch läßt sich bei diesem Fohlen eine Pneumonie nachweisen. Des weiteren leidet es an einer Hautinfektion mit Dermatophilus congolensis.

57 Die Progesteronkonzentration steigt unmittelbar nach der Ovulation an. Vom 2. bis 14. Tag nach der Ovulation liegt die Konzentration über 1 ng/ml; beim verlängerten Diöstrus bleiben diese Werte so lange hoch, wie die Lutealphase dauert. Mit dem ELISA kann der Wert in kurzer Zeit bestimmt werden.
Für den erfahrenen Praktiker – speziell beim Einsatz der Sonographie – ist der Test entbehrlich.

58 (a)
- chronisches Granulationsgewebe (wildes Fleisch)
- ein granulomtöses Sarkoid
- ein Pilzgranulom

(b)
- radikales chirurgisches Vorgehen
- Behandlung mit ätzenden und verschorfenden Medikamenten (Lotagen, Kupfersulfat)
- Kryochirurgie
- Mykotische Granulome sprechen gut auf die chirurgische Versorgung und Behandlung mit Natriumiodid an; sie rezidivieren allerdings bei unvollständiger Entfernung.

(c) Die Prognose ist sehr vorsichtig zu stellen.
- Sarkoide in dieser Region neigen zum Rezidiv.
- Das Gebiet ist verletzungsgefährdet, was die Bildung von wildem Fleisch begünstigt.
- Tiefere Strukturen (Huflederhaut, Hufknorpel) können miterfaßt sein.

59 (a) Nein. Es liegt eine fokale Retinadegeneration vor.
(b) Bezirke mit stärkerer Reflexion, Farbveränderungen und Pigmentstörungen; dazwischen sind Bezirke mit normaler Netzhautstruktur.

60 (a) Veränderungen wie in diesem Fall befinden sich zumeist auf der axialen Fläche des Malleolus medialis (fibularis). Am besten erkennt man sie im dorsoplantaren Strahlengang. Auch die dorsolateral-plantarmediale Schrägprojektion ist geeignet.
(b)
- Führungskamm der Tibia (distal)
- lateraler Rollkamm des Talus
- Malleolus medialis der Tibia
- medialer Rollkamm des Talus

61 (a) Die Neuritis caudae equinae, die EHV-Infektion und die Sorghum-Vergiftung sind in ihrer Symptomatik sehr ähnlich. Andere Möglichkeiten scheiden weitgehend aus.

(b) In Anbetracht der vorangegangenen EHV-1-Infektion der Atemwege ist die Diagnose einer neurologischen EHV-Infektion am wahrscheinlichsten. Im Nervengewebe führt die Infektion zu einer ischämischen (Peri-)Vaskulitis. Dies führt zur Parese.
Der Erreger ruft auch Aborte hervor.
Die Neuritis caudae equinae ist eine seltene idiopathische Erscheinung.
(c) Die Prognose der neurologischen EHV-1-Infektion hängt vom Ausmaß des erkrankten Nervengewebes und der Erkrankungsdauer ab. Neben guter Pflege und Begleittherapie braucht man in erster Linie Geduld.
Die Prognose des Cauda-equina-Syndroms ist aussichtslos. Palliativ kann man Rektum und Blase entleeren.

62 (a) Das Pony leidet unter einer Hypoalbuminämie. Die Erhöhung der AP ist nicht leberspezifisch, zumal die anderen Leberenzyme sowie der BSP-Test normal sind. Die AP ist manchmal bei Darm- und Knochenerkrankungen erhöht. Da Hinweise auf eine Leber- oder Nierenstörung fehlen, ist ein Malabsorptionssyndrom oder eine Eiweißverlust-Enteropathie am wahrscheinlichsten.
(b) Der nächste logische Schritt der Diagnostik ist der orale Glucosetoleranztest. Damit wird das Resorptionsvermögen des Dünndarms überprüft. Verläuft er unnormal, kann eine Biopsie der Darmwand die Diagnose absichern.

63 (a) Auffällig sind die niedrigen Werte für Albumin und die hohen Werte der Globuline, insbesondere des β-Globulins.
(b) Strongylidenbefall. Meist verursachen Cyathostomenlarven eine Typhlitis und Kolitis. Es gibt sogar ein regelrechtes „Frühlingsdiarrhoe"-Syndrom bei Jungpferden, das durch Cyathostomenlarven hervorgerfen wird und zu Gewichtsverlusten führt. Die Larven können allerdings bei starkem Befall auch bei Erwachsenen Schäden hervorrufen. Es kommt zur Eiweißverlust-Enteropathie. Kleine und große Strongyliden rufen Veränderungen in der Eiweißelektrophorese hervor, besonders beim IgG (T), das sich elektrophoretisch als Teil der β-Globuline darstellt.
(c) Die Abgrenzung zu anderen Enteropathien mit Eiweißverlust erfolgt durch die Histologie der Dickdarmschleimhaut.
Differentialdiagnostisch kommen das Lymphosarkom der Eingeweide oder entzündliche Prozesse in Betracht, die ähnliche labordiagnostische Abweichungen hervorrufen können.
(d) Anthelminthika in larvizider Dosis, z.B. Ivermectin 0,2 mg/kg KM; Oxfendazol 10 -50 mg/kg KM; Fenbendazol 30 mg kg KM einmalig oder 7,5 mg/kg KM an fünf aufeinanderfolgenden Tagen. Die inhibierten Cyathostomenlarven sind anthelminthisch schwer zu erreichen. Erkrankte Tiere sollten in Abständen von zwei bis drei Wochen behandelt werden. Nützlich ist bisweilen auch die Gabe eines Corticosteroids, z. B. Prednisolon 1 mg/kg KM jeden Morgen. Neben dem günstigen Einfluß auf das entzündliche Geschehen scheinen diese Medikamente das Wirt-Parasit-Verhältnis zu beeinflussen, so daß die Larven ihr hypobiotisches Stadium beenden und somit für Anthelminthika zu erreichen sind. Die Corticosteroidbehandlung wird über drei Wochen und ausschleichend durchgeführt. Darüber hinaus wird der Durchfall symptomatisch behandelt (z.B. Codeinphosphat 1 mg/kg KM zweimal täglich).
Die Prognose einer parasitären Typhlitis/Kolitis ist recht gut.

64 (a) Die Nahtdehiszenz betrifft nur die äußere Haut. Die Wunde heilt sekundär und muß nur konservativ versorgt werden.
Sie wird saubergehalten; die Krusten werden täglich entfernt. Dann wird eine antiseptische Salbe aufgetragen; am besten ohne Corticosteroid, weil dies die Wundheilung verzögern würde.
(b) Sehr gering. Die Muskelnaht heilt gut. Sofern kein Nahtabszeß auftritt, dürfte die Heilung normal verlaufen.

65 (a) Rektal findet man geblähte Dünndarmschlingen. Ein fingerdicker fleischiger Strang zieht durch den inneren Leistenring. Er ist auf Zug schmerzempfindlich (Abb. 273).
(b) Dünndarmverschluß durch Einklemmung einer Dünndarmschlinge im Leistenkanal.
(c) Unphysiologische Peritonealflüssigkeit findet man nur im Leistenkanal; in den anderen Bereichen ist sie normal.
(d) Sofortige chirurgische Versorgung. Manchmal muß der Leistenring mit einem Herniotom erweitert werden, damit man den Darm reponieren kann. Die beidseitige Kastration mit Verschluß des äußeren Leistenringes sollte in Erwägung gezogen werden.

66 (a) Es handelt sich um eine Erkrankung des Rückenmarks zwischen L 2 und L 6 mit Beteiligung der ventralen Motorneuronen. Dies führt zur Muskelatrophie.
(b) Die Equine Protozoen-Myeloenzephalitis (EPM) ist vermutlich die Ursache. Es gibt nur wenige Erkrankungen mit ähnlicher Symptomatik; lediglich verminöse Myelitis und epidurales Lymphosarkom kommen differentialdiagnostich in Betracht.
(c) Sarcocystis neurona, der vermutliche Erreger der EPM, spricht auf die Behandlung mit TMP/Sulfonamiden (15 mg/kg KM zweimal täglich) und Pyrimethamin (0,25 mg/kg KM einmal täglich für zunächst sechs Wochen) an. Die Neurologen sind sich weitgehend einig, daß so S. neurona in vivo abgetötet wird. Trotzdem hängt die Prognose von Umfang und Dauer der Erkrankung ab.

67 (a) Röntgenologisch kann man abweichende Befunde am Knochen erfassen, sonographisch sind die Größe und Lagebeziehung zur Wirbelsäule darzustellen. Ein Punktat wird bakteriologisch untersucht (Resistenztest).
(b) Man sieht eine schmerzhafte, heiße Schwellung; der Hals wird steif. Eine Clostridieninfektion ist denkbar und würde fatale Folgen haben.
(c) Es können sich eine Mineralisierung des Bindegewebes und neurologische Ausfälle als Langzeitschäden einstellen.

68 (a) Es liegt eine Kapselzerrung des Femoropatellargelenks vor, außerdem eine sehr steile Fesselstellung mit beginnender Deformation.
(b) Beide Symptome sind auf das rasche Wachstum und die intensive Fütterung zurückzuführen.
(c) Durch die relative Verkürzung der oberflächlichen Beugesehne kommt es zu Osteochondrosis dissecans am lateralen Rollkamm des Femurs sowie zur Verformung des Fesselgelenks zur Beugeseite.
(d) Die Futterration muß hinsichtlich Energie-, Eiweiß- und Mineralstoffgehalt angepaßt werden. Der Besitzer muß für das Problem sensibilisiert werden; ist dies nicht mög-

lich, so muß er doch die Symptome frühestmöglich erkennen können. Obwohl die Heritabilität der O. d. noch nicht abgeklärt ist, sollte man sie bei der Anpaarung berücksichtigen.

69 (a) Taylorella equigenitalis und bestimmte Subtypen von Klebsiella pneumoniae gelten als obligat pathogen. Sie können auch ohne prädisponierende Faktoren das gesunde Genitale des Pferdes befallen. Die daraus resultierende Endometritis persistiert über einen oder mehrere Zyklen, wenn sie nicht behandelt wird. Spontanheilungen sind möglich. Die Erreger können saprophytär in der Klitorisgrube überleben; die Stute wird damit zum Überträger. Über die klinische Bedeutung verschiedener Subtypen von Pseudomonas aeruginosea gibt es geteilte Meinungen. Da Pseudomonaden aber gegen fast alle Antibiotika resistent sind, muß ihr Nachweis immer mit besonderem Argwohn betrachtet werden.
Das Coitale Exanthem wird durch das equine Herpesvirus 3 (EHV 3) hervorgerufen. Es wird beim Deckakt übertragen; ebenso wie das EHV 1, das Aborte auslöst. Die Equine Virusarteriitis spielt hierzulande vermutlich keine Rolle. Viele Hengste scheiden saisonal den Erreger mit dem Sperma aus.
(b) Hengste zeigen keine Symptome; sie sind lediglich Überträger. In den Harnorganen von Hengsten wurden Klebsiellen nachgewiesen. Stuten haben – meist zu Beginn des Östrus – Scheidenausfluß. Die Menge variiert von leichter Krustenbildung unterhalb der Scheide bis zu reichlichem eitrigem Ausfluß. Der Ausfluß ist aber kein obligates Symptom einer venerischen Erkrankung. Nach der Sanierung ziehen sich viele Erreger in Gewebsnischen im Vestibulum, speziell in der Klitorisgrube, zurück. Das Coitale Exanthem verursacht Bläschen im Scheiden- und Vestibulumbereich und am Penis. Sie platzen auf und heilen ab. Wie bei allen Herpesinfektionen neigen sie zur Persistenz und Latenz.
(c) Vor Beginn der Decksaison werden Tupfer genommen. Beim Hengst sind dies der Tupfer aus der Harnröhre, der Fossa urethralis und von der Vorhaut; bei der Stute aus Sinus und Fossa clitoridis. Die Tupfer werden sofort in ein Transportmedium gebracht (Stuart oder Amies). Träger oder Dauerausscheider werden nicht zur Bedeckung zugelassen.
Die Zuchtverbände haben unterschiedliche Richtlinien bezüglich des hygienischen Status der Tiere. Abb. 274 A zeigt die Labien, die Fossa und den Sinus clitoridis. Auf Druck entleert sich Smegma (Abb. 274 B).

70 (a) Die Knoten enthalten Larven von Strongylus edentatus. Im vorliegenden Fall wurden die Larven in vivo durch ein Anthelminthikum abgetötet. Um die Larven herum hat sich fibrotisches Gewebe gebildet, die als Knötchen erscheinen. Werden befallene Pferde nicht behandelt, reagiert der Wirt normalerweise nur mit mäßiger subperitonealer Blutung, Ödem und Schwellung des Peritoneums.
(b) Die Larven von S. edentatus verursachen allein noch keine klinischen Beschwerden (Gewichtsverlust, rezidivierende Koliken). Ihr Lebenszyklus ist migratorisch. Sie wandern vom Darm über die Pfortader zur Leber und über das Leber-Nierenband und das parietale Peritoneum zurück in den Darm. An all diesen Stellen findet man frische Blutungen und Entzündungen, später fibrotische Veränderungen. Selbst bei starkem Befall, z. B. der Leber, kommt es kaum zu klinischen Beschwerden – weder im natürlichen noch im experimentellen Fall. Man muß den Nachweis von S. edentatus eher als Indiz für einen

allgemeinen Strongylidenbefall interpretieren. Strongylus vulgaris und Cyathostoma spp. sind sehr wohl in der Lage, schwere Symptome wie Koliken und Gewichtsverlust hervorzurufen.

71 (a) Ein verdecktes Sarkoid, Neurofibrom oder ein anderer Tumor.
(b) Man nimmt entweder mit der Stanze oder dem Skalpell eine Biopsie sämtlicher Hautschichten.
(c) Durch die Entnahme kann ein granulomatöses Sarkoid zum raschen Wachstum angeregt werden.
(d) Bei kleinen Knoten kann man kryochirurgisch behandeln oder BCG in den Knoten injizieren. Örtliche Bestrahlung mit β-Strahlen ist denkbar.

72 (a) Das Stilett hat den Katheter durchgeschnitten. Dies kann passieren, wenn man das Stilett zunächst zurückzieht und bei weiteren Versuchen wieder vorschiebt.
(b) Es können gewebsreizende Injektionslösungen perivaskulär injiziert werden. Außerdem kann die Spitze des Katheters vollständig abgeschnitten werden, was zur Embolie (Koronararteien, Pulmonalgefäße) führen kann.

73 Schwierigkeiten bei der Palpation der Ovarien beruhen auf
- der Unerfahrenheit des Untersuchers,
- ungeeigneten Zwangsmaßnahmen bei der Stute,
- starkem Pressen der Stute.

Aber selbst unter optimalen Bedingungen ist die Untersuchung bisweilen problematisch. Oft liegt das Ovar lateral des Ligamentum latum, in welches es eingebettet ist. Das Verlagern auf die Medialseite ist schwierig.Man kann mit einem Finger ventral des Ovars zwischen Ovar und Uterus vorgehen und versuchen, das Ovar nach oben zu schieben. Es rutscht dann nach medial und ist der Palpation zugänglich. Für den Linkshänder ist das linke Ovar schwieriger zu palpieren, für den Rechtshänder das rechte.

74 Eine Hernia umbilicalis wird klassifiziert nach
- der Ätiologie: angeboren, ererbt oder erworben,
- der Reponierbarkeit,
- dem Inhalt: Fett, großes Netz, Darm,
- der Größe,
- der Lokalisation.

(b)
- Das Alter des Tieres und die Größe der Bruchpforte. Die Mehrzahl der kleineren Hernien heilt spontan. Man kann deshalb mit der Entscheidung bis zum sechsten oder zwölften Lebensmonat warten. Große Brüche sind frühzeitig leichter zu operieren.
- Ist die Hernie infiziert? Eine Omphalophlebitis läßt sich durch Punktion oder sonographisch nachweisen.
- Ist der Bruchinhalt reponierbar?

(c)
- Offene Bruchoperation. Unter Allgemeinnarkose wird ein elliptisches Hautstück entfernt und vom Bruchsack freipräpariert, ohne diesen zu eröffnen. Der Bruchsack wird von seinen Verwachsungen mit der Bruchpforte freipräpariert und in die Bauchhöhle

versenkt. Die Bruchpforte wird mit kräftigem synthetischem, resorbierbarem Nahtmaterial vernäht. Als Naht wählt man eine Mayo-Technik („Weste-über-Hose"-Prinzip) oder Einzelhefte. Der Hautverschluß erfolgt wie üblich.
Bei größeren Öffnungen muß ein prothetisches Netz eingenäht werden. Damit es mechanisch belastbar ist, sollte es in der Nähe der Rektusscheide extraperitoneal befestigt werden. Eine fasziale Überlappungstechnik, bei der das Netz intraperitoneal befestigt wird, verringert die Serombildung.

- Einfache Bruchreposition. Dabei wird der Bruchsackinhalt zurückgedrückt; danach wird der Hautsack geklammert. Diese alte Methode birgt die Gefahr von Darmeinklemmungen in sich.

(d) Wenn die Hernie auf erblicher Basis entstanden ist, sollte das Tier nicht zur Zucht verwendet werden.

75 Ab dem 100. Tag der Gestation beginnen die fetalen Gonaden – egal ob Ovarien oder Hoden – mit einer ständig steigenden Östrogenproduktion. Die Konzentration erreicht am 150. Tag ihr Maximum und hält 300. Tag an. Danach nimmt sie langsam ab. Die wichtigsten Östrogene beim Pferd sind das Östron, des Equilin und das Equilinin. Die beiden letzeren treten ausschließlich beim Pferd auf.
Die Bedeutung der Östrogenwerte während der Trächtigkeit ist noch nicht geklärt. Sie rufen keine Rosseerscheinungen bei der Stute hervor, obwohl ihre Konzentration um ein Vielfaches höher liegt als während des Östrus. Zwar wird die Cervix in der zweiten Hälfte der Trächtigkeit weicher – was auf die Östrogene zurückgeführt werden kann -, aber eine vollständige Erschlaffung oder Öffnung tritt nicht ein.
Jahrelang war der Östrogennachweis über den Urin als Trächtigkeitstest üblich. Der Cuboni- und Lunaas-Test weisen die Östrogene mittels einer Farbreaktion nach. Modernere RIA-Verfahren arbeiten mit dem Östronsulfat im Plasma. Die Konjugation des Östrons findet in der fetalen Leber statt, so daß man diese Tests indirekt als Nachweis einer lebenden Frucht werten kann.

76 (a) lateromedial, dorsopalmar, dorsoproximal-palmardistal schräg und dorsolateral-palmarmedial schräg.
(b) Abb. 62 a ist keine echte Lateralprojektion. Man kann in Abb. 62 b und c keine röntgenologischen Auffälligkeiten entdecken.
(c) palmarproximal-palmardistal schräg (Tangentialaufnahme) (d) Es handelt sich um eine nicht dislozierte Fraktur durch den medialen Hufbeinast.
Die Behandlung besteht in Boxenruhe und einem Spezialbeschlag. Nachuntersuchung und Röntgen nach sechs Wochen.
Die Prognose ist vorsichtig zu stellen; eine Knochenheilung tritt nicht immer ein.

77 (a) Da nur die unpigmentierten Hautstellen befallen sind, handelt es sich vermutlich um eine Photosensibilisierung der Haut. Diese kann kongenital (Porphyrie) oder alimentär (Johanniskraut) sein. Das Johanniskraut enthält mit dem Hypericin eine photodynamische Substanz, die die Leber angreift. In Verbindung mit der Abmagerung ist dies die wahrscheinliche Diagnose.
(b) Bei der hepatogenen Photosensibilität wird über die Leber kein Phylloerythrin – ein Metabolit des Chlorophylls ausgeschieden. Es reichert sich in der Haut an und wirkt dort photodynamisch.

78 (a) Die Symptome deuten auf einen Pleuraerguß hin. Die Ursachen hierfür sind zahlreich und fallen unter die üblichen Mechanismen von Transsudation, Exsudation, Blutung und Chylus. Beim Pferd sind die meisten Ergüsse Transsudate oder Exsudate. Exsudate treten gewöhnlich im Zusammenhang mit einer Pleuritis, nach einer Pneumonie oder einem Lungenabszeß auf. Transsudate sind meist ein Hinweis auf tumoröse Prozesse.
(b) Den Erguß kann man sonographisch und röntgenologisch nachweisen; man erhält so auch u. U. Aufschluß über die Ursache. Die Pleuraflüssigkeit, die mittels Thorakozentese gewonnen wird, untersucht man zytologisch und auf Glucose und Eiweiß. Beim Verdacht auf einen septischen Prozeß wird sie zusätzlich bakteriologisch untersucht (anaerob und aerob).

79 Der weiche Gaumen ist nach dorsal verlagert, so daß die Epiglottis nicht sichtbar ist. Dieses Bild zeigte sich während einer ausgiebigen Betrachtung von Larynx und Pharynx mit mehreren Schluckvorgängen. Die Ursache der dorsalen Verlagerung (dorsal displacement of the soft palate = DDSP) sind vermutlich zwei Zysten im weichen Gaumen 1 cm rostral des Arcus palatopharyngeus. Die größere von ihnen ist auf der linken Seite (rechts in Abb. 275). Zysten im Gaumen sind selten. Man vermutet, das es sich um Speichelzysten in der Mukosa des Gaumens handelt.
Wegen der schlechten Zugänglichkeit über die Mundhöhle oder per Laryngotomie sind sie chirurgisch schwer zu behandeln. Darüber hinaus besteht bei Zysten dieser Größe die Gefahr einer chronischen Fistelbildung.

80 (a) Man sieht sehr viel wildes Fleisch, was an dieser Stelle öfters auftritt. Es gilt, diese Wucherung zu beseitigen. Man kann sie großflächig chirurgisch abtragen. Wildes Fleisch ist nicht innerviert, aber es neigt zu starken Blutungen. Alternativ bietet sich eine Langzeitbehandlung mit einer antibiotischen Corticosteridsalbe an, wodurch das Granulationsgewebe ebenfalls verkleinert wird.
(b) Sie kann bis zu 18 Monaten dauern. Das Problem liegt in der ständigen Bewegung an dieser Stelle.
(c) An der Dorsalfläche des Tarsus kann sich fibrotisches Gewebe bilden, das bei starker Beanspruchung wieder reißt. Sofern keine Veränderungen am Knochen vorliegen, beeinflußt das fibrotische Gewebe den Gang nicht.

81 (siehe Abb. 276)
(a) Es handelt sich um eine Abrißfraktur an der Insertionsstelle des Unterstützungsbandes.
(b) Die Sonographie des Unterstützungsbandes. Schwere Verletzungen bedingen eine vorsichtige Prognose.
(c) Apikale Frakturteile können chirurgisch entfernt werden, wenn sie nicht mehr als ein Drittel der proximo-distalen Knochenausdehnung betreffen.

82 (a) Inhibierte Cyathostomeninfektion. Die Kolonschleimhaut ist geschwollen und ödematös. Die Larven sitzen in der Mukosa und bilden zahlreiche kleine dunkle Knötchen.

(b) Manchmal kann man makroskopisch die Parasiten im Kot erkennen, wenn man z. B. bei der rektalen Untersuchung den Kot betrachtet. Ihre Größe schwankt zwischen 2 und 7 mm; sie sind weiß oder rötlich.
Bei der Obduktion kann man die Darmwand durchleuchten. Dabei sieht man die Cyathostomen in der Schleimhaut. Ideal sind starkes, weißes Licht und eine Vergrößerungsmöglichkeit (Mikroskop); zur Not reicht eine Taschenlampe. Die definitive Absicherung erfolgt durch die histologische Untersuchung.
(c) Die Kernfrage in der Pathogenese der Cyathostomenlarveninfektion ist die Verhinderung der Larvenentwicklung in der Darmschleimhaut. Biologische Einzelheiten der Inhibition sind nicht bekannt, aber es ist zu vermuten, daß dies der Ausdruck einer partiellen Immunität des Wirtes gegenüber Cyathostomen ist.
Die Symptome setzen ein, wenn die Larven massenhaft aus der Schleimhaut auswandern. In schweren Fällen führt dies zu einer Eiweißverlust-Enteropathie mit rapidem Gewichtsverlust und peripheren Ödemen.

83 (a) Die Stute hat ein intaktes Hymen. Sie ist vermutlich vor kurzem erstmalig rossig geworden. Das Uterussekret staut sich vor dem Hymen und wölbt es kaudal, so daß es bei erhöhtem Beckendruck (im Liegen) zwischen den Labien sichtbar wird.
Bei der Untersuchung gelangt die Hand nur bis zur Urethraöffnung. Meistens kann man das Hymen mit dem Zeigefinger in der Mitte perforieren. Dies ist nicht schmerzhaft und blutet-wenn überhaupt-nur minimal. Selten ist das Hymen so derb, daß man es mit einer Klemme erfassen und mit dem Skalpell durchtrennen muß. Danach geht man wie oben beschrieben mit dem Finger vor.
(b) Meist passiert dies bei Erstlingsgeburten. Die Zehe des Fohlens bleibt möglicherweise am Hymenalring hängen; durch das kontinuierliche Pressen perforiert sie das dorsale Scheidendach zum Rektum. Manchmal kann man – nach Gabe eines Uterusrelaxans – eine Lageberichtigung durchführen; bisweilen geschieht dies spontan, indem die Stute sich wälzt. Danach kann das Fohlen normal ausgetrieben werden. Die Verletzung heilt ab und hinterläßt eine rektovaginale Fistel. Wenn die Stute nach der Perforation weiter preßt, kann auch der Damm vollständig reißen.
Stuten ohne Tetanusschutz werden geimpft. Antibiotika sind in der Regel entbehrlich. Wegen der umfangreichen Demarkation des traumatisierten Gewebes ist eine sofortige chirurgische Versorgung nicht möglich. Sie würde lediglich zu Nekrosen, Ödemen und Sepsis führen. Man wartet damit bis zum Absetzen des Fohlens. Die plastische Rekonstruktion ist schwierig und erfordert bisweilen mehrere Operationen. Diese können unter Sedierung und Epiduralanästhesie durchgeführt werden.

84 violett = EDTA (Hämatologie); blau = Na-Citrat 3,8 % (Fibrinogen, Gerinnungstests), schwarz = Na-Citrat 3,1 % (Blutsenkung);
grau = Na-Fluorid/K-Oxalat (Glucose); rot = kein Antikoagulanz (klinische Chemie); grün = Li-Heparin (Endokrinologie, Fibrinogen).
In Deutschland sind teilweise andere Farbkennungen üblich (Fa. Sarstedt):
rot = EDTA; schwarz oder weiß = Plasma; gelb = Na-Fluorid; grün = Citrat; orange = Li-Heparin, blau = NH_4-Heparin.

85 (a) Bakterielle Endokarditis.
(b) Es gibt keine pathognomonischen Zeichen einer bakteriellen Endokarditis. Einige der nachfolgend beschriebenen Symptome können vorhanden sein:

- Herzgeräusche. Sie können u. U. erst im Endstadium auftreten. Ein Herzklappenfehler führt normalerweise zu Rückflußgeräuschen. Eine Wucherung an der Semilunarklappe verursacht ein systolisches Pumpgeräusch.
- Herzarrhythmien
- Fieber, Anorexie, Apathie und bakterielle Polyarthritiden
- Hämatologisch findet man u. U. eine Anämie und Leukozytose. Wenn die Erregeranzüchtung mehrmals hintereinander gelingt, deutet dies auf eine bakterielle Endokarditis.

(c) Bei bakteriologisch positivem Ergebnis Antibiose nach Resistenztest. Der intravenösen Applikation ist der Vorzug zu geben. Eine Langzeitbehandlung über einen Monat mit einem bakteriziden Antibiotikum ist anzustreben; danach erfolgt eine erneute bakteriologische Untersuchung.
(d) Die Prognose hängt vom Ausmaß der Schädigung und vom Ansprechen auf die Antibiose ab. Frühzeitige Behandlung verbessert die Prognose. Die Bakterien finden allerdings in den Wucherungen und Fibrinauflagerungen Unterschlupf, was die antibiotische Behandlung erschwert. Das Endstadium ist durch chronische Schädigung und Deformierung der Herzklappen gekennzeichnet. Thromboembolien und die Bildung von Immunkomplexen verschleppen die Erkrankung in andere Organe.

86 Das Pferd leidet an einer Abrißfraktur an der Squama occipitalis. Zusätzlich besteht eine Mineralisation kaudal der Squama occipitalis, die aber klinisch keine Bedeutung hat. Die konservative Behandlung ist erfolgversprechend. Sie führt innerhalb einiger Wochen zu einer fibrotischen Verwachsung. Die Bewegungsmöglichkeit des Kopfes ist damit wiederhergestellt. In der ersten Rekonvaleszenzphase sollte das Pferd vom Boden gefüttert werden; Wasser trinkt es aus einer flachen Schale. Nach Abklingen der ersten Symptome kann man den Kopf zur Unterstützung mit einem Geschirr hochbinden.

87 (a) Das Eisen drückt an einer Seite in die Eckstrebe. Entweder ist es schon lahm oder es wird bald lahm sein.
(b) Der Beschlag muß die Trachten ausreichend bedecken. Die Schenkel wirken sehr kurz; das mag aber auch daran liegen, daß der Beschlag schon sehr alt ist. Das Beschlagsintervall darf u. U. nur vier Wochen betragen.

88 (a) Nein. Es liegt eine Retinaatrophie im Bereich der Papilla optica vor.
(b) Auffallend sind die fingerförmigen blassen Pigmenttrübungen beidseits der Papilla optica.

89 (a) Es handelt sich um ein Equines Sarkoid. Das ursächliche Virus ist noch nicht endgültig klassifiziert; vermutlich handelt es sich um ein bovines Papillomavirus.
(b) Ja. Die Übertragung kann durch Insekten oder Blut erfolgen. (c) Diese Art von Sarkoid verhält sich gutartig, solange man es unangetastet läßt. Die chirurgische Entfernung ist sicher nicht die geeignete Methode, da das Virus durch den Eingriff in die gesunde Peripherie getragen wird.
(d) Die Rezidivquote liegt innerhalb von zwei Jahren bei 50%.

90 Ein Teratom im Schläfenbereich sucht sich seinen Fistelgang mit Vorliebe an der Basis der Ohrmuschel. Der Begriff Teratom ist zutreffender als der Begriff Zahnbalgzyste, da nicht in allen Zubildungen dieser Art Zahnanlagen gefunden werden. Röntgenologisch läßt sich zum einen Lage und Größe des Teratoms beurteilen, zum anderen sieht man, ob versprengte Zahnanlagen vorhanden sind.
Das Teratom kann chirurgisch entfernt werden. Man folgt dem Verlauf der Sonde bis auf den Fistelgrund. Die Entfernung ist nicht immer einfach, da manche Teratome oder Zahnbalgzysten eng am Os petrosum liegen.

91 (a) Anamnese und Symptome deuten auf eine Peritonitis hin. Die Leukozytose mit Neutrophilie und der erhöhte Fibringehalt sind deutliche Entzündungsindikatoren. Die hohe Zahl kernhaltiger Zellen und Neutrophiler im Bauchhöhlenpunktat ist typisch für eine Peritonitis. Im gefärbten Ausstrich findet man Bakterien.
(b) Die Ursachen einer spontanen Peritonitis beim Pferd bleiben meist im unklaren. Plausible Erklärungen sind chirurgische Bauchhöhleneingriffe und Schädigungen des Darmes (Ulzera, Infarzierung, Fremdkörper, Perforation u. a.).
(c) Man behandelt mit bakteriziden Breitbandantibiotika; auch der Einsatz von Metronidazol ist zu erwägen. Der Versuch einer Anzüchtung von Erregern aus dem Punktat gelingt nicht immer. Symptomatisch kommen NSAID (Flunixin) und andere Analgetika zum Einsatz; zusätzlich Infusionen zur Volumen- und Elektrolytsubstitution. Die Behandlung kann sich über Wochen hinziehen. Die Überwachung des Therapieerfolges geschieht im Blutbild und durch Untersuchung des Bauchhöhlenpunktates.
Bei Pferden, die auf die konservative Behandlung nicht ansprechen, ist zur Entscheidungsfindung eine Probelaparotomie angezeigt.

92 Es handelt sich vermutlich um eine Neoplasie des Lymphgewebes, evtl. sogar um eine echte lymphatische Leukose. Die hämatologischen Abweichungen sind auf eine Regression des Knochenmarks zurückzuführen, d. h., das Knochenmark wird durch neoplastische Zellen ersetzt. Die Bildung von Tumorzellen geht auf Kosten der normalen Hämatopoese. Dadurch nehmen die Zellen des Blutes, die im Knochenmark gebildet werden, ab. Es kommt zur Anämie, Neutropenie und Thrombozytopenie. Letztere ist vermutlich die Ursache für die klinischen Symptome (Nasenbluten, Blutungen in der Schleimhaut). Das Differentialblutbild weist eine Vielzahl unnormaler lymphatischer Zellen (Lymphoblasten, große Lymphozyten) auf. Eine Absicherung der Diagnose erfolgt durch eine Knochenmarkbiopsie.

93 (a) In der Ösophagusschleimhaut sieht man in Längsrichtung angeordnete Ulzera. Sie sind vermutlich durch gastrischen Reflux entstanden.
(b) Die Koliksymptome sind Bestandteil der Graskrankheit.
Im gesamten Verdauungsapparat liegen paralytische Zustände vor. Beim akuten Verlauf finden sich die Veränderungen eher im Ösophagus und im Magen, chronische Fälle weisen eher Veränderungen im großen Kolon auf. Meist tritt die Erkrankung im Sommer bei Weidepferden auf; andere Varianten sind ausgesprochen selten.
(c) Zur endgültigen Diagnose werden postmortal die Ganglien des autonomen Nervensystems untersucht. Histologisch fällt die typische Chromatolyse auf. Üblicherweise nimmt man die kranialen sympathischen Ganglien.

(d) Man weiß noch zu wenig über die Ätiologie der Erkrankung. Sie tritt bei Weidepferden endemisch auf der ganzen Welt auf. Man kann den Besitzer darauf hinweisen; einen Rat zur Vorbeuge kann es logischerweise nicht geben.

94 (a) Am häufigsten erkranken Stuten im 7. – 12. Lebensjahr, selten schon fünfjährig.
(b) Granulosazelltumoren stehen im Verdacht, eine Dauerrosse, eine Anaphrodisie oder eine Virilisierung hervorzurufen. Letzteres ist der häufigste Fall. Die Stuten bekommen Hengstmanieren und besteigen andere Stuten. Der Testosterongehalt im Blut ist erhöht. Die unterschiedliche Symptomatik läßt vermuten, daß die Granulosazelltumoren endokrinologisch nicht einheitlich sind; auch histologisch unterscheiden sie sich. Begriffe wie „Gynandroblastom" o. ä. führen lediglich dazu, daß eine genaue Differenzierung unterbleibt.
(c)

- Unnormales Verhalten.
- Bei der rektalen Palpation findet man das Ovar vergrößert (mehr als 10 cm ∅), unregelmäßig rundlich und mit weicher Oberfläche. Oft ist es bis zu 25 cm groß (Abb. 277 a). Ob es sich bei den größeren Formen um fortgeschrittene Stadien der kleineren Form handelt, ist nicht bekannt. Immer ist das gesamte Ovar tumorös. Als diagnostische Besonderheit fällt auf, daß das nichtbefallene Ovar klein und vollständig inaktiv ist.
- Sonographisch erscheinen die kleineren Granulosazelltumoren solide oder mit zahlreichen Kavitäten durchsetzt. Diese sind rund oder keilförmig und alle ungefähr gleich groß (0,5 – 1,0 cm ∅ ; s. Abb. 277 c). Im Ultraschall erkennt man auch gut die runde oder leicht längliche Form. Bei den größeren Tumoren findet man größere Kavitäten, die echogene Linien und Trabekel aufweisen. Sie entstehen vermutlich durch Blutungen in die Kavität. Die größte Form des Granulosazelltumors hat meist nur noch eine Kavität. An manchen Stellen ist die Wandung des Tumors sehr dünn. Der autoptische Befund deckt sich mit dem sonographischen. Das andere Ovar ist meist inaktiv.
  Zwei selten zu beobachtende Phänomene ungekläter Ätiologie können die Symptome des Granulosazelltumors imitieren:
- ein großes (> 12 cm ∅) Ovar mit vielen „statischen" Follikeln. Morphologisch tut sich über Monate so gut wie nichts. Es ist denkbar, daß Ovulationen unerkannt stattfinden, wenn der Follikel nahe der Ovulationsgrube liegt. Das andere Ovar ist zyklisch und normal.
- Ein persistierendes Hämatom. Das Ovar hat eine weiche Oberfläche und kann über Monate die gleichen palpatorischen und sonographischen Befunde zeigen. Autoptisch findet man Blut, das teilweise geronnen ist (Abb. 277 c).

Ovarien, die in einer der geschilderten Weisen verändert sind, werden normalerweise entfernt. Die Vergrößerung des Ovars gilt als potentielles Geburtshindernis.
(d) Die Ovariektomie ist die Methode der Wahl. Kleine Tumoren können per Flankenschnitt, größere über eine mediane Laparotomie entfernt werden. Probleme bereiten dabei:

- die lange Operationsdauer, was zu Muskelschäden führen kann
- das Vorlagern des Ovars für eine exakte Blutstillung
- postoperative Blutungen
- postoperative Schmerzen.

(e) Wenn die Stute den Eingriff ohne Folgen übersteht, kann das andere Ovar seine normale zyklische Aktivität wieder aufnehmen. Es kann sogar eine Trächtigkeit zustande kommen. Die Zeit, die das Ovar zur Wiederaufnahme seiner Funktion benötigt, hängt von der Dauer der Blockade sowie von der Jahreszeit ab. Pausen von mehr als einem Jahr sind nicht zu erwarten. Ist der Zyklus einmal in Gang gekommen, läuft er – wie bei Stuten mit zwei Ovarien – im dreiwöchigen Turnus ab.

95 (a) Im Blutlabor finden sich folgende Abweichungen:
Azotämie; Natrium und Kalium erhöht; Calcium und Phosphor erniedrigt; Neutropenie. Gesamtprotein und Albumin sind nach unten grenzwertig.
Das Pferd leidet an einem akuten Nierenversagen. Ursache ist möglicherweise eine Mangeldurchblutung der Niere im Zusammenhang mit der Kolitis. Auch toxische Prozesse, die Niere und Magen-DarmTrakt erfassen, können diese Befunde ergeben.
Eine echte Hyperkaliämie ist beim Pferd selten im Zusammenhang mit einem Nierenschaden zu sehen; sie ist aber wegen ihrer Auswirkungen auf das Herz als lebensbedrohliches Zeichen zu verstehen.
(b)
- Urinuntersuchung: spezifisches Gewicht, Konkremente, Zellen, Harnstoff und Kreatinin. Das Verhältnis von Harnstoff oder Kreatinin im Urin zum Blut hilft bei der Differenzierung prärenaler und renaler Ursachen der Azotämie in weniger schweren Fällen.
- Die Bestimmung der Sulfanilclearance oder der fraktionierten Elektrolytclearance ist in so schweren Fällen wie dem vorliegenden wenig hilfreich.
- Sonographie der Niere. Man kann morphologische Veränderungen der Calculi sowie Tumoren und eine Pyelonephritis nachweisen.
- Das EKG ist wichtig im Zusammenhang mit der Hyperkaliämie.

(c) Dieser Fall erfordert Intensivbetreuung. Sie richtet sich gegen die Krankheitsursache, also die Kolitis. Alle potentiell nephrotoxischen Medikamente müssen sofort abgesetzt werden.
Zum Ausgleich des Elektrolyt- und Flüssigkeitsdefizits wird das Pferd infundiert. Regelmäßige Kontrolle der Elektrolyte, des Gesamteiweißes und des Hämatokrits sind wichtig.
Viele Pferde mit einer tubulären Nephrose sprechen gut auf die alleinige Flüssigkeitszufuhr an. Ist dies nicht der Fall, kann man mit Furosemid oder 20%iger Mannitlösung die Diurese beschleunigen.
Dopamin verbessert die renale Durchblutung und glomeruläre Filtration. Im Extremfall ist eine Hämo- oder Peritonealdialyse möglich.
Falls das Tier im Rahmen der Kolitisbehandlung sediert werden muß, geschieht dies mit Xylazin oder Detomidin, die beide leicht diuretisch wirken.
Mit der Wiederherstellung der Nierenfunktion müßte sich eine metabolische Azidose von allein korrigieren. Die Gabe von Hydrogencarbonat ist überflüssig und sollte bestenfalls unter Blutgaskontrolle durchgeführt werden.
Die Hyperkaliämie ist lebensbedrohlich und muß korrigiert werden. Allein die Flüssigkeitssubstitution führt zu einer relativen Verringerung des extrazellulären Kaliums. Die Diurese unterstützt diesen Effekt. Eine Korrektur der metabolischen Azidose führt zur intrazellulären Aufnahme von Kalium. Dies kann man durch intravenöse Gaben von Glucose und Insulin verstärken.

Die intravenöse Gabe von Calcium schützt die Herzfunktion. Es normalisiert die unterschiedlichen Membranpotentiale. Der Therapieverlauf wird im EKG überwacht.
(d) Falls die Harnbildung angeregt und die auslösenden Ursachen abgestellt werden können, ist die Prognose einigermaßen gut.
Im vorliegenden Fall erholte sich die Stute vollständig; in anderen Fällen stellte sich eine kompensierte Niereninsuffizienz ein.

96 (a) Die Verletzung erstreckt sich auf die Haut und vermutlich auf die Sehnenscheide und die oberflächliche Beugesehne. Die genauere Untersuchung erfolgt sonographisch mit einem 7,5-MHz-Schallkopf.
(b) Weil Haut, Sehnenscheide und Sehne ständig unterschiedlich stark in Bewegung sind.
(c) Man trägt das Granulationsgewebe vorsichtig ab, um die Beugesehne möglichst zu schonen. Danach wird um die untere Gliedmaße ein Gipsverband zur Ruhigstellung angelegt. Der Gips/Kunststoff kann nach vier bis sechs Wochen – je nach Schwere der Verletzung – entfernt werden. Beim Verdacht einer Wundinfektion gibt man systemisch Antibiotika nach Resistenztest für 5–7 Tage.

97 (a) 21. Tag
Cervix: Sie ist 1 cm im Durchmesser und 7 cm lang.
Die Konsistenz ist fest aufgrund der Progesterondominanz. Sie liegt mittig auf dem Beckenboden.
Uterus: Körper und Hörner sind röhrenartig und von gummiartiger Konsistenz (tonisiert). An der Basis eines Hornes befindet sich eine Aussackung von 2,5–3,0 cm ∅ (bei einer Fruchtanlage oder einseitiger Zwillingsträchtigkeit). Bei einer bilateralen Zwillingsträchtigkeit sind die Ausbuchtungen beidseits. Ihre Konsistenz ist weniger fest als die des übrigen Uterus, weil die Uteruswand sehr dünn ist. Die Ausbuchtung liegt meist mehr ventrolateral und kann erst ertastet werden, wenn man den Uterus mit den Fingerspitzen etwas anhebt.
Ovarien: Sie sind beide aktiv und produzieren Begleitfollikel, die fast präovulatorische Größe erreichen können. Ein Corpus luteum graviditatis ist nicht tastbar.
(b) 32. Tag
Cervix: wie 21. Tag.
Uterus: Der Tonus ist wie am 21. Tag oder noch stärker, die Ausbuchtung etwa 4,0 cm im Durchmesser. Man fühlt die Flüssigkeit in der Fruchtblase.
Ovarien: wie am 21. Tag, aber mit noch mehr tastbaren Follikeln.
(c) 60. Tag
Cervix: wie 21. Tag.
Uterus: wie am 32. Tag; die Fruchtblase ist jetzt aber 8 cm groß und nimmt die Hälfte des tragenden Horns ein. Dies ist der späteste Zeitpunkt, Zwillinge palpatorisch zu entdekken.
Ovarien: Aufgrund des synergistischen Effekts des equinen Choriongonadotropin und des FSH der Hypophyse werden die Ovarien weiter stimuliert. Sie entwickeln eine beachtenswerte Follikelaktivität mit der Ausbildung sekundärer Corpora lutea. Die Ovarien sind infolgedessen vergrößert.

(d) 90. Tag
Cervix: wie 21. Tag.
Uterus: Das Allantochorion dehnt sich rasch aus und füllt am 80. 85. Tag den gesamten Uterus aus. Er fühlt sich folglich flüssigkeitsgefüllt an. Das Corpus uteri ist gut zu ertasten. Es ist 12 cm im Durchmesser und aufgrund der Flüssigkeitsfüllung etwas gespannt.
Ovarien: wie am 60. Tag, aber etwas kleiner und weiter kranial; sie bleiben oberhalb des Uterus.
(e) 150. Tag
Cervix: wie 21. Tag.
Uterus: Man kann nur noch den Körper palpieren. Je nach Lage fühlt man eine flüssigkeitsgefüllte Blase, in welcher man die Frucht ballotieren kann, oder man kann Fruchtteile direkt ertasten (z. B. den Kopf).
Ovarien: Sie sind nun klein und inaktiv und kraniomedial verlagert, so daß sie schwer zu erreichen sind.
(f) 8. Trächtigkeitsmonat
Cervix: Sie wird im Vergleich zu den früheren Stadien deutlich weicher (Einfluß der fetalen und plazentaren Östrogenproduktion). Uterus: Der Fetus ist einwandfrei zu erkennen; man kann einzelne Körperteile (Kopf, Vordergliedmaßen) identifizieren. Man fühlt kaum noch Flüssigkeit im Uterus.
Ovarien: Sie sind klein und inaktiv und normalerweise nicht zu palpieren.

98 Man fixiert diese Art von Kieferbrüchen mit einer einfachen Cerclage mit einem monofilen Stahldraht (24 SWG). Der Caninus und der kontralaterale mittlere Schneidezahn bilden die Stabilisierungspunkte (Abb. 278). Nach Entfernung des Trachealtubus überprüft man die Okklusion. Die Schleimhautwunden werden mit resorbierbarem Nahtmaterial versorgt. Es ist wichtig, daß der Zahnfleischsaum nicht durch scharfe Enden des Drahtes geschädigt wird. Entweder biegt man dazu dessen Enden zwischen die Schneidezähne oder man entschärft sie durch Anbringen von etwas Dental-Kunststoff. Bei Stuten oder Wallachen, die keinen Caninus haben, schafft man sich einen gegenüberliegenden Stabilisierungspunkt, indem man durch den Kiefer eine kleine Bohrung zur gegenüberliegenden Seite anlegt. Nach sechs Wochen ist die Fraktur verheilt, und der Draht wird entfernt.

99 (siehe auch Abb. 279)
(a) Durch Beugung des Karpus kann man die Reposition erleichtern. Danach erfolgt eine interne Fixation. Die Methode der Wahl ist die Verschraubung mittels einer AO/ASIF-Corticalisschraube von 3,5–4,5 mm Durchmesser. Der Eingriff erfolgt unter endoskopischer Kontrolle.
(b) An der medialen (= radialen) Fläche des Os carpale III.
(c) Am Bruchrand befinden sich eine Absplitterung und Schleifspuren im Gelenkknorpel in dorsopalmarer Richtung.

100 (a) Arbeit hat einen erhöhten Futterbedarf zur Folge. Da die tägliche Futteraufnahme limitiert ist (2–3 % des Körpergewichts, bezogen auf die Trockensubstanz), muß bei starker Arbeit die Energiedichte des Futters erhöht werden. Auch die Anzahl der Mahlzeiten wird erhöht.

Das Pferd verträgt Fett recht gut (bis zu 15 % der Ration). Die Futteraufnahme wird jedoch mit steigendem Fettanteil geringer. Die Fettfütterung fördert die Enzyme des Metabolismus der freien Fettsäuren (FFA). Diese sind Hauptenergiequelle bei Distanzpferden. Die FFA verringern den Glucoseverbrauch und steigern so die Leistungsfähigkeit. Die FFA sind auch wichtig für Haut und Fell. Die Fettfütterung hat außerdem den Vorteil, daß man bei Pferden, die große Mengen an Kohlenhydraten gefüttert bekommen, die thermische Belastung (Blinddarmgärung) reduzieren kann.
(b) Man weiß noch relativ wenig über den Transport von Pyruvat und FFA in die Mitochondrien. Deshalb kann man noch keine genauen Angaben über den Einfluß der FFA im Energiestoffwechsel bei unterschiedlichen Belastungen machen. Momentan herrscht die Meinung vor, daß ein Sprinter die FFA nicht optimal nutzen kann. Dennoch gibt es Hinweise, daß ein Pferd, das an Fettfütterung gewöhnt ist, besser trainierbar ist. Dies kommt letztlich auch dem Sprinttraining zugute. Das ideale Verhältnis von Kohlenhydraten zu Fett in der Futterration ist noch nicht bekannt.
(c) Übermäßige Fettfütterung ist schädlich. Das Futter wird u. U. weniger schmackhaft, und es kann zu Verdauungsstörungen kommen. Außerdem gelangt zu viel Fett in den Dickdarm, wo es die Rohfaserverdauung und die Fettutilisation stört. Langkettige Fettsäuren werden im Dickdarm schlecht resorbiert.
(d) Es gibt z. Zt. noch keine allgemeingültigen Empfehlungen für die Fettfütterung beim Pferd. Soja- oder Weizenöl können beim Rennpferd bis zu 225 ml täglich verfüttert werden. Der Bedarf an Linolsäre wird mit 0,5 % der Futtertrockensubstanz angegeben.

101 Die Schlundverstopfung führt oft zur Inhalationstracheitis, -bronchitis und Pneumonie. Man sieht auf dem Bild einen See von inhaliertem Speichel im Bereich der Brustapertur. Der Speichel ist mit Futterbestandteilen vermischt. Eine Röntgenaufnahme würde Verschattungen in den entsprechenden Lungenbezirken sichtbar machen. Die gangränöse Aspirationspneumonie ist beim Pferd eher selten. Setzt man schnellstmöglich und konsequent Breitspektrumantibiotika ein, erholen sich die Tiere rasch.
Dies ist sicher ein Hinweis auf die mukoziliare Clearance des Pferdes.
Unter Praxisbedingungen wird die Schlundverstopfung mit Spasmolytika und Spülen behandelt. Röntgen und Endoskopie sind sicher überflüssig; sie sollen hier nur zur Anschauung demonstriert werden.

102 (a) Es handelt sich um eine Streptococcus-equi-Infektion (Druse). Diagnostisch weist man dies durch die bakteriologische Untersuchung von Abszeßeiter nach.
(b) Es bestehen unterschiedliche Auffassungen über die Therapie. Die Mehrzahl der Fälle heilt spontan und ohne Antibiotika. Man vermutet, daß ein zu früher Einsatz von Antibiotika die Abszeßreifung unterdrückt. Dadurch verzögert sich nicht nur die Heilung, sondern es besteht auch die Gefahr der Verschleppung des Erregers in andere Organe. Wissenschaftlich ist dies aber nicht hinreichend bewiesen. Wenn Antibiotika erforderlich sind, ist Penicillin das Mittel der Wahl. Der Einsatz bleibt schweren Fällen vorbehalten (Luftsackempyem, Aspirationspneumonie, Pleuritis, Bauchhöhlenabszess). Procain-Penicillin (22.000 IU/kg KM zweimal täglich) wird nach Abklingen der Symptome 5 – 10 Tage weiter gegeben.
Höhere Dosen sind bei Drusemetastasen in anderen Organen erforderlich. Bei starken Schluckbeschwerden ist evtl. die Fütterung per NSS notwendig. NSAID (Flunixin, Phenylbutazon) verbessern das Allgemeinbefinden. In Ausnahmefällen kann bei schwerster

Atemnot eine temporäre Tracheotomie erforderlich sein. Spaltung und Drainage der Abszesse sind sinnvoll.
(c) Die erkrankten Pferde werden in strengster Quarantäne gehalten. Zweimal täglich wird die Temperatur kontrolliert. Fiebrige Pferde bekommen sofort Penicillin. Alternativ kann man Antibiotika prophylaktisch geben, was allerdings im Widerspruch zu dem eingangs Gesagten steht.

103 (a) Es handelt sich um das Equine Coitale Exanthem.
Erreger ist das EHV 3.
(b) Ja; durch die Bedeckung und mangelnde Hygiene.
(c) Die allgemeine Abwehrlage des Organismus wird durch die Infektion etwas geschwächt.

104 (a) Arterielle Blutdruckmessung und EKG.
(b) Die arterielle Blutdruckmessung ist aufschlußreicher als das EKG. Der Blutdruck ist ein Parameter für den kardialen Output und die Durchblutung der Gewebe. Auch die Narkosetiefe und der Tonus des vegetativen Nervensystems können erfaßt werden. Dies ist wichtig zur Verhinderung postnarkotischer Schäden, wie z. B. der Myopathie.

105 (a) Die Widerristfistel ist eine Infektion des Schleimbeutels über dem Widerrist. Ein vorangegangenes Trauma (Druck) kann die Entstehung begünstigen.
(b) Bisweilen wird eine Widerristfistel durch Brucella spp. hervorgerufen (Anzeigepflicht!).
(c) Durch Röntgen kann man eine osteomyelitische Beteiligung abklären; durch Ultraschall kann man die Ausdehnung des Prozesses erfassen.
(d) Meist ist eine radikalchirurgische Behandlung angezeigt. Örtliche Infektionen, bei denen die Bursa nicht beteiligt ist, können auf eine Antibiose ansprechen. Man findet Anaerobier und Aerobier; die Behandlung erfolgt nach Resistenztest. Das Hauptproblem stellt eine geeignete Drainage des infizierten Gebietes dar.

106 (a) Es handelt sich um eine Schwellung der Sehnenscheide des M. extensor carpi radialis.
(b) Wichtig ist die Anamnese (vorausgegangene Verletzung mit anschließender Infektion). Klinisch erfaßt man den Lahmheitsgrad. Die Synoviauntersuchung gibt Aufschluß über eine eventuelle Infektion. Röntgenologisch beurteilt man, ob am distalen Ende des Radius Umformungen der Sehnenrinne des M. extensor carpi radialis ablaufen. Die eigentlichen Prozesse an der Sehne werden sonographisch untersucht.
(d) Wenn die Lahmheit auf einer Infektion beruht oder Schädigungen der Sehne zu Umformungen am Knochen geführt haben, ist die Prognose fraglich bis schlecht.

107 Die Mastdarmperforation ist ein seltenes und schicksalhaftes Ereignis. Das Risiko besteht grundsätzlich bei jeder rektalen Untersuchung. Männliche Tiere sind stärker gefährdet als weibliche. Man führt dies auf die Beckenanatomie zurück; Stuten scheinen eher an solche Manipulationen gewöhnt zu sein. Offensichtlich gibt es im Mastdarm einen Locus minoris resistentiae, der beim männlichen Tier anfälliger ist. Außerdem werden männliche Tiere öfter tief im Abdomen untersucht, während bei Stuten die gynäkologische Untersuchung weniger invasiv und folglich weniger verletzungsgefährdend ist.

Meist reißt der Darm dorsal und 30 cm kranial des Anus entlang des Mesorektums. Eine Blutung der Schleimhaut ist in der Regel nicht lebensbedrohlich. Die vollständige Durchtrennung aller Darmschichten führt zur Kotverschmutzung der Bauchhöhle und zur tödlichen Peritonitis.
Selbst erfahrene Kliniker sind vor solchen Ereignissen nicht sicher. Manchmal bleiben sie auch zunächst unerkannt. Man sieht nur am Handschuh etwas Blut von einer oberflächlichen Verletzung.
Der Untersucher vermutet, daß er den Mastdarm mit dem Finger perforiert hat, obwohl er an der betreffenden Stelle gar nicht untersucht hat. Eine weitere Untersuchung gibt kaum Aufschluß.
Die Mastdarmperforation ist in ihrer Entstehung so widersprüchlich, daß man kaum Hinweise zur Verhinderung geben kann. Die routinemäßige Sedierung aller Pferde ist praktisch nicht durchführbar. Die Peristaltik und Umweltreize können nur teilweise ausgeschaltet werden; es können immer Zwischenfälle eintreten. Bei peristaltischen Bewegungen darf man keinen Widerstand leisten; bei sehr starkem Pressen muß die Untersuchung sogar abgebrochen werden. Am wichtigsten ist nach wie vor ein ruhiges, entspanntes und entspannendes Vorgehen.

108 (a) Ein Befall mit Oxyuris equi.
(b) Der perianale Juckreiz führt zum Wundscheuern an Schweifrübe und Perineum. Die Ponys jucken sich an allen möglichen Gegenständen (Zaun, Holzbeschläge) und verletzen sich. Man vermutet, daß der Juckreiz entsteht, wenn die adulten Oxyuren den Mastdarm via Anus verlassen, um im Analbereich ihre Eier abzulegen.
(c) Die Art der Veränderungen spricht für einen Oxyurenbefall. Das Sommerekzem ruft ähnliche Veränderungen hervor; dann sind aber in der Regel auch Mähne, Schopf und Widerrist befallen. Der Nachweis der Oxyureneier erfolgt mikroskopisch im Tesa-Abklatschpräparat (Eischnüre).
(d) Oxyuren werden mit normalen Breitspektrumanthelminthika behandelt. Das Abwaschen der Eischnüre verhindert zusätzlich den Befall.

109 (a) Es handelt sich um das Jakobskreuzkraut (Senecio jacobaea). Die toxische Substanz ist ein Pyrrolizidin-Alkaloid.
(b) Histologisch sieht man einen Verlust von Hepatozyten, die durch fibrotisches Gewebe ersetzt sind (Abb. 280). Einige Megalozyten (sehr große Hepatozyten) sind ebenfalls zu sehen. Diese Veränderungen sind pathognomonisch für die Jakobskreuzkraut-Vergiftung (Seneziose); ähnliches sieht man allerdings auch bei der Aflatoxikose.
(c) Das Pyrrolizidin-Alkaloid wird zum hochtoxischen Pyrrol metabolisiert. Dies wirkt antimitotisch und führt zur Megalozytose. Die Fibrose schließt sich als Ausdruck der Parenchymdegeneration an.
(d) Die γ-GT ist der empfindlichste Indikator für subklinische Senecio-Vergiftungen.

110 (a) Es handelt sich vermutlich um einen Diabetes mellitus (D M). Der D M ist definiert als permanente Hyperglykämie infolge eines relativen oder absoluten Insulinmangels. Ein echter D M ist beim Pferd bislang nicht zweifelsfrei nachgewiesen; er tritt meist mit anderen Symptomen vergesellschaftet auf. Diabetische Symptome findet man oft beim Morbus Cushing (Hypophysenadenom).

(b) Das Pony ist erst vier Jahre alt. Es zeigt außer Durst und Gewichtsverlust keine Symptome eines Morbus Cushing. Die Ursache des D M könnte in einer chronischen Pankreatitis liegen, die durch Wanderlarven von Strongyliden, insbesondere S. equinus, hervorgerufen werden.
(c) Die weitere Diagnostik bezieht sich auf den Zuckerstoffwechsel und die kausalen Zusammenhänge. Bei einer intravenösen Glucosegabe wird der Glucosespiegel im Blut lange sehr hoch bleiben. Wenn der Spiegel nach einer intravenösen Insulingabe nicht sinkt, ist dies ein Hinweis auf einen insulinresistenten D M. Eine unzureichende Insulinproduktion infolge einer Pankreatitis ist dann eher unwahrscheinlich.
Die Pankratitis läßt sich durch die Bestimmung von Lipase und Amylase im Serum und Peritonealpunktat nachweisen. Das Pankreas des Pferdes enthält große Mengen an γ-GT. Folglich sind die γ-GT-Werte beim D M erhöht.

111 (a) Der freiliegende Knochen ist nicht mehr vom Periost bedeckt. Er wird vermutlich einen Sequester bilden.
(b) Das abgestorbene Segment des Knochens wird chirurgisch entfernt.
(c) Unter dem abgestorbenen Knochenteil bildet sich vermutlich Granulationsgewebe. Dieses füllt die Lücke sofort aus. Danach wird die Heilung ohne Komplikationen verlaufen. Durch einen geeigneten Verband läßt sich die Bildung von wildem Fleisch verhindern.

112 (a) In der Kotprobe sind Strongylideneier.
(b) Anzahl und Art der Eier sind wichtig. Cyathostomeneier und Strongylideneier sehen sich sehr ähnlich. Ihre Differenzierung erfolgt durch das Auswanderungsverfahren. Der Befall der anderen Pferde der Gruppe muß ermittelt werden.
(c) Die Benzimidazolresistenz stellt ein Problem dar. Der Besitzer muß den Behandlungserfolg regelmäßig überprüfen. Alle Pferde der Gruppe werden gleichzeitig entwurmt. Danach ermittelt man die Eireduktionsquote. Außerordentlich wirksam ist das regelmäßige Absammeln des Kots, ebenso eine gründliche Weidepflege. Die Intervalle und Anthelminthika müssen abgesprochen werden.

113 (a) (siehe Abb. 281)
Das Ligamentum testis proprium ist bei dem unvollständigen abdominalen Kryptorchiden verlängert.
(2) Nebenhodenschwanz, (3) Nebenhodenschwanzband,
(4) Processus vaginalis
(b)
- den temporären inguinalen Kryptorchismus
- den permanenten inguinalen Kryptorchismus
- den unvollständigen abdominalen Kryptorchismus
- den vollständigen abdominalen Kryptorchismus
- einseitigen oder beidseitigen Kryporchismus

(c)
- Der Estronsulfattest kann bei über drei Jahre alten Pferden angewandt werden. Wallache haben weniger als 100 pg/ml Blut, Kryptorchiden über 400 pg/ml Blut.

- Der Testosteroron-Stimulationstest. Er kann bei Pferden unter drei Jahren und Eseln jeglichen Alters angewandt werden.

Man entnimmt eine Blutprobe und gibt danach 6.000 IU HCG. 30 Minuten bis 2 Stunden später entnimmt man erneut Blut.

Beim Kryptorchiden liegt der erste Wert über 100 pg/ml und der zweite Wert deutlich darüber.

114 (a) Man kann dies als „idiopathischen Durchfall“ bezeichnen. Die Hälfte aller chronischen Durchfallerkrankungen bleibt ätiologisch ungeklärt. Auslösende Faktoren sind Störungen in der Fermentation, der Sekretion oder der Motilität von Blind- und Dickdarm.

(b) Die Biopsie der Darmschleimhaut – an mehreren Stellen entnommen bei einer Laparotomie – kann diagnostisch weiterhelfen. Rein funktionelle Störungen lassen sich damit nicht abklären.

(c) Man kann die unterschiedlichsten Therapien ausprobieren. Manche Fälle sprechen gut auf Heufütterung an, andere auf frisches Gras. Weiter versucht man Adsorbentien und Styptika wie Kaolin, Kreide, Bismutsalicylat. Auch die Übertragung von Kotsuspensionen gesunder Pferde oder Blinddarmflüssigkeit ist sinnvoll. Weitere Antidiarrhoika sind Codeinphosphat, Hydroxychinolin, Phenoxybenzamin und Probiotika.

115 (a) Es handelt sich um Hydatidzysten von Echinococcus granulosus. Sie sind flüssigkeitsgefüllt und haben eine kräftige fibröse Kapsel an der Oberfläche der Leber. Manchmal treten sie multipel im gesamten Leberparenchym und in anderen Organen auf. Die Zysten enthalten den Kopf des Bandwurms. Das Pferd ist Zwischenwirt für Echinococcus granulosus.

(b) Auch bei starkem Befall sind kaum klinische Symptome zu erwarten.

(c) Die Echinococcus-Hydatiden haben anthropozoonotisch keine Bedeutung. Die equine Form ist streng an den Zyklus Hund-Pferd gebunden und wurde noch nie bei anderen Spezies beobachtet.

116 (a) Die Pferde leiden vermutlich an einem Virusinfekt der Atemwege. Der plötzliche Beginn bei mehreren Pferden gleichzeitig ist typisch für einen Virusinfekt. Es gibt eine Vielzahl von Erregern, wie Influenza-, Herpes-und Rhinoviren. Die Impfung schützt nur bedingt; insbesondere, wenn die Impfintervalle größer als sechs Monate sind. Geimpfte Tiere erkranken weniger heftig als ungeimpfte. Man kann den Erreger im Labor durch Isolation oder serologisch identifizieren, was aber im allgemeinen nicht erforderlich ist.

(b) Eine Virusinfektion kann und braucht primär nicht behandelt zu werden. Bei leichtem Krankheitsverlauf reicht eine ein-bis zweiwöchige Arbeitsruhe.

Virusinfektionen ziehen oft eine erhöhte Allergiebereitschaft im Sinne einer COPD nach sich. Eine Verminderung des allergenen Drucks – insbesondere durch Heu und Stroh – ist unbedingt zu empfehlen. Symptomatisch behandelt man mit Bronchodilatatoren (z.B. Clenbuterol) oder Sekretolytika. Antibiotika machen nur bei bakteriellen Sekundärinfektionen Sinn. Bei langanhaltendem Fieber und gestörtem Allgemeinbefinden kann man NSAID einsetzen.

117 (a) Meistens sind solche Herzgeräusche auf einen Septumdefekt zurückzuführen. Das Blut wird von der linken in die rechte Herzkammer gepumpt. Auch ein Rückfluß an der Trikuspidalklappe führt zu einem systolischen Geräusch. Dies ist aber selbst in schweren Fällen kaum entlang der Brustbeinlinie zu hören. Es ist denkbar, daß dieses Pony an beiden Problemen gleichzeitig leidet.
(b) Auf dem Bild sieht man eine Dilatation des linken Vorhofs als Ausdruck einer Linksherzinsuffizienz. Die rechte Herzseite ist ebenfalls dilatiert; das Septum wölbt sich in Richtung der linken Herzkammer. Da dieses Bild während der Systole aufgenommen wurde, kann man davon ausgehen, daß das Pferd eine Stauung in den Lungenkreislauf mit erhöhtem Druck im rechten Ventrikel hat. Dies würde auch den lauten 2. Herzton erklären. Falls ein Septumdefekt vorliegt, ist er vermutlich groß.
(c) Meist liegen Defekte im Kammerseptum im membranösen Teil unterhalb des rechten Zipfels der Aortenklappe und der Cuspis septalis der Trikuspidalklappe. Bei einem Herzgeräusch dieser Art ist eine gründliche Untersuchung dieses Bezirks wichtig. Abb. 282 stammt von dem gleichen Pony. Der Schallkopf wurde etwas im Winkel angesetzt, um die Aorta (AO) darzustellen. Der Septumdefekt (VSD) ist nicht gut zu erkennen.
(d) Das Pony zeigt schon Symptome einer Linksherzinsuffizienz. Dies führt zum Anstieg des enddiastolischen Druckes im linken Ventrikel. Dadurch weitet sich die Mitralklappe, und es kommt zum mitralen Rückfluß. In Verbindung mit der Volumenüberlastung des linken Vorhofs führt dies zu einem erhöhten Druck im linken Vorhof und somit zum Rückstau in die Lunge. Es bildet sich ein Stauungsherz aus. Der vermehrte Blutfluß im Lungenkreislauf aufgrund des Shunts führt zum Druckanstieg in der Lunge und zum erhöhten systolischen Druck im rechten Vorhof. Der rechte Vorhof ist nicht als leistungsfähige Pumpe konzipiert. Er wird zunächst hypertrophieren und später dilatieren. Die Dilatation des rechten Vorhofs führt zu einer Lageveränderung der Papillarmuskeln und einer Dehnung der Klappe, was zum Rückfluß an der Trikuspidalklappe führt. Dies wiederum hat eine Erhöhung des Druckes im rechten Vorhof und einen venösen Rückstau mit Stauungserscheinungen im großen Kreislauf zur Folge. Bei noch höherem Druck in den Ventrikeln bildet sich der Shunt in beide Richtungen aus. Die Prognose ist deshalb insgesamt schlecht.

118 (siehe auch Abb. 283)
(a) Der Zustand ist frisch. Man sieht noch keine degenerativen Anzeichen, Knochenumbau oder osteophytäre Auflagerungen. Die Synoviaproduktion ist normal.
(b) Diese Art des Chips wird am sichersten im dorsolateral-palmarmedial schrägen Strahlengang sowie im lateromedialen Strahlengang am gebeugten Gelenk sichtbar.

119 (a) Es handelt sich um das Jakobskreuzkraut (Senecio jacobaea). Toxisch wirkt ein Pyrrolizidin Alkaloid (siehe auch Frage 109).
(b) Die wiederholte Aufnahme der Pflanze führt zu einer schweren Leberzirrhose. Die Symptome reichen von Gewichtsverlust, Hypoproteinämie, Aszites, Photosensibilisierung und Ikterus bis zur schweren Hepatoenzepahalopathie.
(c) Die frische Pflanze wird vom Pferd gemieden oder nur bei extremem Futtermangel aufgenommen. Getrocknet hat sie eine höhere Akzeptanz; das Pferd kann sie nicht aus dem Heu herausfinden. So kommt es zur Aufnahme toxischer Mengen. Die Pflanze darf auf Pferdeweiden nicht geduldet werden. Man reißt sie vor der Samenreife aus und vernichtet sie.

120 Es handelt sich um eine Periostitis des Nasenbeins im Bereich der Sutura. Man kann sie röntgenologisch im lateralen Strahlengang („Skylinie") nachweisen. Endostale und periostale Zubildungen sind sichtbar (s. Abb. 284). Die Schwellung insgesamt ist wesentlich imposanter als die eigentlichen Veränderungen am Knochen.
Die Ursachen sind nicht bekannt. Ein Trauma kommt in Betracht.
Die Schwellungen sind meist symmetrisch entlang der Sutur des Nasenbeins angeordnet. Bei größerer Ausdehnung können sie den Tränennasenkanal komprimieren.
Die Veränderungen sind am ehesten mit Überbeinen, z. B. am Metakarpus, zu vergleichen. Das Periost hebt sich ab, darunter treten Hämorrhagien auf, die mineralisieren.
Im Frühstadium kann man mit kalten Kompressen und entzündungshemmenden Medikamenten versuchen, die Reaktion in Grenzen zu halten. Selbst größere Gebilde sind in der Regel nur von kosmetischer Bedeutung. Die Atemwege sind nicht in Mitleidenschaft gezogen. Dennoch sieht man bisweilen in der akuten Phase Nasenausfluß.

121 (a) Die chirurgische Versorgung ist relativ einfach. Man sediert das Pferd. Die Wundränder werden mit einem nichtreizenden Lokalanästhetikum ohne Adrenalinzusatz infiltriert (z. B. Mepivacain 1 %). Danach wird die Wunde sorgfältig gereinigt, gewaschen und mit Jod-PVP oder Chlorhexin desinfiziert.
Die Wundnaht wird eine umfangreiche Schwellung nach sich ziehen. Deshalb sollte man einige Entspannungshefte anbringen. Der Wundverschluß erfolgt mit Einzelheften aus Polypropylen o. ä.
(b) Aufgrund des vertikalen Schnittverlaufs ist die Wunddrainage unproblematisch. Diese Körperstelle ist nicht übermäßig in Bewegung, die Gefahr einer Nahtdehiszenz gering.
(c) Nein, falls nur Haut und Faszie betroffen sind.

122 (a) Es kann sich um eine angeborene Herzmißbildung mit einem Rechts-Links-Shunt handeln oder um eine schwere Lungenerkrankung, wie Pneumonie, Atelektase, Pneumothorax oder angeborene Mißbildung.
(b) Der Thorax wird geröntgt, das Herz sonographisch untersucht. Eventuell sind spezielle Herzuntersuchungen angezeigt (Kontraströntgen, Messung des Kammerdruckes usw.) Beim Verdacht auf eine Pneumonie ist der Leukozyten- und Fibringehalt aufschlußreich.

123 (a) Das Pferd ist anämisch, hat eine Leukozytose und erhöhten Fibringehalt. Dies deutet auf eine chronische Entzündung oder einen Tumor hin. Der Harnstoffwert ist mittelgradig erhöht, die Dichte des Urins niedrig. Der Calciumspiegel im Blut ist deutlich erhöht.
(b) Die Hyperkalzämie und die Mineralisation von Bindegewebe stehen mit der tumorösen Veränderung der Milz in Zusammenhang. Es kann sich um eine Ektopie oder einen Pseudohyperparathyreoidismus handeln. Weiterhin kommen in Betracht ein primärer Hyperparathyreoidismus, ein generalisierter Knochenabbau (Osteomalazie), eine primäre Nierenerkrankung, Vitamin D-Vergiftung oder Fütterung mit stark calciumhaltigen Pflanzen. Die hyperkalzämische Nephropathie führt zur Produktion von reichlich Urin mit niedrigem spezifischem Gewicht; hinzu kommen Polydipsie und Polyurie.

Die Ursache des Herzgeräusches war vermutlich in der Verkalkung des Endokards und der Klappen begründet. Ein ektopischer Hyperparathyreoidismus wurde bei einer Reihe neoplastischer Erkrankungen beim Pferd beobachtet, meistens beim Lymphosarkom.

124 (a) Ja
(b) Eine große, rosafarbene ovale Scheibe mit strahlenförmig angeordneten Retinagefäßen und einem klaren Fundus.

125 Das laryngoskopische Bild zeigt eine Aplasie der Kehlkopfknorpel, auch als rostrale Verlagerung des weichen Gaumens bezeichnet. Es handelt sich um eine Mißbildung aus dem Bereich des 4. Kiemenbogens. Die fehlenden oder mißgebildeten Strukturen sind:
- die Kehlkopfmuskeln und der obere Schließmuskel des Ösophagus
- das Cricothyreoidgelenk
- der kaudale Teil der Lamina thyreoidea
- der M. cricothyreoideus

Das Fehlen des Cricothyreoidgelenks behindert die Kehlkopfmuskeln in ihrer Funktion. Dies ruft in Verbindung mit den freien Enden des Arcus palatopharyngicus die Atemgeräusche hervor.
Das Fehlen des oberen Schließmuskels des Ösphagus führt dazu, daß das Pferd ständig Luft schluckt (Abb. 285). So kommt es zu folgenden weiteren Symptomen:
- hörbares Rülpsen
- Schluckbeschwerden mit Nasenausfluß und Husten
- schlechte Futterverwertung
- Koliken

Behandlungsmöglichkeiten für dieses Mißbildungssyndrom gibt es nicht.

126 (a) Eine Fraktur des Tuber coxae, des Darmbeinflügels, des Darmbeins oder des Schambeins kommen in Betracht. Aufgrund der starken Asymmetrie ist letztere wenig wahrscheinlich.
(b) Rektale Untersuchung und – falls möglich – Röntgenaufnahmen am stehenden Pferd. Dies ist nicht ganz ungefährlich; Röntgen in Narkose ist besser, kann aber frühestens nach einigen Wochen durchgeführt werden.
(c) Wenn die Fraktur nur das Darmbein, nicht das Acetabulum betrifft, ist die Prognose besser als bei schweren Schäden am Hüftgelenk.

127 (a) Ikterus, petechiale Blutungen und rotbraune Verfärbung am Zahnfleischsaum („toxische Linie").
(b) Anamnese und klinische Symptome deuten auf eine Hyperlipidämie hin.
(c) Serum oder Plasma erscheinen milchig-trübe. Dies liegt an dem hohen Anteil von Lipiden. Man kann die Erhöhung der Triglyceride bestimmen.
(d) Das therapeutische Prinzip ist die Wiederherstellung einer ausgeglichenen Energiebilanz. Leichtverdauliche Futtermittel und Glucose werden per NSS verabreicht. Da die Glucoseverwertung im Gewebe gestört ist, muß zusätzlich Insulin gegeben werden. Beim Vorliegen einer Azidose wird mit Na-Hydrogencarbonat gepuffert. Eventuell sollte man einen Abort einleiten, weil dadurch der Stoffwechsel entlastet wird.

(e) Verlaufskontrolle der Triglyceride. GLDH und γ-GT geben Aufschluß über die Rückbildung der Fettleber.

128 (a) Verkalkung der Niere. Man sieht mineralisierte Ausgüsse zwischen den Nephronen und den Sammelkanälen (Die Kossa-Färbung ist selektiv für Calcium.) Weitere histopathologische Veränderungen sind eine Degeneration der Tubuli und herdförmige interstitielle Fibrosen.

(b)

- Mineralisation anderer Organe, speziell des Herzens und der großen Gefäße.
- Neoplasien
- Die Verkalkung der Niere ist Teil eines tumorähnlichen Syndroms des Pseudohyperparathyreoidismus. Vermutlich wird die Hyperkalzämie durch Sekretion bestimmter ektopisch gebildeter Substanzen (Analoge des Parathormons, Prostaglandin E_2, Vitamin-D-ähnliche Steroide oder osteoklastische Substanzen) herbeigeführt. Das Gewebe, in dem diese Substanzen gebildet werden, ist ursprünglich nicht endokrin aktiv, sondern durch die tumoröse Entartung dazu geworden.

In dem hier geschilderten Fall lag ein Pseudohyperparathyreoidismus vor, der durch ein Lymphosarkom bedingt war. Des weiteren fanden sich Tumoren im Stroma des Ovars, ein Magenkarzinom, ein Karzinom der Nebennierenrinde und ein abdominales Mesotheliom.

Das Lymphosarkom war rektal zu palpieren und sonographisch nachweisbar.

129 (a) Die frühestmögliche Trächtigkeitsdiagnose ist am 11. oder 12. Tag nach der Ovulation. Hatte die Stute eine zeitgleiche Doppelovulation, kann man in diesem Stadium auch schon zwei Fruchtanlagen entdecken. Da aber oft zwischen den beiden Ovulationen 24 Stunden liegen, macht eine Untersuchung zu diesem Zeitpunkt nicht unbedingt Sinn. Am 14. Tag nach der Ovulation sind in der Regel beide Fruchtanlagen zu sehen. Theoretisch können die Eizellen im Abstand von 4 Tagen befruchtet werden. Dies ist oft der Fall wenn

- eine zweite Ovulation im frühen Diöstrus stattfindet,
- die Stute nach der ersten Ovulation bedeckt wird,
- der Hengst eine gute Samenqualität hat. Guter Samen ist vier Tage und länger befruchtungsfähig.

(b) Palpatorisch kann man Zwillinge sicher frühestens am 21. Tag nach der Ovulation feststellen. Man braucht dafür sehr viel Routine. Beim Pony ist der Nachweis einfacher. Bei zeitgleicher Ovulation kann eine bilaterale Zwillingsträchtigkeit am 21. Tag entdeckt werden. Liegt zwischen den Ovulationen ein längerer Zeitraum, ist dies nicht möglich. Eine Zwillingsträchtigkeit in einem Horn (unilateral) ist palpatorisch nicht nachweisbar. Die beiden Fruchtanlagen in einem Horn sind zusammen nicht größer als eine einfache Fruchtblase.

130 (a) Es handelt sich um eine Infektion mit Dermatophilus congolensis (Dermatophilose).

(b)

- Hautgeschabsel von den veränderten Stellen.
- Ausstrichpräparat von einer frischen Stelle, gefärbt mit Methylenblau oder nach Giemsa.

(c) Der Erreger muß mikroaerophil bebrütet werden, damit die Begleitflora nicht überwuchert.

(d)

- Penicillin und Streptomycin jeweils 10 mg/kg KM über 3–5 Tage
- tägliches Waschen mit Kaliumpermanganat
- Abstellen der feucht-nassen Haltungsbedingungen

131 (a)

- Kieferhöhle: eine Linie vom medialen Augenwinkel zur Incisura nasomaxillaris, die Crista facialis, das Foramen infraorbitale und der ventrale Rand der Orbita.
- Stirnhöhle: eine Linie vom medialen Augenwinkel zur Incisura nasomaxillaris, die Sagittallinie und der Processus supraorbitalis.

(b)

- Man darf den Tränennasenkanal an der Linie medialer Augenwinkel/Incisura nasomaxillaris nicht durchtrennen.
- Der Hautlappen muß doppelt so lang wie breit sein.
- Das Periost muß geschont werden.
- Das Knochenstück wird umgeklappt, indem man es an der vierten Seite abknickt; dabei bleibt das Periost erhalten.
- Die Größe der Zahnwurzel ist altersabhängig. Dadurch ändert sich auch die Topographie des dorsalen Muschelgangs.
- Blutungen kann man durch direkte Kompression oder vorübergehendes Abdrücken der A. carotis verhindern. Man nimmt einen Trachealtubus mit dicht sitzender Manschette und lagert den Kopf tiefer als die Trachea. Während der Operation muß der Kreislauf ausreichend infundiert werden.
- Es muß die Möglichkeit zur postoperativen Spülung geschaffen werden.

(c)

- Postoperative Blutungen können durch einen Tampon und Kompression verhindert werden. Die Tamponade kann man nach 72 Stunden nach und nach durch die Nüstern vorsichtig entfernen.
- Postoperative Spülungen mit adstringierenden Mitteln über einen Fowley-Ballonkatheter. Dadurch entfernt man pathologischen Inhalt und Blutgerinnsel.
- Ein Einbruch der Wunde ist meist Folge einer unkorrekten Periost oder Hautnaht. Sequesterbildung des Knochenstücks oder Knochennekrose entsteht durch Überhitzung beim Aufsägen.

132 Das Fohlen ist normal. Das Rückenmark ist nicht komprimiert (bestätigt durch histologische Untersuchung). Bei jungen Pferden kann bei starker Beugung des Halses das Kontrastmittel ventral und dorsal zurückgehalten werden. Bei der Interpretation eines Myelogramms verläßt man sich besser auf den sagittalen Durchmesser des Wirbelkanals und auf den minimalen Durchmesser des myelographisch dargestellten Rückenmarks. Man vergleicht dies dann mit gesunden Pferden. Im vorliegenden Fall sind die Werte für ein Pferd bis 320 kg KM normal.

133 Viele Stuten mit zweifelsfrei diagnostizierter Trächtigkeit verlieren ihre Frucht durch Resorption oder Abort. Die Ursachen bleiben meist ungeklärt. Seit man um die Bedeutung des Progesterons für die Aufrechterhaltung der Trächtigkeit weiß, liegt es nahe, daß man dies mit einer unzureichenden Progesteronproduktion in Verbindung bringt. Unterstützt wird diese Annahme durch den Umstand, daß das Progesteron aus drei verschiedenen Quellen stammt. Zu Beginn übernimmt das Corpus luteum verum diese Funktion. Ab dem 40. Tag bilden sich akzessorische Corpora lutea aus; sei es durch weitere Ovulationen oder durch anovulatorische Umbildung der akzessorischen Follikel. Dies geschieht unter dem Einfluß von equinem Choriongonadotropin und FSH. Nach etwa 100 Tagen übernimmt die Plazenta die Funktion der Gelbkörper. Wo das Progesteron in der Plazenta genau gebildet wird, ist noch nicht bekannt. Es kommt vorübergehend zu einem Überhang, wenn die Corpora lutea ihre Produktion drosseln und die plazentare Synthese zunimmt. Diese Wechsel bedingen den Progesterongehalt im Blut. Das Progesteron aus den Corpora lutea der Ovarien gelangt über den großen Blutkreislauf in den Uterus. Die Konzentration im peripheren Blut ist also identisch mit der Produktion im Ovar. Zwischen dem 16. und 40. Tag der Trächtigkeit fallen die Werte auf etwa 1 ng/ml ab, ohne daß deshalb die Trächtigkeit gefährdet ist. Nach dem Anstieg der Progesteronsynthese zwischen dem 40. und 120. Tag bleiben die Werte im peripheren Blut niedrig, da das Progesteron aus der Plazenta nicht in den großen Blutkreislauf gelangt. Empirisch hat man festgestellt, daß Stuten mit Neigung zur Resorption oder zum Abort eher austragen, wenn man Progesteron substituiert. Dies geschieht durch Implantate, ölige Injektionen oder in neuerer Zeit durch orale Gabe synthetischer Progestagene. Die Auswertung solcher Resultate ist mit Vorsicht zu interpretieren, da die Ursachen der vorangegangenen Resorptionen oder Aborte meist nicht geklärt sind. Die Erfolge werden zweifellos überbewertet. Man kann aber festhalten, daß diese Behandlung unschädlich ist. In diesem medizinischen Bereich sind kontrollierte Studien schwer durchführbar. Daß die Behandlung die frühe Fruchtresorption verhindert, ist ein Widerspruch in sich, da die Fruchtresorption trotz ausreichender Corpus luteum-Funktion auftritt.

134 (a) Es handelt sich um eine spastische Kolik.
(b)
- Die Behandlung erfolgt mit Spasmolytika (Buscopan compositum 20 ml/450 kg KM).
- Andere Analgetika wie Phenylbutazon oder Xylazin können auch eingesetzt werden.

(c)
- Flunixin sollte nicht eingesetzt werden. Dies bleibt „chirurgischen" Koliken vorbehalten, wenn man auf den antiendotoxischen Effekt des Flunixin angewiesen ist. Außerdem maskiert es die Anzeichen eines septischen Schocks. Die Überweisung in die Klinik verzögert sich dann unnötig (s. Abb. 286).
- Acepromazin wirkt blutdrucksenkend. Das kann für ein Tier im Endotoxinschock fatal sein.

(d) Das gesamte Futter wird entfernt. Man muß verhindern, daß das Pferd die Einstreu frißt. Wasseraufnahme ist gestattet. Das Tier wird unter Beobachtung gestellt. Nach zwei Stunden erkundigt sich man sich (telefonisch) nach dem Befinden. Im Zweifelsfall muß man nachuntersuchen. Nur in seltensten Fällen kann man schon beim ersten Besuch mit Sicherheit feststellen, daß es sich um ein konservativ zu beherrschendes Geschehen handelt.

135 (a) Man kann die Wunde mit einer vertikalen Matratzennaht und Entspannungsheften vernähen. Aufgrund der ständigen Bewegung, der starken Spannung und der evtl. gestörten Blutversorgung ist eine Nahtdehiszenz recht wahrscheinlich.

(b) Am 5.–7. Tag kann man mit dem Auftreten feuchter Stellen im Nahtbereich rechnen, am 10. Tag mit einer Dehiszenz.
(c) Es wird eine sekundäre Wundheilung angestrebt.
(d) Die Wahl der Behandlungsmethode richtet sich nicht zuletzt nach den finanziellen Gegebenheiten. Die Wundnaht wird zwar vermutlich nicht halten, den Heilungsprozeß aber doch positiv beeinflussen. Die Wunde wird sekundär langsam, aber zufriedenstellend verheilen.

136 (a) Die Kolonwand ist mit Granulozyten und mononukleären Zellen durchsetzt. Dei Submukosa ist ödematisiert, die Mukosa nekrotisch.
(b) Der Inhalt des Kolons ist faulig-stinkend und dunkelbraun oder rot. Die Oberfläche des Kolons ist hämorrhagisch verfärbt, die Mukosa löst sich ab.
(c) Die klinischen und autoptischen Befunde deuten auf eine akute Kolitis und Enteritis. Sie führt zu schwerer Dehydratation, Toxämie und zum Tod. Ursächlich für dieses Syndrom kann eine Salmonellose, eine intestinale Clostridiose oder eine Typhlocolitis (Colitis X) sein. Weiter kommen die equine Ehrlichiose (Potomac Horse Fever), eine antibiotika-assoziierte Enteritis oder ein Mißbrauch von NSAID in Betracht. Die drei erstgenannten Differentialdiagnosen sind am wahrscheinlichsten.
(d) Alle Formen der akuten Kolitis sind klinisch und pathologisch gleich. Eine ätiologische Differenzierung kann durch weitere Laboruntersuchungen erfolgen. Bei der Salmonellose und Clostridiose ist die Bakteriologie aufschlußreich. Die Colitis X hat keinen spezifischen bakteriologischen Befund. Die Ehrlichiose wird serologisch nachgewiesen.

137 (a) Man sieht blutig-eitrigen Ausfluß an einer Luftsacköffnung.
(b) Blut im Luftsack deutet auf mögliche erosive Prozesse an der A. carotis interna hin. Ursächlich dafür sind meist Luftsackmykosen. Der Eiter ist allerdings nicht typisch hierfür. Deshalb sind weitere Untersuchungen zur Klärung der Blutungsursache angezeigt.
(c) Da aus der anderen Luftsacköffnung reiner Eiter abfließt, handelt es sich vermutlich um einen Luftsackabszeß mit blutigen Beimengungen. Solche Abszesse treten im Gefolge von Streptococcus-equi-Infektionen auf.

138 Thiopental-Natrium, Guaifenisin und Chloralhydrat sind bei paravenöser Injektion sehr stark gewebsreizend.
(b)
- Beim Pferd nimmt man diese Substanzen in 5–15%iger Lösung. Bei paravenöser Injektion infiltriert man die Stelle sofort mit isotoner Kochsalzlösung. Zusätzlich kann man ein Lokalanästhetikum ohne Adrenalinzusatz und Hyaluronidase injizieren.
- Der Zeitplan ist von Fall zu Fall unterschiedlich. Man behandelt symptomatisch mit NSAID und örtlich mit Hyaluronidase oder Fibrinolytika. Bei massiven Thrombosen und Gewebsnekrosen wartet man die akute entzündliche Phase ab, um dann chirurgisch vorzugehen.

(c) Die Verwendung von Venenkathetern ist weniger riskant als die einfache Injektionsnadel.

139 (siehe auch Abb. 287)
(a) Es handelt sich um einen nicht randständigen osteochondralen Defekt. Man führt sie auf eine unvollständige Slab-Fraktur des Os carpale III zurück.

(b) Eine Schrägprojektion dorsoproximal-dorsodistal an der gebeugten Gliedmaße. Das Karpalgelenk wird so abgebeugt, daß das Röhrbein horizontal liegt. Üblicherweise richtet man den Zentralstrahl im Winkel von 30° zur Horizontalen aus.
(c) Die Sehne und Sehnenscheide des M. extensor carpi radialis. Der chirurgische Zugang zu diesem Gebiet erfolgt deshalb von medial.

140 Es liegen vermutlich hämatologische Veränderungen bei Gesamteiweiß, Harnstoff, Kreatinin, Elektrolyten und im Säure-Basen-Haushalt vor. Der Flüssigkeits- und Elektrolytverlust muß durch Infusionen korrigiert werden, ebenso die metabolische Azidose.
Natrium- und Chloriddefizite können ausreichend exakt erfaßt werden, da diese Elektrolyte extrazellulär im Blut nachweisbar sind. Man berechnet den Bedarf nach folgender Formel:
Normalwert Na minus gemessener Wert Na (in mmol/l) × KM (in kg), dividiert durch 3 = Na-Defizit
Das Kaliumdefizit ist schwieriger zu bestimmen, da Kalium hauptsächlich intrazellulär ist. Die Bestimmung im Serum oder Plasma spiegelt nicht die tatsächlichen intrazellulären Verhältnisse wider. K-Werte < 2,5 mmol/l deuten auf ein Defizit hin. Aus diesen Gründen sind Elektrolytlösungen reiner Kochsalzlösung vorzuziehen. Bei einer schweren Kolitis benötigt man Mengen von 20–50 l; im Schock werden bis zu 10 l/h infundiert. Das erforderliche Volumen kann nach folgender Formel berechnet werden:
erforderliches Volumen (in l) = Elektrolytdefizit (in mmol/l) minus Elektrolytkonzentration in der Infusionslösung.
Der Flüssigkeitsstatus kann über den Hämatokrit und das Gesamteiweiß überwacht werden. Beide Parameter werden laufend kontrolliert. Wenn bei steigendem Hämatokrit das Gesamteiweiß sinkt, zeichnet sich ein Endotoxinschock ab.
Die bedeutendste Störung des Säure-Basen-Haushaltes ist die metabolische Azidose. Im Rahmen der arteriellen Blutgasanalyse wird das Hydrogencarbonat bestimmt. Bei Werten unter 15 mmol/l muß gepuffert werden. Hydrogencarbonat darf man nicht zu schnell geben. Die Hälfte bis zwei Drittel des Defizits können innerhalb einer halben Stunde ausgeglichen werden, der Rest über mehrere Stunden. Es wird üblicherweise in 4,8 %iger Konzentration gegeben.

141 (a) dorsopalmar, dorsolateral-palmarmedial schräg, dorsomedial-palmarlateral schräg und latoromedial (evtl. auch an der gebeugten Gliedmaße).
(b) Man sieht eine kleine runde, mineralisierte Verschattung oder ein Corpus librum an der proximalen Gelenkfläche des Fesselbeins. Der Bezirk dicht unterhalb der proximalen Gelenkfäche erscheint aufgehellt.
(c) Eine intraartikuläre Anästhesie müßte deutlich positiv sein. Bisweilen findet man solche Mineralisationen auch beidseitig als Zufallsbefund.
(d)
- isoliertes Verknöcherungszentrum
- Folge einer Osteochondrose
- alte Chipfraktur
- Mineralisierung in der Gelenkkapsel

(e) Das Corpus librum wird chirurgisch entfernt, vorzugsweise unter arthroskopischer Kontrolle. Man hat so einen besseren Zugang zum Gelenk als bei einer Arthrotomie; außerdem ist der Eingriff weniger invasiv und die Rekonvaleszenz kürzer. Das Risiko einer fibrotischen Veränderung des umgebenden Gewebes ist kleiner.
(e) Vorsichtig bis gut je nach Befund im Gelenkinneren.

142 Es gibt keinen Grund zur Sorge. Man überprüft – was sicher schon mehrfach geschehen ist – noch einmal das Deckdatum und die Trächtigkeitsdauer. Diese ist bei der Stute extrem variabel.
Eine Verlängerung der Trächtigkeitsdauer deutet auf eine verzögerte Entwicklung des Fetus hin. Dies kann folgende Ursachen haben:
- schlechte Ernährung
- Allgemeinerkrankung der Stute
- großflächige Endometriumschädigungen mit Verringerung der plazentaren Kapazität
- Absterben eines Zwillings; der andere Fetus entwickelt sich weiter, aber mit Verzögerung. ·

Der Züchter hat in der Regel folgende Sorgen:
- Die zu lange Trächtigkeit führt zu einem übergroßen Fohlen und zu Geburtsschwierigkeiten. Dies ist nicht der Fall. Selbst Trächtigkeiten von über einem Jahr bringen u. U. sogar kleine Fohlen hervor.
- Das Fohlen ist abgestorben. Meist stimmt das nicht. Beim fetalen Fruchttod sinkt die Progesteronproduktion sofort ab, und ein Abort tritt ein. Zur Beruhigung des Besitzers kann man rektal die Fruchtbewegungen nachweisen.

Von einer Geburtseinleitung ohne zwingende Indikation sollte man absehen.
- Wenn die Stute nach der Oxytocin- oder Prostaglandingabe nicht bald abfohlt, kann sehr viel Zeit vergehen, während der der Tierarzt für andere Tätigkeiten blockiert ist.
- Ein unreifes oder lebensschwaches Fohlen hat schlechte Überlebenschancen.
- Die für die Geburt erforderliche normale Lage des Fohlens ist bei einer eingeleiteten Geburt nicht immer gegeben.

143 (a) Das Pferd hat extrem langes Haar für die Jahreszeit (Hirsutismus). Das lockige Haar deutet auf ein Hypophysenadenom (Pars intermedia) hin.
(b) Die typischen Symptome sind Polydipsie, Polyurie, Durchfall, Gewichtsverlust und Koliken. Stuten werden sub- oder anöstrisch. Erkrankte Pferde werden anfälliger für Sekundärerkrankungen, besonders Infektionen.
(c) Die Erkrankung verläuft langsam progressiv. Es gibt keine wirksame Behandlung. Cyproheptadin kann die Symptome mildern.
(d) Nein, nicht unmittelbar. Allerdings ist der Wurmbefall bei solchen Pferden bisweilen außerordentlich hoch (siehe (b)).

144 (a) Es handelt sich um eine Phykomykose.
(b)
- Streptokokken und Staphylokokken können ähnliche

Veränderungen hervorufen.
- Subkutane Mykosen sind stark juckend und schmerzhaft, während Streptokokken- oder Staphylokokken lediglich schmerzhaft, aber nicht juckend sind.
- Es kann sich um eine atypische Habronema-Infestation handeln.

(c)
- sorgfältige chirurgische Exzision
- Natriumiodid intravenös 1 g/15 kg KM
- Amphotericin B lokal
- in schweren Fällen Amphotericin B systemisch

145 (a) dorsopalmar, dorsolateral-palmarmedial schräg, dorsomedial palmarlateral schräg,lateromedial gebeugt und dorsoproximal dorsodistal schräg.
(b) Abb. 116 a und b sind die dorsolateral-palmarmediale Schrägprojektion. Abb. 116 c ist die dorsoproximal-dorsodistale Schrägprojektion der unteren Karpalgelenkreihe.
(c) In Abb. 116 a und b sieht man eine Änderung der Trabekelstruktur subchondral der proximalen Gelenkfläche des Os carpale III. Abb. 116 c zeigt eine unvollständige Sagittalfraktur des Os carpale III. Die Medulla und die Facies radialis des Os carpale III sind sklerosiert (vgl. die Trabekelstruktur des Os carpale II und IV).
(d) Behandlung: Boxenruhe für drei Monate, danach erneute Röntgenuntersuchung.
(e) Die Prognose ist zufriedenstellend.

146 (a) Man sieht eine Umfangsvermehrung medial am rechten Sprunggelenk. Ursache ist vermutlich eine degenerative Erkrankung des distalen Intertarsalgelenks oder des Tarsometatarsalgelenks (Knochenspat). Bei diesem Pony waren beide Gelenke betroffen.
(b) Nicht in jedem Fall verursacht der Spat eine Lahmheit. Im vorliegenden Fall war das Pony zwei Jahre lang lahm. Vor 18 Monaten verschwand die Lahmheit. Die Lahmheit vorne links steht mit diesem Prozeß nicht in Zusammenhang.

147 (a)
- Herzfrequenz erhöht (90/min)
- erhöhter enddiastolischer Druck
- keine P-Zacke im EKG und keine A-Welle des Vorhofs im Druckdiagramm
- Das Druckdiagramm des rechten Vorhofs hat eine breite V-Welle-irregulärerer Kammerrhythmus
- niedriger systolischer Kammerdruck

(b) Die breite V-Welle deutet auf einen mitralen Rückfluß hin. Im linken Vorhof sammelt sich während der Systole Blut aus den Lungenvenen und Blut von dem mitralen Rückfluß.Der Rückfluß erhöht den enddiastolischen Druck und vermindert den kardialen Output. Außerdem wird der linke Vorhof dilatiert, was ein Vorhofflimmern begünstigen kann.
(c) Das Pferd hat vermutlich die typische Symptomatik eines verminderten Outputs: Schwäche und geringe Belastbarkeit, Apathie, blasse Schleimhäute und kalte Extremitäten. Hinzu kommen Stauungserscheinungen wie Lungenödem und Atemnot. Wenn sich eine Rechtsherzinsuffizienz ausbildet, kommen venöse Stauungserscheinungen hinzu (subkutane Ödeme, Pleuraerguß und Ascites).

148 (a) Für alle vier Zugänge gibt es Indikationen:
- Die Schnittführung in der Linea alba ist der Zugang der Wahl bei allen Kolikoperationen. Mit einem einzigen Schnitt hat man den bestmöglichen Zugang zu allen Berei-

chen des Abdomens. Die Schnittlinie ist leicht aufzufinden; es gibt im Schnittbereich keine nennenswerten Gefäße, Nerven oder Muskulatur.

- Der Paramedianschnitt ist geeignet für Eingriffe an der Blase beim männlichen Tier.
- Durch den Flankenschnitt lassen sich Blinddarm und Duodenum gut erreichen; er ist außerdem geeignet zur Entfernung von Enterolithen und zur Retorsion des Uterus.
- Der inguinale Zugang wird für die Kastration von Kryptorchiden und die Leistenbruchoperation gewählt.

(b) Für eine gründliche Exploration der Bauchhöhle beginnt man mit einem Medianschnitt vom Bauchnabel ausgehend 20 cm kranial, so daß man mit einem Arm in die Bauchhöhle kommt. Je nach Fragestellung kann der Schnitt nach vorne und hinten verlängert werden. Je weiter kranial der Schnitt liegt, desto größer ist die Gefahr einer Hernienbildung. Die Schnittführung kaudal des Nabels eignet sich für Resektionen am kaudalen Teil des kleinen Kolons.

(c) Man bleibt genau in der Linea alba. Andernfalls eröffnet man die Rektusscheide, insbesondere im kranialen Abschnitt. Der Wundverschluß ist einfacher, die Heilung besser und die Gefahr der Hernienbildung geringer.

(d) Der Blinddarm ist eine wichtige Orientierungshilfe. Er ist leicht zu finden und vorzuverlagern. So ist er ein guter Ausgangspunkt für das Aufsuchen sämtlicher Dünn- und Dickdarmabschnitte (Abb. 288). Das dorsale Band des Caecums (Pfeil) kann man bis zum Lig. ileocaecale verfolgen; von dort aus gelangt man zum antimesenterialen Band des Ileums. Hat man das Ileum einmal geortet, kann man den gesamten Dünndarm untersuchen, indem man sich am Jejunum vorarbeitet.

Das laterale Band des Caecums (Pfeil) geht in das Lig. caecocolicum über. Dieses führt zur rechten ventralen Kolonlage. Von hier aus kann man das gesamte große Kolon untersuchen.

Wenn man den Blinddarm nicht auffinden kann, liegt eine caecale oder caecocolicale Intussusception oder eine vollständige Drehung von Blinddarm und Kolon vor.

(e)

- Eine spezielle Bauchfellnaht ist nicht erforderlich. Allerdings ist sie hilfreich, weil sie den Darm während des Wundverschlusses in der Bauchhöhle hält und so die Gefahr eines ungewollten Anstechens verringert. Sie hat sich auch bewährt bei Verschmutzung der Bauchhöhle, Resektion oder Anastomosierung. Man wählt eine einfache fortlaufende Naht mit Vicryl Nr. 1 und halbrunder atraumatischer Nadel.
- Die Linea alba wird mit einer einfachen fortlaufenden Naht oder Einzelheften verschlossen. Die Hefte werden im Abstand von 1 cm gesetzt. Als Nahtmaterial nimmt man Dexon Nr. 2 doppelt mit einer atraumatischen Nadel. Polyglycolfäden sind ausreichend reißfest und halten genügend lange. Sie sind resorbierbar; die Gefahr der Bildung von Wundtaschen ist gering.
- Das Unterhautgewebe wird mit Vicryl Nr. 1 als fortlaufende Matratzennaht verschlossen. Der Zweck dieser Naht ist hauptsächlich die Abdeckung der unteren Nahtschichten.
- Die Haut wird mit Einzelheften oder fortlaufend mit nichtresorbierbarem Nahtmaterial verschlossen (Supramid oder monofiler Nylonfaden Nr. 3).

149 (a) Die Pupille ist erweitert, die Retina abgelöst.
(b) Ja. Die Retinaablösung und die folgende Mydriasis können auf einen Sturz zurückzuführen sein.
(c) Eine Entzündung der hinteren Augenkammer und eine EHV-Infektion können ebenfalls Ursache sein; insbesondere wenn zusätzlich eine Chorioretinitis und Verklebungen zwischen Retina und Corpus vitreum vorliegen.
(d) Bei einem einseitigen Prozess ist die Prognose zufriedenstellend. Viele Spitzenpferde sind auf einem Auge blind. Bei einigen kann man eine kompensatorische Kopfschiefhaltung beobachten.

150 Bisweilen wird eine Stute fehlgedeckt. Sie soll aber kein Fohlen bekommen. Der Besitzer verlangt meist eine sofortige Initiative zur Beendigung der vermuteten Trächtigkeit. Eine sofortige Behandlung wären die Spülung der Gebärmutter und eine anschliessende Östrogeninjektion. Sinnvoller ist es, den Stutenbesitzer davon zu überzeugen, daß man nach zehn Tagen mit einer Prostaglandininjektion die Trächtigkeit sicher und ohne Nebenwirkungen verhindert. Die zehntägige Wartezeit ist erforderlich,da sich erst ein Corpus luteum bilden muß, welches durch das Prostaglandin zur Lyse gebracht wird.

151 (a)
- Trepanation und Ausstempeln
- Eröffnung des Kieferknochens und Ausstempeln
- Backenschnitt mit Resektion der lateralen Alveolarwand

(b)
- Die Trepanation ist einfach und erfordert wenig spezielles Instrumentarium. Die Narkosedauer ist kurz, eine Nachbehandlung der Alveole möglich.
- Die Eröffnung des Kieferknochens ergibt ein größeres Operationsfeld und ein besseres kosmetisches Ergebnis.
- Der Backenschnitt mit Resektion der lateralen Alveolarwand ermöglicht die optimale Entfernung des Zahngewebes; die Kieferhöhle wird nicht eröffnet. Nachteilig sind die längere Operationsdauer und der höhere chirurgische Aufwand.

(c) Zahnfisteln zur Kieferhöhle oder nach außen, Zahn- und Knochensequester, Verletzung benachbarter Zahnwurzeln, Kieferfrakturen.

152 Die Folgen eines Trächtigkeitsabbruchs bei der Stute hängen vom jeweiligen Trächtigkeitsstadium ab. Bei manchen Stuten wird vor dem 15. Tag per Ultraschall eine Trächtigkeit festgestellt. Die Stute roßt um, und der Conceptus wird abgetrieben. Offensichtlich hat das Endometrium das Vorhandensein einer Fruchtanlage „nicht nach oben gemeldet“, so daß der Zyklus normal weiterläuft.
Stirbt der Conceptus in der Zeit ab, in welcher die Ovarien für die Progesteronproduktion verantwortlich sind (ca. 15. – 140. Tag), wird er nicht unbedingt sofort ausgestoßen, da die Progesteronproduktion weiterläuft. Der tote Embryo oder Fetus wird im Uterus autolytisch und dehydriert: So entsteht eine mumifizierte Frucht. Dies wird zunächst als „Resorption“ eingestuft. Erst später – mit der normalen Regression der Corpora lutea – erfolgt dann die Austreibung, die meist übersehen wird.
Zwischen dem 120. und 150. Trächtigkeitstag übernimmt die Plazenta die Progesteronproduktion. Die Corpora lutea der Ovarien sind jetzt zurückgebildet. Man weiß nicht genau, wo in der Plazenta das Progesteron produziert wird. Vorstufen dazu stammen aber

zweifelsfrei aus dem Fetus, evtl. aus den Gonaden. Wenn zu diesem Zeitpunkt ein Fruchttod eintritt, sinkt der Progesteronspiegel sofort ab; es kommt zum Abort. Unter diesen Bedingungen kann keine Mumifikation erfolgen.
Eine Ausnahme bilden Zwillingsträchtigkeiten. Stirbt einer der Zwillinge in einem späten Stadium ab, führt das meist zum Abort beider Früchte, da die Progesteronkonzentration offensichtlich nicht mehr zur Aufrechterhaltung der Trächtigkeit ausreicht. Meist werden ein leicht autolytischer und ein frischtoter oder lebensschwacher Fetus geboren (s. Abb. 289 a). In seltenen Fällen besteht die Trächtigkeit fort. Der abgestorbene Zwilling dehydriert im Uterus und mumifiziert; die Trächtigkeit ist verlängert und endet mit der Geburt eines meist lebensschwachen Fohlens.

153 (a) Nicht unmittelbar, weil die Wunde zu stark verunreinigt und geschwollen und die Gewebszerstörung zu umfangreich ist.
(b)
- Das nekrotische Gewebe wird vollständig abgetragen. Dabei wird die Haut möglichst geschont.
- Die Wunde wird gründlich gereinigt und mit einer milden Desinfektionslösung gespült (0,1 %ige Jod-PVP-Lösung).
- Ein Strumpfverband wird angelegt, der täglich gewechselt wird. – Wichtig ist, daß die Hautlappen während des Verbindens in eine anatomisch richtige Position gebracht werden.

(c) Gut. Das Karpalgelenk ist nicht betroffen. Trotz der schweren Verletzung der Strecksehnen ist die Funktion nur gering beeinträchtigt. Eventuell geht das Pferd etwas unsauber. Über der Wunde wird sich im Laufe der Zeit Narbengewebe bilden, das die Beugung des Karpus etwas erschwert. Dies ist aber funktionell von untergeordneter Bedeutung.

154 (siehe auch Abb. 290)
(A) Der einfache Tupfer kann für Endometriumabstriche (b) verwendet werden.Der Tupfer wird auf einem Objektträger abgerollt, das Präparat fixiert und untersucht.
(B) Der Tupfer mit dem dünnen Drahtschaft ist für die Entnahme von Proben aus dem Sinus und der Fossa clitoridis zu verwenden (d).
(C) Der Tupfer mit dem Kunststoffschaft ist geeignet für die Bakteriologie von Proben aus dem Präputium, der Fossa urethralis, der Urethra und des Vorsekrets und Spermas (a).
(D) Der Tupfer mit Hülle eignet sich für Abstriche aus dem Nasen-Rachen-Raum, z. B. bei Druseverdacht (e).
(E) Der Gazetupfer dient der Virusisolierung aus dem Atmungsapparat (c).
Die Tupfer B, C und D müssen im Amies-Transportmedium versandt werden. Tupfer E wird kühl in einem virologischen Transportmedium versandt.

155 (a) Na-Penicillin 20.000–40.000 IU/kg KM viermal täglich intravenös über drei Tage. Bei starker Verunreinigung während eines chirurgischen Eingriffs kann man zusätzlich geben:
- Gentamicin 2,2 mg/kg KM zweimal täglich oder
- Kanamycin 5 mg/kg KM dreimal täglich oder
- Neomycin 6,75 mg/kg KM dreimal täglich bis zu fünf Tagen nach der Operation.

Eine langfristige Antibiose ist meist unnötig, weil

- postoperative Wundinfektionen nur durch die beim Wundverschluß vorhandenen Keime bedingt sind,
- Antibiotika das Fibrin der Wundheilung nur schlecht penetrieren, – die Gefahr der Resistenzbildung und der Antibiotika – assoziierten Erkrankungen (Salmonellose) wächst.

(b) Einen festen Zeitpunkt für die postoperative Aufnahme von Futter und Wasser gibt es nicht. Maßgeblich sind die Art des Eingriffs und das Wiedereinsetzen der Darmperistaltik.

Wasser kann meistens schon zwei Stunden nach Ende der Operation in kleinen Mengen (2 l) gegeben werden. Voraussetzung ist, daß keine Magendilatation vorlag und das Pferd einen guten Gesamteindruck macht. Nach zwölf Stunden kann man Wasser ad libitum geben.

Wenn ausreichend Darmgeräusche zu hören sind, kann man mit der Fütterung von Gras oder Heu in kleinen Mengen ebenfalls nach zwölf Stunden beginnen. Wenn danach Kotabsatz erfolgt, kann man ab der 24. Stunde Kleiemash füttern. Wenn innerhalb der nächsten drei Tage keine Probleme auftreten, kann das Pferd nach fünf Tagen wieder seine normale Heuration bekommen.

Beim Ileusverdacht (keine Darmgeräusche, Reflux aus der NSS) werden Wasser und Futter vollständig entzogen.

(c) Die Hautnähte werden nach zwei Wochen entfernt. Man kann zunächst einen Teil der Hefte entfernen, zwei Tage später die restlichen.

(d) Das Pferd soll drei Monate Boxenruhe haben. Es wird lediglich täglich an der Hand geführt. Freies Laufen im Paddock oder jede andere Art der freien Bewegung ist u. U. schädlich und kann zu Rupturen, Hernien und Dehiszenzen führen.

(e) 1 – 2 Wochen nach dem Eingriff kann das Pferd wieder normal gefüttert weren. Viele Pferdebesitzer glauben, dem Pferd etwas Gutes tun zu müssen und geben zu eiweißreiches Futter. Stehfutter mit einem großen Anteil Heu reicht vollkommen aus.

156 (a) blasse Scheimhäute, Nasenbluten, petechiale Blutungen, Ödeme der Hintergliedmaßem mit einem deutichen Absatz.

(b) Purpura haemorrhagica, idiopathische Purpura, medikamenteninduzierte Purpura,disseminierte intravasale Gerinnung (DIC); andere Erkrankungen, die mit Entzündungen der Gefäße einhergehen, wie die Afrikanische Pferdepest oder die Equine Virusarteriitis. Da sich die Symptome im Anschluß an eine Atemwegsinfektion ausbildeten, ist eine Purpura haemorrhagica am wahrscheinlichsten.

(c) Der Purpura haemorrhagica geht meist eine 3 – 5 Wochen zurückliegende Virus- oder Bakterieninfektion voraus. Die Thrombozytopenie ist eher selten und auf thrombozytensuppressive Medikamente oder Autoimmunprozesse zurückzuführen. Die DIC tritt meist in Verbindung mit toxischen oder septischen Erkrankungen auf.

(d) Meist liegt eine Anämie vor. Sie ist nicht pathognomonisch. Alle Blutparameter sind wenig aufschlußreich. Blutplättchen und Gerinnungsfaktoren sind normal, manchmal sieht man ein unspezifische Neutrophilie. Das Knochenmark zeigt eine regeneratives Verhältnis von Myeloblasten zu Erythroblasten.

Die idiopathische oder medikamenten-induzierte Thrombozytopenie ($< 40.000/\mu l$) führt zur verlängerten Gerinnungszeit. Die DIC ist oft gekennzeichnet durch eine unspezifische Leukozytose, teilweise mit Linksverschiebung und erhöhtem Fibrin.

157 (a) Unvollständige Katarakt.
(b) Die dunkle Iris deutet auf einen Zusammenhang mit einer Uveitis hin, links unten ist eine Trübung der Hornhaut infolge einer Narbe zu erkennen. Die Reflexion der Hornhaut ist unregelmäßig.
(c) Es handelt sich um einen schwerwiegenden Befund mit Verlust des Sehvermögens auf diesem Auge.

158 (a) Vermutlich ist eine leichte chronische Bronchitis (COPD) Ursache des Leistungsabfalls bei diesem Pferd. Auslöser sind Pilzsporen, Heu- und Strohstaub.
(b) Die COPD läßt sich endoskopisch am besten nachweisen. Durch eine Lavage der unteren Lufwege gewinnt man Material für eine zytologische Untersuchung. Endoskopisch sieht man einen Sekretsee an der tiefsten Stelle der Trachea und/oder Schwellungen und Entzündungen der Bronchialschleimhaut. Bei einer COPD findet man zytologisch in der Lavage vermehrt neutrophile Granulozyten. Lungenfunktionstests (Messung des Pleuradruckes) und Blutgasanalyse ergänzen die Diagnostik.

159 (a) Rezidivierende Hämarthrose.
Die hochgradige Lahmheit setzt schlagartig während oder nach der Belastung ein. Nach 24–48 Stunden läßt sie deutlich nach. Eine Gelenkpunktion mit Entfernung des Blutes behebt die Schmerzen sofort.
(b) Die Diagnose wird zunächst durch die Punktion gestellt. Die Überprüfung der Blutgerinnung gibt Aufschluß über die Frage, ob es sich um ein lokales oder systemisches Geschehen handelt. Endgültige Sicherheit bringt eine histologische Untersuchung der Synovialmembran (Abb. 291).

160 Man sieht einen abgegrenzten, ovalen Knochenteil kranial der Patella. Er scheint Knochenstruktur mit Corticalis und Medulla aufzuweisen. Er besteht vermutlich schon seit langer Zeit. Man sieht eine gut abgesetzte Einkerbung an der Apex patellae. Das mittlere Drittel des lateralen Rollkammes des Femurs ist abgeflacht.
(b) Erforderlich sind eine kaudokraniale Projektion sowie eine Schrägaufnahme kaudolateral-kraniomedial, eine gebeugte lateromediale Aufnahme und eine kranioproximal-kraniodistale Schrägaufnahme. Dadurch lassen sich andere Prozesse, wie z. B. die recht häufige Patellafraktur ausschließen. Diese ist nur in der letztgenannten Projektion darzustellen. Zusätzliche Schrägaufnahmen erlauben eine bessere Beurteilung der Rollkämme. Die gebeugte lateromediale Aufnahme gibt Aufschluß über die Beweglichkeit des Knochenstücks. Sie gewährt auch einen guten Einblick auf den lateralen Rollkamm des Femurs und die proximale Tibia (Ansatzstelle des Kreuzbandes).
Das Knochenstück ist vermutlich durch eine Osteochondrosis dissecans des lateralen Rollkammes des Femurs entstanden. Abgestoßene osteochondrale Fragmente neigen zur Vergrößerung. Wenn sie nicht wandern, sind sie – selbst innerhalb der Gelenkkapsel – harmlos. Wenn sie sich loslösen, können sie lahmheitsursächlich sein.
(d) Chirurgische Entfernung. Sehr Bewegliche Fragmente sind u. U. schwer zu erfassen, wenn das Gelenk zur Arthroskopie eröffnet und luftgefüllt wird. Deshalb ist die Arthrotomie die Methode der Wahl. Die Prognose ist gut.

161 (a) Die mäßig erhöhten Werte von Hämatokrit, Gesamtprotein, Harnstoff und AP sind auf die Dehydratation zurückzuführen. Diese ist aber nicht so ausgeprägt wie bei einer schweren Kolik. Das Plasmacortisol ist erhöht. Diese Erhöhung kann nicht nur auf die Streßsituation zurückzuführen sein.
(b) Der Serumhaptoglobinspiegel ist bei einer akuten Graskrankheit um das Drei-bis-Fünffache erhöht. Das Peritonealpunktat ist gelblich und hat einen hohen Eiweißgehalt, vergleichbar mit schweren ischämischen Zuständen des Darmes. Diese Untersuchungen sind zwar hilfreich, aber nicht pathognomonisch für die Graskrankheit.

162 (a) Es handelt sich um eine Papillomatose. Sie ist ansteckend. Das Virus kann im Freien überleben.
(b) Chirurgische Entfernung der größeren Warzen.
(c) Das Virus eliminiert sich in der Regel nach etwa vier Monaten von allein; die Warzen fallen ab.

163 Das Pferd hat ein Ödem am Bauch. Ursachen können sein: Eiweißmangel, örtliche oder systemische Durchblutungsstörung oder Folge einer Laparotomiewunde. Differentialdiagnostisch kommen in Betracht:
- ein Hungerödem
- ein Malabsorptionssyndrom
- eine Eiweißverlust-Enteropathie
- eine chronische Leberzirrhose
- örtliche Durchblutungsstörungen
- Lymphosarkom
- chirurgischer Eingriff
- eine Herzerkrankung mit Stauungserscheinungen

164 (a) (siehe auch Abb. 293)
(A) die tiefe Beugesehne
(B) den medialen und lateralen Ast des oberflächliche Zehenbeugers
(C) das gerade Sesambeinband
(b) Unter der Haut ist eine echogene Schicht. In der Sehnenscheide ist reichlich echoarme Flüssigkeit.Ein echodichtes Band kreuzt die Sehnenscheide auf der Palmarseite des tiefen Zehenbeugers. Im der Mitte des tiefen Zehenbeugers befindet sich palmar eine hypoechogene Zone.
(c) Die Synoviauntersuchung der Sehnenscheide umfaßt ein Differentialblutbild, Zellmorphologie, Gramfärbung und die Bestimmung des Gesamteiweißes. Im vorliegenden Fall war der Leukozytengehalt 8×10^9/l, davon 60 % Granulozyten; der Eiweißgehalt 17 g/l.
(d) Das Pferd leidet an einer perforierenden Verletzung der Beugesehnenscheide und des tiefen Zehenbeugers. Der Lahmheitsgrad und die Ergebnisse der Synoviauntersuchung deuten auf eine nichtinfizierte Verletzung hin. Die Lahmheit ist eher durch das Trauma und Verklebungen bedingt. Nichtsdestoweniger sollte man konsequent antibiotisch behandeln. Zusätzlich gibt man NSAID. Das Pferd wird geführt und die distale Gliedmaße gymnastiziert, um die Verwachsungen zu lösen.

(e) Die Prognose ist vorsichtig bis zufriedenstellend. Eine chronische Fibrose mit bleibender Lahmheit ist nicht auszuschließen.

165 (a) Das Fohlen hat eine lose Wand. Zwischen Sohle und Hufwand hat sich Schmutz eingedrückt. Ursache ist eine Zusammenhangstrennung in der weißen Linie.
(b) Mit einer Röntgenaufnahme könnte man den Grad einer sekundären Ostitis des Hufbeins feststellen.
(c) Wenn das Fohlen aufgrund einer aufsteigenden Infektion lahmgeht, ist die Korrektur der Fehlstellung schwierig, da man dann keinen Korrekturbeschlag anbringen kann.

166 (a) Neuere Untersuchungen belegen, daß die Glycogenreserven von der Fütterung **und** dem Training abhängen und nicht nur von der Fütterung. Eine knappe Kohlenhydratfütterung bei schwerer Arbeit über fünf Tage führt zu einer Erschöpfung der Glycogenreserven. Eine anschließende kohlenhydratreiche Fütterung führt zur Anhäufung von Glycogen über drei Tage. Diese Befunde stehen im Gegensatz zu der Beobachtung, daß eine erhöhte Zufuhr – oral oder intravenös – von Glucose keinen Einfluß auf den Glycogenspiegel hat, weder vor noch nach der Belastung. Das Pferd hat im Vergleich zum Menschen ohnehin schon sehr hohe Glycogenwerte in der Muskulatur.
(b) Beim Menschen vermutet man, daß hohe Glycogenreserven die Leistungsfähigkeit verbessern. Sie sollen gerade für Langstreckensportler vorteilhaft sein,weil sie die Leistung im anaeroben Bereich um 37 % verbessern. Demgegenüber ist über die Auswirkungen von Glycogenvorräten und hohen Muskelglycogenwerten beim Pferd wenig bekannt. Einige Untersuchungen sind wissenschaftlich nicht überprüfbar, weil die Methoden zur Objektivierung der Leistung keinen echten Aufschluß über die tatsächliche Bedeutung der Glycogenreserven erbringen können.
(c) Eine Überfrachtung mit Glycogen kann zur Hufrehe, Endotoxämie und erhöhten Wasserretention führen. Falls man wirklich umfangreiche Glycogenspeicher beim Pferd aufbauen kann, könnte dies genauso gut zu einer Verschlechterung der Leistung – insbesondere beim Kurzstreckeneinsatz – führen.

167 Das HCG ist in seiner Struktur und Wirkung dem LH (Luteinisierendes Hormon aus der Hypophyse) sehr ähnlich. Bei Stuten mit reifen Follikeln beschleunigt es vermutlich die Ovulation.
Da der Zeitpunkt der Gabe aber nicht standardisiert werden kann, ist dieser Effekt letztendlich nicht überprüfbar.
Das Hormon verbessert die Konzeptionsrate nicht, wenn man davon absieht, daß die Wahrscheinlichkeit der Bedeckung zum richtigen Zeitpunkt durch die Terminierung der Ovulation vergrößert werden könnte.
In letzter Zeit wurden Gonadotropin-Releasing-Hormone (GnRH) in der gleichen Indikation eingesetzt. Bei einmaliger Gabe sind sie noch weniger wirksam als das HCG, da unter natürlichen Bedingungen das GnRH pulsatil freigesetzt wird. Obwohl alle diese Hormonbehandlungen wissenschaftlich nicht überprüfbar sind, wird man kaum umhinkommen, sie hin und wieder einzusetzen, wenn ein Züchter von der Wirksamkeit dieser Präparate gehört hat oder überzeugt ist.

168 (a) Es liegt eine Anschoppung der Beckenflexur vor. Manchmal ist auch das Colon transversum angeschoppt; dies ist aber nicht zu palpieren.

(b)

- Analgetika. Phenylbutazon ist wirksam (2 g/500 kg). Xylazin und Detomidin wirken nur kurz und unterdrücken die Peristaltik. Butorphanol verhindert den Weitertransport, steigert aber die Motilität innerhalb der einzelnen Darmabschnitte; es ist deshalb nicht geeignet.
- Laxantien. Paraffinum liquidum 4–8 l per NSS alle 12–24 Stunden. Drastika (Rizinusöl!) sind gefährlich und kontraindiziert.
- Fütterung und Haltung. Wasseraufnahme ist erlaubt; man kann Elektrolyte zusetzen. Die Futteraufnahme wird reduziert oder ganz unterbunden. Einstreu wird weggeräumt. Anzeichen der Dehydratation müssen ernst genommen werden, da dann eine intravenöse Flüssigkeitssubstitution erforderlich ist. Man muß auf Indizien eines septischen Schocks infolge einer Ischämie des Darmes achten. Die Therapie der Anschoppung der Beckenflexur erfordert viel Geduld.

(c)

- Untersuchung und ggf. Korrektur der Zähne
- Überprüfung des Entwurmungsplanes
- Anpassung von Futter und Tränke
- Verhindern des Fressens der Einstreu
- regelmäßige Bewegung

169 (a)

- Das Pferd wird sediert, die Wundränder werden mit einem Lokalanästhetikum ohne Adrenalinzusatz (Mepivacain 1 %) infiltriert.
- Die Haare an den Wundrändern werden entfernt.
- Die Wunde wird gründlich gereinigt. Danach wird die Haut mit nichtresorbierbarem Nahtmaterial vernäht. An der tiefsten Stelle der Wunde legt man eine Drainage.
- Die Ecken werden mit Entlastungsnähten geschützt.
- Die Wunde wird vom Kronrand bis zum Karpalgelenk unter Verband gelegt.
- Zu Beginn gibt man systemisch Antibotika. NSAID (z. B. Phenylbutazon) verhindern eine übermäßige Wundschwellung.

(b) Ja. Das Pferd wird aufgestallt und bekommt fünf Tage lang Antibiotika. Der Verband bleibt fünf Tage angelegt; bei starker Exsudatbildung wird er täglich oder alle zwei Tage gewechselt.

170 (a) Vielleicht findet man im Blutlabor eine Anämie, die aber unspezifisch ist. Die Überprüfung der Gerinnungsfaktoren ist meist wenig aufschlußreich, so daß man anderweitig nach der Blutungsursache suchen muß.

(b) Röntgenologisch und endoskopisch kann man den Sitz des Blutungsherdes eingrenzen. Oft sind Mykosen der Luftsäcke oder Neoplasien ursächlich; in diesem Fall war es ein wiederholtes Trauma durch die Anbindekette.

171 Anamnese, klinisches Bild und Obduktionsergebnis legen den Verdacht nahe, daß es sich um eine Folge eines langwährenden NSAID-Einsatzes handelt (Flunixin). Bei der NSAID-Vergiftung findet man an vielen Stellen des Gastrointestinaltraktes Ulzera mit

Verlust von Plasmaproteinen. In seltenen Fällen sind die Veränderungen auf einen kleinen Bezirk (rechte dorsale Kolonlage) begrenzt. Die ulzerative Entzündung der rechten Kolonlage wird meist dann beobachtet, wenn stark dehydrierte Tiere mit NSAID behandelt werden. Schwere, schmerzhafte Erkrankungen des Bewegungsapparates führen zur Dehydratation. Im vorliegenden Fall wurde die empfohlene Dosierung des Flunixin um das Zwei-bis Dreifache überschritten.

172 (a) Eine 30°-Schrägaufnahme; die erkrankte Seite liegt unten.
(b) Das Pferd ist intubiert und der Kiefer gespreizt. Man sieht eine flächenhafte Verschattung (mineralisierte Entzündung des Kieferknochens) dorsal des 5. Backenzahns und der 4. Backenzahnalveole (aufgehellt). Der 4. Backenzahn fehlt.
Ein schmaler, röntgendichter, rechteckiger Bezirk befindet sich zwischen dem kaudalen Teil der Alveole des 4. Backenzahns und dem rostralen Teil des 5. Backenzahns. Er reicht fast bis zur Kaufläche. (c) Es handelt sich um einen Sequester von der vorausgegangenen Zahnoperation. Er verursacht die oronasale Fistelbildung und verunreinigt die Kieferhöhle ständig mit Futterresten. Es kommt zu einer sekundären Kieferhöhlenvereiterung; der Nasenausfluß hält weiter an.

173 (a) Respiratorische Azidose bei guter Sauerstoffversorgung.
(b) Man stellt um auf eine intermittierende künstliche Beatmung. Dadurch wird das arterielle CO_2 abgebaut. Die Gabe von Hydrogencarbonat würde die Situation nur verschlimmern, da das CO_2 dadurch noch weiter ansteigt. Eine metabolische Azidose ist gekennzeichnet durch einen niedrigen pH-Wert und einen normalen oder erniedrigten CO_2-Wert. In einem solchen Fall wäre Na-Hydrogencarbonat sinnvoll.

174 (a) Es liegt eine Schlundverstopfung vor. Differentialdiagnostisch kommen Fremdkörper, neurologische Erkrankungen oder (selten) eine akute Graskrankheit in Betracht.
(b)
- Leichte Fälle sprechen auf die alleinige Gabe von Spasmoanalgetika (Buscopan compositum) an.
- Die Spülung mit der Magensonde muß sehr vorsichtig erfolgen.

Oft ist eine Sedierung sinnvoll. Bei Zuckerrübenschnitzeln nimmt man dünnflüssiges Paraffin, sonst Wasser. Es gibt spezielle Spülsonden, in denen das Wasser durch einen kleinen Schlauch hineingepumpt wird und der Futterbrei durch die großlumigere Sonde ablaufen kann. Statt dessen kann man auch einen Trachealtubus mit Manschette nehmen. In schwierigen Fällen weicht man die Anschoppung auf und wiederholt die Spülung nach 12 Stunden. Als ultima ratio kann man das Pferd in Narkose legen.
- Man gibt in der Nachsorge vorbeugend Antibiotika. Oft befinden sich Futterreste in der Trachea.
- Langwierige Fälle werden infundiert. Dadurch gewinnt man Zeit für ein behutsames Vorgehen.

(c)
- Zahnkorrektur
- Überprüfung der Fütterung
- Ausschluß anderweitiger Erkrankungen (s. o.). Bei rezidivierenden Schlundverstopfungen ist die Röntgenuntersuchung mit Kontrastmittel angezeigt.

175 (a) Die Symptome deuten auf eine chronische eosinophile Gastroenteritis. Man kann die Diagnose durch eine Biopsie der Haut oder der Darmschleimhaut absichern. Hämatologisch ist die Eosinophilie meist nicht nachweisbar.
(b) Die Ätiologie der Erkrankung ist unklar. Eventuell handelt es sich um eine myeloproliferative Fehlsteuerung. Es besteht eine große Änhlichkeit zum Hypereosinophilen Syndrom beim Menschen. Ein Behandlung ist nicht möglich.

176 Ein Strongylidenbefall läßt sich durch Eiweißelektrophorese nachweisen. Dabei sind spezifische Globulinfraktionen erhöht. Ein anderweitiger inapparenter Parasitenbefall ist durch eine Erhöhung der β-1-Fraktion gekennzeichnet.

177 (a) Das Pferd leidet an massivem Gewichtsverlust und Kachexie. Es hat eine Dampfrinne. Die Ellbogen sind nach außen gedreht.
(b) Es handelt sich um eine höchstgradige Lungenerkrankung, vermutlich mit Emphysem. Für den Gewichtsverlust kommen auch andere Ursachen in Betracht.
(c) Aufgrund der langen Erkrankungsdauer und der Schwere der Symptome ist die langfristige Prognose schlecht.
Die Lunge ist funktionell und morphologisch geschädigt. Eine konsequente Frischlufthaltung, der Einsatz von Bronchodilatatoren und Sekretolytika, u. U. auch Corticosteroiden, können eine Linderung bringen.

178 (a) Die Dyspnoe entsteht vermutlich durch eine Kompression des Rachenraumes infolge einer Anschwellung der Luftsäcke.
(b) Lufsackempyem, Lufsacktympanie.
(c) Röntgenuntersuchung und Endoskopie von Pharynx und Luftsack sind hilfreich. Im seitlichen Strahlengang sieht man einen Flüssigkeitsspiegel im Luftsack. Menge und Art der Flüssigkeit werden endoskopisch beurteilt. Bei einer Tympanie sind einer oder beide Luftsäcke gebläht. Im Röntgenbild findet man den Luftsack kaudal in Höhe des 1. Halswirbels verlagert. Da oft beide Luftsäcke erkrankt sind, müssen beide gleichermaßen untersucht werden.

179 (a) Im medialen Condylus des Femurs.
(b) Die diagnostische Anästhesie des medialen Kniegelenks ist positv; dies ist der zuverlässigste Hinweis. Ein negatives Resultat schließt allerdings eine subchondrale Zyste in diesem Bereich nicht aus. Manchmal sieht man eine leichte Schwellung des medialen Kniegelenks.
Weitere diagnostische Methoden sind sehr wenig aussagekräftig. Die Szintigraphie ist gewöhnlich negativ.
(c)
- Ausräumen der Zyste und Implantieren von autologer Knochensubstanz.
- Ausräumen der Zyste ohne Füllung des Hohlraumes. Man kann allerdings Öffnungen in das angrenzende Epiphysengewebe anlegen. Die erste Methode erfordert eine Arthrotomie, die zweite kann auch arthroskopisch durchgeführt werden.

(d) Auf jeden Fall muß die gegenüberliegende Seite auch geröngt werden, da diese Defekte sehr häufig bilateral auftreten.

180 (a) Es handelt sich entweder um Tabaniden (Stechbremsen), große Fliegen mit gutem Flugvermögen, die aber keine Eier an den Pferdebeinen ablegen, oder um die Dasselfliege, die Eier an Backe, Hals, Beinen und Körper ablegt.

(b)

- Die Eier können durch Waschungen mit warmen Phosphorsäureester-Lösungen abgetötet werden.
- Die Behandlung der Pferde mit Ivermectin oder einem Phosphorsäureesterpräparat im Herbst und Winter tötet die Larven der Dasselfliege im Magen des Pferdes ab.

(c) Der warme Speichel beim Ablecken regt die Larven in den Eiern zum Schlüpfen an.
(d) Die Larven wandern intrakutan durch die Lippe und die Haut, die Mundschleimhaut und die Ösophagusschleimhaut in den Magen. Sie durchlaufen die weiteren Larvenstadien und werden im Frühsommer mit dem Kot ausgeschieden.

181 (a) Im EKG sieht man an zwei Stellen P-Zacken, denen kein QRS-Komplex folgt. Dies ist ein Beispiel für einen AV-Block 2. Grades. Nach jeweils einem Block rücken die P-Zacken näher zusammen und verlängern sich wieder vor dem nächsten Block. Es liegt also eine Sinusarrhythmie vor. Das längste P-Q-Intervall tritt vor einer nicht weitergeleiteten P-Zacke auf (AV-Block Typ Wenckebach 1). Die T-Zacke nach der nächsten weitergeleiteten P-Zacke ist kleiner als in den folgenden regulären Zyklen. Die Form der T-Zakke ist abhängig von der Herzfrequenz. Die Amplitude variiert nach einer längeren Pause. All diese Symptome sprechen für einen erhöhten Vagotonus.
(b) Dieses EKG ist typisch für ein Pferd mit einer Sinusarrhythmie bei leichter Beanspruchung. Man müßte die Untersuchung nach stärkerer Beanspruchung wiederholen.
(c) Die Arrhythmie ist lediglich Ausdruck eines erhöhten Vagotonus.
Sie führt nur zur Verlangsamung des Herzschlages und ist klinisch ohne Bedeutung.

182 (a) Punktieren der Bauchhöhle. Im vorliegenden Fall trat reichlich blutiges Punktat zutage. Es enthielt 26 g/l Gesamteiweiß und 2% Erythrozyten. Die Parazentese gibt bei schweren Koliken wichtige Hinweise auf mögliche irreversible Schädigungen des Darmes.
(b) Eine sofortige Laparotomie ist erforderlich. Dabei fand sich eine Hernia foraminis epiploici. 1,50 m des distalen Jejunums waren stranguliert, abgestorben und mußten reseziert werden.

(c)

- schwere, anhaltende Schmerzen, die auch auf wiederholte Gaben von Analgetika nicht ansprechen
- der rektale Befund des Dünndarmverschlusses
- Rückfluß aus der NSS
- Fehlen jeglicher Darmgeräusche
- das auffällige, blutige Bauchhöhlenpunktat

(d) Flunixin ist ein sehr wirksamer Hemmer der Prostaglandinsynthese. Der leichtfertige Einsatz dieses Medikaments kann eine schwere ischämische Darmschädigung und Toxämie verschleiern. Das führt bei der Entscheidung zur chirurgischen Versorgung zu unnötigem Zeitverlust.

183 (a) Man sieht nur einen Drüsenkomplex und eine Zitze.
Die Haut des Drüsenkomplexes, des Oberschenkels und des ventralen Abdomens ist geschwollen und mit kleinen Läsionen übersät.
(b) Bei den Hautveränderungen handelt es sich um multiple punktförmige Bläschen, die ineinander verlaufen. Etliche sind geschwürig und eitrig. Histologisch handelt es sich um nekrotische Granulome.
(c) Vermutlich leidet das Pferd an einer generalisierten granulomatösen Erkrankung. Weitere Symptome sind Vergrößerung der örtlichen Lymphknoten, Gewichtsverlust, Apathie und Inappetenz.
(d) Es könnte sich um Tuberkulose handeln (Anzeigepflicht!). Ein Ausstrich und die Bakterienkultur werden nach Ziehl-Neelsen gefärbt (säurefeste Stäbchen).

184 (a) Die Stute hat eine Placenta diffusa. Ab dem 3. Trächtigkeitsmonat nimmt sie die gesamte Endometriumoberfläche ein. Beim Rind hingegen findet die Plazentation nur in den Plazentomen statt. Das freie Allantochorion kann man zwischen den Fingern gleiten lassen. Abb. 294 a zeigt die ventrale Oberfläche eines Uterus mit einer Frucht im 5. Monat. Man kann die Umrisse des Fetus sehen. Durch vorsichtiges Freipräparieren löst man die Plazenta vom Uterus ab (Abb. 294 b). Man sieht, daß die Plazenta den gesamten Uterus ausfüllt. Am Übergang zu Cerxix, Eileiter und den Endometriumbechern bilden sich keine Zotten aus. Außerdem sieht man im Allantochorion eine zottenlose Stelle, die sich bei der Entfernung des Uterus gebildet hat. Nach Eröffnung des Allantochorions sieht man das Fohlen in der Amnionhaut. Diese hat keinen Kontakt mit dem Allantochorion.
(b) An der A. uterina media tritt gegen Ende der Trächtigkeit ein Schwirren auf; dies ist aber nicht ständig wahrzunehmen. Man ist auf das Uterinschwirren als Trächtigkeitsdiagnostikum auch nicht angewiesen, da der Uterus des Pferdes im Gegensatz zum Rind während der gesamten Trächtigkeit zu ertasten ist. Der Uterus bleibt mit seiner Dorsalfäche immer relativ weit oben im Becken, da er durch die Ligg. lata weit lateral befestigt ist. Auch die Ovarien sind bis zur Mitte der Trächtigkeit gut zu palpieren; erst danach wandern sie nach kranial und medial.

185 (a) Es handelt sich entweder um eine infektiöse Arthritis oder ein schweres Trauma. Der Leukozytengehalt in der ersten Probe lag bei $51{,}3 \times 10^9/l$; davon waren 96% Neutrophile. Eine Gramfärbung wäre sinnvoll.
(b) Das Fohlen wurde mit einem Breitspektrumantibiotikum systemisch behandelt. Zusätzlich wurde das Gelenk mehrere Male mit steriler Kochsalzlösung gespült (dreimal innerhalb von zwei Wochen). Das Fohlen bekam 1 Woche lang Timentin, danach 12 Tage lang Penicillin und Neomycin.
(c) Im Ausstrich der zweiten Probe (4 Wochen) dominieren mononukleäre Zellen. Das Problem ist offensichtlich gelöst. Die Gesamtleukozytenzahl liegt bei $1{,}5 \times 10^9/l$, davon waren 87% mononukleäre Zellen.

186 (a) Der wichtigste Befund ist die Erhöhung der GLDH. Sie ist leberspezifisch. Auch die AST ist erhöht, aber nur mäßig. Sie ist nicht leberspezifisch.Auf eine Leberschädigung weist auch der niedrige Harnstoffspiegel hin, da die Synthese von Harnstoff aus Ammoniak gestört ist. Häufig sieht man einen Mangel an Gesamteiweiß, wobei die

Globuline allerdings relativ hoch sein können (insbesondere die β-Globuline). Der fast normale Bilirubinwert ist trotz der massiven Erhöhung der GLDH nicht außergewöhnlich. Insgesamt weisen die Befunde auf einen Leberschaden hin.
(b) Weitere Leberfunktionstests sind die Bestimmung der Gallensäuren und die BSP-Clearance. Wenn sich die Verdachtsmomente erhärten, ist eine Leberbiopsie angezeigt.

187 (a) Es liegt eine vollständige Mastdarmruptur vor (Abb. 295).
(b) Die Prädilektionsstelle für eine Spontanruptur ist dorsal im Rektum, etwa 25–30 cm kranial des Anus. Meist reißt das Rektum in Längsrichtung. Es entsteht eine direkte Verbindung zur Bauchhöhle.
(c)
- Das Pferd wird tief sediert (Detomidin 0,03–0,04 mg/ kg KM i. v. und Butorphanol 0,1 mg/kg KGW i. v.)
- Der Einsatz von Buscopan compositum und/oder Propanthelinbromid führt zum vorübergehenden Aussetzen der Peristaltik und erleichtert so das Ausräumen des Mastdarmes. Alternativ bietet sich eine Epiduralanästhesie an (10 ml 1–2 %iges Lidocain) oder ein Einlauf mit 10 ml Lidocain in 50 ml Kochsalzlösung. Die Epiduralanästhesie wirkt ideal, verschlechtert aber u. U. das Standvermögen des Pferdes.
- 2–4 mg Atropin i. v. schalten ebenfalls die Peristaltik aus und verringern die Gefahr der Kotkontamination der Bauchhöhle.
- Danach wird die Rupturstelle sorgfältig mit der bloßen Hand untersucht.
- Die Perforationsstelle kann vorübergehend mit einem antiseptisch getränkten Mullknäuel tamponiert werden.

(d) Die drei wichtigsten Kriterien sind:
- Wo liegt der Defekt?
- Wie groß ist er?
- Welche Darmschichten sind perforiert?

Man teilt die Mastdarmverletzungen in vier Schweregrade ein:
- 1. Grad: Nur Schleimhaut oder Schleimhaut und Submukosa sind verletzt.
- 2. Grad: Die Muskularis ist verletzt.
- 3. Grad: Schleimhaut, Submukosa und Muskularis sind verletzt; das Bauchfell steht noch, so daß die Verunreinigung nur bis ins Mesorektum und die Fossa retroperitonealis reicht.
- 4. Grad: vollständige Perforation zur Bauchhöhle.

(e)
- Der Besitzer wird auf den lebensbedrohlichen Zustand des Pferdes hingewiesen. Es soll eine sofortige Entscheidung zur Behandlung oder Euthanasie erfolgen.
- Bei jedem Behandlungsversuch werden sofort hohe Dosen Breitspektrumantibiotika gegeben. Eine Intensivüberwachung muß erfolgen, um Anzeichen eines Schocks zu erkennen. Infusionen verringern das Risiko einer Endotoxämie.
- Verletzungen 1. Grades heilen unter medikamentöser Behandlung.
- Verletzungen 2. Grades werden in der Praxis kaum beobachtet. Sie können unter konservativer Behandlung und laxierender Fütterung abheilen.
- Verletzungen 3. und 4. Grades werden sofort chirurgisch versorgt oder-bei massiver Kotverschmutzung der Bauchhöhle-sofort euthanasiert.

Man hat folgende Möglichkeiten der chirurgischen Versorgung:

- Laparotomie und Versorgung der Ruptur, wenn die Rupturstelle weiter als 25 cm kranial des Anus liegt.
- Direkte transanale Naht, sofern die Verletzung ins dorsale Mesorektum reicht und via Laparotomie nicht zugänglich ist. Erleichtert wird dies durch den Gebrauch eines sehr langen Nadelhalters und eines rektalen Spreizspekulums. Eine Variante dieser Methode ist die Laparotomie in der Medianen, wobei ein Assitent den Darm über ein rektal eingeführtes Caslick-Spekulum stülpt.
- Eine vorübergehende Kolonfistel hält den hinteren Teil des kleinen Kolons und das Rektum für 2–4 Wochen frei von Kot. In dieser Zeit kann eine Spontanheilung eintreten. In einer weiteren Operation werden die ursprünglichen Verhältnisse wiederhergestellt.
- Eine vorübergehende Auskleidung des Rektums mit einem Schlauch. Dieser wird per Laparotomie im kleinen Kolon proximal der Verletzung befestigt.

188 Das Pferd hat eine Facialislähmung. Die Muskulatur von Ohr, Lid, Backe, Nase und Lippe ist erschlafft. Da diese komplette Muskelgruppe ausgefallen ist, liegt der Verdacht nahe, daß der Nerv an seinem Ursprung in der Medulla oblongata oder zwischen dem Austritt aus dem Foramen stylomastoideum und seiner Aufzweigung geschädigt ist. Bei dem abgebildeten Fall handelte es sich um ein Osteom des Processus styloideus des Os hyoideum. Endoskopisch konnte man die Kompression des Nervs im Luftsack (Abb. 296) erkennen.

189 (a)
- Man trägt das gesamte zerstörte Gewebe ab und behandelt die Wunde offen; sekundäre Wundheilung wird angestrebt.
- Die Haut wird möglichst geschont.

(b) Ja. Bei sehr großen Defekten ist u. U. die Bewegungsfreiheit etwas eingeschränkt. Das Pferd paßt sich mit seinem Bewegungsmuster an. Die meisten Verletzungen dieser Art haben keinen Einfluß auf die Leistungsfähigkeit.
(c) Die Wundheilung wird etwa vier Monate dauern. Das Pferd kann mäßig und kontrolliert bewegt werden; enges Aufstallen ist nicht sinnvoll. Ideal sind ein kleiner Paddock und tägliche Schrittarbeit (Führmaschine).

190 (a) Milchproduktion während der Trächtigkeit ist meist ein Hinweis auf eine Plazentaablösung. Sie wird oft durch das Absterben eines Zwillings hervorgerufen. Manchmal handelt es sich auch um mykotische Plazentainfektionen, die von der Cervix aufsteigen. Meist kommt es zum Abort. Der Abort durch EHV 4 verläuft sehr rasch und ohne Vorzeichen. Manchmal wird ein lebender Fetus abortiert. Jeder verdächtige Abort muß auf EHV untersucht werden.
(b) Leichte Blutungen aus der Scheide werden vom Züchter meist als drohender Abort interpretiert, zumal dies beim Menschen durchaus so ist. Da das Pferd aber eine Placenta epitheliochorialis hat, kann eine Ablösung gar keine Blutung hervorrufen. Es handelt sich also um eine Fehlinterpretation.
Blutet eine Stute während der Trächtigkeit aus der Scheide, sind meistens Varizen oder rupturierte Venen aus dem Hymenalbereich dafür verantwortlich. Dies kann auch bei nichtträchtigen Stuten beobachtet werden. Während der Trächtigkeit behandelt man solche Blutungen nicht. Der Blutverlust ist – auch wenn der Besitzer dies anders sieht –

mengenmäßig vernachlässigbar. Größere Blutflecken findet man meist morgens nach einer Ruhephase im Liegen in der Nacht. Falls erforderlich, werden die Gefäße nach der Geburt ligiert.

191 (a) Nein. Es handelt sich höchstwahrscheinlich um ein Schilddrüsenadenom. Dies ist meistens euthyreot und stellt lediglich einen Schönheitsfehler dar. Die Überprüfung der Schilddrüsenhormone und die Stimulationstests verlaufen unauffällig.
(b) Einige andere Veränderungen können hier auftreten. Im Gefolge einer Streptococcus-equi-Infektion (Druse) können die Kehlgangslymphknoten anschwellen und abszedieren.
(c) Schwellungen außerhalb des Kehlkopfes beeinträchtigen die Luftzufuhr normalerweise nicht. Die Schwellungen werden nur langsam größer und sind gut verschieblich. Im vorliegenden Fall war die gegenüberliegende Schilddrüse normal.

192 (a) Beim gesunden Pferd erreicht der Glucosespiegel nach 120 min den höchsten Wert. Er liegt etwa beim Doppelten des Normalwertes und fällt dann langsam innerhalb von sechs Stunden auf den Normalwert ab.
(b) Die Ergebnisse deuten auf eine Malabsorption hin. Die Glucosezufuhr erhöht den Glucosespiegel im Blut nur unwesentlich. (c) Ursächlich für die Malabsorption sind die granulomatöse Enteritis, die chronische eosinophile Enteritis, das Magen-Darm-Lymphosarkom und die Zottenatrophie.
(d) Die Prognose ist für alle Fälle des Malabsorptionssyndroms sehr schlecht. Eine flache Resorptionskurve, wie sie hier vorliegt, deutet immer auf schwerwiegende Veränderungen der Darmschleimhaut hin.

193 (a) Die Differentialdiagnosen der Unterkieferschwellung sind: Durchbruch von Zahnzysten, Schwellung und Abszedierung der submandibularen Lymphknoten, Zahnabszeß, Kieferfraktur, Zysten im Kieferknochen, Tumoren.
(b)
- Die Corticalis des Unterkieferknochens ist geschwollen.
- Das Alveolarperiost hat sich aufgelöst.
- Verschmelzung der rostralen Zahnwurzeln
- Eine röntgendurchlässige Aufhellung um die rostrale Zahnwurzel Es handelt sich um eine periapikale Vereiterung der rostralen Wurzel des 3. Backenzahns mit nachfolgender Kiefervereiterung.

194 (a) Es handelt sich um eine Zyste in der Uvea.
(b) Melanom der Iris.
(c) Keine.

195 (a) Das Kniegelenk wird im kaudokranialen und im lateromedialen Strahlengang geröntgt.
(b) Der proximale Teil der Gelenkflächen der Rollkämme des Femurs ist unscharf konturiert. Der Knochen ist jedoch normal strukturiert. Die Rollkämme sind noch gleichgroß; später ist der mediale Rollkamm größer. Auch die Patella ist unscharf konturiert. Dies ist das typische Röntgenbild einer unvollständigen Ossifikation. Die Verknöche-

rung der Rollkämme ist erst mit 3–5 Monaten abgeschlossen. Eine Infektion sieht röntgenologisch ähnlich aus; dann ist allerdings der subchondrale Knochen angegriffen.
(c) intraartikuläre Infektion, Trauma, Osteochondrosis dissecans
(d)
- Messen der Rektaltemperatur; außerdem müssen alle klinischen Hinweise auf eine Infektion von Nabel, Thorax und übrigen Gelenken ernst genommen werden.
- Untersuchung der Synovia auf Gesamteiweiß, Gesamtleukozyten, Differentialblutbild und Erythrozyten. Eine Gramfärbung ist sinnvoll, ebenso eine bakteriologische Kultur des Punktats.
- Komplettes rotes und weißes Blutbild einschließlich Gesamteiweiß, Albumin, Fibrinogen und IgG.

(e) Die Patella ist mit vier Monaten vollständig verknöchert, die distale Femurepiphyse mit 24–30 Monaten.

196 (a) Es werden alle Blutparameter einschließlich Fibrinogen bestimmt. Die Synovia wird zytologisch und bakteriologisch untersucht. Das Gelenk wird geröntgt, damit man später eine Vergleichsaufnahme hat. Man sucht sorgfältig nach anderen infektiösen Herden im Körper (Gliedmaßen, Lunge). Der Nabel wird sonographisch untersucht.
(b) Es handelt sich vermutlich um eine septische Arthritis, evtl. kommt eine Osteomyelitis hinzu.
(c) Bis zum Abschluß der BU werden Breitspektrumantibiotika gegeben. Der Nabel wird konservativ oder durch Ätzen mit Silbernitrat versorgt. Eine örtliche Behandlung des Gelenks (Lavage mit Elektrolytlösung) muß erwogen werden.

197 (a)
- Läusebefall (Damalinia equi oder der etwas größere Haematopinus asini)
- Chorioptesmilben
- Herbstgrasmilben oder deren Larven
- Rote Vogelmilbe (in den Hühnerställen oder deren Nähe)

(b)
- Ganzkörper-Sprühbehandlung; 5–10 l/Pferd
- Wiederholung nach 14–16 Tagen
- Behandlung nach Herstellerangaben. Phosphorsäureester sind relativ toxisch und müssen mit Vorsicht eingesetzt werden.

198 (a) Der veränderte Bezirk liegt in der Nähe der Parotis und ist gut abgesetzt. Die Veränderung dürfte kaum ursächlich für den Husten sein. Das Nasenbluten hingegen ist vermutlich von Bedeutung. Die beiden Symptome stehen sicher nicht im Zusammenhang.
(b) Es handelt sich vermutlich um ein Melanom/Melanosarkom der Parotis oder des Luftsacks. Sie kommen fast nur bei Schimmeln vor.
(c) Das Melanom ist beim Schimmel ein relativ gutartiger Tumor, obwohl er weit im Körper verstreut ist. Deshalb sind sicherlich auch anderweitig noch Veränderungen zu finden. Im vorliegenden Fall handelte es sich allerdings um einen ausgesprochen malignen Tumor der Parotis und des Luftsacks. Die Prognose ist sehr vorsichtig zu stellen.

199 (a) Die Blutungen in der Serosa sind auf das Eindringen von Wanderlarven von Strongylus vulgaris (III. Stadium) zurückzuführen. Sie finden sich meist am Dünn- und Dickdarm.
Oft wird ein ähnlicher Krankheitskomplex der diffusen Hämorrhagie der Serosa als Haemomelasma ilei bezeichnet. Es handelt sich dabei um eine Infektion mit Strongylus edentatus. In der Schleimhaut und Submukosa dieser Bezirke läuft eine schwere entzündliche Reaktion ab, die zu einer ausgeprägten Thrombosierung der Gekrösearterien führt.
(b) Strongylideninfektionen im allgemeinen und Strongylus-vulgaris-Infektionen insbesondere rufen Koliken beim Pferd vor.
Bei jungen Fohlen kommt es bei frischen Strongylideninfektionen zu Fieber, Apathie und Koliken.
Die Symptomatik beim älteren Pferd ist mehr durch die Wanderlarven geprägt. Es kommt zu Gewichtsverlust, Fieber und Koliken, die im typischen Fall auf Entzündungen der Gefäße der A. mesenterialis cranialis zurückzuführen sind. Das Stadium IV von Strongylus vulgaris ist hierfür verantwortlich.
Die Koliken sind intermittierend oder rezidivierend. Oft bildet sich zusätzlich eine Peritonitis aus.
Früher war man der Auffassung, daß das thrombotisch-embolische Geschehen an den Mesenterialarterien Ursache der Koliken sei. Heute ist man eher der Meinung, daß es sich bei den Reaktionen der Vasokonstriktion, Ischämie und intravaskulären Gerinnung in der Darmwand um immunologische oder neurohumorale Reaktionen auf den Parasitenbefall handelt.

200 (a) Eine einseitige Querfraktur das Unterkieferastes in Höhe des Diastemas; evtl. ist der äußere rechte Schneidezahn mitbetroffen; Verlagerung der Schneidezähne nach links ventral.
(b) Futterverweigerung, Schwellung des Unterkiefers, Beweglichkeit der Unterkieferschneidezähne und fehlende Okklusion; Verletzung der Mundschleimhaut durch Knochensplitter.
(c) Cerclage der Zähne. Nach Reinigung der Wunde und Desinfektion mit Jod-PVP werden die Knochensplitter entfernt. Danach erfolgt die Reposition des frakturierten Teils. Dabei achtet man auf die Okklusion der Schneidezähne. Ein rostfreier Draht (Stärke 18) wird in Achtertouren um die Zähne gelegt und gespannt. Der Draht wird direkt vor dem ersten Backenzahn befestigt. Das spitze Ende des Drahtes wird nach unten gebogen, um Verletzungen der Mundschleimhaut und der Zunge zu verhindern. Postoperativ kann man vorübergehend mit einer Leitungsanästhesie das Wundgebiet schmerzfrei stellen. Außerdem gibt man NSAID. Es erfolgt eine systemische Antibiose und tägliche Lavage des Wundgebietes. Die Cerclage kann nach 6–8 Wochen unter Sedation entfernt werden, sofern im Röntgenbild eine ausreichende Kallusbildung zu sehen ist.

201 Nein. Es gibt bei der Stute keine zystischen Ovarien (siehe auch Frage 14). Man behauptet, daß Stuten mit Dauerrosse im Umgang schwierig seien. Die ist ein Widerspruch in sich.
Die Stute zeigt lediglich Verhaltensweisen, die als Rosse mißgedeutet werden (Blitzen, Absetzen von Urin).

Man sagt solchen Stuten ein unkalkulierbares Temperament nach (Schlagen, Widersetzlichkeit). Der Halter unterstellt, daß dies mit dem hormonellen Status zusammenhängt – und wird in seiner Auffassung vom Tierarzt meist bestärkt. Würde man das Geschehen exakt protokollieren, würde sich herausstellen, daß vermutlich keine Zusammenhänge bestehen.
Normalerweise sind Stuten in der Rosse sehr angenehm im Umgang. Sie gehen in die Knie, heben den Schweif und blitzen; sie schlagen – wenn überhaupt – nur anfänglich nach dem Hengst.
Das Verhaltensproblem der Stute ist also eher ein Problem in der Beziehung Mensch-Stute. Bei einer sehr dominanten Stute oder einem Einsatz, der ihrem Naturell nicht entspricht, nützt auch die Kastration nichts.

202 (a) Periphere Erblindung mit erweiterten Pupillen.
(b) Treten nach einem Schädeltrauma Anzeichen einer Vestibularis- oder Facialislähmung auf, liegen auch meist starke Blutungen durch Fraktur des Os petrosum und der anderen Schädelbasisknochen vor. Eine weitere Folge kann die vollständige Durchtrennung des N. opticus an dessen Übergang aus der Schädelhöhle in den Canalus opticus sein. Es kommt zu unterschiedlichen Ausprägungen ein- oder beidseitiger Erblindung, die teilweise oder vollständig, in jedem Fall aber irreversibel ist. Bei einer Störung des Gleichgewichtssinnes hingegen ist das Sehvermögen weitgehend erhalten. Klinisch findet man Kopfschiefhaltung, Nystagmus und schwankenden Gang.

203 (a) Darmpechverhaltung
(b) Man untersucht das Rektum mit dem Finger und findet harte Mekoniumknollen. Das Rektum ist anatomisch unauffällig.
(c) Einläufe; bei Schmerzen Analgetika. Bei langwierigem Verlauf Paraffin per NSS, u. U. auch chirurgisch.

204 (a) Im Hinblick auf die Anamnese muß die Lunge besonders gründlich auskultiert werden. Man hört ventral keine Lungengeräusche, dorsal Rasselgeräusche. Das Auskultationsfeld des Herzens ist vergrößert. Die Perkussion ergibt ventral einen dumpfen Lungenschall.
(b) Anamnese und klinisches Bild sprechen für eine Pleuritis. Oft hört man gar keine Lungengeräusche, da sie von dem Flüssigkeitsspiegel gedämpft werden. Die Pleuritis verläuft oft mit Koliksymptomen. Die Atmungsfrequenz ist meist nicht erhöht, es sei denn, die Lunge ist mitbeteiligt. Später sieht man eine langsame, angestrengte abdominale Atmung (Abb. 297 a).
Die Sofortmaßnahmen sind
- hochdosierte Antibiose; Penicillin und TMP/Sulfonamid zweimal täglich
- Phenylbutazon oder Flunixin.

Weitere diagnostische Maßnahmen werden so bald als möglich eingeleitet.
- Tracheallavage für BU (anaerob und aerob), Zytologie und Gramfärbung; Resistenztest.
- Die Hämatologie ist-abgesehen von einer anfänglichen Leukozytose-unauffällig.

Wenn sich keine Besserung einstellt, werden folgende Maßnahmen ergriffen:
- Röntgenuntersuchung des Thorax auf Flüssigkeitsansammlungen (Abb. 297 b).

- Thorakozentese zur Entlastung (Abb. 297 c). Es fließen große Mengen Exsudat ab. Bei starken Fibrinansammlungen ist die Drainage schwierig (Abb. 297 d). Sonographisch kann man die Flüssigkeitsansammlungen besser orten.
- Verbesserung der Haltungsbedingungen. Das Pferd wird warm, aber mit Frischluft und staubfrei untergebracht. Jeder Streß muß vermieden werden. Bestes Futter wird gereicht. Die Maßnahmen müssen zügig durchgeführt werden. Wenn einmal ein Pleuraerguß besteht, ist die Mortalitätsrate sehr hoch.

205 (a) Hyperextension der distalen Zehengelenke (Durchtrittigkeit).
(b) Der Huf wird korrigiert. Man versucht, ihn durch einen Beschlag mit verlängerten Trachten in die anatomisch richtige Stellung zu bringen.

206 (a) Es handelt sich um eine postanästhetische Lahmheit der Vordergliedmaße. Anhand des Fotos läßt sich nicht unterscheiden, ob es sich um einen neurologischen oder muskulären Ausfall handelt. Da das Tier aber weder schwitzt noch anderweitig gestreßt erscheint und sogar fressen will, ist ein neurologischer Ausfall wahrscheinlicher. Eine postanästhetische Myopathie hingegen ist sehr schmerzhaft. Labordiagnostisch bestimmt man die Muskelenzyme CK (Peak nach 6 Stunden) und AST (Peak nach 24 Stunden). Auch ohne postanästhetische Komplikationen sind die CK und die AST etwa 2 Stunden nach der Operation etwas erhöht. Werden die Werte am liegenden Pferd ermittelt, sind sie aufgrund der ungünstigen Durchblutungsverhältnisse ohnehin nicht aussagekräftig.
(b) Ruhe, gute Pflege und bei Bedarf Analgetika. Überlebt das Pferd die erste postoperative Phase, wird die Lähmung mit der Zeit verschwinden. Eine weitergehende spezifische Behandlung ist nicht erforderlich. Vorbeugend muß man auf gute Lagerung des Pferdes während der Narkose, gute Durchblutung und Sauerstoffversorgung des Gewebes und eine möglichst kurze Narkosedauer achten.

207 (a) Olekranonfraktur oder Radialislähmung.
(b) Der Strahlengang ist mediolateral. Die zu röntgende Gliedmaße wird nach vorne gezogen. Den kraniokaudalen Strahlengang kann man mit belasteter oder unbelasteter Gliedmaße durchführen. Ist die Gliedmaße belastet, richtet man den Zentralstrahl im Winkel von 10–15° nach unten.
(c) Es handelt sich um einen vollständigen und dislozierten Trümmerbruch von Olekranon und Ulna. Das Gelenk ist mitbeteiligt.
(d) A = proximale Epiphyse der Ulna; B = Epiphyse des medilalen Kondylus des Humerus.
(e) Interne Fixation mit einer dynamischen Kompressionsplatte (DCP)oder mit Steinmann-Nägeln und Drahtcerclage.
(f) Die proximale Ulnaepiphyse schließt sich mit 24–30 Monaten, die proximale Radiusepiphyse mit 11–24 Monaten. Bei Verwendung einer DCP muß man darauf achten, daß keine Schraube in den Bereich der proximalen Radiusepiphyse gesetzt wird; andernfalls kommt es zu unterschiedlichem Wachstum zwischen Ulna und Radius. Die Steinmann-Nägel und die Cerclage werden nach Abheilung der Fraktur entfernt, damit kein vorgezogener Schluß der Ulnaepiphyse erfolgt.

208 (a) Der linke Huf steht sehr steil. An der Lateralseite des Fesselkopfes ist eine kleine Wunde zu sehen.
(b) Das Pferd hat einen Bockhuf, der vermutlich auf einen degenerativen Prozeß im Fesselgelenk zurückzuführen ist.
(c) Aufgrund der chronischen Lahmheit entschloß sich der Besitzer, das Pferd zur Zucht einzusetzen. Trotzdem nahmen die Beschwerden zu. Die vordere Hufwand stand vertikal, und das Pferd versuchte durch Vorsetzen der Gliedmaße, kompensatorisch die Belastung zu verringern. Deshalb wurde die Fehlstellung durch eine Tenotomie der tiefen Beugesehne oberhalb des Ballens korrigiert. Dies führt rascher und sicherer zum Erfolg als die Durchtrennung des tiefen Unterstützungsbandes mit anschließendem Spezialbeschlag. Das Pferd übernahm mit zunehmender Normalisierung der Hufstellung mehr und mehr Last auf der Gliedmaße.

209 (a) Die Fessel wird medial, palmar und lateral geschoren und rasiert. Danach wird reichlich Kontaktgel aufgetragen. Das Unterstützungsband wird in Längs- und Querrichtung mit einem 7,5-MHz-Schallkopf (Sektor oder linear) untersucht. Eine Vorlaufstrecke ist nicht erforderlich. Der mediale und der laterale Ast des Unterstützungsbandes werden von palmarmedial und palmarlateral untersucht. Wegen der oberflächlicheren Lage ist hier eine Vorlaufstrecke erforderlich.
(b) Abb. 162 a zeigt das Unterstützungsband an seiner Aufzweigung. Lateral befindet sich eine diffuse echoarme Zone. Die Abb. 192 b–e zeigen den lateralen Ast des Unterstützungsbandes, das distal breiter wird (Abb. 192 d und e) und durchgehend eine aufgelockerte Echogenität aufweist.
(c) Das Fesselgelenk-speziell das laterale Sesambein-wird geröntgt.
Die Schmerzen am Unterstützungsband lassen sich durch eine diagnostische Anästhesie nur unzureichend ausschalten. Die Fesselgelenkbeugeprobe ist oft positiv, weil das Unterstützungsband entzündet ist. Im vorliegenden Fall kommt auch ein schmerzhafter Prozess am Fesselgelenk selber in Betracht (Schwellung der Gelenkskapsel). Da etliche Vielseitigkeitspferde unmittelbar nach der Belastung leicht entzündete Fesselgelenkkapseln haben, wurde hier auf eine diagnostische Anästhesie des Fesselgelenks verzichtet (siehe auch Frage 226).

210 (a) Beim erwachsenen Pferd ist schwerer Durchfall ein ernst zu nehmendes Problem. Durchfall kann die Ursache der Apathie sein. Eine direkte Beziehung zu der Lahmheit ist unwahrscheinlich.
(b) Ätiologisch kommen Parasitenbefall (insbesondere die Cyathostomiasis) in Betracht; des weiteren die Salmonellose, das Malabsorptionssyndrom, eine granulomatöse Enteritis, Fütterungsfehler oder Leberschäden.
(c)
- Kotuntersuchung (parasitologisch, bakteriologisch)
- Biopsie der Rektumschleimhaut (bakteriologisch, histologisch) Die versuchsweise Behandlung mit einem Anthelminthikum ist aufschlußreich.
- D-Xylose- oder Glucosebelastungstest.
- Komplettes Blutlabor. Bei starkem Parasitenbefall findet man eine deutliche Anämie und eine Erhöhung der β-2-Globuline.
- Das Malabsorptionssyndrom und die Eiweißverlust-Enteropathie führen zur Hypoproteinämie. Falls die Apathie dadurch nicht ausreichend zu erklären ist, müssen die kardiorespiratorischen Funktionen überprüft werden.
- Unabhängig davon erfolgt die Lahmheitsuntersuchung.

211 (a) Hämatokrit, Gesamteiweiß, Bilirubin. Das Fohlen hat ikterische Schleimhäute, einen erhöhten Puls, ist schwach und apathisch. All dies spricht für eine hämolytische Anämie.
(b) Es handelt sich um die Neonatale Isoerythrolysis (NI). Differentialdiagnostisch kämen eine Septikämie, ein Leberschaden, Verschluß des Gallenganges oder eine kongenitale (Herpes-)Infektion in Betracht. Die Bacillus-piliformis-Infektion (Tyzzer`s Disease) befällt eher ältere Fohlen (7–40 Tage alt).
(c) Transfusion einer gründlich gewaschenen Erythrozytensuspension der Mutter oder Vollbluttransfusion von einem geeigneten Spendertier.
(d) Die Wahrscheinlichkeit, daß die Stute weitere erkrankte Fohlen zur Welt bringt, ist hoch. Man kann die Stute gegen Ende der Trächtigkeit auf Anti-Erythrozyten-Antigene testen (Fohlen-Gelbsucht-Agglutinationstest). Verläuft er positiv, muß die Biestmilchaufnahme verhindert werden; das Fohlen bekommt ersatzweise Biestmilch einer anderen Stute. Dazu paßt man den Geburtszeitpunkt ab und melkt die Stute stündlich. Das Fohlen bekommt das Fremdkolostrum innerhalb der ersten sechs Stunden; danach wird es bis zur 48. Stunde getränkt.

212 (a) Es handelt sich um eine Onchocerca-Infektion.
(b)
- Biopsie aus einer möglichst frisch befallenen Stelle
- Das Material wird zerkleinert und drei Stunden in Tyrode-Lösung bei 37 °C aufbereitet. Danach filtriert man es mit einer Porenweite von 250μm. Anschließend wird es fünf Minuten lang bei 3.000 U/min zentrifugiert.

Ein Tropfen des Sediments wird auf Larven untersucht.
(c) Ivermectin oral; Wiederholung nach 2–3 Monaten.

213 (a) Die Follikelflüssigkeit erscheint im Ultraschallbild schwarz. Der Follikel erreicht eine Größe von 3–5 cm, Abweichungen nach oben und unten kommen vor. Er wird vor der Ovulation weich. Bei der sonographischen Darstellung führt das zu einer Eindellung durch den Schallkopf (Abb. 298 a, d und g). Das etwas verschwommene Echo am Grund des Follikels ist ein Artefakt (hervorgerufen durch eine gasgefüllte Darmschlinge).
(b) Der Uterus ist außerhalb des Östrus relativ homogen in seiner Struktur. Im Östrus wird das Endometrium ödematös, und das lymphatische Gewebe zwischen Endo- und Myometrium schwillt an. Diese Veränderungen werden vermutlich durch das Östrogen induziert und werden mit Fortschreiten des Östrus stärker. Sonographisch sieht der Uterus wie eine angeschnittene Zitrone aus. Dunkle Segmente wechseln sich mit hellen Streifen ab; dies entspricht den ödematösen lymphatischen Zentren und den echodichteren Auskleidungen der Endometriumfalten. Die Abb. 298 m-p zeigen eine mäßige Ödematisierung des Uterus, Abb. 298 n eine stärkere Ödematisierung.
(c) Nach der Ovulation füllt sich der ehemalige Follikel mit Blut. Das geronnene Blut (Corpus haemorrhagicum, C. h.) ist stark echogen. Dadurch entsteht nach 12–24 Stunden ein kräftig weißes Bild im Ultraschall (Abb. 298 b). Manchmal verbleibt im Zentrum des C. h. ein Rest von Follikelflüssigkeit oder Serum (Abb. 298 e und h). In den folgenden Tagen wird das C. h. etwas echoärmer. Im Zentrum bilden sich dunkle Bereiche aus; vermutlich handelt es sich um extrudiertes Serum.

(d) Aus dem C. h. ist mittlerweile ein Corpus luteum (C. l.) geworden (Abb. 298 c). Es ist dunkelgrau und hat ein schwarzes Zentrum (Flüssigkeit). Es ist meist umrahmt von kleinen Follikeln.
(e) Manchmal luteinisieren Follikel ohne Ovulation. Ein offensichtlich normaler Follikel bekommt gegen Ende des Östrus weiße Flecken, die auf den Eintritt von Blut hindeuten (Abb 298 j). Der Follikel wird größer und zeigt eine „Schneegestöber"-Struktur. Diese geht bald über in ein netzförmiges Bild (Abb. 298 k). Durch die Luteinisierung der Thekazellen verdickt sich die Wand des Follikels. Dieses Phänomen kann man sporadisch bei jeder Stute beobachten. Eine solche Rosse kann naturgemäß nicht zur Trächtigkeit führen. Die Struktur des C. l. ist hingegen normal; die Luteolyse setzt am 14. Tag ein. Abb. 298 l zeigt den Follikel von Abb. 298 k zehn Tage später. Er ist jetzt luteinisiert, kleiner und die Struktur ist deutlich dichter.
(f) Oft kommt es am 14. Tag nicht zur Luteolyse. Aufgrund der Progesterondominanz fühlen sich Uterus und Cervix an wie in der Frühträchtigkeit. Wenn dieser Zustand des verlängerten Diöstrus anhält, verläuft die Follikelentwicklung ausgeprägter als in der Frühträchtigkeit. Diese Follikel beeinflussen den Uterus nicht, so daß im typischen Fall zahlreiche Follikel bis zu 2,5 cm – einige auch noch größer – dargestellt werden können; der Uterus bleibt aufgrund der Progesterondominanz trotzdem homogen.
Die Abb. 298 q und r zeigen das linke und rechte Ovar einer Stute im verlängerten Diöstrus. Man sieht zahlreiche Follikel und ein reifes C. l. in der Mitte des rechten Ovars.

214 (a) Es handelt sich um eine Aufgasung des Magens durch Vergärung von geschnittenem Rasen. Der Magen ist mit Schnittgut angeschoppt.
(b)
- Wichtig ist die häufige Entgasung. Ist viel Schaum im Magen, ist dies schwierig. Man nimmt eine weitlumige Sonde mit seitlichen Öffnungen. Die Magenaufgasung ist höchstgradig schmerzhaft. Eine chirurgische Behandlung ist denkbar, aber technisch schwierig durchzuführen.
- Analgetika. Neben der Schmerzfreiheit ist auch eine Sedierung sinnvoll. Dies geschieht mit Xylazin odet Detomidin.
- Laxantien sind kontraindiziert. Sie verschlimmern die Situation. Medikamente zur Verringerung der Oberflächenspannung hingegen sind brauchbar, ebenso wie bestimmte (orale) Antibiotika (z. B. Neomycin).

215 (a) Die Hasenhacke ist die Folge einer Verlagerung des oberen Teiles des Calcaneus nach dorsal. Ursache hierfür ist eine Mißbildung des Os tarsale III oder des Os tarsi centrale.
(b) Die Beugefunktion des Tarsalgelenks ist gestört. Die chronische Lahmheit hat zu Umbildungen am Knochen geführt.
(c) Man muß die Bewegungsmöglichkeiten von Fohlen und Stute zunächst einschränken, bis die Lahmheit verschwindet. Danach kann man mit gezielter Bewegung (Führen) beginnen. Die Prognose für den sportlichen Einsatz ist ungünstig.

216 (a) Es handelt sich um Zysten von Echinococcus granulosus beim Pferd.
(b) Der Endwirt sind Haus- und Wildcaniden. Die Proglottiden werden mit dem Kot ausgeschieden und vom Pferd oral aufgenommen. Die Onkosphären wandern über den

Darm und die Blutbahn entweder in die Leber oder in die Lunge. Dort bilden sie die Zysten aus. Im Innern der Zysten sitzen die Scolices. Der Entwicklungszyklus schließt sich durch die Aufnahme von Pferdeschlachtabfällen durch die Hunde.
(c) Intra vitam ist die Diagnose bestenfalls sonographisch zu stellen.

217 (a) Man sieht ein Lidödem und eine deutliche Schwellung der Fossa supraorbitalis.
(b) Die Equine Virusarteriitis und die Afrikanische Pferdepest. Beide Infektionen rufen Aborte hervor.
(c) Es handelt sich vermutlich um die Equine Virusarteriitis (EVA). Die weiteren Symptome dieser Erkrankung sind Lichtscheue, Tränenfluß, Hornhautödem, Koliken und Schwellung der Lymphknoten. Klinisch sind die beiden Erkrankungen nicht ohne weiteres zu unterscheiden. Sie treten allerdings in sehr unterschiedlichen geographischen Bezirken auf. Die Diagnose basiert auf der Virusisolation oder der Serologie. Beide Erkrankungen verlaufen auch in einer milderen Form mit respiratorischen Symptomen.

218 (a) Das Pferd leidet an einer Thrombose der Aortenaufzweigung. Es schwitzt stark im vorderen Körperbereich, während die Hinterhand trocken ist.
(b) Beide Herzgeräusche sind funktionell und ohne klinische Bedeutung. Das frühsystolische Geräusch über der Herzbasis ist ein Fließgeräusch, das durch den schnellen Durchfluß durch dia Aorta entsteht. Das frühdiastolische Geräusch entsteht vermutlich durch die schnelle Füllung der Kammer. Beide Geäusche sind sehr häufig bei vollkommen gesunden Pferden – speziell Vollblütern – wahrzunehmen.
(c) Eine Untersuchung der Vv. saphenae direkt nach der Belastung gibt Aufschluß über den Schweregrad der Erkrankung. Die Thrombose ist rektal zu ertasten. Man achtet auf die Pulsation oder das Schwirren der Beckenarterien. Sonographisch lassen sich die Größe des Thrombus und der Grad des Gefäßverschlusses darstellen.
(d) Die Prognose ist sehr schlecht. Die Symptome treten schon nach geringer Belastung auf. Eine Behandlung mit Antikoagulantien bringt in diesem Fall keinen Erfolg.

219 (a) Nur etwa 5–10% der Fälle sind „chirurgische „Koliken".
(b) Die Angaben schwanken von Klinik zu Klinik. 50–60% Überlebenschance sind realistisch.
(c) Beim Dünndarm treten irreversible Durchblutungsstörungen und eine Endotoxämie nach 8 Stunden ein, bei der Strangulation des Dickdarms bereits nach 4 Stunden.
(d) Die höchste Mortalitätsrate hat die Torsio coli um 360° (69%), gefolgt von der Hernia foraminis epiploici (57%), der Anschoppung des Ileums (9%) und nicht-strangulierenden Kolonverlagerungen. (7%).
(e) Das größte Problem ist die Zeitverzögerung durch verspätete Einweisung in die Klinik.
(f) Eine Herzfrequenz über 100/min und ein Hämatokrit über 60% lassen die Prognose fast aussichtslos werden.

220 (a) Es handelt sich um eine Infektion mit Habronema-Larven.
(b)
- Bakterielle Infektionen: Pseudomonaden, Klebsiellen.
- Tumoren: Plattenepithelkarzinom.

In einem Geschabsel vom Processus urethralis kann man die Habronema-Larven nachweisen. Manchmal findet man zusätzliche Veränderungen am Auge, auch bei anderen Pferden der Gruppe.
(c) Man entfernt die Krusten. Danach trägt man eine Mischung aus 50 % Ivermectin und 50 % DMSO auf. Zusätzlich gibt man systemisch Ivermectin in normaler therapeutischer Dosierung.
(d) Wenn Blut zusammen mit dem Ejakulat in den Uterus gelangt, kann dies die Fruchtbarkeit beeinträchtigen.

221 (a) Die Plasmaglucose hat zwar nach 120 Minuten einen Peak, liegt aber nicht in der doppelten Höhe des Ausgangswertes.
Man könnte von einem „partiellen" Malabsorptionssyndrom reden. Es kann auf eine weniger starke Schädigung des Dünndarms oder andere – evtl. endokrinologische – Faktoren außerhalb des Darmes hindeuten.

222 (a) Ein squamöses Plattenepithelkarzinom oder ein squamöses Papillom.
(b) Penisamputation und Urethrotomie
(c)
- Intra- und postoperative Blutungen; Blutungen aus der Harnröhre können noch 4 Wochen nach der Operation auftreten.
- Postoperative Schwellungen von Penis und Präputium.
  Sie treten auf bei unzureichender Blutstillung, ungünstigen Operationsbedingungen oder einer zusätzlichen Vorschädigung durch eine Balanoposthitis.
  Es kann zu Komplikationen an der Urethrotomiewunde, zu Anurie und sogar zur Blasenruptur kommen.
- Infektion der Schnittstelle
- Abklatschmetastasen an der Urethra
- Metastasierung in die tributären Lymphknoten

(d) Für die Prognose sind die Dignität des Tumors sowie die Beteiligung weiterer Strukturen maßgeblich.
- Durch Biopsie eines tributären Lymphknotens kann man eine reaktive Hyperplasie oder eine Metastasierung nachweisen.
- Länger bestehende tumoröse Veränderungen am Präputium verschlechtern die Prognose.

(e)
- örtliche Tumorresektion
- plastische Wiederherstellung
- Entfernung des Präputiums und Urethrotomie
- totale Resektion und Retroversion des Penis

223 (a) Speicheln mit Blut- und Schaumbeimengungen, blutiger Nasenausfuß, geblähte Nüstern.
(b) Schluck- und Kaubeschwerden aufgrund des starken Speichelflusses, fauliger Gestank aus den Nüstern, Atemnot (geblähte Nüstern).
(c) Vermutlich liegt ein raumfordernder Prozeß mit Blutungsneigung vor. Die Schluckbeschwerden werden durch eine Verengung im Pharynx oder durch einen neurologischen Ausfall hervorgerufen.

(d)
- gründliche Untersuchung der Funktion der Gehirnnerven
- endoskopische Untersuchung der oberen Atemwege einschließlich des Luftsackes
- röntgenologische Untersuchung des Schädels

Krankheitsursächlich war in diesem Fall ein Siebbeinhämatom. Es rief eine Verengung im Pharynx mit Schluck- und Atembeschwerden hervor.

224 (a) Periodische Augenentzündung (Uveitis recidiva equi)
(b) Anamnese: plötzlicher Beginn; Lichtscheue, trübe, dunkle Iris, Miosis und verringerter Augeninnendruck
(c) Mydriatika und Corticosteroide

225 (a) Leberegel (Fasciola hepatica).Hierzulande findet man ihn ausgesprochen selten beim Pferd, während Wiederkäuer oft damit befallen sind. Esel sind empfänglicher als Pferde und Ponys.
(b) Klinische Symptome sind kaum zu erwarten, allenfalls sehr unspezifische Wachstumsverzögerungen und Leistungsabfall.
(c)
- Nachweis der Parasiteneier im Kot. Falsch-negative Resultate sind möglich, da manchmal nur unreife Stadien des Parasiten vorhanden sind und außerdem die Eier nur intermittierend ausgeschieden werden.
- Bei manchen Pferden kann man Veränderungen im Blutbild feststellen. Die Wanderung unreifer Stadien ruft Erhöhungen der AST und SDH hervor, während adulte Parasiten, die im Gallengang Schädigungen hervorrufen, die AP und die γ-GT erhöhen.
- Adulte Leberegel ernähren sich von Blut; starker Befall kann so zur Anämie führen.

(d) Triclabendazol 15 mg/kg KM oral oder per NSS. In Europa ist z. Zt. kein für das Pferd zugelassenes Fasziolose-Präparat auf dem Markt.

226 (a) Man sieht am lateralen Sesambein palmar eine Umformung mit deutlichen breiten Aufhellungen, die strahlenfömig die obere Hälfte des Sesambeins durchziehen. Die proximale Gelenkfläche des Fesselbeins hat dorsomedial eine unregelmäßige Kontur.
(b) Es handelt sich um eine Sesamoiditis. Sie wird zu den degenerativen Gelenkerkrankungen gezählt. Die röntgenologischen Veränderungen sind meist schon geraume Zeit vor dem Auftreten klinischer Beschwerden zu erkennen.
(c) Intraartikuläre Anästhesie des Fesselgelenks. Das Pferd bekam vier Wochen Boxenruhe. In dieser Zeit klangen die entzündlichen Erscheinungen am Unterstützungsband ab. Die verbleibende Restlahmheit wurde durch die Fesselgelenkanästhesie verbessert, aber nicht vollständig aufgehoben. Das unterstreicht den Verdacht einer zusätzlichen degenerativen Gelenkerkrankung.
(d) Bei den Knochenauflagerungen handelt es sich um osteophytäre Zubildungen, die durch ständige Zerrungen des Unterstützungsbandes hervorgerufen werden. Bei den aufgehellten Zonen handelt es sich um fibrotische Umstrukturierungen der Gefäßkanäle. Es handelt sich eher um eine Insertionsdesmopathie als um einen echten entzündlichen Prozeß an den Sesambeinen.

227 (a) Die Wunde sollte chirurgisch versorgt werden. Bei einer Entfernung des Hautlappens wäre der untere Teil des Augapfels ohne Schutz und ständigen Reizungen ausgesetzt.
(b) Die Sedierung erfolgt mit Detomidin und Butorphanol oder Xylazin und Polamivet, zusätzlich werden die Wundränder örtlich anästhesiert (z. B. Mepivacain 1 % ohne Adrenalin). Eine Leitungsanästhesie des N. auriculopalpebralis und des N. supraorbitalis führt zur Analgesie im gesamten Wundbereich; eine Infiltration der Wundränder ist dann nicht erforderlich. Auch eine Allgemeinnarkose kommt in Betracht.
(c)

- Die Bindehaut wird mit resorbierbarem Nahtmaterial der Stärke 2×0 oder 3×0 (Vicryl oder Dexon) vernäht. Man näht fortlaufend; die Knoten werden versenkt.
- Die äußere Haut wird mit nichtresorbierbarem Nahtmaterial (z. B. Prolene, PDS oder monofilem Novafil) in Einzelheften vernäht.

228 (a) Man erkennt eine deutliche Verbreiterung der Fugen am Os frontale und Os maxillare. Dies kann u. U. die Folge eines Traumas sein. Das Gesicht ist geschwollen. Die Schwellung wird im Laufe der Zeit kleiner.
(b) Das Auge wird gründlich untersucht. Der Fluoresceintest gibt Aufschluß über Hornhautverletzungen oder -geschwüre sowie Störungen im Bereich des Tränennasenkanals. Normalerweise tritt die gefärbte Tränenflüssigkeit nach 5 – 15 Minuten aus der nasalen Öffnung des Tränennasenkanals aus.
(c) Der Tränennasenkanal verläuft durch die entzündlich veränderten Bezirke. Es kommt zur Verengung oder Verlagerung bis zum vollständigen Verschluß. Dieser Verdacht kann durch retrograde Spülung erhärtet werden.

229 Die Ursachen für die Anöstrie können die gleichen sein, die in Frage 259 diskutiert werden. Im Hinblick auf die Jahreszeit scheidet eine Winteranöstrie naturgemäß aus, das Alter des Tieres ist ebenfalls kein Grund. Als Ursachen kommen demzufolge in Betracht:

- Die Prostaglandindosis ist für eine Luteolyse zu klein gewählt. Die vom Hersteller empfohlenen Dosierungen sind oft zu niedrig.
- Die Stute hat einen Granulosazelltumor. Das Prostaglandin kann nicht wirken.
- Die Stute hat einen verlängerten Diöstrus. Neben dem C. l. sind zahlreiche reife Follikel auf dem Ovar. Sie bilden sich nach der Luteolyse zurück oder ovulieren und bilden so schnell neue Corpora lutea, daß die Stute kaum Gelegenheit hat, ihren Östrus zu zeigen. Abb. 299 zeigt das Progesteronprofil einer Stute im verlängerten Diöstrus. Durch das Prostaglandin (PG) wurde eine Luteolyse erreicht; anschließend ovulierte die Stute. Die folgende C.-l.-Phase war normal.
- Wenn eine Stute im verlängerten Diöstrus ein sekundäres C. l. aufweist, das jünger als fünf Tage ist, kann dies durch eine PG Behandlung nicht zur Lyse gebracht werden.
- Die Stute ist schüchtern oder der Probierhengst ungeeignet; meist ist es eine Kombination aus beidem. Der ovarielle Zyklus verläuft normal, aber es ist kein Rosseverhalten zu bemerken („stille Rosse“). Wenn man solche Stuten gründlich am Hengst probiert und sich beim Bedecken genügend Zeit läßt, benehmen sie sich normal.

Die Gabe von PG führt häufig zur „stillen Rosse“. Bei einer erfolglosen PG-Behandlung Mitte Juni liegt der Verdacht nahe, daß die Stute erst kurz zuvor ovuliert hat (etwa 5 Tage).

230 (a) Es handelt sich um eine Carpus varus-Fehlstellung.
Grund dafür sind eine Fraktur des lateralen Griffelbeins und eine Luxation des medialen Griffelbeines.
(b) Stabilisierung des medialen Griffelbeins und Resektion und Stabilisierung des frakturierten lateralen Griffelbeins.
(c) Die Prognose für den sportlichen Einsatz ist fraglich.

231 (a) Der Pferdebandwurm Anoplocephala perfoliata sitzt mit Vorliebe an der Ileocaecalklappe; bisweilen auch im Dünndarm. Anoplocephala magna tritt seltener auf und sitzt meist im Dünndarm.
(b) Es gibt nur wenige wissenschaftlich fundierte Studien über die klinische Bedeutung des Bandwurmbefalls. Selbst ein starker Befall verläuft oft ohne klinische Beschwerden. Man beobachtet lediglich Schleimhauterosionen im Dünndarm und an der Ileocaecalklappe. Vereinzelt wird von Perforationen, Rupturen, Intussuszeptionen und einer Hypertrophie des Ileums berichtet.
(c) Der Nachweis geschieht koproskopisch im Sediment oder im Flotationsverfahren. Aufgrund der intermittierenden Eiausscheidung müssen Sammelkotproben über mehrere Tage untersucht werden. Pyrantel in doppelter Dosierung ist meistens wirksam.

232 Kryptorchismus kann man durch Bestimmung des Estronsulfats im Plasma oder durch einen HCG-Stimulationstest nachweisen.
Mit dem Estronsulfat-Test kann man einen Kryptorchiden von einem Wallach mit starken Hengstmanieren unterscheiden. Der Test ist aber bei Pferden unter drei Jahren und Eseln nicht brauchbar.
Die alleinige Testosreonbestimmung gibt oft keinen eindeutigen Aufschluß.
Beim HCG-Stimulationstest wird die Testosteronkonzentration vor und nach der Gabe von 6.000 IU HCG gemessen. Er ist eher geeignet zur Erkennung eines einseitigen Kryptorchiden als eines beidseitigen.

233 (a) Der Na-Bedarf eines Pferdes in Ruhe liegt bei 15–20 mg/kg KM täglich. Die Verwertung aus dem Futter beträgt 45–90 %. Somit liegt der Bedarf im Futter für ein erwachsenes Pferd von 500 kg KM zwischen 8 und 22 g täglich. Das Futter soll mindestens 0,1 % Na enthalten.
(b) Der Ca-Bedarf eines Pferdes liegt bei 20–25 mg/kg KM täglich, die Verwertung aus dem Futter zwischen 45 und 70 % (sofern keine zu großen Oxalatmengen im Futter enthalten sind).
Ein erwachsenes Pferd (500 kg KM) braucht demzufolge zwischen 14 und 28 g Ca täglich. Da das Verhältnis von Calcium zu Phosphor sehr wichtig ist, gibt man 20–25 g Ca und 15 g P täglich. Diese Angaben gelten nur näherungsweise, da es erhebliche individuelle Resorptionsunterschiede und Varianzen im Mineralstoffwechsel gibt.
(c) Schweiß enthält wenig Ca und P, aber relativ viel Na (145–160 mmol/l).
(d) Die Schweißproduktion hängt von den Umgebungsbedingungen, der Art der Arbeit, dem Trainingszustand und dem Pferdetyp ab. Unter günstigen klimatischen Bedingungen liegt sie bei Distanzritten bei 7–8 l/h. Bei hoher Luftfeuchtigkeit verringert sich der Kühleffekt; das Pferd produziert 10–15 l/h. Ein Rennpferd verliert während des Rennens 1–5 l, ein Distanzpferd während eines Wettbewerbs 30 l und mehr.

(e) Ein Pferd von 500 kg KM verliert bei mittlerer Arbeit 10 l Schweiß. Rechnerisch würde das bedeuten, daß dieses Pferd bis zu 104 g Kochsalz täglich zu sich nehmen muß; ein Wert, der in der Praxis kaum erreicht wird. Vermutlich befinden sich im Gastrointestinaltrakt große Elektrolytreservoire; außerdem werden Elektrolytverluste über den Schweiß nicht schlagartig wieder aufgefüllt. Die Fütterungsempfehlungen gehen deshalb von einer günstigen Resorption und Verwertbarkeit aus und liegen bei 30 g täglich bei leichter Arbeit und 50 g bei mittlerer Arbeit. Bei einer üblichen Kraftfutter/Heu-Ration müssen 28 g Kochsalz zusätzlich gegeben werden, bei einer reinen Hafer/Heu-Ration bis zu 100 g.
(f) Der Ca-Bedarf – speziell des heranwachsenden Pferdes – ist nach wie vor Gegenstand von Diskussionen. Teilweise vertritt man die Meinung, daß der erhöhte Bedarf beim Training durch die erhöhte Futterration ausgeglichen wird. Es gibt aber auch Grund zur Annahme, daß der Ca-Bedarf beim Training auch relativ ansteigt. Das Ca/P-Verhältnis soll 2 : 1 betragen. Ein erwachsenes Pferd braucht bei mittlerer Arbeit 30–50 g Ca und 15–25 g P.
Für heranwachsende Pferde wird eine höherer Ca-Bedarf postuliert; gegenteilige Meinungen verweisen auf die Gefahren einer überhöhten Ca-Zufuhr.
Alle hier gegebenen Empfehlungen basieren auf einer kleinen Anzahl von oft widersprüchlichen Publikationen.

234 Er möge das Pferd nicht kaufen. Auf dem endoskopischen Bild sieht man zwei pathologische Abweichungen:

- Entrapement der Epiglottis durch die Schleimhaut,
- einen großen Defekt im weichen Gaumen

Die Hypoplasie des weichen Gaumens reicht bis zur rechten Pharynxwand. Sie ist angeboren. Außerhalb des Blickfeldes kann man zusätzlich eine Deformierung der Luftsacköffnung beobachten; sie tritt meist in Verbindung mit der Mißbildung des Gaumens auf. Darüber hinaus bestehen Zweifel an der Beweglichkeit des Arytenoidknorpels, was freilich photographisch nicht zu erfassen ist.

235 (a) Die Abnutzungsspuren an den Schneidezähnen deuten darauf hin, daß es sich um einen Krippensetzer handelt.
(b) Viele Krippenbeißer sind gleichzeitig Kopper.
(c) Über die klinischen Folgen dieser beiden Verhaltensstereotypien ist man geteilter Meinung. Angeblich führen sie zu Koliken, Abmagerung und einer Hypertrophie der Halsmuskualtur.
(d) Bei manchen Pferden hilft ein Kopperriemen. Chirurgisch kann man eine Besserung erzielen durch Myotomie des M. sternothyrohyoideus, des M. omohyoideus und des M. sternocephalicus, evtl. auch durch Neurektomie des ventralen Astes des N. accessorius.

236 (a) Sommerekzem (Culicoides-Allergie)
(b)

- Microsporum-gypseum-Infektion; nicht juckend/Haarkultur
- Psoroptesräude; bildet keine Knötchen, ist sehr stark juckend/Nachweis der Milben im Ohr, an Mähne und Schweif
- Oxyurenbefall; Eischnüre unterm Schweif/spricht auf Anthelminthika an

- Stomoxys-Stiche; bilden Knötchen, die nach 24 Stunden wieder verschwinden/Nachweis der Fliegen
- Dermatophilose; charakteristischer Haarausfall/kulturell

237 (a) Die Aufhellung um den metallischen Schatten an der Facies flexoria des Strahlbeins läßt vermuten, daß die Schädigung seit mindestens zwei Wochen besteht. Im vorliegenden Fall lag die Verletzung 25 Tage zurück.
(b) Die Stute hat eine perforierende Hufverletzung. Der metallische Fremdkörper ist bis zum oberen Rand des Strahlbeins vorgedrungen.
(c) Euthanasie

238 (a) Im Trachealausstrich findet man sehr viele eosinophile Granulozyten. Oft ist dies ein Hinweis auf eine Dictyocaulus arnfieldi-Infektion. Pferde infizieren sich meist bei gemeinsamer Weidehaltung mit Eseln. Beim Esel verläuft die Infektion klinisch inapparent.
D. arnfieldi bleibt beim Pferd meist präpatent und ist im Kot auch im Larvenstadium – nicht nachweisbar. Bei schweren Infestationen kann man ihn endoskopisch in den unteren Atemwegen nachweisen; bisweilen findet man ihn im Trachealsekret oder bei einer Bronchiallavage. Aufschlußreich ist eine diagnostische Therapie.
(b) Zur Behandlung empfiehlt sich Ivermectin in üblicher Dosierung. Positive Tiere haben nach der Behandlung vorübergehend einen Einbruch, ehe nach etwa zwei Tagen eine deutliche Besserung eintritt.

239 (a) Es handelt sich um eine ventrikuläre Tachykardie. Die Frequenz ist hoch, es finden sich keine P-Zacken, der QRS Komplex ist sehr breit.
(b) Die Prognose ist vorsichtig zu stellen. Oft geht dieses Bild in ein Kammerflimmern über.
(c) Die Behandlung besteht im Abstellen der auslösenden Faktoren, also Einschränkung der Medikamentenzufuhr, Korrektur von Azidose und Hypoxie, Unterbrechung der Narkose, intermittierende Druckbeatmung im geschlossenen System mit Sauerstoffanreicherung, Infusionen. Lignocain ohne Adrenalin ist das Mittel der Wahl (2–4 mg/kg KM langsam intravenös; danach 0,02 mg/kg KM/min zur Stabilisierung des Sinusrhythmus).

240 Man sieht einen sonographischen Querschnitt durch das Gewebe palmar am Metakarpus. Die Untersuchung wurde mit einer Vorlaufstrecke gemacht. Im linken Bild erscheint das Unterstützungsband der tiefen Beugesehne hypoechogen. Dies kann ein Artefakt sein und läßt sich durch Weglassen der Vorlaufstrecke überprüfen.
Im rechten Bild erkennt man einen echodichten Streifen palmar des oberflächlichen Zehenbeugers. Es handelt sich vermutlich um ein subkutanes Ödem. In der Mitte des oberflächlichen Zehenbeugers sieht man eine winzige hypoechogene Zone.
(b) Es besteht der Verdacht einer Schädigung der oberflächlichen Beugesehne. Das Pferd wird für 10–14 Tage aufgestallt und erneut untersucht. Es ist ein Unterschied, ob man ein Pferd sonographisch untersucht, ehe man klinische Beschwerden feststellt, oder ob diese schon in der akuten Phase sind.
Das Pferd wurde behandelt, bis Schmerzen und Entzündung abgeklungen waren. Bei der Kontrolluntersuchung war die hypoechogene Zone sogar noch größer geworden (Abb. 300).

Wichtig ist, daß die Geräteeinstellungen bei den Folgeuntersuchungen gleich sind (im vorliegenden Fall kann man es an der gleichen Echogenität des tiefen Zehenbeugers überprüfen). Die palmare Fläche des oberflächlichen Zehenbeugers ist diffus hypoechogen.

241 Die Bestimmung der Blutparameter kann beim neugeborenen Fohlen bei der Diagnose einer neonatalen Septikämie sehr hilfreich sein. Bisweilen erhält man aber auch zweifelhafte Ergebnisse. In Fällen wie diesem ist die IgG-Bestimmung zur Ermittlung des passiven Immuntransfers sehr sinnvoll. Dafür stehen folgende Methoden zur Wahl: Bestimmung des Gesamtproteins, Zinksulfattrübungstest, Latex Agglutinationstest, ELISA und Radioimmunodiffusionstest. Jede dieser Methoden hat ihre spezifischen Tücken; außerdem besteht über die Referenzwerte keine endgültige Einigkeit. Werte unter 400 mg/dl 24 Stunden p. p. werden als Grenzwert erachtet; manche Untersuchungen verlangen mindestens 800 mg/dl IgG. Solche Diskussionen erscheinen überflüssig angesichts eines unterkühlten, geschwächten Fohlens, dessen Mutter keine Biestmilch hat oder diese schon vor der Geburt verloren hat. In solchen Fällen ist eine Plasmatransfusion erforderlich. Die Transfusion von einem Liter Plasma ergibt in der Regel einen IgG-Spiegel von > 400 mg/dl.
Unter diesen Bedingungen ist eine bakteriologische Untersuchung einschließlich Resistenztest wertvoll. Man untersucht Blut, das möglichst durch eine sterile Venenpunktion und nicht aus dem Verweilkatheter gewonnen wird. Erforderlich sind 10 ml Blut, das unter sterilen Kautelen weiterverarbeitet wird.

242 (a) Blasenstein
(b) Calciumcarbonat, -Oxalat, Magnesium, Ammonium, Phosphat
(c)
- Zystotomie durch Laparotomie in der Medianen
- pararektale Zystotomie
- Urethrotomie im Sitzbeinausschnitt und Zertrümmern des Steines

(d)
- Zystotomie: Peritonitis, Dehiszenz der Blasennaht, Infektion der Schnittstelle, Wundnahtdehiszenz
- Urethrotomie: Verletzung der Harnröhre, Strikturen, Fistelbildung, Rezidivgefahr

243 (a) Lethal White Foal Syndrome (bei der Anpaarung von zwei Albinos/Overos). Der wesentliche Defekt ist eine Aganglionose des Ileums und Kolons, teilweise mit Verengung oder Fehlen von Darmabschnitten. Meist liegt ein Mekoniumverhalten vor.
(b) Intra vitam ist die Erkrankung nicht einfach zu diagnostizieren. Verdächtig sind die Genetik (Overo) und der klinische Verlauf. Differentialdiagnostisch muß die normale Mekoniumverhaltung berücksichtigt werden. Röntgenaufnahmen (Kontrastmittel) sind aufschlußreich.
(c) Eine Behandlung ist nicht möglich.

244 (a) Diabetes insipidus. Ursache ist ein ADH-Mangel. Zielorgan des Antidiuretischen Hormons ist der distale Teil der Henleschen Schleife. Man unterscheidet einen zentralen Diabetes insipidus (mangelnde ADH-Produktion in der Hypophyse) und einen

nephrogenen Diabetes insipidus, bei dem das Hormon am Zielorgan keine Wirkung hervorruft. Bei beiden Formen kann das Pferd auch beim Wasserentzugstest den Urin nicht konzentrieren.
(b) Ja. Der Wasserentzugstest ist kontraindiziert beim Vorliegen einer Azotämie, da die Nierenfunktion durch den Wassermangel noch weiter gestört wird. Im vorliegenden Fall waren Harnstoff und Kreatinin normal. Das ist zwar keine Garantie für eine intakte Nierenfunktion, da diese Parameter relativ wenig sensibel sind. Wenn der Durst schon seit geraumer Zeit besteht und auf ein primäres Nierenversagen zurückzuführen gewesen wäre, hätte man trotzdem Veränderungen bei Harnstoff und Kreatinin erkennen müssen. (c) ADH-Test. Dazu werden dreimal im Abstand von jeweils 6 Stunden 60 IU ADH injiziert. Bei einem zentralen Diabetes insipidus wird sich der Urin konzentrieren, bei einem nephrogenen nicht.

245 Bei einer nichtträchtigen Stute sind Flüssigkeitsansammlungen in der Gebärmutter unerwünscht. Im frühen Östrus ist eine geringe Menge Flüssigkeit u.U. normal (Abb. 298 p), es kann sich aber auch um erste Anzeichen einer Störung der Abflußmechanismen handeln. Nach der Ovulation und im Diöstrus – insbesondere nach der Bedekkung – deuten größere Flüssigkeitsmengen auf eine Endometritis hin (Abb. 301 a; die Flüssigkeit ist nicht ganz klar). In der Mitte oder im verlängerten Diöstrus wird das Exsudat echogen und ist dann schwierig vom Uterusgewebe zu unterscheiden (Abb. 301 b). Abb. 301 c zeigt einen normalen Uterus im Diöstrus (oberhalb der Pfeile; darunter liegt die Harnblase mit echogenem Urin und einigen klaren (schwarzen) Bezirken.

246
- Die chirurgische Versorgung erfolgt in Allgemeinnarkose.
- Das Operationsfeld wird für eine aseptische Operation vorbereitet.
- Die Schleimhaut vom Zahnfleisch und der herunterhängenden Lippe wird mobilisiert.
- Man überzeugt sich, daß unter der anzulegenden Schleimhautnaht genügend subkutanes Gewebe ist.
- Die Schleimhaut von Zahnfleisch und Lippe wird mit Einzelheften mit nichtresorbierbarem Nahtmaterial (Polypropylen) vernäht.
- Danach werden das subkutane Bindegewebe und die äußere Haut mit Einzelheften vernäht.
- Zur Entlastung wird die Unterlippe mit einer horizontalen Matratzennaht über die Kommissur vernäht.
- Die Bewegung der Lippe wird durch ein Klebeband um Nase und Unterlippe eingeschränkt.
- Sondenernährung mit Haferschleim für zwei Wochen ermöglicht die primäre Wundheilung.

247 (a) Aus einem autonomen Ganglion (G. cervicale craniale, G. stellatum, Ganglien des Truncus sympathicus, G. coeliacum und G. mesentericum).
(b) Dieser Ausschnitt aus dem G. stellatum zeigt einen Verlust an Nissl-Substanz, Pyknose, Kernverlust und zahlreiche kleine Vakuolen im Zytoplasma.
(c) Der Befund ist typisch für die akute und subakute Graskrankheit.

248 (a) Das Blutbild deutet auf eine Eiweißverlust-Enteropathie hin. Die Biopsie der Rektumschleimhaut weist eine Kolitis nach; die schlechten Werte des Glucosetoleranztests signalisieren eine sehr ernstzunehmende Erkrankung. Die knotigen Gebilde, die man rektal tasten kann, können Lymphknoten, aber auch Neoplasien sein. Der vorliegende Fall war verdächtig für ein Lymphosarkom; dies wurde autoptisch auch nachgewiesen (Abb. 302 a und b).
(b) Chronischer Gewichtsverlust mit oder ohne Durchfall muß immer Anlaß für gründlichstes Vorgehen sein. Man muß den Besitzer über die hohen Kosten und die ungünstige Prognose informieren.

- Anamnese: Wurmkuren, Zähne, Fütterung und Futterqualität, Weidehygiene, Arbeit und Unterbringung.
- Sehr gründliche klinische Untersuchung. Fast alle Körperorgane kommen ursächlich für den Gewichtsverlust mit in Betracht; oft sind mehrere Organe beteiligt.
- Laboruntersuchungen. Es liegt zwar eine Erkrankung des MagenDarm-Traktes vor, aber die Leber kann ursächlich oder sekundär beteiligt sein. Folgendes Screening ist sinnvoll:
- Komplettes Blutbild. Oft findet man eine Anämie; die Leukozyten sind in der Regel normal.
- Eiweiß einschließlich Elektrophorese (Leberschäden, Parasitenbefall, bakterielle Infektionen)
- Enzyme: AST, SDH, γ-GT, IAP; Bilirubin.
- wiederholte Kotuntersuchung (parasitologisch, bakteriologisch) – Bauchhöhlenpunktat. Beim Lymphosarkom und bei chronischen Darmschleimhautschädigungen ist dies meist negativ.
- Glucosetoleranztest
- Biopsie der Rektumschleimhaut
- Sonographie, Laparoskopie, Probelaparotomie

249 (a) Eine dreieckige Verschattung palmar des Sprungelenkhöckers.
(b) Die Verschattung wurde sonographisch untersucht. Es stellte sich eine dreieckige echogene Struktur dar, in deren Zentrum ein flüssigkeitsgefüllter Hohlraum war.
(c) Bei der chirurgischen Exploration wurde ein gläserner Fremdkörper entdeckt und entfernt. Er befand sich in einem Hohlraum am Rand des Lig. plantare.

250 (a) Riß der Chordae tendineae der Cuspis parietalis der Mitralklappe.
(b) Solche Fälle kündigen sich klinisch durch Atemnot und Lungenödem an. Bei der Herzauskultation vernimmt man ein ausgeprägtes Rückflußgeräusch an der Mitralklappe. Das Geräusch ist holosystolisch und am besten an der linken Brustwand in Höhe der Mitralklappe zu hören. Nach und nach hört man es auch weiter dorsal und kaudal. Manchmal kann man über der Mitralklappe ein Schwirren palpieren. Oft hört man das Geräusch auch an der rechten Brustwand. Dies kann von dem Rückfluß an der Mitralklappe, aber auch sekundär durch Rückfluß an der Trikuspidalisklappe bedingt sein. Es kommt zur Stauung im Lungenkreislauf und zur Dilatation des rechten Ventrikels. Aufgrund der plötzlichen und starken Füllung ist der dritte Herzton besonders deutlich zu hören. Die Herzfrequenz hängt von dem Kompensationsvermögen des Herzens ab. Manchmal tritt ein Vorhofflimmern auf.

(c) Die Prognose ist schlecht. Der Rückfluß beeinträchtigt die Leistungsfähigkeit und führt zu Stauungserscheinungen.

251 Melanome treten zwar meist in der Analregion auf, aber die zweithäufigste Lokalisation ist die Gegend um die Parotis. Die hier sichtbaren Zubildungen sind sekundäre Tumoren; der Primärtumor liegt zumeist in der Submukosa des Luftsackes. Ektopische Melanome findet man im Luftsack von 60% aller Schimmel. Meist sitzen sie seitlich und sind den Kiefergefäßen angelagert. Wenn ein Pferd an der Parotis ein Melanom hat, kann man sicher sein, daß der Primärtumor an der genannten Stelle zu finden ist (Abb. 303).

252 (a) Die Symptome deuten auf einen Tumor hin. Zubildungen im Abdomen können eigentlich nur Tumore oder Abszesse sein. Da weder im Blut noch im Bauchhöhlenpunktat eine Neutrophilie vorliegt, scheidet ein Abszeß aus. Allerdings findet man in den meisten Fällen auch keine Tumorzellen im Punktat. Die rezidivierenden Schlundverstopfungen lassen auf eine Verengung im Ösophagus oder in der Cardia schließen. Die häufigsten Tumoren in diesem Bereich sind Lymphosarkome und Plattenepithelkarzinome.
(b) Die exakte Diagnose bleibt der Histologie vorbehalten. Das Material hierzu gewinnt man durch eine Laparotomie oder eine Laparoskopie unter sonographischer Kontrolle. Manchmal kann man Tumorzellen durch eine Magenspülung gewinnen; oft sieht man den Tumor auch direkt im Gastroskop. Röntgenaufnahmen des Thorax können Neoplasien im Brustbereich nachweisen.

253 (a) Das abgerundete Fragment im unteren Tarsalgelenk deutet auf einen chronischen Lahmheitsprozeß hin. Ein Zusammenhang mit der Unterkieferfraktur besteht nicht.
(b) Osteochondrosis dissecans an der Unterseite des lateralen Rollkammes des Talus
(c) Normalerweise läßt sich diese Form der O. d. chirurgisch gut behandeln. Man führt eine Kürettage des Knochens durch und entfernt die Fragmente und Splitter.

254 (a) Mikrosporie; diese wird durch stechende Insekten verbreitet (Stomoxys).
(b) Scheuern, Putzzeug, Transport; der Erreger ist auch im Boden.
(c) Der Erreger kann auch abseits des Tieres überleben.

255 (a) Die Sklera ist ikterisch. Dies kann ein diagnostischer Hinweis sein, ist es aber nicht immer.
(b) Eine ikterische Verfärbung kann fütterungsbedingt sein (hoher Carotingehalt, frisches Gras). Als Krankheitssymptom muß der Ikterus in Verbindung mit Fieber und/oder Anämie beachtet werden. In Betracht kommen die Infektiöse Anämie, Babesiose, Leptospirose und andere hämolytische Erkrankungen. Ein schwerer Ikterus deutet auf einen Verschluß des Gallenganges oder eine hepatotoxische (Pflanzen-)Vergiftung hin.

256 Es ist mit Sicherheit kein typischer Verlauf einer Luftsackmykose. Endoskopisch blickt man auf den oberen Teil der rechten medialen Abteilung mit der Bulla tympanica in der Mitte. Links ist der Processus styloideus des Zungenbeins, rechts die A. carotis interna. Weiter rostral treten Schleimhautblutungen auf; man sieht aber keine mykotischen Auflagerungen. In der Maulschleimhaut befinden sich zahlreiche subkutane Blutungen

(Abb. 304). Es handelt sich um eine immunologisch bedingte Thrombozytopenie (IMTP). Vermutlich war die IMTP hier iatrogen durch die antibiotische Vorbehandlung entstanden. Im vorliegenden Fall war die Stute nicht anämisch; deshalb waren Bluttransfusionen nicht erforderlich. Während der gesamten Rekonvaleszenz muß der Hämatokrit sorgfältig überwacht werden. Die Antibiose muß abgebrochen oder zumindest umgestellt werden. Die Mehrzahl der Fälle spricht gut auf eine Corticosteriodbehandlung an.

257 (a)' Plattenepithelkarzinom
(b) histologisch
(c) Man entfernt das 3. Augenlid chirurgisch; großzügige Umschneidung ist zu empfehlen, damit der Tumor im Gesunden exzidiert wird. Theoretisch ist eine zusätzliche Strahlentherapie möglich.

258 (a) Spätestens nach 12 Stunden, besser schon nach 6 Stunden.
(b) Kolostrum ist klebrig und von unterschiedlicher Farbe. Mit einem Kolostrometer kann man die Dichte ermitteln.
(c) Ein ausreichender Immuntransfer ist gewährleistet, wenn das Fohlen mindestens 1 l Kolostrum mit einer Dichte von > 1,060 aufnimmt.
(d) Ein normales Vollblutfohlen nimmt 500–600 kJ/kg KM täglich auf. Dies entspricht etwa 12 l Ziegenmilch oder Milchaustauscher. In den ersten Tagen erfolgt die Fütterung halbstündlich in Mengen von 500 ml. Die Mindestmenge zur Verhütung einer Dehydratation liegt bei 80 – 100 ml/kg KM täglich.
(e) Dies hängt von örtlichen und logistischen Umständen ab. Ideal ist die Ammenaufzucht. Es gibt mittlerweile hervorragende Milchaustauscher für Fohlen.
(f) Kontrolle der Gewichtszunahme. Ein Fohlen nimmt pro Tag 1–2 kg zu. Außerdem wird die Dichte des Urins gemessen (< 1,010 für ein gesundes, ausreichend ernährtes Fohlen). Die Gesamtmilchmenge pro Tag wird protokolliert.
(g) Der Nabel wird desinfiziert und ein Tetanusserum verabreicht. Nach 18 Stunden bestimmt man die IgG. Bei Darmpechverhalten macht man einen Einlauf. In kritischen Fällen werden Blutparameter und Fibrinogen bestimmt.

259 Stuten, die am Ende der Decksaison leer sind, werden auf eine chronische Endometritis untersucht und ggf. behandelt. Dann kommen sie – zusammen mit den Maidenstuten – auf die Winterweide und werden abgespeckt. Hin und wieder kontrolliert man, ob eine Pneumovagina vorliegt.
Anfang Dezember werden die Stuten aufgestallt und bekommen Rauhfutter. Ab Mitte Dezember beginnt man mit dem Beleuchtungsprogramm. Die Tiere erhalten helles Licht im gesamten Stallbereich, so daß alle Körperteile beschienen werden.
Mitte Februar verlieren einige Stuten das Winterfell und kommen in Rosse. Wenn die Follikelaktivität unzureichend ist und keine gute Ovulation erwarten läßt, gibt man ein Progesteronpräparat und simuliert so eine C.-l-Phase. Allyltrenbolon wird 10 – 14 Tage lang gegeben; man hat auch eine Vaginalspirale mit Erfolg eingesetzt. Dadurch wird die LH-Freisetzung in der Hypophyse verhindert, so daß es zu einer Speicherung des Hormons kommt. Die FSH-Produktion hingegen läuft weiter und fördert das Wachstum der Follikel. Sie werden bis zu 2 cm groß, teilweise noch größer. Beim Absetzen des Progesterons kommt es zu LH-Ausschüttung und zur Rosse und Ovulation.

GnRH-Präparate werden bei der gleichen Indikation eingesetzt. Subkutane Implantate sollen den Wirkstoff über einen längeren Zeitraum freisetzen. Die Präparate sind im Handel nicht erhältlich. Zwei Injektionen täglich sollen die Follikelaktivität und die Ovulation stimulieren. Wenn die Stute nicht aufnimmt, fällt sie vermutlich wieder in den Anöstrus.
Der Einsatz von equinem Choriongonadotropin ist unwirksam, da durch die handelsüblichen Präparate die erforderlichen Wirkstoffspiegel nicht erreicht werden.
Die Verlagerung des Reproduktionsgeschehens in die Wintermonate ist eine der schwierigsten tierärztlichen Aufgaben. Die Stuten müssen sehr oft sonographisch oder palpatorisch untersucht werden. Davon sind die wenigsten Stutenbesitzer begeistert.

260 (a) Chronisches Nierenversagen. Die Diagnose stützt sich auf die Laboruntersuchungen (Azotämie, Hyperkalzämie, erniedrigte Phosphor-, Natrium- und Chloridwerte, Anämie).
Man hat bislang keine Erklärung für die Kombination der Hyperkalzämie und Hypophosphatämie beim fortgeschrittenen Nierenversagen. Bisweilen beobachtet man einen Eiweißmangel, Hyperkaliämie und Hyperlipidämie.
Beim Pferd verläuft das chronische Nierenversagen nicht immer mit Polydipsie und Polyurie. Manchmal findet man periphere Ödeme und Ulzera der Maulschleimhaut.
(b) Das chronische Nierenversagen ist oft Folge einer interstitiellen Nephritis. Diese wiederum ist Folge unterschiedlicher Nierenerkrankungen. Meist ist dies ein akutes Nierenversagen aufgrund eines hypovolämischen Schocks, Endotoxinschocks oder anderer toxischer Belastungen (Aminoglykosid-Antibiotika, NSAID, Myoglobin).
Manchmal verursachen Nieren- oder Harnröhrensteine ein chronisches Nierenversagen, entweder unmittelbar durch Obstruktion der Harnwege oder sekundär, indem sie eine interstitielle Nephritis hervorrufen. Umgekehrt können die Harnkonkremente auch Folge einer mineralisierenden Fibrose und einer pathologischen Mineralabsonderung sein. Oft sind Harnkonkremente und Pyelonephritis gleichzeitig zu beobachten. Die Pyelonephritis kann eine interstitielle Fibrose hervorrufen.
Eine Glomerulonephritis wird meist post mortem diagnostiziert und ist nicht unbedingt an einen klinischen Nierenbefund gekoppelt. Nierentumoren sind beim Pferd sehr selten und haben keine spezifische Symptomatik. Es kann zu Gewichtsverlust, Inappetenz, Koliken und Hämaturie kommen.

261 (a) Das Gesicht ist geschwollen. Man sieht ein Lidödem und die Ausfüllung der Fossa supraorbitalis. Die Maulschleimhaut ist geschwollen, auf der Zunge findet man petechiale Blutungen.
(b) Es handelt sich vermutlich um die Afrikanische Pferdepest.
Sie tritt in Afrika, im Mittleren Osten und in Südeuropa auf.
(c) Überträger sind stechende Insekten (hauptsächlich Culicoides). Die Erkrankung tritt in Abhängigkeit von ihrem Vektor saisonal auf. Hunde, Wildequiden und vermutlich noch weitere Tiere sind Erregerreservoir. Geimpfte oder früher erkrankte Tiere sind teilweise immun; bei ihnen verläuft die Erkrankung mit einem kurzen Fieberschub und leichten respiratorischen Symptomen. Ungeschützte Tiere sterben innerhalb von 12–48 Stunden. In gefährdeten Gebieten wird geimpft (Anzeigepflicht!). Die Bekämpfung des Überträgers ist weder sinnvoll noch praktikabel.

262 (a)
- Ein alter Hufsohlenabszeß ist am Kronrand durchgebrochen.
- Eine Steingalle. Der feuchte Boden hat das Horn weich gemacht und eine Quetschung der Huflederhaut begünstigt.
- Eine Wunde durch Einhauen. Dies ist nicht sehr wahrscheinlich, da die Verletzung unterhalb des Kronsaums liegt.
- Eine Saumbandentzündung. Auch sie ist nicht wahrscheinlich, da die Haut im wesentlichen unbeteiligt ist.

(b)
- Falls die Lahmheit nur auf einer Quetschung der Huflederhaut beruht, reicht es, wenn man das Tier für ein paar Tage trocken aufstallt.
- Wenn keine Besserung eintritt oder ein Hufabszeß auftritt, wird dieser eröffnet und gespült (Wasserstoffperoxyd oder Metronidazol, da es sich bei den meisten Infektionserregern um Anaerobier handelt). Muß man das Sohlenhorn großflächig abtragen, empfiehlt sich das Anbringen eines Deckeleisens.

263 (a) Es handelt sich um eine unvollständige Spiralfraktur des Metakarpus vom Fesselgelenk nach proximal. Es sieht nach einer Fraktur des medialen Kondylus aus, obwohl dies auf dem Röntgenbild nicht zweifelsfrei zu erkennen ist.
(b) Die klassische Kondylusfraktur des Metakarpus ist beim Rennpferd die des lateralen Kondylus. Sie verläuft proximolateral und wird lateral zur vollständigen Fraktur. Normalerweise verläuft sie nicht streng spiralig wie die Fraktur des medialen Kondylus. Es ist sehr wichtig, daß man den Metakarpus auf seiner ganzen Länge röntgt.
(c) Ruhigstellung durch Eingipsen (Kunststoff) oder Fixation mit Schrauben, wobei die Schrauben jeweils senkrecht zur Frakturebene gesetzt werden. Im Gegensatz zur lateralen Kondylusfraktur muß hier die Verschraubung über die ganze Länge der Fraktur erfolgen.

264 (a) Abb. 203 a ist eine lateromediale Projektion. Man erkennt eine Aufhellung distal an der Dorsalfläche des Hufbeins. Die Aufhellung ist deutlich abgesetzt; es entsteht der Eindruck, daß sie die Kortikalis des Hufbeins durchdringt. In Höhe dieser Zone ist eine winzige Zusammenhangstrennung in der dorsalen Kortikalis des Hufbeins. An der Sohlenfläche des Hufbeins sieht man eine bogenförmige Verschattung.
Abb. 203 b ist eine dorsoproximal-plantardistale Schrägaufnahme. Man sieht eine deutlich abgesetzte Aufhellung am distalen Rand des Hufbeins. Der umgebende Knochen erscheint unverändert.
(b) Keratom oder andere nicht-neoplastische Veränderung, Knochenzyste, Tumor, Folge einer Knochenentzündung
(c) Chirurgische Eröffnung von dorsal. Eine gut umschriebene kugelförmige Bindegewebsmasse wurde entfernt. Histologisch erwies sie sich als epidermale Einschlußzyste.
(d) Gut, sofern es sich um ein Keratom oder eine andere nicht-tumoröse Veränderung handelt.

265 (a) 4 – 5 l, wenn man von einer Dehydratation von 8 – 10 % des Körpergewichtes ausgeht.
(b) 80 – 100 ml/kg KM; entsprechend 4 – 5 l täglich.

(c) Vollelektrolyt- oder Ringer-Lactat-Lösung, mit erhöhtem Kaliumgehalt (der schwere Durchfall führt zur Hypokaliämie und Azidose). Auch orale Glucose/Elektrolyt-Kombinationen können eingesetzt werden.
(d) Der Durchfall ist meist Teil einer Allgemeininfektion mit enteropathogenen E. coli, Salmonellen, Aktinobazillen, Rotaviren.
(e) Breitbandantibiotika, Bismutsalicylat, gute Pflege, bei niedrigen IgG-Konzentrationen Plasmatransfusion, evtl. Ulkusprophylaxe.

266 (a) Frakturen des Kreuzbeins und Neuritis der Cauda equina sind die häufigsten Ursachen für eine so starke Ausprägung des Cauda equina-Syndroms.
(b) Rektale Untersuchung und Untersuchung der Gehirnnerven. Rektal findet man manchmal eine Frakturstelle oder einen Kallus ventral am Kreuzbein, meist in Höhe von S 2. Bei der Polyneuritis bestehen meistens Verbindungen zu den Hirnnerven, speziell zum V., VII. und VIII.

267 (a) Die Glucoseresorption wird beeinflußt von der Zeitspanne der Magenentleerung, der Funktion der Schleimhautzellen, der Dauer der Darmpassage und der vorherigen Fütterung.
(b) Die Resorptionskurve verläuft bei diesem Pferd mit einem verzögerten Peak bei 180 Minuten. Entweder ist die Magenentleerung verzögert oder die Darmpassage verlangsamt. Im Zusammenhang mit den rezidivierenden Koliken nach der Fütterung besteht der Verdacht auf einen verengenden Prozeß (Tumor) im Magen oder Dünndarm.

268 (a) Das Pferd hat blasse Schleimhäute, was auf eine Anämie schließen läßt. Die Infektiöse Anämie (EIA) und das Lymphosarkom sind von Fieberschüben begleitet, die sich über drei Monate hinziehen können. Bei der EIA ist die Blutarmut pathognomonisch; beim Lymphosarkom entsteht sie entweder aufgrund der Chronizität der Erkrankung oder durch Hämolyse.
(b) Da ein Lymphosarkom nicht gleichzeitig mehrere Pferde eines Bestandes befällt, liegt der Verdacht einer EIA nahe.
(c) Zur Diagnostik dient der Coggins-Test (Agargel-Diffusionstest). Ein hoher Prozentsatz der Pferde ist Virusträger. Die Infektion wird durch stechende Insekten oder iatrogen übertragen. Der Coggins-Test ist sehr spezifisch und genau. So lassen sich Virusträger, aber auch genesene Pferde erkennen.
Eine Bekämpfung der Überträger oder Isolation der Pferde ist weder sinnvoll noch praktikabel.

269 Es fallen zwei Besonderheiten auf:
- Asymmetrie der Rima glottidis aufgrund einer Hemiplegia laryngis Der linke Arytenoidknorpel hängt zur Mitte hin (rechts in Abb. 207). – Das Pferd hat schon eine Kehlkopfpfeiferoperation hinter sich.
  Man erkennt dies an der unscharfen Kontur des Stimmbandes und dem weißen Narbengewebe inmitten der rosafarbenen Schleimhaut des Kehlkopfes.

Wenn man dem Käufer diesen Umstand verschwiegen hat, kann er zivilrechtlich klagen. Bei Auktionspferden, die an einer Hemiplegia laryngis leiden, kann der Kauf rückgängig gemacht werden; insbesondere dann, wenn ein vorheriger Eingriff verschwiegen wurde.

Sobald der geringste Hinweis auf eine forensische Auseinandersetzung besteht, muß der Tierarzt äußerst genaue Aufzeichnungen machen:
- Datum, Zeit und Ort der Untersuchung
- Identität des Pferdes
- äußere Hinweise: Palpation atrophierter Kehlkopfmuskeln, Slap-Test, Operationsnarben
- detaillierte endoskopische Befunde
- Belastungstest mit genauer Beschreibung der Atemgeräusche

War der Käufer informiert, wünscht er evtl. eine Beratung. Diese richtet sich nach den sportlichen Perspektiven des Pferdes. Eine Kehlkopfplastik („tie-back") verursacht manchmal Komplikationen in Form von Husten und Aspiration mit nasalem Reflux von Futter. Dennoch sind diese Risiken bei einem Pferd, das ansonsten unreitbar wäre, zu vertreten.

270 (a)
- Sicherstellung der Blutversorgung des Hautlappens
- Mit sterilen Handschuhen wird das Wundgebiet, Knochen, Gelenke, Sehnen und Sehnenscheiden untersucht. Auch Röntgen ist sinnvoll.
- Die Wunde wird provisorisch gereinigt.
- Ruhigstellung der Gliedmaße mittels Schienung und Robert-Jones Bandage.
- Die Verletzung ist beachtlich. Gibt es irgendwelche Hinweise auf andere Grunderkrankungen, die zu der Verletzung geführt haben (z. B. Kolik mit extremem Wälzen, neurologische Erkrankungen)?

Sind weitere Organe verletzt (Zwerchfell, Harnblase, Gliedmaßen, Kopf, Hals)?
- Wie groß ist der Blutverlust (Schleimhäute, Hämatokrit, Tachykardie)?

(b)
- Blutversorgung des Hautlappens
- Ausmaß der Gewebszerstörung
- Wundkontamination. Wenn – je nach Bakterienart – weniger als eine Million Keime je Gramm Gewebe eingedrungen sind, ist eine primäre Wundheilung möglich.
- Serom- und Hämatombildung beeinträchtigen die Wundheilung, indem sie die Gewebsflächen voneinander trennen. Es bilden sich Sekrettaschen.
- Sequester und Fremdkörper
- Bewegung im Bereich des Karpus
- Wahl von Nahtmaterial und -technik
- Ernährungszustand des Tieres; das Gesamteiweiß soll > 6 g/dl sein.
- Verletzungen im Weichteilgewebe und Knochen distal der Wunde

(c)
- chirurgische Wundauffrischung und Spülung mit antiseptischen Lösungen
- Hauttransplantation (Spalthaut, „mesh-graft")
- passive oder aktive (= Saug-)Drainage zur Vermeidung von Sekrettaschen
- Wundverband (Polster, Stützverband) zur Verhinderung von Seromen, Hämatomen und Wundkontamination; Aufsaugen von Wundsekret und Immobilisierung der Gliedmaße.
- Antibiotika und Analgetika

271 (a) Chronische Hufrehe
(b) Die chronische Hufrehe ist meist Folge einer akuten Rehe. Ursächlich hierfür sind Überfütterung mit Kraftfutter oder frischem Gras. Manchmal führt die fehlende Hufpflege – wie in diesem Fall – zur Verschlechterung.
(c) Der Huf wird im lateromedialen Strahlengang geröntgt, um den Grad der Hufbeinrotation und -senkung zu erfassen. Dies ist prognostisch wichtig. Bei korrektem Zurichten und Beschlag wird sich innerhalb 3–6 Monaten eine deutliche Besserung einstellen. Manchmal verschafft ein Heart-bar-Beschlag Erleichterung.

272 (a) Das Pferd leidet an einem idiopathischen postoperativen paralytischen Ileus. Jegliche koordinierte Motilität im Gastrointestinaltrakt fehlt. Der Ileus kann auch Folge einer örtlichen Peritonitis, von Verklebungen, Obstruktionen oder Darminfarzierungen sein. In diesen Fällen sind allerdings meist noch geringe Darmgeräusche zu hören; der Hämatokrit steigt langsamer und später, und das Pferd zeigt deutlichere Schmerzäußerungen. Der postoperative paralytische Ileus ist die Haupttodesursache nach Bauchhöhlenoperationen.
(b) Folgende Faktoren begünstigen die Entstehung eines postoperativen paralytischen Ileus:
- Durchblutungsstörungen im Darm
- Aufgasungen
- chirurgische Eingriffe
- Endotoxämie

Trotzdem läßt sich die individuelle Anfälligkeit schlecht vorhersagen.
(c) Die Behandlung sieht folgendermaßen aus:
- NSAID zur Verhinderung einer Endotoxämie
- intravenöse Flüssigkeits-und Elektrolytsubstitution, um die Mikrozirkulation in der Darmwand zu verbessern
- häufiger Einsatz der NSS zur Verhinderung einer Magenüberladung und -ruptur
- Bis vor kurzem gab es keine überzeugende medikamentöse Behandlung. Die Behandlung mit dem neuen Cisapride im Abstand von 8 Stunden hat sich als hervoragend wirksam zur Vorbeuge gegen den postoperativen paralytischen Ileus erwiesen.

(d) Wenn der paralytische Ileus nicht auf die medikamentöse Therapie anspricht, ist eine erneute Laparotomie angezeigt. Der Inhalt des Dünndarms wird zum Blinddarm massiert.
Chirurgisch eingreifen muß man, wenn
- die Pulsfrequenz über 60–80/min liegt
- jegliche Darmgeräusche fehlen
- der Hämatokrit trotz Flüssigkeitssubstitution über 50% liegt
- der Reflux aus dem Magen anhält
- rektal der Dünndarm stark gebläht ist.

273 (a) Degenerative Umformung des Hüftgelenks, vor allem im Bereich des Acetabulums
(b) Eine Behandlung ist nicht möglich. Das Pferd wird ein Pflegefall und sollte euthanasiert werden.

274 Der BSP-Test und eine Leberbiopsie wären sinnvoll. BSP (Bromsulphthalein) ist ein Farbstoff, der über die Leber ausgeschieden wird. Man ermittelt die „Halbwertszeit", die bei schweren Leberschäden erhöht ist. Zur Durchführung werden die Jugularvenen rasiert und desinfiziert. Nach Entnahme des Null-Wertes wird 1 g BSP in die rechte V. jugularis injiziert (körperwarm). Nach 2, 4, 8 und 16 Minuten entnimmt man aus der linken V. jugularis die Proben.
Wenn die Leberwerte im Blut verändert sind, kann eine Leberbiopsie aufschlußreich sein.
Zur Durchführung: Man denkt sich eine Linie vom rechten Schultergelenk zum rechten Hüfthöcker. Die Inzisionsstelle für die Biopsie liegt auf dieser Linie zwischen der 14. und 15. Rippe. Die Stelle wird rasiert, chirurgisch desinfiziert und mit eine Lokalanästhetikum in der Haut und der Muskulatur für einen kleinen Einschnitt mit einem Skalpell vorbereitet. Durch den Hautschnitt wird eine „Tru-cut"-Biopsienadel von 12 cm Länge im Winkel von 90° eingeführt. Dann wird die Nadel zurückgezogen und die Probe vorsichtig herausgeholt, damit keine Artefakte entstehen. Anschließend wird sie in 10 %igem Formalin fixiert. Hin und wieder sieht man bei Pferden nach einer Halothannarkose in der Leber Hepatozyten mit zentrolobulären Nekrosen.

275 (a) Höchstwahrscheinlich sind die Veränderungen auf den Wechsel der Backenzähne zurückzuführen. Sie sind unansehnlich, aber in den seltensten Fällen klinisch bedeutsam.
(b) Falls die Schwellungen nicht heiß und schmerzhaft sind, kann man dem Käufer versichern, daß die Veränderungen lediglich einen Schönheitsfehler darstellen. Eine Behandlung ist weder durchführbar noch gerechtfertigt.
(c) Bei einer Kaustörung wären Ausfluß, Hitze, Schwellung und Schmerzhaftigkeit festzustellen. Ist dies nicht der Fall, muß die Ursache der Kaustörung woanders liegen.

276 (a) Meist kann eine Trächtigkeit schon zu diesem Zeitpunkt dargestellt werden. Der Conceptus stellt sich als rundes, schwarzes Bläschen dar; manchmal ist es leicht dorsoventral abgeplattet. An der oberen und unteren Begrenzung der Fruchtblase sieht man weiße Punkte oder Linien, die durch die starken Echos zwischen Flüssigkeit und Gewebe hervorgerufen werden. Man muß u. U. den gesamten Uterus absuchen, da der Conceptus sich überall aufhalten kann. Oft übersieht man eine Trächtigkeit in der Spitze eines Uterushorns oder bei alten Stuten in der Tiefe der Bifurkation. Bei wiederholten Untersuchungen stellt man fest, daß sich der Conceptus bis zum 16. Tag frei im Uterus bewegt. Abb. 305 zeigt eine Fruchtanlage am 14. Tag im Uterushorn.
(b) Ab dem 16. Tag der Trächtigkeit setzt sich der Conceptus an einer Stelle im Uterus fest; dies muß nicht auf der Seite sein, wo die Ovulation stattgefunden hat. Er ist nun 1,8 – 2,2 cm im Durchmesser und etwas ausgefranst rundlich. Er wächst an dieser Stelle weiter. Am 18. Tag ist er 2 – 3 cm im Durchmesser und unregelmäßig in den Konturen. Er sieht runzlig aus und ist deutlich dorsoventral abgeplattet (Abb. 305 b).
(c) Bis zum 21. Tag wächst die Fruchtblase nur unwesentlich weiter und ist runzlig, bisweilen dreieckig. Im ventralen Sektor der Fruchtblase sieht man einen weißen Punkt von 1,5 – 2,0 mm Größe. Dies ist die Embryonalanlage. Sie wird durch die Allantoismembran etwas von der Fruchtblase abgehoben. Die Uteruswand ist dorsal unregelmäßig verdickt im Vergleich zur dünnen ventralen Wand. Aufgrund der Dickenunterschiede zwischen

der dorsalen und der ventralen Unteruswandung ist die Fruchtblase jetzt nicht kugelig. Sie ist jetzt fest verankert. Der Embryo entwickelt sich von der ventralen Seite; allerdings können auch Embryonen, die dorsal in der Fruchtblase wachsen, lebensfähig sein. Abb. 305 c zeigt eine Fruchtanlage am 21. Tag; der Durchmesser erscheint kleiner als am 18. Tag. Das liegt daran, daß die Fruchtblase aus technischen Gründen nicht in ihrer vollen Größe dargestellt werden konnte.
(d) Bis zum 26. Tag wächst die Fruchtblase nur gering. Der Embryo ist durch die Allantoismembran deutlich von der ventralen Begrenzung der Fruchtblase abgesetzt. (Abb. 305 d). An beiden Seiten des Embryos sieht man eine weiße Linie. Dies ist die Begrenzung zwischen dem dorsalen Dottersack und dem ventralen Allantoissack. Im Embryo kann man den Herzschlag in Form eines pulsierenden schwarzen Punktes sehen. Bei Verwendung einer 7,5 MHz-Sonde kann man dies schon ab dem 23. Tag.
(e) Bis zum 30. Tag wird der ventrale Allantoissack genau so groß wie der dorsale Dottersack. Der Embryo stellt sich in der Mitte als unregelmäßiges elliptisch-kugeliges Gebilde dar. Seine Lage kann sich beachtlich verändern. Die Allantois-Dottersackmembran ist beidseits des Embryos zu sehen. Der Herzschlag ist deutlich zu erkennen. Je nach Projektionsebene verläuft die Allantois Dottersackmembran auch vertikal.
(f) Bis zum 37. Tag ist die Allantoishöhle noch größer geworden. Die Organogenese ist jetzt abgeschlossen, deshalb spricht man ab jetzt vom Fetus. Er befindet sich dorsal in der Fruchtblase (Abb. 305 f). Mit einem Schallkopf mit höherer Frequenz kann man die Amnionhaut, die den Fetus umgibt, darstellen.
(g) Der Dottersack wird immer kleiner, seine Wände vereinigen sich mit der des Allantoissackes dorsal des Fetus. Aus diesen Eihäuten entwickeln sich die mesodermalen Blutgefäße, aus denen die Umbilikalarterie und -vene entstehen. Am 42. Tag hängt der Fetus im Zentrum der Allantoishöhle; aufgehängt an der Nabelschnur. Diese enthält Reste des Dottersacks (flüssig = schwarz; Abb. 305 g).
(h) Am 60. Tag liegt der Fetus am Boden des Allantoissackes. Der Nabel ist länger geworden. Wenn die Abbildungsebene stimmt, kann man die Konturen des Fetus erkennen. Meist ist er aber nur im Querschnitt oder in irgendwelchen Schrägschnitten darzustellen. Durch Bewegung des Schallkopfes sucht man das Herz auf, womit die Lebensfähigkeit des Fetus erwiesen ist. Die dorsale Begrenzung der Fruchtblase, die bislang glatt war, wird nun zottig, da die Plazentation eingesetzt hat (Abb. 305 h).
(i) Nach 100 Tagen beansprucht die Frucht die Hörner und den Uteruskörper. Man kann sie mit einem 5-MHz- oder 7,5-MHz-Schallkopf nicht mehr komplett darstellen. Die dorsale Uteruswand ist noch stärker gewunden als vorher. Manchmal sieht man ein dorsoventrales Septum zwischen Uterushorn und Uteruskörper; dieses kann man mit der Nabelschnur verwechseln. Einzelne Fruchtteile können allerdings auch mit den höherfrequenten Schallköpfen nachgewiesen werden. Man komprimiert vorsichtig die Fruchtblase und kann u. U. Teile der Wirbelsäule, den Magen, das Herz, Rippen oder die Augenhöhlen erkennen. Abb. 305 i zeigt Teile der Wirbelsäule und Rippen.

277 (a) Erkrankte Tiere haben Störungen beim Harnabsatz, setzen häufig Urin ab und nehmen ständig die dafür typische Haltung ein. Zusätzlich bemerkt man bei manchen Tieren leichte Koliken, Verschlechterung des Allgemeinzustandes und steifen Gang in der Hinterhand.

Die Harninkontinenz ist ein typisches Symptom der Urolithiasis. Die Blasenlähmung führt zum Harnverhalten und unkontrollierten Überlaufen. Pferde mit kleinen Harnkonkrementen sind meist nicht inkontinent; bei ihnen geht von Zeit zu Zeit tropfenweise Urin ab.
(b) Da man bei der Urinuntersuchung meist Erythrozyten und Leukozyten sowie Bakterien nachweisen kann, werden solche Fälle oft als Zystitis interpretiert. Diese ist aber lediglich eine Sekundärerkrankung, bedingt durch die mechanische Schädigung der Blasenschleimhaut. Die Zystitis ist selten Ursache einer Konkrementbildung.
Die Blase kann samt Blasenstein rektal palpiert werden. Man findet den Blasenstein ventral als festen, eiförmigen Fremdkörper kranial in der Beckenhöhle. Die Diagnose kann sonographisch abgesichert werden.
(c) Bei männlichen Tieren werden Blasensteine üblicherweise per Laparotomie entfernt; eine pararektale Methode der Zystotomie ist ebenfalls beschrieben worden.
Bei Stuten ist eine Zystotomie meist nicht erforderlich, da ihre weite Harnröhre einen einfachen Zugang zur Entfernung darstellt. Bisweilen muß der Sphinkter durchtrennt oder der Stein in der Blase zerkleinert werden. Postoperativ gibt man eine Woche lang Antibiotika. Eine Ansäuerung des Harns mit Ammoniumchlorid ist wünschenswert (20 mg/kg KM täglich), wird aber wegen der schlechten oralen Akzeptanz nur schwer durchzuführen sein.
Die Prognose ist bei einem einzelnen Blasenstein wie in Abb. 212 ausgezeichnet.

278 (a) BSP wird von der Leber aus dem Blut aufgenommen und zu Glutathion konjugiert. Der BSP-Test ist somit ein Leberfunktionstest.
(b) Das Ergebnis gibt Aufschluß über das Ausmaß einer Leberschädigung. Eine Halbwertszeit von mehr als vier Minuten ist verdächtig, bei mehr als fünf Minuten liegt eine ernst zu nehmende Leberschädigung vor.
(c) Erhöhung des Bilirubins, Störungen der Blutversorgung aufgrund eines Volumenmangels oder schwere Magen-Darm-Erkrankungen. Technische Fehler entstehen bei ungleichem Blutfluß in den Jugularvenen bei der Injektion oder der Blutentnahme.

279 (a) Bei einem eintägigen Fohlen deutet diese Symptomatik auf eine Gaumenspalte hin. Beim nichtsedierten oder -narkotisierten Fohlen ist sie visuell über die Mundhöhle nicht zu erkennen. Die Spalte befindet sich weit hinten im weichen Gaumen. Falls man über ein geeignetes, dünnes Endoskop verfügt, ist der endoskopische Nachweis durch die Nase die Methode der Wahl. Die Gaumenspalte hat eine ausgesprochen schlechte Prognose, da der erforderliche chirurgische Eingriff sehr invasiv und selten erfolgreich ist.
Abb. 306 zeigt eine angeborene Zyste im Gaumen, die wie ein ballartiges Ventil wirkt und eine Obstruktion des Rachens hervorruft. Die Folge sind Schluckbeschwerden. Die laterale Röntgenaufnahme gibt Auskunft über Sitz und Ausdehnung der Zyste. Sie wurde nach Eröffnung des Larynx chirurgisch entfernt; das Fohlen erholte sich spontan.
(b) Weitere Ursachen für eine Dysphagie beim Fohlen in diesem Alter sind kongenitale Funktionsstörungen von Kehlkopf und Ösophagus, eine cricopharyngeale Aplasie, Strikturen des Ösophagus sowie dessen Erweiterung (Megaösophagus).

280 (a) Dermatophyteninfektion
(b) Haare, die aus dem Randbezirk einer veränderten Stelle frisch ausgezupft werden.

(c) Auf Sabouraud-Agar bei 25 °C über ein bis zwei Wochen. Vor Ablauf von zwei Wochen kann kein negatives Resultat festgestellt werden.

(d)

- Begasung von Zubehör und Putzzeug mit Formaldehyd (Vorsicht!).
- Der erkrankte Bezirk wir täglich mit einer Salbe aus 2,5 % Schwefel, 10 % Jod-PVP und Chloramin behandelt.
- Griseofulvin oral (z. Zt. nicht erlaubt)

281 (a) Man sieht eine Zubildung an der Spitze der Patella und eine Frakturlinie. Ursachen können ein Trauma, eine Osteochondrose oder eine Desmotomie des medialen Kniescheibenbandes sein.
(b) Liegt eine Lahmheit vor, deren Sitz vermutlich das Kniescheibengelenk ist, muß dieser Bezirk gründlich (durch chirurgische Exploration) untersucht werden. Im vorliegenden Fall war das Pferd nicht lahm.

282 (a) Die akute Salmonellose ruft eine schwere Kolitis, oft verbunden mit einer Septikämie, hervor. Die Endotoxämie spielt dabei eine große Rolle. Man beobachtet Fieber, Durchblutungsstörungen, Leukopenie oder Leukozytose, Thrombozytopenie, Leberschäden und Koagulopathien. Die massive Sekretion der Darmschleimhaut führt zur raschen Dehydratation.
(b) Für die Verlaufs- und Therapiekontrolle ist eine permanente Überwachung der Parameter wichtig. Besondere Aufmerksamkeit gilt dem Flüssigkeitshaushalt (Hautturgor, Kapillarfüllungszeit), dem Herz-Kreislauf-System (Herz- und Pulsfrequenz) und eventuellen Reheanzeichen. Labordiagnostisch überwacht man Hämatokrit und Gesamteiweiß. Der Grad der Sepsis spiegelt sich in den Gesamtleukozyten, dem Differentialblutbild und dem Fibringehalt wider. Im Frühstadium der Erkrankung beobachtet man häufig eine Leukopenie und Neutropenie; dies ist auf die Entzündungsmediatoren im Rahmen der Endotoxämie zurückzuführen. Manchmal sieht man bei den Leukozyten – insbesondere den Neutrophilen – toxische Formen. Pferde mit schwerem Durchfall haben meist niedrige Natrium-, Kalium-und Chloridwerte. Die Elektrolyte müssen täglich überprüft werden. Im Bereich der Nierenfunktion werden Harnstoff und Kreatinin bestimmt. Hier findet man oft eine Erhöhung aufgrund der Dehydratation und der verminderten renalen Durchblutung. Wenn möglich, sollte der Säure-Basen-Haushalt überprüft werden.

283 (a) Das EKG in Abb. 215 weist vorgezogene Kammersystolen auf. Das P-R-Intervall vor der vorzeitigen Kammersystole ist verkürzt, die Kammersystole ist nicht mit der Systole des Vorhofs koordiniert. Nach einer Serie vorgezogener Kammersystolen verkürzt sich das P-R-Intervall soweit, bis die P- und R-Zacken ineinander übergehen.
(b) In dieser Ableitung unterscheiden sich die vorgezogenen Zacken kaum von der Norm. Das läßt vermuten, daß sie einen gemeinsamen Ursprung haben.
(c) Die klinische Bedeutung der vorgezogenen Kammerkontraktion ist schwer zu beurteilen. Man beobachtet sie bei Infektionskrankheiten, Elektrolytverschiebungen, bei Hypoxie und während einer Anästhesie. Sie können auch Ausdruck eines Myokardschadens sein. Auch autonome Erregungsstörungen können sie hervorrufen oder unterdrücken. Gelegentliches Auftreten ohne organische Ursachen ist meist ohne Bedeutung. Trotzdem ist eine gründliche Untersuchung des Herzens einschließlich Belastungstests erforder-

lich. Falls sekundäre Ursachen ausscheiden, muß man von einem klinisch bedeutsamen Myokardschaden ausgehen. Das Problem kann im Laufe der Zeit und durch Arbeitsruhe verschwinden; eine Kontrolluntersuchung ist angezeigt. Permanente Kammerarrhythmien haben große Bedeutung für die Hämodynamik. Deshalb muß jede Art von vorzeitiger Kammererregung als pathologisch angesehen werden.

284 Es handelt sich um ein sog. Atherom in der falschen Nüster. Darunter versteht man eine Talgzyste, die sich aus Drüsen im Innern der Nüster entwickelt. Sie enthält eine graue pastöse Masse. Normalerweise beeinträchtigen diese Zysten die Atmung nicht. Wird ihre Entfernung aus kosmetischen Gründen gewünscht, muß die Zyste samt Auskleidung gründlich entfernt werden. Dabei ist darauf zu achten, daß der Schnitt nicht über den Rand der Nüster hinausgeht und die Schnittführung nicht quer erfolgt, weil sonst der M. nasolabialis durchtrennt wird.

285 (a) Es ist zu vermuten, daß der Riß bis in die empfindliche Lederhaut reicht. Jede Bewegung ruft Schmerzen hervor.
(b) Manchmal kann man solche Verletzungen behandeln, indem man vom Kronrand bis zur Sohle das Horn vollständig abträgt, die Hornwand quer verdrahtet und den Defekt mit Hufkitt ausfüllt. Diese Behandlung ist nicht immer erfolgreich.
(c) Die Behandlung ist nur dann erfolgreich, wenn die Verletzung in der Blättchenschicht heilt. Ist dies nicht der Fall, wird der Riß bei Belastung wieder auftreten.
(d)

- Die Hufwand wird von der Sohle bis zum Kronrand vollständig entfernt. Danach wird ein Dreiviertel-Eisen oder ein Dreiviertel-Heart-bar-Eisen angebracht. Dieser Beschlag wird solange durchgeführt, bis das Pferd lahmfrei geht.
- Bei Erfolglosigkeit kann eine Neurektomie erwogen werden.

286 (a) Das Pferd lahmt vorne beidseits geringgradig; die Lahmheit springt nach der tiefen Palmarisanästhesie um. Dies ist verdächtig für Podotrochlose.
(b) Im Strahlbein erkennt man eine Aufhellung, wie sie für die Podotrochlose typisch ist. Eine Tangentialaufnahme der Facies flexoria bestätigte den Sitz der Zyste im Strahlbein.
(c) Podotrochlose

287 (a) Bei diesem Entwurmungsprogramm ist die Entwicklung einer Resistenz gerade bei Cyathostomen zu erwarten. Die Benzimidazolresistenz ist ein verbreitetes Phänomen, obwohl auch Piperazin und Phenothiazine dafür bekannt sind. Innerhalb der Gruppe der Benzimidazole besteht Kreuzresistenz. Hochwirksame Anthelminthika üben einen hohen Selektionsdruck auf den Parasiten im Hinblick auf die Resistenzentwicklung aus. Außerdem ist dieses Entwurmungsprogramm nicht zur Bekämpfung der Magendassel geeignet; dies ist allerdings ein Problem von geringerer Bedeutung.
(b) Es bestehen klinische Symptome, die auf eine Wirkungslosigkeit der Anthelminthika deuten. Daraus allein kann man aber noch kein wirksames Programm ableiten.
Ziel eines jeden Entwurmungsprogramms ist die Verminderung der Parasitenbelastung (Larven) der Weide. Dazu werden in der Weidesaison alle 4–6 Wochen Larvenzählungen durchgeführt. Weiterhin kontrolliert man die Eizahl im Kot der Weidepferde, vorzugsweise 10–14 Tage nach einer Wurmkur. Steigt die Eizahl an, ist eine Resistenzent-

wicklung zu befürchten. Dann wird ergänzend eine Eizahlreduktionsbestimmung durchgeführt (Bestimmung der Wurmeier vor und nach der anthelminthischen Behandlung). Im Idealfall führt man diese Untersuchungen mit Behandlungs-und Kontrollgruppe (unbehandelt) durch.
Die in-vitro-Tests auf Anthelminthikaresistenz befinden sich im wissenschaftlichen Stadium und haben noch keine Praxisbedeutung.

288 Seit dem routinemäßigen Einsatz der Sonographie in der Trächtigkeitsdiagnostik ist die Zahl der Zwillingsträchtigkeiten drastisch zurückgegangen, da diese sofort beendet werden. Trotzdem können auch bei sonographischer Kontrolle Zwillinge nicht immer mit letzter Sicherheit ausgeschlossen werden. Das hat folgende Ursachen:
- Die Befruchtung zweier Eizellen kann bis zu vier Tagen auseinanderliegen. Bei einer Ultraschalluntersuchung am 16. Tag kann die kleinere der beiden Fruchtanlagen gerade 5 mm im Durchmesser sein, so daß man sie übersehen kann.
- Wenn man bei der Untersuchung den Uterus nicht in seiner gesamten Ausdehnung absucht, kann eine Zwillingsträchtigkeit unentdeckt bleiben.
- Ungünstige Untersuchungsbedingungen (unruhige Stute, fehlende Zwangsmaßnahmen, zu helles Licht auf dem Bildschirm) beeinträchtigen die Präzision der Untersuchung.
- Zwischen dem 18. und 23. Tag der Trächtigkeit können unilaterale Zwillinge mit ihren Fruchtblasen so nahe aneinanderliegen, daß sie bei einer ungünstigen sonographischen Schnittebene nicht als Zwillinge erkannt werden können. In solchen Fällen ist eine besonders gründliche Untersuchung in verschiedenen Ebenen erforderlich; im Zweifelsfall muß man nach einigen Tagen die Untersuchung wiederholen.
- Drillinge werden für Zwillinge gehalten.

289 (a) Tumor oder Entzündung
(b) Es handelt sich höchstwahrscheinlich um ein Sarkoid. Das klinische Bild ist typisch: Schwellung, aber keine Schmerzen; vom umgebenden Gewebe abgesetzt.
(c) Biopsie und Histologie

290 (a) Schilddrüsentumor. Schilddrüsenadenome sind beim Pferd relativ häufig. Sie sind 3–4 cm im Durchmesser und treten neben dem Kehlkopf als Schwellung auf. Sie verursachen meist keine Beschwerden.
C-Zellen (parafollikuläre Tumoren) und Karzinome sind beim Pferd äußerst selten.
(b) Histologische Untersuchung einer Biopsie aus dem Drüsengewebe (der abgebildete Fall stellte sich als Adenom heraus). Schilddrüsentumoren sind beim Pferd euthyreot, so daß die Untersuchung der Schilddrüsenhormone im Blut keinen Aufschluß gibt.
(c) Im vorliegenden Fall ist die Zubildung so groß, daß sie hinderlich ist. Deshalb wird man sie chirurgisch entfernen, vorausgesetzt, daß sie gutartig ist und keine Metastasen gebildet hat.

291 (a) Chipfraktur an der dorsodistalen Fläche des Os carpi radiale.
(b) Die Entfernung erfolgt als arthroskopischer Eingriff. Das Karpalgelenk sollte aus allen Richtungen geröntgt werden, damit man eventuelle sekundäre Veränderungen entdecken kann.

292 (a)
- nekrobiotische Knötchen
- knotige Bindegewebsnekrose
- akute Bindegewebsnekrose
- eosinophiles Granulom

(b) Es hat sich Kalk eingelagert.
(c)
- Man injiziert ein Corticosteroid unter die Knoten; dadurch kann allerdings die Haut dünner werden.
- Oft tritt eine Spontanrückbildung ein.
- Verkalkte Knoten werden chirurgisch entfernt.
- Bei manchen Pferden tritt nach wiederholter Ivermectin-Gabe eine Besserung ein.

293 (a) Nasenbluten beidseitig sowie Schwellung und Ödem an Maul und Nüstern
(b) Vergiftung durch Schlangenbiß; Purpura häemorrhagica; hämorrhagische Diathese aufgrund eines Leberschadens; disseminierte intravasale Verbrauchskoagulopathie. Die drei letztgenannten Erkrankungen lassen keinen Zusammenhang zu den Stichwunden erkennen.
(c) Vergiftungen durch Schlangenbisse können einem Pferd kaum gefährlich werden, da die Giftmengen zu klein sind. Es gibt allerdings auf der ganzen Welt auch hochgradig giftige Schlangen. Bei den Erkrankungen, deren Hauptsymptome Hämorrhagien und Ödeme sind, ist die Mortalität hingegen hoch. Bei der hämorrhagischen Diathese aufgrund eines Leberschadens und bei der Verbrauchskoagulopathie wird man zusätzliche Symptome erwarten können; die Purpura häemorrhagica ist diagnostisch schwierig abzusichern.

294 (a) Sonographische Untersuchung der Weichteile plantar am Metatarsus; röntgenologische Untersuchung des proximalen Metatarsus.
(b) An beiden Hintergliedmaßen sind die Konturen des Unterstützungsbandes undeutlich. Das Band ist in der Mitte verdickt und diffus hypoechogen. Diese Befunde stimmen mit denen einer Entzündung des proximalen Unterstützungsbandes überein; an einigen Stellen sieht man Mineralisierungen im rechten Unterstützungsband.
(c) Abb. 225 c ist eine dorsoplantare Projektion. Man sieht eine unscharf begrenzte, fleckige Verschattung im oberen Abschnitt des Röhrbeins. Dadurch setzt sich die subchondrale Knochenplatte nur undeutlich von der Trabekelstruktur ab.
Abb. 225 d ist eine lateromediale Projektion. Man erkennt eine gut umschriebene Verschattung plantar am proximalen Teil des Metatarsus (Abb. 307, dicker Pfeil). Es handelt sich vermutlich um osteophytäre Zubildungen (im Bereich eines Sehnen- oder Bandansatzes). Des weiteren sieht man eine Verschattung an der Plantarseite des Knochens (kleine Pfeile).
(d) Insertionsdesmopathie des proximalen Unterstützungsbandes. Die Prognose ist in Anbetracht der starken sonographischen Veränderungen (Chronizität, Mineralisierung) schlecht.
Außerdem sind die röntgenologischen Befunde und der anatomische Bau des Sprunggelenks ungünstig zu beurteilen.

295 (a) Man sieht einen gut abgegrenzten Bezirk mit Knochenabbau am Margo solearis des Hufbeins.
(b) Es handelt sich vermutlich um einen Knochenabbau, der durch Druck (Keratom oder anderer raumfordernder Prozeß) hervorgerufen wird.
(c) Keratome führen oft zu Infektionen im Huf und geringgradiger Lahmheit. Wenn der Besitzer trotz des fortgeschrittenen Alters der Stute eine Behandlung wünscht, muß das Keratom vollständig chirurgisch entfernt werden.

296 (a) Meyer, H.: Pferdefütterung. 3. Auflage, Blackwell, 1995, Berlin. Ahlswede, L. In : Pferdehaltung, Hrsg. v. H. Pirkelmann. 2. Auflage, Ulmer Stuttgart 1991.
(b) Die Landwirtschaftskammern bieten einen sehr umfangreichen Service von der Bodenuntersuchung bis zum praktischen Weidemanagement. Sie haben sich in den letzten Jahren zunehmend auch der Bedürfnisse der Pferdehalter angenommen.
(c) In den o.a. Büchern und bei den Futtermittelherstellern. Deren Empfehlungen sind jedoch mit einer gewissen Vorsicht zu interpretieren, da eigenwirtschaftliche Interessen nicht auszuschließen sind und die Fütterungsempfehlungen teilweise auf einem standardisierten Pferd beruhen, das es in der Praxis nicht gibt.
(d) Obwohl in den letzten Jahren sehr viel auf dem Gebiet der Pferdefütterung geforscht wurde, sind zuverlässige Angaben noch selten. Ein großes Problem scheint die von Tier zu Tier und Rasse zu Rasse unterschiedliche Verwertung der Nährstoffe zu sein.
Nach wie vor kommt dem Augenmaß eine große Bedeutung zu.

297 Die Abnutzungserscheinungen an den Schneidezähnen deuten darauf hin, daß das Pferd ein Krippenbeißer ist. Meist sind diese gleichzeitig auch Aufsetzkopper. Der Verkäufer muß diesen Mangel deklarieren. (Gewährsmangel). Im Rahmen einer Ankaufsuntersuchung muß der Tierarzt den Verkäufer daraufhin befragen. Ungeachtet der Antwort muß das Pferd eine längere Zeit in Ruhe beobachtet werden. Der Käufer wird in jedem Fall auf die eventuelle Bedeutung der Veränderungen hingewiesen.

298 (a) Linsenluxation
(b) Ehe das Pferd wieder geritten werden darf, muß das Sehvermögen beider Augen gründlich überprüft werden. Meist ist die Arbeitsfähigkeit nicht beeinträchtigt.

299 Bei der Isoerythrolysis neonatorum wird eine Transfusion von Erythrozyten erforderlich. Dies kann eine gewaschene Suspension vom Blut der Mutter sein. Man kann aber auch Blut von Wallachen nehmen, die bislang keine Transfusion erhalten haben. Das Vollblut wird mit handelsüblichen Entnahmesystemen gewonnen und steril aufbereitet. Die Trennung vom Plasma erfolgt durch vorsichtiges Zentrifugieren oder durch Abwarten der Sedimentation. Danach werden die Erythrozyten dreimal in physiologischer Kochsalzlösung gewaschen. Danach wird die Suspension mit Kochsalzlösung auf einen „Hämatokrit" von 70 % eingestellt. Das erforderliche Tranfusionsvolumen errechnet sich nach der Formel

$$\frac{\text{KM (kg)} \times \text{Blutvolumen (ml/kg)} \times (\text{Hämatokrit Soll} - \text{Hämatokrit Ist}),}{\text{Hämatokrit des Spenderblutes bzw. Suspension}}$$

Das Blutvolumen neugeborener Fohlen kann mit 150 ml/kg KM veranschlagt werden.

Das Fohlen muß mindestens 24 Stunden von der Muttermilch ferngehalten und mit Austauscher gefüttert werden.

300 1. Hautstanze 2–3 mm ∅. Vom gleichen Pferd werden Transplantate entnommen und in Hautinzisionen eingepflanzt. Man ordnet sie reihenförmig an. Das Gebiet wird antibiotisch versorgt und mit einer nicht haftenden Wundauflage abgedeckt.

- Vorteil: Eingriff erfordert keine Narkose; die Transplantate wachsen gut an; man benötigt keine teure Ausstattung.
- Nachteil: Haarwuchs in alle Richtungen; „Kieselstein"-Effekt; schlechte Hautqualität mit Neigung zu Rissen und Blutungen.

2. Hautstanze 7 mm ∅. Die Transplantate werden in vorbereitete Öffnungen von 5 mm ∅ eingepflanzt. Die Anordnung ist reihenförmig; weitere Versorgung wie oben. Wundverband je nach Exsudatbildung für 5–15 Tage.

- Vorteil: wie oben, aber größere Abdeckung durch die Transplantate: besserer kosmetischer Effekt; besseres Anwachsen und Überleben der Transplantate.
- Nachteil: Narkose erforderlich; Haarwuchs in alle Richtungen; das Empfängergebiet muß sehr gut vorbereitet sein.

3. Spalthauttransplantation mit netzförmiger Vergrößerung des Hautlappens. Entnahmestelle ist das ventrale Abdomen, die Gewinnung des Hautlappens geschieht mit einem elektrischen Dermatom. Danach wird der Hautlappen maschinell mit Einschnitten versehen, so daß ein dehnbares Netz entsteht. Bei der Transplantation wird zunächst die Haarwuchsrichtung des Transplantates mit der des Beines koordiniert. Das Netz darf nicht überdehnt werden; die Verbände müssen häufiger gewechselt werden.

- Vorteil: Dehnbarkeit; das Transplantat kann auch unebene Stellen bedecken. Einfache Anwendung. Durch die Öffnungen im Gewebe kann Exsudat abfließen. Geringe Bewegung ist nicht schädlich. Man kann mit relativ kleinen Hautentnahmen große Flächen bedecken.
- Nachteil: Vollnarkose; teures Instrumentarium.

301 (a) Pendelsystem, „to-and-fro" (Abb. 230 a) und Kreissystem (Abb. 230 b).
Vorteile von (a):

- Wirtschaftlichkeit
- Das CO_2 der Ausatmungsluft wird entfernt
- Es entstehen keine Temperatur- und Flüssigkeitsverluste durch die Atmung
- Eine Zwangsbeatmung ist möglich.

Nachteile:

- Der Verbrauch von Natronkalk kann nicht erfaßt werden; dadurch steigt der CO_2-Gehalt an.
- Bei einer langen Narkose entsteht ein großer Totraum, da der Natronkalk im Absorber zuerst an der tierzugewandten Seite verbraucht wird.
- Risiko einer Inhalationspneumonie durch kontaminierten Natronkalk-Wesentliche Geräteteile befinden sich in Patientennähe.

Vorteile von (b):

- die gleichen wie beim Pendelsystem
- Der Verbrauch von Natronkalk ist sichtbar (Farbänderung).

- Die wichtigen Geräteteile sind weiter vom Pferdekopf entfernt sicher untergebracht.
- Der Natronkalk hat keinen direkten Kontakt zur Einatmungsluft.

Nachteile:
- teuer

302 Diese Fragestellung tritt häufig auf. Mögliche Ursachen sind:
- Winter-Anöstrus. Die Stute ist in schlechter Verfassung und hat noch Winterfell.
- Sie befindet sich in der Übergangszeit, die bei manchen Stuten bis zu zwei Monate dauert.
- Die Stute war rossig; dies wurde wegen unzureichender Probiertechnik nicht erkannt. Sie kann ihr Rosseverhalten nicht zeigen. Die genaue genitale Untersuchung gibt Aufschluß über den tatsächlichen Zyklusstand.
- Verlängerter Diöstrus. Ein C. l. persistens blockiert den Östrus.-Granulosazelltumor
- Turner-Syndrom. Aufgrund einer chromosomalen Abweichung sind die Eierstöcke kleiner als 0,5 cm und ohne Funktion; auch der Eileiter ist hypoplastisch und kaum zu palpieren. Diesen Zustand findet man bisweilen bei Maidenstuten. Er ist nicht zu verwechseln mit den präpubertären Befunden bei Vollblutstuten, die im Alter von zwei bis vier Jahren ins Training genommen werden.

303 (a) Das Röntgenbild zeigt vermutlich eine Hufbeinastfraktur. Allerdings verdeckt das Schenkelende des Eisens den Trachtenbereich, so daß ein Artefakt nicht ausgeschlossen werden kann.
(b) Bei einer Kontrollaufnahme stellte sich heraus, daß es sich tatsächlich um ein Artefakt handelt. Bei der weiteren Untersuchung erwies sich die Fessel als lahmheitsursächlich. Man fand eine hochgradig schmerzhafte apikale Fraktur eines Sesambeins.

304 (a) Die rektale Untersuchung richtet besonderes Augenmerk auf eine Thrombose der A. iliaca sowie auf Anzeichen eines Darmverschlusses. Die NSS und evt. das Bauchhöhlenpunktat geben weitere Aufschlüsse. Im Gliedmaßenbereich sucht man nach Anzeichen einer Hufrehe (Zange, Pulsation der Mittelfußarterien). Auch eine Pleuritis verursacht Kolikschmerzen; sie ist auskultatorisch auszuschließen. Die Rücken- und Kruppenmuskulatur wird abgetastet. Blut wird hämatologisch und klinisch-chemisch untersucht. Der Urin war im vorliegenden Fall dunkel, was die Diagnose entscheidend erleichterte. Die CK-Werte waren hoch; die AST-Werte werden in den nächsten 24 Stunden ansteigen.
(b) Kreuzverschlag
(c)
- Analgetika. Phenylbutazon i. v. ist gut geeignet, ebenseo Flunixin und Butorphanol. Die Analgesie ist von ausschlaggebender Bedeutung, da ein zusätzlicher Schmerzstreß die Heilungschancen erheblich vermindert.
- Sedativa. Acepromazin verbessert die periphere Durchblutung, darf aber bei Kreislaufproblemen nicht eingesetzt werden (Blutdrucksenkung). Nötigenfalls nimmt man geringdosiert Xylazin oder Detomidin.
- Corticosteroide. Sie verbessern die Gewebsdurchblutung und stabilisieren die Muskelzellmembranen. Sie müssen möglichst bald gegeben werden.

- In schweren Fällen ist Flüssigkeitsersatz angezeigt. Myoglobin ist nephrotoxisch und kann in schweren Fällen fatal wirken. Man gibt Vollelektrolytlösungen, bis der Urin heller wird. Die meisten Pferde mit Kreuzverschlag haben eine Alkalose (!). Hydrogencarbonat macht also nur Sinn, wenn eine Azidose nachgewiesen ist. Diuretika sind kontraindiziert. Im Blutlabor wird u. a. der Harnstoff protokolliert.
- Wichtig ist gute Pflege. Die Fütterung und Mineralstoffzufuhr werden überprüft und ggf. angepaßt.

305 (a) Man sieht mehrere gut abgesetzte, verkapselte Lungenabszesse mit einem Flüssigkeitsspiegel.
(b) Nein.
(c) Es handelt sich vermutlich um eine Pneumonie und Abszesse durch Rhodococcus equi. Der Erreger wird kulturell aus der Trachealflüssigkeit angezüchtet und nachgewiesen. Weitere klinische Symptome sind leichter Husten, Tachypnoe, Dyspnoe, Durchfall und Kümmern.
(d) Rifampicin, kombiniert mit Erythromycin.

306 (a) Das Aufstützen des Kopfes ist Zeichen eines hepatoenzephalen Syndroms.
(b) Zwei pathogenetische Mechanismen führen zu diesem Bild:
- erhöhter Ammoniakgehalt. Aufgrund des Leberschadens kann das Ammoniak nicht zu Harnstoff metabolisiert werden.
- Das Verhältnis von verzweigtkettigen zu aromatischen Aminosäuren wird kleiner. Letztere wirken sich auf die Neurotransmitter im Gehirn aus.

(c) Die Behandlung besteht in oralen Lactosegaben, wodurch eine
Ansäuerung im Kolon stattfindet. Dies begünstigt die Umwandlung von Ammoniak zu Ammonium-Ionen. Diese werden nicht resorbiert.
Die orale Gabe von Neomycin soll angeblich die Ammoniakproduktion durch die Darmbakterien verhindern.
Das Futter wird mit verzweigtkettigen Aminosäuren angereichtert. Zuckerrübenschnitzel sind dazu gut geeignet.

307 (a) Man erkennt eine diffuse Vermehrung von Bindegewebe mit knotiger Struktur.
(b) Rektale und sonographische Untersuchung des Abdomens, Blut und Urinuntersuchung, Nierenbiopsie.
Der Gewichtsverlust steht bei diesem Tier mit der Hämaturie in Zusammenhang. In Verbindung mit den röntgenologischen Veränderungen entsteht der Verdacht eines primären Nierentumors. Solche Tumoren sind beim Pferd selten – sieht man vom Plattenepithelkarzinom der äußeren Geschlechtsorgane ab. Im vorliegenden Fall wird die Diagnose durch die rektale und/oder sonographische Untersuchung erfolgen.
Die Harnblase ist rektal leicht zu ertasten. An der Niere hingegen kann man nur den linken hinteren Nierenpol erreichen. Zubildungen sind nicht unbedingt nachweisbar. Dies gelingt jedoch sonographisch. Man kann Größe, Form und Struktur der Nieren erkennen. In vielen Fällen von Neoplasien der Niere beim Pferd sind die Laborwerte unauffällig. Man findet allenfalls eine Neutrophilie und eine Hämaturie. In einigen Fällen sieht man im Harnsediment neoplastische Zellen.
Eine transkutane Nierenbiopsie ist denkbar, birgt aber die Gefahr von Blutungen in sich. In Fällen wie diesem ist sie unangemessen, da schon Hinweise auf Metastasen bestehen.

Pathologisch-anatomisch stellten sich die Veränderungen der Lunge als Metastasen eines Adenokarzinoms der Niere heraus.

308 (a)
- Allergie (Futter, Medikamente, Insektenstiche)
- Kontaktdermatitis
- Purpura haemorrhagica

(b)
- Antihistaminika: Tripelennamin 2,5 ml/100 kg KM
- Corticosteroide: Dexamethason 6 mg/100 kg KM
- Phenylbutazon: 0,25 g/100 kg KM

(c) Bei einer Medikamentenallergie tritt ein Rezidiv erst bei erneuter Gabe auf (Penicillin, Sufonamid). Futtermittelallergien sind schlecht reproduzierbar.

309 (a) Träger von Salmonellen sind in der Lage, eine akute Salmonellose zu entwikkeln. Auslöser ist zumeist ein Streßfaktor, der freilich nicht immer zu erkennen ist. Jedes Pferd, das akuten Durchfall mit Fieber hat, ist verdächtig für eine akute Salmonellose.
(b) Menschen, die mit dem Tier oder der Einstreu Kontakt haben, sind gefährdet. Man isoliert das Pferd von den anderen Tieren. Ein Maximum an Hygiene einschließlich Desinfektion mittels Fuß-/Hufbad ist erforderlich, um eine Verschleppung des Erregers zu verhindern. Abstriche aus dem Rektum, evtl. auch Biopsien der Rektalschleimhaut, über fünf Tage und länger werden kulturell auf Salmonellen untersucht. Trotz des akuten Stadiums ist der Erreger sehr schwierig nachzuweisen.
(c) Akute Infektionen führen oft rasch zum Tode. Eine Sepsis kündigt sich durch Fieber an. Liegt noch keine Sepsis vor, kann man durch intensive Flüssigkeitstherapie eine Besserung erzielen. Die Prognose bleibt aber vorsichtig. Genesene Tiere bleiben Träger und Dauerausscheider und können andere Pferde bzw. Spezies anstecken. Die Ansteckungsgefahr besteht in jedem Stadium der Infektion.

310 (a) Die Anamnese erwähnt Husten, wenn das Pferd aufgestallt ist. Dies ist sehr verdächtig für eine COPD (chonic obstructive pulmonary disease/ COB = chronisch obstruktive Bronchitis). Der akute respiratorische Distress bei dieser Stute ist auf eine Obstruktion der unteren Atemwege zurückzuführen. Diese Anfälle treten auf, wenn ein Pferd mit entsprechender Disposition nach längerem Weideaufenthalt in eine staubige Box kommt.
(b) Der wichtigste Auslöser der COPD ist organischer Staub (insbesondere Pilzsporen). Pilzsporen finden sich überall im Heu, Stroh und in der Stalluft. Deshalb ist der erste Behandlungsschritt das Verbringen des Tieres in eine weniger allergen belastete Umgebung. Bronchodilatatoren lösen den Bronchialspasmus; das am weitesten verbreitete Medikament ist Clenbuterol. Auch Theophyllin und Atropin können eingesetzt werden. Corticosteroide sind ebenfalls sehr wirksam. Sie stabilisieren die lysosomalen Membranen und verhindern die Zellmigration. Außerdem potenzieren sie die Wirkung der β-2-Agonisten (Clenbuterol) erhöhen die Verfügbarkeit von cAMP. Da die Lungenclearance für Bakterien gestört ist, sind bisweilen auch Antibiotika sinnvoll.

311 (a) Fraktur des Margo solearis des Hufbeins.
(b) Diese Art von Frakturen sind oft röntgenologische Zufallsbefunde. Ursächlich ist ein Trauma oder eine Hufrehe mit Rotation des Hufbeins. Im vorliegenden Fall war das Pferd lange Zeit unterernährt und erhielt dann plötzlich zu große Futtermengen und Kraftfutter. Dadurch könnte eine Rehe ausgelöst worden sein.
(c) Röntgenaufnahmen im lateromedialen Strahlengang, um eine Rotation des Hufbeins nachzuweisen.

312 (a) Röntgen und Ultraschalluntersuchung des Abdomens, um Flüssigkeit in der Bauchhöhle und Intussuszeptionen nachzuweisen. Wenn vermehrt Peritonealflüssigkeit vorhanden ist, wird diese untersucht. Außerdem sind sinnvoll: bakteriologische Untersuchung des Blutes, Bestimmung der IgG, Elektrolyte und Glucose. Röntgenaufnahmen vom Thorax geben Auskunft über die Ausdehnung der Erkrankung.
(b) Enteritis/Kolitis mit oder ohne mechanischen Darmverschluß (Torsio, Verlagerung des Dickdarms, Intussuszeption, Peritonitis). Ein Uroperitoneum mit oder ohne begleitende Infektion ist weniger wahrscheinlich (aufgrund der zunehmenden Schmerzhaftigkeit); es kann aber als zusätzliche Komplikation im Gefolge einer anderen Erkrankung auftreten.
(c) Breitbandantibiotika; je nach IgG-Konzentration auch Plasmatransfusion. Wenn die Schmerzen stärker werden oder sich sonstige Hinweise für eine chirurgische Indikation ergeben, erfolgt eine Probelaparotomie.

313 Die Kunst der Zahnextraktion beim Pferd besteht darin, den richtigen Zahn-und nur diesen-vollständig zu entfernen.
Ehe man diese aufwendige Prozedur in Angriff nimmt, muß zweifelsfrei feststehen, daß der betreffende Zahn wirklich krankheitsursächlich ist. Er muß genau identifiziert werden. Dazu werden der Kopf und die Mundhöhle gründlich untersucht.
Dann werden Röntgenaufnahmen in verschiedenen Projektionen angefertigt. Es ist besonders wichtig, daß die Trepanationsstelle genau über der betreffenden Zahnwurzel liegt. Dazu belichtet man Markierungen in die Aufnahmen ein.
Schwere Komplikationen beim Ausstempeln eines Backenzahns sind:
- Fraktur des Kieferknochens
- Schädigung der Wurzel eines benachbarten Zahns
- Riß des Ductus parotidicus
- Blutungen aus der Gaumenarterie oder der A. und V. linguofacialis
- Schädigung des N. facialis oder infraorbitalis
- Zerstörung des Tränennasenkanals
- unvollständige Entfernung des Zahns
- Narkosezwischenfälle

Postoperativ können folgende Komplikationen auftreten:
- Zahnsequester
- Knochensequester vom Kiefer
- Fistelbildung von der Mund- zur Kieferhöhle. Es tritt an der Extraktionsstelle keine Wundheilung ein; die Kieferhöhle wird ständig von der Mundhöhle aus kontaminiert.
- Alveolarperiostitis/-ostitis

314 (a) Aorteninsuffizienz. Das geschilderte Geräusch ist typisch. Es ist in Höhe der Aorta bzw. A. pulmonalis zu hören. Da die Aorta in der Medianen verläuft, hört man ihre Geräusche beidseits am Thorax. Diesen Befund kann man bei älteren Pferden oft erheben.
(b) Im M-Mode sieht man ein Vibrieren des vorderen Zipfels der Mitralis. Ursache ist der Rückfluß des Blutes von der Aorta in der Diastole. Die Strömung drückt auf den vorderen Zipfel der Mitralis. Die Vibrationen rufen vermutlich das summende Geräusch hervor.
Im Doppler-Bild sieht man eine normale laminare Blutströmung in die Aorta während der Systole. Das zugehörige Signal ist graphisch unterhalb der Nullinie dargestellt. Die Strömungsstörung stellt sich graphisch in der entgegengesetzten Richtung (oberhalb der Nullinie) dar. Diese Strömungsstörung ist Ausdruck der Aorteninsuffizienz. Da das Blut schneller fließt, als die bildliche Darstellung auf der vertikalen Achse erfolgen kann, ist das Signal teilweise auch unterhalb der Nullinie wiedergegeben.
(c) Der Puls ist hyperkinetisch. Das Kammervolumen wird größer, da die Kammer durch den Aortenrückfluß schon vorher gefüllt ist. Der diastolische Blutdruck nimmt ab, da ein Teil des Blutes in die Kammer zurückfließt. Dies führt zu einer großen Druckdifferenz zwischen Systole und Diastole, was eine große Pulsamplitude zur Folge hat.
(d) Viele Pferde mit einer Aorteninsuffizienz sind leistungsfähig. Wenn das Pferd belastbar ist, kann es die Insuffizienz offensichtlich gut kompensieren; der kardiale Output ist ausreichend. Wenn sich der Zustand verschlechtert, wird der kardiale Output nicht mehr ausreichend sein. Dann treten Ermüdungserscheinungen und mangelnde Leistungsfähigkeit auf.
Die Arbeit sollte reduziert oder eingestellt werden. Sonographisch kann man den inneren Durchmesser der Herzkammer messen. Daraus kann man Rückschlüsse auf die übermäßige Füllung ziehen. Durch wiederholte Untersuchungen kann man das Fortschreiten der Erkrankung protokollieren. Die Aorteninsuffizienz tritt bei älteren Pferden häufig auf. Ursache sind degenerative Veränderungen an der Aortenklappe.
Die Sonographie kann auch andere Ursachen der Aorteninsuffizienz darstellen. Dazu zählen die Endokarditis und der Prolaps der Aortenklappe.
Eine besonders gründliche Untersuchung ist erforderlich, wenn
- die Leistungsfähigkeit nachläßt
- das Herzgeräusch sich verändert
- das Auskultationsfeld sich verlagert
- ein palpierbares Schwirren auftritt.

Stauungserscheinungen treten bei der Aorteninsuffizienz normalerweise nicht auf.

315 (a) Man erkennt eine Zubildung dorsal am distalen Ende des Röhrbeins.
(b) Ursache ist ein Sequester, der chirurgisch entfernt wird.

316 (a) Es handelt sich um eine Autoimmunerkrankung.
(b) Eine Hautbiopsie ist hilfreich, sofern man Bläschen oder Pusteln erfassen kann.
(c) Stachelzellen, Neutrophile, Eosinophile, aber keine Bakterien.

317 Das equine Choriongonadotropin (ECG, früher PMSG genannt) wird in den endometrial cups ab dem 36. Tag der Trächtigkeit gebildet. Ab dem 40. Tag ist der Spiegel normalerweise hoch genug, daß man ihn zur Trächtigkeitsdiagnose (RIA) heranziehen kann. Wenn allerdings der Tag der Ovulation nicht bekannt ist, können Fehler entstehen. Man wählt deshalb den 45. Tag. Zwischen dem 45. und 60. Tag produzieren die meisten Stuten ausreichend ECG. Ab dem 60. Tag können falsch-negative Ergebnisse auftreten, da die ECG-Produktion bei einigen Stuten schon wieder nachläßt, obwohl die Trächtigkeit weiterbesteht. ECG ist durchschnittlich bis zum 120. Tag nachzuweisen. Solange wird man aber mit der Trächtigkeitsuntersuchung kaum warten, da man im Falle der Nichtträchtigkeit unnötige Zeit verliert.

318 (a) Parascaris equorum: Die Eier haben eine typische dicke, braune Umhüllung mit rauher Oberfäche.
Strongylus spp.: Die Eier der verschiedenen Spezies können morphologisch nicht ohne weiteres differenziert werden. Bei Fohlen dieser Altersgruppe handelt es sich meist um Cyathostomen, da die anderen Strongyliden aufgrund ihrer langen Präpatenz noch gar nicht nachweisbar sind.
(b) Sowohl Askariden wie Strongyliden sind von klinischer Bedeutung. Sie führen zu Kümmern und schlechtem Allgemeinzustand. Teilweise rufen sie auch sehr spezifische Symptome hervor. Parascaris equorum geht als Wanderlarve über die Leber in die Lunge, von dort in den Darm. Während der Lungenphase ruft er bei Massenbefall Husten und Nasenausfluß hervor. Die Darmphase ist allerdings von größerer klinischer Bedeutung. Starker Befall verursacht Wachstumsverzögerung bis hin zur Auszehrung; manchmal bilden die Askariden Knäuel, die zu Darmverschluß und Ruptur des Dünndarms führen. Strongylidenbefall ruft Koliken und Durchfall hervor. Die Kolik wird in der Regel durch Thrombosen der Darmarterien verursacht. Strongylus vulgaris ist hierfür der typische Vertreter. Strongyliden und Cyathostomen treten beim Fohlen gewöhnlich nicht als Mischinfektion auf.

319 (a) Phthisis bulbi
(b) Schwere Infektion des Innenauges, Periodische Augenentzündung (Uveitis recidiva equi)
(c) Enukleation

320 (a) Die Aufnahme zeigt eine Abflachung im kaudalen Bereich des Humeruskopfes. Die Kongruenz des Kugelgelenks ist verlorengegangen. Der Angulus articularis ist umgeformt und hat eine unregelmäßige, unscharfe Kontur. Im kaudodistalen Bereich des Schulterblattes finden sich subchondral undeutliche Aufhellungen.
(b) Osteochondrosis, Infektion. Im Hinblick auf die Anamnese ist die Osteochondrosis wahrscheinlicher. Bei einer Gelenkinfektion wäre eine größere Schmerzhaftigkeit zu erwarten. Eine Infektion läßt sich außerdem durch eine Synoviauntersuchung ausschließen.
Bei einer Osteochondrosis findet man in der Synovia zwar auch erhöhte Eiweiß- und Leukozytenwerte, aber nicht so ausgeprägt wie bei einer Infektion.
(c) Man untersucht auch die Synovia anderer Gelenke. Die Osteochondrosis tritt oft an mehreren Gelenken auf und führt zu Schwellungen der Gelenkkapsel. Diese werden freilich am Schultergelenk nicht immer erkannt. Das andere Schultergelenk muß ebenfalls geröntgt werden, da die Beschwerden meist beidseits bestehen.

Die Lahmheit bessert sich nach der intrartikulären Anästhesie, verschwindet aber selten vollständig. Man muß deshalb nicht unbedingt nach weiteren Lahmheitsursachen forschen. Die unterschiedlichen Lahmheitsgrade, die in dem vorliegenden Fall erwähnt wurden, sind typisch für die Osteochondrosis des Schultergelenks.
(d) Debridement der veränderten Stellen unter arthroskopischer Kontrolle. Dadurch läßt sich oft eine Besserung erzielen; eine Garantie für eine vollständige Heilung gibt es nicht. Die Prognose ist bei Fohlen bis 18 Monate günstiger.

321 (a) Seröser Nasenausfluß mit leicht eitriger Tendenz weist auf eine Infektion hin. Meist ist es eine primäre Virusinfektion, die bakteriell superinfiziert ist. Weiterhin kann die Inhalation von Schadstoffen (Rauch, Chemikalien, Staub) zu diesem Ausfluß führen.
(b) Eine gründliche klinische Untersuchung ist erforderlich. Fieber weist auf eine Infektion hin. Die Körpertemperatur muß mehrmals am Tag gemessen werden. Man achtet auf Reizzustände in der Trachea und Schwellung der Lymphknoten. Die Lunge wird sorgfältig auskultiert. Mit wiederholten Titerbestimmungen läßt sich der Verlauf einer Virusinfektion dokumentieren. Die Virusisolierung erfolgt aus Pharynxabstrichen. Das Blutbild kann ebenfalls aufschlußreich sein.
(c) Im vorliegenden Fall war das Tier nicht fiebrig. Der Ausfluß war durch Inhalation von Rauch verursacht. Antibiotika sind bei bakteriellen Sekundärinfektionen sinnvoll. Meist handelt es sich um penicillinempfindliche Streptokokken. Hier genügte allerdings das Abstellen der Ursache ohne weitere Therapiemaßnahmen.

322 (a)
- Chirurgische Entfernung allen fibrotischen Gewebes. Dabei muß das Sehnengewebe geschont werden.
- Die Wunde granuliert unter Verband.
- Hauttransplantation

(b)
- Halskragen
- Repellents (Cribox o. ä.)

323 (a) Luxation der Patella nach lateral
(b) Die Erkrankung kann angeboren oder erworben sein. In diesem Fall ist sie vermutlich angeboren.
(c) Es handelt sich vermutlich um ein Shetlandpony (Rassedisposition).

324 (a)
- Röntgenologische Untersuchung des Karpus und proximalen Metakarpus. Es ist zu beachten, daß die Kapsel des mittleren Karpalgelenks und die palmaren Metakarpalnerven nahe beieinanderliegen. Die subkarpale Anästhesie vermag einen Schmerz im mittleren Karpalgekenk teilweise auszuschalten. Dieser Effekt kann aber auch durch die Leitungsanästhesie des N. palmaris lateralis in Höhe der distalen Karpalgelenkreihe, bevor sich der Nerv in die palmaren Metakarpalnerven aufteilt, erzielt werden.
- Sonographische Untersuchung mit einem 7,5 MHz-Schallkopf; mit und ohne Vorlaufstrecke.
- Intraartikuläre Anästhesie des mittleren Karpalgelenks (s. o.)

(b) Dies ist die sonographische Darstellung der Weichteilgewebe palmar am Metakarpus (ohne Vorlaufstrecke). Die Stelle liegt etwa 4 cm distal des Os carpi accessorium. In der Mitte des Unterstützungsbandes sieht man eine diffuse hypoechogene Zone.
(c) Entzündung des proximalen Unterstützungsbandes. Zum Vergleich untersucht man die gegenüberliegende Gliedmaße ebenfalls sonographisch. Hypoechogene Zonen sieht man bisweilen bei klinisch unauffälligen Pferden im proximalen Teil des Unterstützungsbandes. Diese Zonen sind mehr oder weniger gut abgesetzt und bis zu 1 cm lang. Sie treten meist beidseits symmetrisch auf und sind wesentlich kleiner als in diesem Fall.
(d) Boxenruhe und Führen im Schritt. Nach 4-6 Wochen erfolgt eine Nachuntersuchung. Wenn keine gravierenden sonographischen Befunde vorliegen, ist die Prognose recht gut. Der Heilungsverlauf sollte sonographisch dokumentiert werden. Abb. 309 zeigt den Zustand 5 Wochen später; die Veränderungen sind nicht mehr vorhanden.

325 Es liegt der Verdacht auf eine präganglionäre zervikale Sympathikusschädigung und einen Halsabszeß vor.
Das Fohlen in Abb. 250 zeigt ein Horner-Syndrom. Man darf annehmen, daß eine präganglionäre Beteiligung (Stammhirn, Rückenmark oder N. sympathicus im Halsbereich) vorliegt, da der Schweißausbruch sich über eine beachtliche Fläche am Hals erstreckt (bis zum C 2). Eine postganglionäre Schädigung führt zu Schweißbildung seitlich am Kopf, aber nicht so sehr am Hals. Bei Beteiligung des Stammhirns oder des Rückenmarks kommen andere Symptome hinzu.

326 (a) Das Strahlbein scheint gebrochen zu sein. Die Frakturlinie scheint sich aber über die untere Begrenzung des Strahlbeins hinauszuziehen. Vermutlich waren die Strahlfurchen bei der Aufnahme nicht ausgefüllt.
(b) Man benötigt eine bessere 60-∅-Schrägaufnahme im proximal-palmarodistalen Strahlengang. Noch besser ist die Tangentialaufnahme der Facies flexoria. Auf dieser Aufnahme ist die Fraktur eindeutig zu erkennen.
(c) Unter Belastung wird das Pferd lahmen. Man sollte eine Verschraubung des Strahlbeins in Betracht ziehen.

327 (a)
- Anästhesie des Fesselgelenks (negativ)
- Anästhesie der Beugesehnenscheide (positiv)
- Sonographie der plantaren Weichteile am Röhrbein

(b) Zur Sonographie benötigt man eine Vorlaufstrecke. Man untersucht medial oder lateral der Mittellinie. Deshalb kann man die oberflächliche und tiefe Beugesehne nicht getrennt darstellen (sie waren in diesem Fall unverändert). Unter der Haut befindet sich eine echogene Struktur. Die Sehnenscheide ist verdickt; in der Sehnenscheide ist eine echogene Substanz, die vermutlich mit der Sehnenscheide verwachsen ist.
(c)
- Diagnose: Tendosynovitis.
- Therapie: Durchtrennung des Fesselringbandes, Untersuchung der Beugesehnenscheide und Lösen der Verwachsungen. Die subkutane Faszie war mit der Haut verwachsen; dort befand sich viel stark vaskularisiertes fibrotisches Gewebe. Darin eingelagert waren die Gefäße, die nach plantar verschoben waren. Proximal des Fessel-

ringbandes war die Sehnenscheide stark verdickt. Einige großflächige Verklebungen mit der Sehnenscheide mußten gelöst werden.

Postoperativ wurde das Pferd vorsichtig bewegt und mit NSAID behandelt.

- Prognose: aufgrund der umfangreichen Verwachsungen zunächst vorsichtig. Diese Stute erholte sich jedoch vollständig.

328 Eine Blutprobe (Serum) und Peritonealflüssigkeit können die Verdachtsdiagnose Uroperitoneum erhärten. Für die Punktion wird an der tiefsten Stelle des Abdomens ein Bezirk von 5 × 5 cm rasiert und chirurgisch desinfiziert. Das Fohlen wird stehend fixiert. Die Entnahme erfolgt mit einer Kanüle von 40 mm Länge und 0,9–1,2 mm Dicke.

Blut und Punktat werden auf Kreatinin untersucht. Wenn das Kreatinin-Verhältnis Punktat/Blut größer als 2 : 1 ist, liegt ein Uroperitoneum vor.

Die Bestimmung des Serumkaliums und der Kreatininclearance ist ebenfalls sinnvoll. Beim Uroperitoneum findet man oft erniedrigte Natrium-und Chloridwerte sowie erhöhte Kaliumwerte. Die Hyperkaliämie ist am schwierigsten zu behandeln. Dazu nimmt man Infusionslösungen ohne Kalium (z.B. 5- oder 10%ige Glucose-Kochsalzlösung). Bedenklich ist auch die Stutenmilch, die sehr viel Kalium enthält (12 mmol/l). Ein Saugfohlen kann einen Kaliumüberschuß von der Milch kaum abbauen.

329

- Dysphagie und Kolik
- Puls extrem hoch in Bezug auf die Schmerzhaftigkeit
- Reflux aus dem Magen. Er ist dünnflüssig, grünbraun und hat einen spezifischen Geruch.
- Atemgeräusche (Schnauben), Rhinitis und Eiter in der Nase
- Verhaltensauffälligkeiten (untergeschobene Hinterhand [Abb. 253], Abstützen an der Wand, langsames Kauen)
- Kot in kleinen Mengen und mit Schleim überzogen.

330 (a) Septikämie. Die häufigsten Erreger sind E. coli und Actinobacillus.

(b) Kompletter Blutstatus einschließlich Fibrinogen und Glucose. Die bakteriologische Blutuntersuchung ist lediglich für den Pathologen von Interesse.

(c) Breitspektrumantibiotika gegen gramnegative und grampositive Erreger; Flüssigkeitsersatz zur Stabilisierung des Kreislaufs, Plasmatransfusionen (20–40 ml/kg KM) zur Verbesserung der Immunglobulinsituation, u. U. NSAID (Flunixin) als antiendotoxische Maßnahme.

331

- Krampfkolik. Darunter faßt man alle konservativ zu beherrschenden Koliken unbekannter Ätiologie zusammen. Durch den großen Fetus wird die rektale Untersuchung erschwert. Zuchtstuten scheinen etwas anfälliger für Dickdarmverlagerungen zu sein. Die Diagnose erfolgt auf dem Ausschlußweg und durch genaue Beobachtung. Die Behandlung besteht in der Gabe von Spasmoanalgetika.
- Volvulus des Kolons. Tragende Stuten sind disponiert. Allerdings würde man dann wesentlich stärkere Schmerzen beobachten; rektal fühlt man das gespannte, horizontal

im hinteren Abdomen liegende große Kolon. Schnellstmögliche chirurgische Versorgung ist angezeigt.

- Frühreifes Fohlen. Die Diagnose erfolgt durch vaginale und rektale Untersuchung. Die Geburt wird möglichst schonend eingeleitet und überwacht.
- Torsio uteri. Man untersucht die Ligg. lata sorgfältig. Eines davon zieht quer durch das Abdomen und zerrt das Ovar von der Bauchwand, das andere wird nach unten ins Abdomen gezogen. Sofern die Drehung nicht 180° oder mehr beträgt, ist vaginal nichts Auffälliges zu bemerken. Die Behandlung erfolgt chirurgisch.
- Dorsoflexio uteri. Es handelt sich um eine seltene Komplikation, die durch akute Koliksymptome gekennzeichnet ist. Man kann den Fetus oder Teile davon im Becken und oberhalb der Scheide palpieren. Zur Lageberichtigung gibt man Muskelrelaxantien.

332 (a) Man bringt das Fohlen in Brustlage und gibt zunächst für 4-5 Minuten Sauerstoff über eine Nasenmaske.Die weitere Sauerstoffzufuhr richtet sich nach der arteriellen Blutgasanalyse. Ein PO_2 von 70–90 mm Hg ist anzustreben. In diesem Zustand ist eine Zwangsbeatmung nicht erforderlich; wenn sich die Lage allerdings verschlechtert (angestrengte Atmung, Anstieg des PCO_2), muß beatmet werden.
(b) Intrauterin erworbene Pneumonie, unvollständige Ossifikation.
(c) Breitspektrumantibiotika, Kolostrum aus der Flasche oder per NSS, Intensivbetreuung mit genauer Überwachung von Temperatur und Blutglucose; u. U. ist eine Infusionsbehandlung erforderlich.
(d) Die kurzfristige Prognose ist nicht schlecht. Voraussetzung sind qualifiziertes Personal, welches in der Lage ist, die respiratorische und die allgemeine Pflegesituation in den Griff zu bekommen.
Die langfristige Prognose hängt von der Entwicklung des unreifen Bewegungsapparates und der Verhinderung von sekundären Komplikationen ab. Eventuell erreicht das Fohlen nicht die gleiche Größe wie ein termingerecht geborenes. Durch einen späteren Wachstumsschub kann aber durchaus ein normal großes Pferd daraus werden.

333 (a) Die Tunica vaginalis und der M. cremaster.
(b) Die Tunica vaginalis steht mit dem Hoden in direkter Verbindung. Wenn man sie oder ihren Inhalt aufgespürt hat, weiß man, wo der Hoden zu suchen ist bzw. ob er entfernt ist.
(c)

- Einen inguinalen Hoden mit Nebenhoden, Samenleiter und Resten des Samenstranges mit Blutgefäßen. Am Ende findet sich Narbengewebe; ein Zeichen für eine vorangegangene Kastration.
- Den Nebenhodenschwanz mit Samenleiter und Nebenhodenkörper. Der Hoden liegt im Abdomen (unvollständiger abdominaler Kryptorchismus).
- Den Samenleiter und den Nebenhodenkörper, die in einer Narbe enden. Dies deutet darauf hin, daß der Nebenhodenschwanz entfernt wurde, weil man ihn fälschlicherweise für einen verkümmerten Hoden hielt.
- Das Nebenhodenschwanzband, das aus dem fetalen Gubernaculum testis entsteht. Hoden und Nebenhoden sind im Abdomen (vollständiger abdominaler Kryptorchismus).

(d) Im Bild sieht man ein breites Nebenhodenschwanzband in der Tunica vaginalis. Die zugehörigen Hoden (Gewicht 365 g) waren in der Bauchhöhle und wurden durch paramediane Laparotomie entfernt.

334 (a) Tollwut. Jede progressive neurologische Erkrankung, die anderweitig nicht zu erklären ist, muß als tollwutverdächtig angesehen werden. Speicheln, Lähmung des Kehlkopfes und aufsteigende Lähmungen der Hinterhand findet man häufig; oft findet man neben der primären Bißstelle Verletzungen, die das Tier sich selbst zugefügt hat.
(b) Die Diagnose erfolgt post mortem durch Nachweis der Negri-Körperchen im Hippocampus. Mittels Immunfluoreszenz kann man Antikörper in Konjunktivalabstrichen nachweisen.
(c) Die Übertragung vom Pferd auf den Menschen ist äußerst unwahrscheinlich. Trotzdem müssen alle Personen, die Kontakt mit dem Tier hatten, ärztlichen Rat einholen und u. U. geimpft werden. Die Impfung des Pferdes ist in gefährdeten Gebieten üblich.

335 (a) Uroperitoneum. Es entsteht meist durch Ruptur der Blase oder des Urachus.
(b) Untersuchung des Bauchhöhlenpunktats. Vergleich des Kreatiningehalts im Punktat mit dem Serum. Außerdem zählt und differenziert man die Leukozyten im Punktat, da in solchen Fällen eine Nabelinfektion immer zu befürchten ist. Sind diese Untersuchungen nicht durchführbar, kann man die Blase retrograd mit Methylenblau füllen. Tritt dieses im Punktat auf, liegt eine Ruptur im Harnapparat vor.
(c) Physiologische Kochsalzlösung mit Dextrose; bei niedrigem CO_2-Gehalt auch Natriumhydrogencarbonat.

336 (a) Nasenschlundsonde (NSS)
(b) Dünndarmobstruktionen führen oft zu einer sekundären Magenüberladung. Sie muß vor der Narkoseeinleitung beseitigt werden, da sonst Rupturgefahr besteht. Während der Anästhesie verursacht die Magenblähung schwere kardiovaskuläre und respiratorische Probleme. Das Zwerchfell kann reißen; die V. cava wird komprimiert, wodurch der venöse Rückfluß behindert wird.

Sachregister

Die Zahlen beziehen sich auf die Fragen.